Robert Burton

Anatomie der Melancholie

Über die Allgegenwart der Schwermut,
ihre Ursachen und Symptome
sowie die Kunst,
es mit ihr auszuhalten

Deutscher Taschenbuch Verlag

Aus dem Englischen übertragen
und mit einem Nachwort versehen von
Ulrich Horstmann

Titel der Originalausgabe:
‹The Anatomy of Melancholy›
1. Auflage Oxford 1621.
Übersetzt nach der 6., verbesserten Auflage 1651.

1. Auflage April 1991
Deutscher Taschenbuch Verlag GmbH & Co. KG,
München

Umschlaggestaltung: Celestino Piatti
Umschlagbild: Giorgio de Chirico, Melancholie

Gesamtherstellung: C. H. Beck'sche Buchdruckerei,
Nördlingen
Printed in Germany · ISBN 3-423-02281-8

Literatur · Philosophie · Wissenschaft

Über dieses Buch

Mit dem Einfühlungsvermögen eines ‹gesunden Kranken› und mit virtuoser Erzählkraft führt uns der skurrile, bücherbegeisterte Oxforder Gelehrte Robert Burton (1577–1640) durch sein einzigartiges Lebenswerk, durch die ‹Anatomie der Melancholie›.

Wer nun von diesem Klassiker der Melancholie-Literatur schwermütige Ergüsse oder eine veraltete medizinische Abhandlung erwartet, wird bitter enttäuscht: ein Weltpanorama tut sich auf, ein genialisches Potpourri eines hellsichtigen ‹Betroffenen›. Denn ob er nun deftige Schwänke von erschöpfenden Schlafzimmerwerkeleien oder von delirierenden Zechern zum Besten gibt, ob er ernüchtert die Ideologie des Militarismus und eines verlogenen Heldentums analysiert oder sich über die psychische Deformation sogenannter Geschäftsmänner des frühen Merkantilismus ausläßt – immer wieder schwingt der Autor sich empor zu der «schönen Kunst der Kopfhängerei».

Burtons ‹Anatomie der Melancholie› – das ist: «Ein Buch ohne Beispiel: alexandrinisch und verrückt, gelehrt und irre, der Scholastik verpflichtet und, wenn man so will, Jean Paul präludierend», meint Walter Jens. Und, möchte man hinzufügen, ein Buch für unsere Zeit, deren Heillosigkeiten diesem genialen [illegible] leihen.

Zelotypia
Democritus Abderites
Solitudo
THE
ANATOMY OF
MELANCHOLY
What it is, With all the Kinds causes, symptomes, prognostickes & severall cures of it.
In three Partitions, with their severall Sections, members & subsections.
Philosophically, Medicinally, Historically, opened & cut up.
BY
Democritus Junior.
With a Satyricall Preface, conducing to the following Discourse.
The fift Edition, corrected and augmented by the Author.
Omne tulit punctum qui miscuit utile dulci
Inamorato
Hypocondriacus
Superstitiosus
Democritus Junior
Maniacus
Oxford
Printed for
Henry Cripps.
1638
Borago
Helleborus

Erläuterung des Frontispiz’

Wie Holzschnittkunst der Tafeln zehn
zum Bild gefügt, ist hier zu sehn.

Unter dem Baum, ein Buch im Schoß,
sitzt Demokrit, ergebnislos;
Hunden und Katzen brach er auf
den Leib und ab den Lebenslauf,
sezierte jede Körperstelle,
die gelten könnt’ als Schwarzgallquelle.
Derweil über der Szene steht
Saturn, der Welt Schwermutplanet.

Ganz links Mißgünstigkeit regiert;
es wird dem Leser vorgeführt:
ein Königsfischer, Reiher, Schwan,
ein Hahnenkampf; dann tobt heran
ein Stierpaar, dessen Feindschaft man
nur scharfer Brunst zuschreiben kann.
Alles Symbole – doch genug,
werdet mit eigenem Hirnschmalz klug.

Die Einsamkeit kommt rechts ins Bild,
das hat der Meister angefüllt
mit Hunden, Katzen, Hirsch und Hase,
die ruhen in der Wildoase,
wo auch noch Fledermaus und Eulen
schwermütig durch die Dämmerung eilen.
Nicht zu erkennen? – Geht’s mich an?
Das ist des Künstlers Schlendrian!

In Reihe zwei ringt Unverstand
Inamoratos zarte Hand;
das Haupt gesenkt vor Liebesschmerz
zieht ihm ein Liedchen durch das Herz
zur Laute, während Buch und Schriften
ihm seinen eitlen Sinn vergiften.
Es fehlt der Schilderung die Emphase?
Dann faß dich an die eigne Nase.

Der Hypochonder nebenan
stützt sich auf seinen Krankheitswahn;
es sticht die Seite, bläht der Darm,
ein Siechtum, daß sich Gott erbarm';
Töpfchen und Gläser dutzendfach
trägt Apothekerfleiß ihm nach.
Im Horoskop steht zweifelsfrei,
daß Saturn auch sein Schicksal sei.

Darunter wirft sich auf die Knie
religiöser Wahn, Bigotterie;
der fastet, betet, geißelt scharf
sich Furcht und Hoffnung nach Bedarf,
verdient die Hölle mit mehr Tränen,
als wir für 'n Himmel nötig wähnen.
Du arme Seele dauerst mich,
dein Unstern, der verlasse dich.

Auch anderer Irrsinn weckt das Grauen,
wie auf dem rechten Bild zu schauen;
in Ketten liegt ein nackter Mann,
der die Vernunft sich abgetan,
doch wer nicht seinen Zorn gestillt,
der ist im Nu sein Ebenbild.
Als Spiegel wirkt dann die Grimasse,
mit der den Geist ich fahren lasse.

Nieswurz und Borretsch halten beide
die Venen frei im Menschenleibe;
das Herz schlägt höher in der Brust,
von schwarzer Galle ganz entrußt,
und Nebeldämpfe im Gehirn
vertreibt der Kräuter Zweigestirn.
Was Gott zur Arzenei gemacht,
hat wohldosiert viel Heil gebracht.

Als Lückenbüßer einerlei
erscheint des Autors Konterfei;
er trägt sein kirchliches Habit,
so wie die Welt ihn ständig sieht;
allein, sein Geist ist nicht im Bild,
weil ihn wohl nur das Buch enthüllt.
Auch trieb nicht Stolz und Eitelkeit
(die anderer Leute Werk entweiht)
den Autor in das Frontispiece,
nein, der Verleger wollte dies.
Darum zieh deine Stirne glatt
und spotte auf ein anderes Blatt;
das rat' ich dir zu deinem Glück,
sonst zahl' ich doppelt es zurück.
Wie's dir gefällt, so umgekehrt,
das scheint mir des Bedenkens wert.
So tret' ich vor den Leser hin:
Leb wohl und einen offenen Sinn!

Melancholie – Abriß des Autors

Ich hänge den Gedanken nach
und träume ohne Ungemach
von Schlössern, die in Luft gebaut,
ganz sorgenfrei, kein Angstbild graut,
nur rosarote Phantasien
im Fluß der Zeit vorüberziehn.
    Anderes Glück vergällt mir die
    süßeste Lust: Melancholie.

Ganz einsam wälz' ich ohne Ruh
und flüstere mir die Beichte zu,
von Grübelei tyrannisiert
hat Furcht, hat Gram mich aufgespürt,
ich springe auf, ich halte ein,
Minuten wollen Stunden sein.
    Anderes Leid – Gold gegen die
    schmerzvollste Last: Melancholie.

Ich treibe mit mir Schabernack,
es spielt im Kopf wie 'n Dudelsack,
am Bächlein in dem grünen Wald
nehm' ich Einsiedler Aufenthalt,
und tausend Freuden tanzen fein
im Seelenfrieden Ringelreihn.
    Anderes Glück vergällt mir die
    süßeste Lust: Melancholie.

Auf Schritt und Tritt, an jedem Ort
seufzt, stöhnt und klagt es immerfort,
ob düstrer Hain, ob Zimmergruft,
es toben Furien durch die Luft,
und tausend Nöte im Verein
kesseln mir Herz und Seele ein.
Anderes Leid – Gold gegen die
sauerste Last: Melancholie.

Ein Ohrenschmaus von Melodie,
die Augen weiden wie noch nie,
Palast und Stadt, hier ist gut sein,
die Welt mit Haut und Haaren mein,
Göttinnen fast, wie Milch so rein,
lustwandeln schon zum Stelldichein.
Anderes Glück vergällt mir die
süßeste Lust: Melancholie.

In Ohren dröhnt Nachtmahrgekreisch,
Kobolde, Teufel, Spukgeschmeiß,
kopflose Bären, Affenclique,
so brodelt es vor meinem Blick,
ein heulend, wimmernd Greuelbild
aus angstzerrissener Seele quillt.
Anderes Leid – Gold gegen die
verdammte Last: Melancholie.

Den Hof gemacht, Küsse getauscht,
Liebchen im Arm, vom Glück berauscht,
kein Tag, der mir nicht segensreich
in diesem Paradies verstreicht,
wo es kein böses Ende gibt,
in Ewigkeit bleib ich verliebt.
Anderes Glück vergällt mir die
süßeste Lust – Melancholie.

Seufzer und Tränen sind der Lohn,
durchwachte Nächte, Reue, Hohn,
die Eifersucht salzt mein Geschick,
doch gibt es keinen Weg zurück,
was Liebe war, wird Folterbank,
es liegt die Seele siech und krank.
Anderes Leid – Gold gegen die
bitterste Last: Melancholie.

Freunde, Gesellen, gebt mir Ruh,
ich sperre meine Türen zu,
wohl ist mir nur, wenn ich privat
vorsitze dem Gedankenrat,
mein Diadem, mein Königreich,
kein Schatz der Erde kommt dir gleich.
Anderes Glück vergällt mir die
süßeste Lust: Melancholie.

Die große Pest der Einsamkeit,
die mich vertiert und mich entzweit
von Licht, Gesellschaft, frohem Mut,
ersäuft mein Hirn in trüber Flut,
alles versumpft, die Freude weicht,
ich bin auf Angst und Gram geeicht.
Anderes Leid – Gold gegen die
drückendste Last: Melancholie.

Verzückt, entrückt, vom Königsthron
stieg ich, wär' dies Geschick mein Lohn,
voll Lachen, Scherzen, Tändelein,
kein Zeitvertreib kann schöner sein.
Oh, stört nicht die Zufriedenheit,
mit der mich Herz und Sinn erfreut.
Anderes Glück vergällt mir die
göttlichste Lust: Melancholie.

Mein Los, das tausch' ich auf gut Glück
mit jedem Mistkerl, Galgenstrick,
wie Höllenfeuer brennt die Qual,
ich muß heraus, hab' keine Wahl,
das Leben ist mir hassenswert,
wer leiht ein Messer, hält das Schwert?
Anderes Leid – Gold gegen die
verfluchte Last: Melancholie.

I
Vorrede

Demokrit Junior an den Leser

Der geneigte Leser wird wohl neugierig sein, welcher Possenreißer und Schauspieler sich hier auf der allgemeinen Weltbühne so unverschämt in den Vordergrund spielt, und sich fragen, warum er sich eines anderen Menschen Namen anmaßt, woher er kommt, wieso er es tut und was er zu sagen hat. Nun könnte ich mit Seneca erwidern, ich bin frei geboren, wer also sollte mich gegen meinen Willen zu einer Antwort zwingen. Aber dem, der in mich dringt, will ich gleichwohl so bereitwillig Auskunft geben, wie jener Ägypter bei Plutarch, von dem eine neugierige Seele partout erfahren wollte, was er in seinem Korb trage. Er ist eben deshalb bedeckt, war die Antwort, damit sein Inhalt verborgen bleibt. Man suche also auch hier nicht das, was sich verhüllt. Wenn nur die Darstellung gefällt und dem Leser von Nutzen ist, soll meinethalben der Mann im Mond als Autor gelten – ich gebe mich nicht zu erkennen. Trotzdem will ich, was die Namensaneignung, den Titel und die Materie angeht, freiwillig Auskunft geben. Der Name Demokrits dient hier nicht wie üblich zur Ankündigung einer Schmähschrift, einer Satire, einer lachhaften Abhandlung oder abstrusen Demonstration; Paradoxien wie die der sich bewegenden Erde oder der unendlichen Welten, die gleichsam durch die zufällige Kollision atomarer Sonnenstäubchen in grenzenloser Leere entstanden sein sollen, stehen hier nicht zu erwarten, wenn diese Lehren auch einst von Demokrit, Epikur und ihrem Lehrer Leukipp aufgestellt und kürzlich von Kopernikus, Giordano Bruno und anderen wiederbelebt worden sind. Und auch die bei späteren Schriftstellern und literarischen Schwindlern weitverbreitete Übung, unter dem Namen eines so edlen Philosophen wie Demokrit absurde und unverschämte Lügengeschichten zu verbreiten, um Glaubwürdigkeit und Respekt einzuheimsen, findet bei mir keine Fortsetzung. Vielmehr halte ich es mit Martial:

> Keine Centauren und nicht Gorgonen oder Harpyien
> findest du hier; mein Blatt gibt von dem Menschen ein Bild,

und handele wie Juvenal nicht von Chimären, sondern von unseresgleichen:

Was nur Menschen beginnen, Erwünschtes, Zorn und Besorgnis,
Wollust, Freuden, Gespräch, es vereint mein Büchelein alles.

Ich benutze also den Namen Demokrits nicht anders als etwa Mercurius Gallobelgicus oder Mercurius Britannicus von dem des Merkur Gebrauch machen. Allerdings gibt es noch andere Gründe, warum ich mich hinter dieser Maske verberge, Gründe, die ich aber schwerlich offenlegen kann, bevor ich nicht ein kurzes Charakterbild Demokrits entworfen und einen Abriß seines Lebens gegeben habe. Nach der Beschreibung des Hippokrates und Laertius war Demokrit ein kleiner und schwächlicher Mensch von sehr melancholischem Gemüt. Dieser schon zu Lebzeiten berühmte Philosoph und Zeitgenosse des Sokrates wurde im Alter menschenscheu, suchte die Einsamkeit und widmete sich bis zuletzt ganz seinen Forschungen. In seiner Zurückgezogenheit verfaßte er viele hervorragende Werke, die ihn – wie beispielsweise seine Schrift *Diacosmus* – als großen Gottesgelehrten, fähigen Arzt, Politiker und bemerkenswerten Mathematiker ausweisen. Er fand auch Vergnügen am Studium des Landbaus, wie Columella ausführt, und wird von Constantinus und anderen bei der Behandlung dieses Gegenstandes häufig zitiert. Darüber hinaus kannte er die unterschiedliche Natur der Tiere, Pflanzen, Fische, Vögel und verstand sogar, wie einige meinen, ihre Stimmen. Mit einem Wort, er war ein Universalgelehrter und großer Forscher und soll sich sogar, um ungestörter nachdenken zu können, im Alter selbst geblendet haben. Gleichwohl sah er immer noch mehr als das übrige Griechenland und äußerte sich zu allen Fragen der Naturphilosophie. Er verfügte über einen scharfen Geist und eine profunde Bildung und war in seiner Jugend nach Athen und Ägypten gereist, um sich dort – von manchen bewundert, von anderen verachtet – zur Vervollkommnung seines Wissens mit den Gelehrten zu unterreden. Nach diesen Wanderjahren ließ er sich in Abdera, einer Stadt in Thrakien, nieder und wirkte dort als Gesetzgeber oder, nach anderen Quellen, als Stadtrichter und Syndikus. Vielleicht wurde er auch an diesem Ort geboren und aufgezogen. Wie dem auch sei, er lebte schließlich weltabgewandt in einem Garten vor der Stadt, ganz seinen Studien hingegeben, die er nur manchmal unterbrach, um zum Hafen hinunterzugehen und von Herzen über all die komischen Dinge, die er dort zu sehen bekam, zu lachen. So ein Mensch war Demokrit.

Was hat das alles aber nun mit mir zu tun, und mit welchem Recht mache ich mir seinen Habitus zu eigen? Mich auf der Grundlage der bisherigen Ausführungen mit ihm zu vergleichen, wäre – das gestehe ich ein – ein Zeichen der Anmaßung und des Dünkels, und ich unterstelle hier keinerlei Ähnlichkeiten. Allerdings kann ich immerhin behaupten, und zwar hoffentlich, ohne mich dem Verdacht der Einbildung und des Stolzes auszusetzen, daß ich an der Universität Oxford eine ruhige, seßhafte, einsiedlerische und zurückgezogene Existenz geführt habe, die beinahe so lange währte wie die Lehrzeit des Xenokrates in Athen. Meistenteils eingeschlossen in meinem Studierzimmer, habe ich wie er dem Studium der Weisheit oblegen. Erzogen wurde ich am Christ Church College, der blühendsten Hochschule Europas, und es fehlt nicht viel, so könnte ich mich mit Jovius rühmen: In jener in aller Welt berühmten Bibliothek des Vatikans habe ich in den letzten 37 Jahren mein Wissen fleißig gemehrt. Schließlich habe ich inzwischen dreißig Jahre als Gelehrter in Oxford zugebracht und hatte keine schlechtere Büchersammlung zur Verfügung als er. Deshalb möchte ich durch eine drohnenhafte Lebensweise auch nicht gern in den Ruch kommen, ein nutz- und wertloses Mitglied dieser gebildeten und edlen Gemeinschaft zu sein, oder etwas zu Papier bringen, was einer derart königlichen und stattlichen Einrichtung in irgendeiner Beziehung zur Unehre gereichte. Einiges habe ich zustande gebracht; doch wenngleich ich von Haus aus Theologe bin, drängte mich mein unbeständiger, sprunghafter, ausschweifender Geist dazu, mich in allen Disziplinen umzutun, mir ein breites Allgemeinwissen zu erwerben, aber mich nirgendwo als Spezialist hervorzutun, wie im übrigen schon Platon empfiehlt, woraus wiederum Lipsius folgert, daß es jedem Wißbegierigen gut anstünde, nicht Sklave einer Wissenschaft zu werden oder sich wie die meisten auf einem Forschungsgebiet anzusiedeln, sondern umherzustreifen als Diener von hundert Künsten, ein Ruder in jedem Boot zu haben, jede Speise zu kosten, an jedem Becher zu nippen, was nach Montaigne von Aristoteles ebenso praktiziert wurde wie von seinem gelehrten Landsmann Adrian Turnebus. Eben dieses unstete Wesen, das mir allerdings nicht zu vergleichbaren Erfolgen verholfen hat, habe ich von jeher besessen, und wie ein herumstöbernder Spaniel, der jeden Vogel verbellt, den er sieht, und darüber seine Beute vergißt, bin ich allem hinterher, nur nicht meinen eigentlichen Pflichten, und kann mich wahrlich mit Seneca beklagen, daß der, der überall ist, nirgendwo weilt. Viele Bücher habe ich gelesen, aber in Ermangelung der richtigen Methode mit wenig Nutzen; in meiner Verwirrung bin ich in unserer Bibliothek über die unterschiedlichsten Autoren gestolpert und habe doch, stümperhaft, unsystematisch, vergeßlich und urteilsunfähig wie ich bin, nur wenig damit anfangen können. Gereist bin ich immer nur mit dem Finger auf der Landkarte, wobei sich meine Gedanken so grenzenlos ausgebreitet haben, wie das bei einem Liebhaber der Kosmographie zu erwarten steht. Unter der Herrschaft des Saturn wurde ich geboren, und Mars, der die natürlichen Anlagen bestimmt, stand teilweise in Konjunktion mit meinem Aszendenten und beide günstig in ihren Häusern. Arm bin ich nicht und auch nicht reich; ich habe wenig, leide aber keinen Mangel, denn mein ganzer Schatz liegt in Minervas Turm. Da mir nie ein hohes Amt zuteil wurde, stehe ich dafür in niemandes Schuld; dank meiner edlen und großzügigen Gönner habe ich mein Auskommen, wenngleich ich immer noch im College lebe wie Demokrit in seinem Garten. Ich existiere dort wie im Kloster, mir selbst Unterhaltung genug, abgesondert vom Aufruhr und dem Hader der Welt, die Zeitalter, Vergangenheit und Gegenwart, wie ein weiser Stoiker von einem erhöhten Standort aus betrachtend. Ich höre und sehe, was im Ausland geschieht, wie andere hasten, eilen, sich plagen und schinden in Stadt und Land. Fern halte ich mich den Händeln und Prozessen, den Eitelkeiten des Hofes und Intrigen der Politik und verlache alle, weil ich nicht in Unruhe sein muß, daß mein Verfahren eine schlechte Wendung nimmt, daß die Schiffe untergehen, das Korn und Vieh verdirbt und der Handel leidet. Ich habe nämlich kein Weib und keine gut oder schlecht geratenen Kinder, für die ich zu sorgen hätte. Als bloßer Beobachter der Geschicke und Abenteuer anderer Menschen kommt es mir vor, als spielten sie ihre Rollen in einem unserer Theater. Tagtäglich höre ich neueste Nachrichten und landläufige Gerüchte über Kriege, Seuchen, Feuer, Überschwemmungen, Diebstähle, Morde, Massaker, Meteore, Kometen, Geister, Wunder, Erscheinungen, über belagerte und eroberte Städte in Frankreich, Deutschland, der Türkei, Persien, Polen, von Aushebungen und Kriegsvorbereitungen, Schlachten und Gefallenen, über Zweikämpfe, Schiffsuntergänge, Piraterie und Seeschlachten, von Friedensschlüssen, Bündnissen, Kriegslisten und neuen Mobilmachungen, wie sie diese stürmischen Zeiten erzeugen. Ein großes Durcheinander von Schwüren, Wünschen, Klagen, Edikten, Petitionen, Prozessen, Gesetzen, Proklamationen und Beschwerden kommt uns täglich zu Gehör. Neue Bücher erscheinen Tag um Tag, Pamphlete, Flugschriften, Geschichten, ganze Kataloge mit den unterschiedlichsten Titeln, neue Paradoxa, Meinungen, Schismen, Ketzereien, Kontroversen in der Philosophie, Theologie usw. Eben erreichen uns Neuigkeiten über Hochzeiten, Maskenspiele, Mummenschanz, Lustbarkeiten, Jubiläen, Gesandtschaften, Turniere, Trophäen, Triumphzüge, Gelage, Wettkämpfe, Theaterstücke, dann wieder wie nach dem Umbau eines Bühnenbildes Nachrichten von Verrat, Betrügereien, Räubereien, Schurkenstreichen aller Art, Trauerfeiern, Beerdigungen, vom Ableben der Herrscher, von neuen Entdeckungen und Expeditionen, von mal komischen, mal tragischen Ereignissen. Heute erfahren wir etwas über Erhebungen in den Adelsstand und militärische Beförderungen, morgen über Absetzungen und dann wieder über neue Ehrungen. Einer wird freigelassen, der andere ins Gefängnis geworfen; einer kauft, der andere ruiniert sich, jener hat Erfolg, sein Nachbar macht bankrott; hier Hülle und Fülle, dort Hunger und Not; einer hastet zu Fuß, der andere reitet. Inmitten solcher Galanterie und solchen Elends, umgeben von Frohsinn, Stolz, Verwirrung und Sorgen, Einfalt und Schurkerei, Offenheit und Anstand, Gerissenheit und Gaunertum in allen möglichen Schattierungen friste ich meine ganz und gar zurückgezogene Existenz. Wie ich immer gelebt habe, so lebe ich weiter und überlasse mich ganz der Einsamkeit und meinen privaten Kümmernissen. Nur manchmal habe ich mir – um der Wahrheit die Ehre zu geben – wie Diogenes, der die Stadt, und wie Demokrit, der den Hafen aufsuchte, dadurch Unterhaltung und Kurzweil verschafft, daß ich herumspazierte und die Augen offenhielt. Dabei konnte ich nicht umhin, die eine oder andere Beobachtung zu machen, und zwar nicht wie sie, um über das Verhalten der Menschen zu spotten oder sie auszulachen, sondern eher mit gemischten Gefühlen:

Wie habt ihr mir oftmals
Galle erregt, oft lachenden Scherz mit eurem Getobe.

(Horaz)

Zwar habe ich des öfteren mit Lukian gelacht und gespottet, mit Menippus satirisch getadelt, mit Heraklit lamentiert, aber mir ist auch das Lachen im Hals steckengeblieben und die Galle hochgestiegen, wenn ich Zeuge von Mißständen wurde, die ich nicht ändern konnte. Allerdings benutze ich den Namen Demokrits nicht, um in solchen Fällen mein Mitgefühl zu verschleiern, sondern ich hülle mich in dieses Gewand, weil ich mir auf diese Weise ein wenig mehr Redefreiheit sichern kann, also – wenn man es denn unbedingt wissen will – aus eben dem Grund, von dem schon Hippokrates ausführlich in seinem Brief an Damagetus berichtet. In diesem Schreiben erzählt er von einem Besuch bei Demokrit, den er in seinem Garten vor den Toren Abderas in einer schattigen Laube antrifft, versunken in seine Überlegungen, ein Buch auf den Knien und manchmal hineinschreibend, dann wieder auf und ab gehend. Das Thema dieser Studie war Melancholie und Geisteskrankheit, und um ihn verstreut lagen die Kadaver der unterschiedlichsten Tiere, die er vor kurzem seziert und zerlegt hatte, um den Ursprung der schwarzen Galle ausfindig zu machen und zu erkunden, woher sie kommt und wie sie im menschlichen Körper erzeugt wird. Das tat er mit dem Hintergedanken, sich selbst von der Melancholie zu heilen und seine Mitmenschen durch seine Schriften und Beobachtungen darüber aufzuklären, wie man dieser Erkrankung zuvorkommen und ihr Ausbrechen verhindern könne. Eine gute Absicht, die Hippokrates rühmlich findet und der ich hier als Demokrit Junior in aller Demut nacheifern will. Demokrits Schrift blieb unfertig und ist verloren; quasi als sein Stellvertreter belebe ich sein Anliegen wieder, greife seine Forschungen auf und bringe sie in diesem Buch zum Abschluß.

Deshalb also benutze ich seinen Namen. Falls Titel und Zuschreibung aber weiterhin auf Bedenken stoßen und ich mich dadurch rechtfertigen wollte, daß ich andere anklagte, könnte ich zahllose Abhandlungen und sogar Predigtsammlungen anführen, die trotz ihrer Schlichtheit auf ihren Titelblättern noch ausgefallenere Pseudonyme aufweisen. Außerdem ist es heutzutage Usus, Büchern eine phantastische Titelei voranzustellen, damit sie sich besser verkaufen. Eingebildete Leser werden davon angelockt wie Lerchen von Leimruten oder wie Passanten, die ein Kunstwerk keines Blickes würdigten, von den billigen Machwerken einer Malerwerkstatt. Denn nichts nimmt – wie schon Scaliger weiß – einen Leser mehr gefangen als eine außergewöhnliche und unerwartete Beweisführung, und nichts findet schnelleren Absatz als ein skurriles Pamphlet, dessen Neuigkeitskitzel Appetit macht. Viele Autoren bilden sich, so Aulus Gellius, auf ihre Titel etwas ein und formulieren so, daß der, der eigentlich für seine niederkommende Tochter die Hebamme holen wollte, die Zeit vertrödelt. Ich für meinen Teil aber habe ehrbare Vorbilder für mein Vorgehen, und ich nenne als eines unter vielen nur die *Anatomie der Gewitztheit* von Anthony Zara, die in unseren Bibliotheken einzusehen ist.

Falls jemand an meiner Materie und der Art ihrer Behandlung

Anstoß nimmt und eine Begründung wünscht, kann ich mehr als eine liefern. Ich habe über die Melancholie geschrieben, um sie mir mit dieser Unternehmung vom Leibe zu halten. Es gibt nämlich keine gewichtigere Ursache der Schwermut als den Müßiggang und kein besseres Heilmittel, als sich zu beschäftigen, wie schon Rhazes behauptet. Und wenngleich gilt: Sich mit Torheiten zu befassen, bringt wenig Nutzen, so heißt es doch auch beim göttlichen Seneca: Besser Zweckloses tun als nichts. Und eben um die aus der Untätigkeit geborene Lethargie nicht aufkommen zu lassen, habe ich mich dem, was bei Macrobius spielerische Mühe heißt, unterzogen und meine freien Stunden sinnvoll genutzt:

> Zu singen, was lieblich zugleich und tauglich fürs Leben,
> was so den Leser zugleich aufheitert und lehrend ermahnt.
>
> (Horaz)

Zu diesem Zweck schreibe ich wie diejenigen, die nach Lukian aus Mangel an Zuhörern vor Bäumen und Säulen rezitieren. Nicht, weil etwas unbekannt oder unerwähnt wäre, sondern, mit Paulus Aegineta, um mich zu üben (eine Methode, die auch anderen körperlich und vor allem seelisch gut täte), oder vielleicht auch, um wie andere rühmlich hervorzutreten. Möglicherweise halte ich es mit Thukydides, der meinte, etwas zu wissen und es nicht in Worte zu fassen, sei das gleiche wie Ignoranz. Als ich meine Aufgabe zuerst anging, zielte ich darauf ab, mir schreibend den Kummer zu vertreiben, denn ich hatte ein schweres Herz und umwölktes Haupt, eine Art Abszeß im Kopf, von dem ich gern befreit werden wollte, und vermochte mir keine bessere Art der Entfernung vorzustellen als diese. Außerdem konnte ich mir selbst schlecht Fesseln anlegen, denn wen's juckt, der kratzt sich. Diese Krankheit, soll ich sagen meine Göttin Melancholie oder mein böser Geist, hat mir nicht wenig Verdruß bereitet, und deshalb bekämpfte ich wie der, der von einem Skorpion gestochen wird, Gleiches mit Gleichem, entfernte einen Nagel mit Hilfe eines zweiten, trieb eine Sorge mit der anderen aus, Müßiggang mit Zeitvertreib, und bereitete mir ein Gegengift aus dem, was die Hauptursache meines Leidens war. Oder vielleicht verhalte ich mich auch wie jener Mensch, der, wie bei Felix Platter nachzulesen ist, glaubte, einige der quakenden Frösche des Aristophanes im Bauch zu haben, deshalb sieben Jahre lang Medizin studierte und auf der Suche nach Linderung ganz Europa bereiste. Um mir selbst zu helfen, habe ich fast alle medizinischen Werke studiert, die sich in unseren Bibliotheken befinden oder die mir meine Freunde zugänglich machen konnten, und alle Mühen auf mich genommen. Warum auch nicht? Cardano gibt zu, daß er sein Buch *De Consolatione* nach dem Tod seines Sohns geschrieben hat, um sich zu trösten, ebenso schrieb Cicero nach dem Hinscheiden seiner Tochter in keiner anderen Absicht über das nämliche Thema, wenn das Werk authentisch ist und nicht, wie Lipsius vermutet, von einem Betrüger unter seinem Namen herausgebracht wurde. Was meine Person angeht, so kann ich vielleicht mit Sallusts Marius für mich in Anspruch nehmen, daß ich das gefühlt und praktiziert habe, was sich andere anlesen mußten oder nur vom Hörensagen kennen. Sie haben ihr Wissen aus Büchern, ich verdanke meins meinen melancholischen Anwandlungen selbst. Ich rede aus schmerzlicher Erfahrung, und ich möchte anderen aus Mitgefühl helfen. Wie jene tugendhafte Frau, die selbst aussätzig war und ihr Erbteil darauf verwandte, ein Hospital für Aussätzige zu bauen, will ich die größten Schätze, die ich besitze, nämlich meine Zeit und mein Wissen, zum Nutzen aller einsetzen.

Schön und gut, wird man einwenden, aber das sei eine unnötige und zwecklose Unternehmung. Denn wie viele ausgezeichnete Ärzte haben nicht schon Wälzer und ausgefeilte Abhandlungen zu diesem Thema veröffentlicht. Bei mir gibt es denn auch keine neuen Erkenntnisse; was ich aufschreibe, habe ich anderen entwendet, und jede Seite klagt mich des Diebstahls an. Allein, was sollte aus den meisten Schriftstellern werden, wenn man das Verdikt des Synesius vollstreckte, nach dem es ein größeres Verbrechen ist, sich am geistigen Eigentum von Toten zu vergreifen als an ihren Kleidern. Auf der Anklagebank hebe ich meine Hand mit den anderen, bekenne mich schuldig und bin es zufrieden, mit den übrigen im Druck zu sein. Es ist wahr, vielen juckt ihr literarisches Fell, und das Bücherschreiben nimmt kein Ende, besonders in unseren Kritzelzeiten, in denen die Druckerzeugnisse Legion sind, sich die Pressen im Belagerungszustand befinden und es jeden gelüstet, sich als Autor einen Namen zu machen. Sie schreiben über alles Mögliche und kratzen es von anderswo zusammen. Verhext von Ruhmsucht, ruinieren sie ihre Gesundheit, und daß sie kaum noch die Feder halten können, bringt sie ebensowenig vom Publizieren ab wie der Niedergang und Bankrott ihrer Mitmenschen. Unter die Schriftsteller wollen sie gerechnet werden, als Polyhistoren und Universalisten gelten, sich in diesen Zeiten ehrgeizigen Gerangels mit ihrer brotlosen

Kunst ein papierenes Königreich erwerben; und die, die noch kaum das Zeug zum Zuhören haben, müssen partout schon als Lehrer und Magister auftreten. Sie stürzen sich auf alle Disziplinen, auf theologische und weltliche Autoritäten, klappern die Indizes und Pamphlete so nach Bemerkenswertem ab wie unsere Handelsleute fremde Häfen nach Handelsware, schreiben Wälzer, auch wenn sie dadurch nicht bessere Gelehrte, sondern nur größere Schwätzer werden. Gewöhnlich schieben sie das Gemeinwohl vor, und doch ist es, wie Gessner bemerkt, Stolz und Eitelkeit, was sie vorantreibt, keine neuen und wertvollen Erkenntnisse, sondern das alte Lied mit neuen Worten. Sie werden Schriftsteller, damit die Drucker nicht zufällig einen freien Tag haben, und schreiben, um sich davon zu überzeugen, daß sie am Leben sind. Wie Apotheker rühren wir jeden Tag neue Mixturen an und gießen den Inhalt eines Gefäßes in ein anderes; wie die Römer alle Städte der Welt plünderten, um ihr schlecht gelegenes Rom auszustaffieren, so schöpfen wir den Rahm von fremder Milch und pflücken in kultivierten Gärten die auserlesensten Blumen, um damit unsere unfruchtbaren Parzellen herauszuputzen. Sie spicken ihre mageren Bändchen mit dem Fett fremder Werke. Alle haben sie wie ich an anderen etwas auszusetzen und dabei doch immer selbst Dreck am Stecken; Diebesgesindel, das die Alten bestiehlt, um seine neuen Kommentare aufzupolstern, auf dem Misthaufen des Ennius herumscharrt oder wie ich in der Abfallgrube Demokrits. Und so kommt es denn, daß nicht nur unsere Bibliotheken und Läden voll sind von unseren modrigen Papieren, sondern auch unsere Nachtstühle und Abtritte. Man benutzt sie als Unterlage für Pasteten, packt Gewürze darin ein und bewahrt mit ihrer Hilfe den Braten vor dem Verkohlen. Bei uns in Frankreich, sagt Scaliger, hat jeder die Freiheit zu schreiben, aber kaum einer die Fähigkeit. Früher waren kluge Gelehrte die Zierde der Wissenschaft, aber heute wird sie durch elende und ungebildete Schreiberlinge verunglimpft, die entweder aus Aufgeblasenheit, Bedürftigkeit und Geldgier schreiben oder, um sich als Parasiten bei den Großen einzuschmeicheln, Banalitäten, Unrat und Schund auf den Markt bringen. Unter Tausenden von Schriftstellern findet sich kaum einer, dessen Lektüre uns besser machte, sondern sie alle verderben ihre Leser, die sie anstecken, statt ihnen ein Licht aufzustecken.

So geschieht es oft, daß ein dickes Buch großes Unheil anrichtet. Cardano tadelt die Franzosen und Deutschen wegen ihres zwecklosen Geschreibsels. Dabei verbietet er ihnen die Schriftstellerei keineswegs, solange sie eigene und neue Ideen vortragen; aber wir weben immer noch am selben Stoff, flechten wieder und wieder dasselbe Seil, oder wenn wir tatsächlich auf etwas Neues verfallen, dann ist es nur eine Kinderei – Tand, den Hohlköpfe zu Papier bringen, damit andere Hohlköpfe ihn lesen – und wer könnte solche Erfindungen nicht machen. Denn der muß in der Tat einen seichten Geist besitzen, der in diesen Kritzelzeiten nicht wenigstens das eine oder andere zusammenpfuscht. Fürsten lassen ihre Armeen defilieren, die Reichen protzen mit ihren Häusern, Soldaten mit ihrer Mannhaftigkeit, die Gelehrten schreien ihre Kinkerlitzchen aus, und alle müssen hören und lesen, ob sie wollen oder nicht:

> Und was auf das Papier einmal er gesudelt, verlangt ihn
> allen zur Kunde zu bringen, die vom Backofen und Schöpfteich
> kehren, so Knaben wie Vetteln. (Horaz)

Welch eine Schar von Dichtern hat dieses Jahr hervorgebracht, beklagt sich schon Plinius bei Sossius Senecio, den ganzen April tagtäglich Rezitationen. Welche von Neuerscheinungen schwellenden Kataloge haben Frankfurter Messen und Inlandsmessen aufzuweisen. Zweimal jährlich strapazieren wir unser Genie und bieten die Ergebnisse feil, wobei die enormen Anstrengungen rein gar nichts bewirken. Und wenn nicht die von Gessner gewünschte schleunige Reform stattfindet und die Narrenfreiheit durch königlichen Erlaß und energisches Durchgreifen eingeschränkt wird, geht alles ad infinitum so weiter. Wer aber ist ein solcher literarischer Vielfraß, daß er alles, was auf den Markt kommt, zur Kenntnis nehmen könnte. Wie schon jetzt werden wir uns mit einem immensen Chaos von Büchern, einem solchen erstickenden Durcheinander herumschlagen müssen, daß uns die Augen vom Lesen und die Finger vom Umblättern schmerzen. Ich selbst bin in dieser Beziehung keine Ausnahme, das bestreite ich nicht, aber ich habe mit Macrobius zu meiner Verteidigung vorzubringen, daß meine Arbeiten mein Eigentum sind und doch auch wieder nichts davon mir gehört. Wie eine gute Hausfrau aus der Wolle etlicher Schafe ein einziges Stück Stoff webt, eine Biene ihren Honig vielen Blüten verdankt, so habe ich für diese Kompilation zahlreiche fremde Autoren benutzt. Dabei habe ich niemandem Unrecht getan, sondern jedem das Seine gelassen, und zwar nach dem Vorbild des von Hieronymus gerühmten Nepotian, der nicht, wie es heute üblich ist, ganze Verse, Seiten, Traktate stahl, ohne die Namen ihrer Urheber zu nennen, sondern jeweils auf das geistige

Eigentum des Cyprian, Lactantius, Hilarius, Minucius Felix, Victorinus oder Arnobius verwies. Und ebenso zitiere ich meine Gewährsleute, selbst wenn das einige ungebildete Tintenkleckser für pedantisch halten, weil es ihren aufgeblasenen Stilvorstellungen nicht entspricht. Ich habe geborgt, aber nicht gestohlen, und wenn Varro von den Bienen sagt, sie richteten keinen Schaden an, wenn sie Honig saugen, so frage ich für meinen Teil: Wem habe ich ein Leid zugefügt? Die Materie ist größtenteils die ihre und doch auch von mir angeeignet nach der Art, in der die Natur mit den Nahrungsmitteln verfährt, die sich unser Körper einverleibt, die er verdaut und assimiliert. Ganz ähnlich halte ich es mit der geistigen Nahrung. Ich fordere meinen Nahrungsquellen gleichsam einen Tribut ab, um dieses Potpourri zu Papier zu bringen, wobei nur die Methode der Verknüpfung meine eigene ist, ich mich aber im übrigen Wecker anschließe, der meinte, wir könnten nichts sagen, was nicht schon gesagt worden sei, deshalb beweise sich der Gelehrte allein in der methodischen Anordnung. Oreibasios, Aëtios, Avicenna stützen sich ganz auf Galen, haben aber ihren eigenen Darstellungsstil. Unsere Dichterlinge dagegen bestehlen Homer, und was er ausspeit, lecken sie auf. Theologen schreiben Augustinus immer noch verbatim ab, und unsere Geschichtsklitterer verfahren ähnlich, wobei der neueste jeweils als der beste gilt. Obwohl sich die Naturkunde und Philosophie der Alten vieler Giganten rühmen kann, behaupte ich doch mit Didacus Stella, daß ein Zwerg, der auf den Schultern eines Hünen steht, weiter sieht als der Riese selbst, und ebenso bin ich meinen Vorgängern dadurch über, daß ich hinzuzufügen und sie zu korrigieren weiß. Folglich bin ich ebensowenig voreingenommen, wenn ich mich anderen anschließe, wie es der berühmte Arzt Aelianus Montaltus war, der über die Krankheiten des Kopfes schrieb und sich dabei an Jason Pratensis, Heurnius und Hildesheim orientierte. Viele Pferde bestreiten ein Rennen, auch in den Wissenschaften. Der Leser mag sich widersetzen, soviel er will:

> Wenn auch immer und immer du mich anbellst
> und mich reizest durch unverschämtes Kläffen, (Martial)

ich bleibe bei meiner Methode. Was aber jene anderen Fehler angeht – die Barbarismen, das Dorisierende und Extemporierende, meine Tautologien, Nachäffereien, diese Rhapsodie der von allen möglichen Abfallhaufen zusammengeklaubten Lumpen, die tolle Mischung der Ausscheidungen fremder Schriftsteller mit Tand und Ziererei ohne

Kunst, Geist, Originalität, Urteil und Bildung, grob, ungehobelt, roh, aberwitzig, absurd, anmaßend, unverschämt, zusammengeschustert, unverdaut, eingebildet, skurril, nutzlos, langweilig und trocken –, so gestehe ich das alles ein, und kein Leser kann schlimmer von mir denken, als ich es selbst tue. Das Buch ist die Lektüre nicht wert, das konzediere ich, und die Beschäftigung mit diesem fruchtlosen Thema Zeitverschwendung. Wenn mir meine Leser so etwas vorsetzten, wäre ich vielleicht nicht weniger abgeneigt, weil es sich nicht lohnt. Alles, was ich zu bedenken gebe, ist, daß ich auf Präzedenzfälle verweisen kann, die Isokrates die Zuflucht der Sünder nennt, und auf Produkte, die nicht weniger absurd, eingebildet, seicht und unwissend waren. Andere haben Ähnliches oder vielleicht Schlimmeres auf dem Gewissen, und möglicherweise sogar mancher meiner Leser. Wir alle haben unsere Fehler, und ich, der ich andere kritisiert habe, entkomme meinen Kritikern nicht, denen ich wiederum Gleiches mit Gleichem vergelte. Wer will, der tadle, kritisiere, schimpfe und schmähe also nach Herzenslust, ich habe immer noch eine schlechtere Meinung von mir selbst:

> Magst großnäsig sein, wie du willst, ja, werde zur Nase,
> setztest du doch nicht mehr unsere Possen herab,
> als wir selber getan. (Martial)

Wie wenn Weiber keifen, habe ich als erster «du Hure» geschrien, und ich fürchte, bei manchem Tadel zu dick aufgetragen. Die Eitlen loben, die Dummen tadeln sich. Weil ich mir nichts anmaße, will ich andere nicht herabsetzen. Ich bin keiner der Besten, aber auch keiner der Geringsten. So wie ich einen Zoll, mehrere Fuß oder soundsoviele Klafter hinter diesem oder jenem zurück sein mag, so bin ich euch womöglich doch um Haaresbreite voraus. Sei es, wie es wolle, gut oder schlecht, jedenfalls habe ich es auf einen Versuch ankommen lassen und mich selbst ins Rampenlicht gerückt, also muß ich auch den Tadel über mich ergehen lassen, dem ich nicht entkommen werde. Allzu wahr ist es, daß unser Stil uns verrät, und wie Jäger nur den Spuren ihrer Beute folgen müssen, um sie aufzuspüren, so wird die geistige Eigenart eines Menschen in seinen Werken sichtbar, und aus seinem Redestil erfahren wir – nach der Maxime Catos – mehr über seinen Charakter als aus seinen Gesichtszügen. Auch ich habe mich in dieser Abhandlung zu erkennen gegeben, das weiß ich, und mein Innerstes nach außen gekehrt, und fraglos werde ich mir Kritik einhandeln, weil ich mich mit Erasmus von der Einsicht leiten lasse, daß es nichts Verbohrteres gibt als Werturteile, wobei es immerhin tröstlich scheint, daß die Maßstäbe dabei so verschieden sind wie die Geschmäcker:

Fast mißstimmen, so scheint's, drei Gäste in ihrem Geschmacke,
gänzlich Verschiednes verlangt ihr mannigfaltiger Gaumen.

(Horaz)

Unsere Schriften sind wie Speisen, unsere Leser wie Gäste, unsere Bücher wie die Schönheit, was der eine bewundert, weist der andere zurück, und man schätzt uns je nach Gusto und Mode. Die Grillen des Lesers bestimmen das Schicksal der Bücher, und was dem einen gefällt, das findet der andere so widerwärtig wie die Sau Majoran. So viele Menschen, so viele Köpfe, und was dieser verdammt, entflammt jenen. Der hält auf Substanz, für seinen Nachbarn zählt allein die Sprache, mancher liebt den freien und ungebundenen Stil, ein vierter tritt für einen klaren Aufbau ein, für kraftvolle Zeilen, Hyperbeln, Allegorien. Der wünscht ein gediegenes Frontispiz und entzückende Illustrationen, um die Aufmerksamkeit des Lesers zu erregen; ein anderer lehnt alle Bebilderung ab. Was diesem bewundernswert dünkt, verwirft jener als lächerlich und absurd. Und wer mit dem Temperament seines Lesers, mit seiner Methode und seinen Vorstellungen nicht haargenau auf einer Linie liegt, wer nicht nach dessen Vorlieben und Abneigungen dazusetzt oder ausläßt, der gilt ihm als ein ungebildeter Klotz, als Trottel und Esel, als Plagiator, oberflächlicher Pfuscher und Hohlkopf. Oder aber das Buch wird als bloße Fleißleistung abgetan, als Kompilation ohne Witz und Erfindungsgabe, als Bagatelle. Was einmal bewerkstelligt wurde, das scheint anschließend allen leicht, und an den holprigen Weg denkt niemand mehr, sobald die Straße gepflastert ist. Nicht anders werden Autoren bewertet und ihre Leistungen von Taugenichtsen heruntergemacht, die nichts Vergleichbares fertigbrächten. Jeder hält große Stücke auf seinen eigenen Verstand, und da es jeder Partei so geht, kann man es unmöglich jedem recht machen. Wie soll ich alle zufriedenstellen und jedes Temperament, jede Marotte treffen? Einige haben einen zu engen, andere einen zu weiten Horizont und bewerten Bücher, wie Augustinus bemerkt, nach dem Namen ihrer Verfasser, so wie gewisse Leute andere nach ihrer Kleidung beurteilen. Ihnen ist wichtig, wer schreibt, nicht, was geschrieben steht; der Ruhm des Autors verkauft das Buch, und sie achten auf den Becher, nicht das Getränk, die Prägung und nicht den Metallgehalt der Münze. Wenn der Verfasser nicht reich ist, in hoher Stellung, vornehm und angesehen, ein bedeutender Gelehrter und überhäuft mit den großartigsten Titeln, die er allesamt nicht verdient, dann ist er ein Trottel, obwohl schon Baronius im Zusammenhang mit dem Werk Caraffas feststellt, jemand, der einen anderen wegen seiner Armut herabsetze, sei ein Banause. Einige sind wie Freunde zu parteilich und großzügig, andere tragen ihre vorgefaßte Meinung nur heran, um zu kritteln, zu verunglimpfen, herabzusetzen und zu schelten (und halten vielleicht meine Hervorbringungen für ganz verabscheuungswürdig). Manche kommen wie Bienen um des Honigs willen, andere suchen wie Spinnen nach Gift. Was bleibt in solchem Fall zu tun? Ich nehme mir einen deutschen Wirt zum Vorbild, der in seinem Gasthaus demjenigen, dem Speise, Trank und Unterkunft nicht behagt, in barschem Ton zu verstehen gibt, dann solle er sich eben eine andere Unterkunft suchen, und verkünde entsprechend: Lest etwas anderes, wenn euch mein Buch nicht gefällt. Ich mache mir nicht viel aus eurem Tadel, denn am Ende geht es weder nach eurem noch nach meinem Willen, und Plinius Secundus behält recht, der Trajan schrieb, daß die Mühen des Geistes nichts fruchten, wenn nicht Gegenstand, Thema, Anlaß und förderndes Lob zusammenkommen. Während also die einen mit mir ins Gericht gehen und mich zerreißen, werden mich glücklicherweise andere anerkennen und empfehlen, und ich kann mit Jovius, dem es nicht anders erging, in aller Bescheidenheit feststellen, daß ich das Vertrauen und die Freundschaft bedeutender Kirchenfürsten und Adliger genossen habe und von vielen gelobt worden bin, die selbst in hohem Ansehen stehen. Auch die Reaktion auf die Satiren des Persius, die bei ihrer Veröffentlichung nach Probus sowohl bewundert wie auch heftig angefeindet wurden, findet etliche Parallelen in meinem Fall. Denn die erste, zweite und dritte Auflage war schnell vergriffen und wurde eifrig gelesen, wobei Spott und Zurückweisung allerdings den Beifall übertönten. Aber auch Demokrit wurde bewundert und heruntergemacht, und nicht einmal das Schicksal Senecas, dieses führenden Kopfes, dessen Gelehrtheit ans Wunderbare grenzt, bildet eine Ausnahme. Denn selbst dieser nach Plutarch unübertroffene Schriftsteller und berühmte Kritiker des Lasters, wie ihn Fabius nennt, dieser sorgfältige und allwissende Philosoph, der so hervorragend und bewundernswert formulierte, konnte es nicht allen Parteien recht machen und entkam dem Tadel nicht. Wie wird er von Caligula, A. Gellius, Fabius und sogar seinem Hauptadvokaten Lipsius verunglimpft. Nach Fabius finden sich viele kindische Passagen und Sätze, nach A. Gellius schreibt er oft nachlässig, sorglos, hausbacken und seicht, und Lipsius wirft ihm vor, zu Teilen seien seine Ausführungen gestelzt und verworren und besonders in seinen Briefen würfle er nach Art der Stoiker vieles ganz unmethodisch zusammen. Wenn schon Seneca und andere Berühmtheiten, die ich nennen könnte, so gegeißelt wurden, werde ich mich keinen falschen Hoffnungen hingeben. Wie soll ich, kaum der Schatten eines so großen Denkers, zu gefallen hoffen? Niemand ist nach Erasmus so vollkommen, daß er alle zufriedenstellen könnte, es sei denn, die Überlieferung macht ihn zum unangreifbaren Klassiker. Daß es selbst in solchen Fällen bisweilen anders aussieht, habe ich am Beispiel Senecas belegt. Wie sollte ich mich diesem allgemeinen Schriftstellerschicksal entziehen? Vielmehr nehme ich es auf mich. Ich suche keinen Beifall und buhle nicht um die Zustimmung des wankelmütigen Pöbels:

Reichlich gelobt sein
werd' ich, wenn, Leser, ich nicht werde verschmäht von dir.
(Ovid)

Für den Tadel der Tugendhaften dagegen bin ich empfänglich, und ich unterbreite ihm das Ergebnis meiner Mühen in der Hoffnung auf günstige Aufnahme; nur auf Sklavenzungen gebe ich nichts. Vielmehr achte ich die böswilligen und unflätigen Schmähungen, Spottreden und Verleumdungen solcher Lästermäuler nicht höher als Hundegekläff. Alles andere ist nicht der Rede wert, und ich habe dem, was ich in meiner Schlichtheit ausgeführt habe, kein Wort hinzuzusetzen.

Ein oder zwei Dinge hätte ich bei der Behandlung meines Gegenstandes allerdings gern anders und besser gemacht, wenn das in meiner Macht stünde. Für diese Versäumnisse bitte ich meinen geneigten Leser um Entschuldigung; auch halte ich es für ratsam, ihn wissen zu lassen, daß es nicht meine Absicht war, meine Muse auf englisch zu verkuppeln oder die Geheimnisse Minervas auszuplaudern. Vielmehr wollte ich das alles konziser in latein vortragen, hätte ich dafür einen Verlag gefunden. Jedes halbseidene Machwerk ist unseren geschäftstüchtigen Verlegern willkommen, in englisch drucken sie alles, aber Lateinisches vertreiben sie nicht, und das ist einer der von Nicholas Car in seiner Rede über die Armseligkeit der englischen Literatur angeführten Gründe dafür, daß in unserem Vaterland so viele geistreiche Köpfe dem Vergessen anheimgefallen, tot und begraben sind. Mein zweites großes Versäumnis liegt darin, daß ich die Vorlage nicht überarbeitet und meinen Stil nicht verbessert habe, der immer noch durch die Nachlässigkeiten des ersten Entwurfs geprägt ist. Aber mir fehlte die nötige Muße. Mein Buch entspricht also zugestandenermaßen weder meinen Wünschen noch den allgemeinen Erwartungen:

> Les' ich es doch, so schäm' ich mich sein; denn ich sehe, das meiste
> ist, urteil' ich auch selbst, wert, daß es gestrichen wird.
>
> (Ovid)

Und was das Schlimmste ist, ich bin mit vielen Punkten der Darstellung heute nicht mehr einverstanden, weil ich sie zu Papier brachte, als ich noch grün hinter den Ohren war. Vieles also würde ich gern widerrufen, aber dafür ist es zu spät, und ich kann für das, was fehlerhaft ist, nur um Nachsicht bitten.

Ich hätte mich in der Tat an die Vorschrift des Horaz halten sollen, nach der man ein Buch besser neun Jahre liegen läßt, bevor man es publiziert, und sorgfältiger vorgehen müssen. Wie Alexander der Arzt seinen Lapislazuli fünfzig Mal wusch, bevor er ihn benutzte, so wäre ich gut beraten gewesen, diese Abhandlung zu überarbeiten, zu berichtigen und zu ergänzen. Aber, wie gesagt, es fehlte mir dazu die Muße und jedwede Unterstützung oder Assistenz. Bei Lukian nimmt Pankrates, als er in Ägypten von Memphis nach Koptos reist und ihm ein Diener fehlt, den Querbalken, mit dem man eine Tür versperrt, spricht einige Zauberworte und verwandelt ihn in einen Bediensteten, der Wasser holt, der den Bratspieß dreht und ihm das Essen bringt. Und als er alle gewünschten Arbeiten verrichtet hat, verwandelt er ihn wieder in Holz zurück. Ich verfüge nicht über diese Fähigkeit, mir nach Belieben Menschen zu machen, und habe auch nicht die Mittel, sie anzuheuern oder sie wie ein Kapitän nach meiner Pfeife tanzen zu lassen. Ich besitze keine Befehlsgewalt und auch keinen solchen Gönner wie Origenes in dem edlen Ambrosius, der ihm sechs oder sieben Gehilfen bezahlte, die seine Diktate ins reine schrieben. Ich muß alle meine Geschäfte selbst erledigen und war daher wie ein Bär gezwungen, ein unförmiges Etwas in die Welt zu setzen, das ich dann aus Zeitmangel noch nicht einmal, wie jenes Tier es mit seinen Jungen tut, in die richtige Gestalt lecken konnte. Mein Buch kommt als Rohentwurf auf den Markt, als Frucht jenes improvisierenden Stils, den ich auch bei allen anderen Übungen benutze, wo ich das verströme, was mir meine Erfindungsgabe eingibt. Es ist aus einem Wirrwarr von Notizen hervorgegangen und wurde so spontan zu Papier gebracht, wie ich im Normalfall rede – ohne den falschen Prunk großer Worte, ohne schwülstige Phrasendrescherei und Begriffsgeklingel, ohne Tropen und bombastische Zeilen, die wie die Pfeile des Akestes im Flug Feuer fangen, ohne Geistesakrobatik, hitziges Pathos, Lobhudelei, übertriebene Verblümtheiten und anderen Zierat, wie ihn viele zur Schau stellen. Ich trinke Wasser und keinen Wein, der bekanntlich unsere modernen Geistesgrößen befeuert, ich schreibe in einer ungezwungenen, direkten, rüden Art, die das Kind beim Namen nennt. Es geht mir um die Sache, nicht um Worte. Ich rufe mir den Satz Cardanos in Erinnerung: Wörter sollen der Sache dienlich sein, nicht umgekehrt, und interessiere mich mit Seneca eher dafür, was ich schreibe, als dafür, wie ich es ausdrücke. Denn für denjenigen – so schon Philon –, der wirklich Sachverstand besitzt, sind Formulierungen zweitrangig, und denjenigen, die die Kunst des gewählten Ausdrucks pflegen, mangelt es an profundem Wissen. Außerdem bemerkt der weise Seneca, daß sorgfältige Wortwahl und sprachliches Raffinement mit Sicherheit auf einen verspielten Intellekt ohne Tiefgang hindeuten. Ein hübscher Stil ist keine männliche Zier, denn wie sagt er von der Nachtigall: Du bist nur Stimme und sonst nichts. Ich bin in dieser Beziehung also ein erklärter Anhänger des Sokratesschülers Apollonios, ich vernachlässige die schöne Rede und gebe mir alle Mühe, an den Verstand meines Lesers zu appellieren und nicht sein Ohr zu kitzeln. Es ist nicht mein Ehrgeiz oder meine Absicht, etwas wie ein Redner rhetorisch geschickt durchzukonstruieren, sondern mich selbst so einfach und klar wie möglich auszudrücken. Wie ein Fluß strömt, manchmal steil herabstürzend und geschwind, dann träge und langsam, mal geradeaus, mal sich schlängelnd, mal tief, mal seicht, mal trüb, mal klar, mal breit, mal eingeengt, so fließt auch mein Stil, mal ernst, mal heiter, mal komisch, mal satirisch, mal ausgefeilter, mal ungekünstelter, gerade wie es der jeweilige Gegenstand verlangt oder wie ich aufgelegt bin. Wer immer also diese Abhandlung lesen mag, dem wird es unterwegs nicht anders ergehen als einem gewöhnlichen Reisenden. Mal ist der Weg angenehm, mal beschwerlich, mal geht es durch freies Feld, mal zwischen Hecken hindurch, mal ist das Land öde, mal ist der Boden besser; durch Wälder, Haine, Berge, Täler, Ebenen kommt er, und ich werde ihm mancherlei bieten, was ihm zusagt, mancherlei, was ihm mißfällt.

Falls meine Methode die Sache fehlerhaft oder unvollständig darstellen sollte, gebe ich mit Columella zu bedenken, daß niemand alles beachten kann, also vieles unvollkommen bleibt, mit Recht kritisierbar ist und abgeändert und korrigiert gehörte – selbst bei so großen Gelehrten wie Galen und Aristoteles. Derjenige ist ein guter Jäger, der einiges fängt, nicht alles, und darum habe ich mich bemüht. Überhaupt bin ich nicht in der Materie zu Hause, sondern eher ein Dilettant und Außenstehender, der hier und da Blumen pflückt. Und wenn ein strenger Kritiker sich meiner Ausführungen annähme, wäre ich der letzte, der ihm bestritte, daß er nicht drei Fehler finden würde wie Scaliger bei Terenz, sondern dreihundert – soviel also, wie jener in Cardanos *De subtilitate* aufdeckte, oder Gul. Laurembergius, der verstorbene Rostocker Professor, in der Anatomie des Laurentius nachwies oder Barocius aus Venedig bei Sacroboscus. Und obwohl ich in dieser sechsten Auflage hätte genauer vorgehen und alle früheren Ungereimtheiten und Entgleisungen korrigieren sollen, erwies sich das als so schwierig und mühsam, daß ich mich an die praktische Erfahrung der Zimmerleute halte, nach der es bisweilen besser ist, ganz neu zu bauen, als ein altes Haus wieder instand zu setzen. Es würde mich jedenfalls dieselbe Mühe kosten, noch einmal ein Werk gleichen Umfangs zu schreiben oder aber das Vorliegende zu überarbeiten. Falls mir Irrtümer unterlaufen sind, was ich zugestehe, sind deshalb freundliche Ermahnungen geboten, keine verletzenden Schmähungen. Überhaupt sollten Männer der Wissenschaft nicht lauthals miteinander streiten und rechten, denn wir sind

> beide Arkader, jugendlich blühend, im Singen einander
> völlig gewachsen, auch schlagfertig schon zum Wechselgesange,
> (Vergil)

und haben nichts davon, wenn wir uns öffentlich in den Haaren liegen. Wenn wir uns gegenseitig einen Tort antun, amüsiert das nur die Außenstehenden. Sollte ich eines Irrtums überführt werden, will ich ihn liebend gern berichtigen, sollte sich etwas eingeschlichen haben, was der Moral oder der Wahrheit zuwiderläuft, erkläre ich es für ungeschrieben. Ansonsten wünschte ich mir eine wohlwollende Kritik aller Versäumnisse, des ungehobelten Satzbaus, der Pleonasmen und Tautologien, der falschen Zeiten, Numeri und Druckfehler. Meine Zitatwiedergaben sind oft eher Umschreibungen als wörtliche Übersetzungen, aber als Autor nehme ich mir diese Freiheit, und ich habe nur das ausgewählt, was mir zweckdienlich schien. Nicht selten unterbrechen die Zitate den Text, was auf Kosten der stilistischen Eleganz geht. Griechische Autoren wie Platon, Plutarch, Athenaios und andere habe ich der

Einfachheit halber in lateinischer Übersetzung zitiert. Ich habe Theologisches und Weltliches vermischt und hoffentlich das erstere dadurch nicht profanisiert und bei Aufzählungen Autorennamen nicht in der chronologischen Reihenfolge, sondern nach dem Zufallsprinzip angeführt, so daß je nach Gedächtnisleistung manchmal die Modernen vor den Alten zu stehen kamen. Etliches habe ich geändert und in dieser sechsten Auflage getilgt, anderes verbessert und manches hinzugesetzt, weil mir unterdessen viele weitere bemerkenswerte Autoren in die Hände gekommen sind und ich es nicht für nachteilig, unschicklich oder fahrlässig halte, sie erst jetzt zu berücksichtigen:

Nie hat jemand seine Rechnung für das Leben gemacht so gut,
daß nicht Schicksal, Alter, Erfahrung stets was Neues gebracht
oder gelehrt; so daß du, was du glaubtest zu wissen,
doch nicht weißt,
und was dir das Beste schien, da wo's Versuchen gilt,
verschmähst. (Terenz)

Allerdings bin ich entschlossen, keine weitere Überarbeitung vorzunehmen. Ich werde nichts mehr hinzusetzen, ändern oder widerrufen. Das Buch ist abgeschlossen. Der letzte und gewichtigste Einwand nun ist gleichsam der des Menedemus an die Adresse des Chremes, daß ich mich nämlich als Theologe in die Heilkunst eingemischt hätte:

Vergönnt dir soviel Muße dein Geschäft,
daß Fremdes dich bekümmert, was dich nichts angeht? (Terenz)

Habe ich etwa so viel freie Zeit, bin ich in meinem eigenen Metier so unterbeschäftigt, daß ich die Medizin nicht den Medizinern überlassen kann und mich der Angelegenheiten Dritter annehmen müßte, die mich nichts angehen? Was habe ich mit der Heilkunde zu schaffen? Als einst die Lakedämonier eine öffentliche Angelegenheit berieten, hielt ein verkommenes Subjekt eine glänzende Rede, die allgemeine Zustimmung fand. Da erhob sich ein ehrwürdiger Senator und wollte den Vorschlag auf jeden Fall zurückgewiesen wissen, weil er trotz seiner Qualitäten keinen besseren Urheber habe. Ein tugendhafter Mensch solle dieselbe Argumentation nochmals vortragen, und dann möge man ihr zustimmen. Dieser Empfehlung wurde Folge geleistet, und der gute Rat, nachdem der liederliche Ratgeber ausgetauscht worden war, in die Tat umgesetzt. Vielleicht behauptet irgendein Miesepeter ähnliches von mir und möchte das, was ich auf dem Feld der Heilkunde geschrieben habe, nur gelten lassen, wenn ein ausgebildeter Mediziner es zu Papier gebracht hätte. Der soll mich anhören. Ich gestehe ihm ohne weiteres zu, daß es viele menschliche und göttliche Gegenstände gibt, die es wert sind, behandelt zu werden. Und wenn ich geschrieben hätte, um mich zu produzieren, hätte ich sicherlich eine andere Wahl treffen müssen, denn auf Gebieten, auf denen ich mich besser auskenne, hätte ich leichter brillieren und mich und andere eher zufriedenstellen können. Aber wie das Schicksal es wollte, war ich damals auf den Fels der Melancholie aufgelaufen, wurde von jenem Nebenfluß fortgetragen, der zuerst wie ein Rinnsal vom Strom meiner eigentlichen Studien abzweigte, und habe mich in meinen Mußestunden mit dieser Materie beschäftigt und vergnügt. Natürlich ziehe ich das dringend notwendige und zweckdienliche Studium der Melancholie nicht dem der Theologie vor, die ich als Königin der Wissenschaften anerkenne, der alle anderen Disziplinen zu dienen haben; trotzdem sah ich hier keinen so großen Bedarf. Theologische Kommentare, Abhandlungen, Darlegungen und Predigtsammlungen gibt es zuhauf, und ein Ochsengespann reichte nicht aus, um das alles zu transportieren. Wäre ich so vorlaut und ehrgeizig wie andere, hätte ich vielleicht eine Predigt in Paul's Cross, eine in St. Mary's Oxon, eine dritte in Christ-Church in Druck geben können, Predigten vor dem ehrenwerten Soundso, vor Ihrer Hochwürden und Hochwohlgeboren, Predigten in latein, in englisch, berühmte und vergessene und so weiter und so fort. Nur war ich gleichermaßen begierig, solche Arbeiten in der Schublade zu behalten, wie andere darauf aus sind, sie drucken und verlegen zu lassen. Sich an theologischen Debatten zu beteiligen, hätte bedeutet, der Hydra einen Kopf abzuschlagen, wobei ein Händel den nächsten erzeugt und einen solchen Wust an Zweit- und Drittschriften, solche Problemschwärme in die Welt setzt, daß ich bis an mein Lebensende diesem heiligen Krieg der Federfuchser nicht mehr entkommen wäre. Man kann eher, was schon Papst Alexander VI. bemerkte, einen großen Fürsten herausfordern als einen Bettelmönch, einen Jesuiten oder – wie ich hinzusetze – das Mitglied eines Priesterseminars, denn das ist eine unfehlbare Gesellschaft, die sich das letzte Wort nicht nehmen läßt. Und dabei gehen sie mit solcher Unduldsamkeit, solcher Frechheit, solchem widerwärtigen Lug und Trug, solcher unerbittlichen Härte ans Werk, daß man sich mit Horaz nicht erklären kann, ob sie blinde Wut, der Irrtum, die Unbesonnenheit oder etwas anderes dazu aufhetzte. Mit Augustinus bin ich gewiß, daß die Heiterkeit der Nächstenliebe nur zu oft von diesem Unwetter des Haders verdüstert wird und daß in allen Disziplinen auf diese Weise schon mehr Dämonisches heraufbeschworen worden ist, als wir wieder zu bannen wissen. Diese Geister wüten dermaßen und verursachen einen solchen Radau, daß Fabius meinte, es wäre für manchen besser gewesen, stumm und tumb zur Welt zu kommen, als sich so um sein Seelenheil zu spintisieren. Nach Severinus dem Dänen ist es auch ein weitverbreiteter Fehler der Mediziner, daß diese Unglücklichen ihre Tage mit nutzlosen Fragestellungen, Disputationen und Spitzfindigkeiten vertun und die wahren Schätze der Natur unberührt lassen. Obwohl dort die besten Heilmittel für alle möglichen Krankheiten zu finden wären, vernachlässigen sie nicht nur diese Quelle, sondern hindern auch noch andere, die sie verdammen und verspotten, daran, hier Nachforschungen anzustellen. Dies sind die Motive, die mich zur Wahl meines heilkundlichen Gegenstandes veranlaßt haben.

Sollte ein Arzt daraus ein «Schuster bleib bei deinen Leisten» ableiten wollen und sich grämen, daß ich ihm ins Handwerk pfusche, so gebe ich ihm nur kurz Bescheid, daß ich ihn und seine Kollegen nicht anders behandle als sie uns. Ich kenne viele Mitglieder dieser Zunft, die sich, sobald sie sich einen Vorteil und eine Pfründe davon versprachen, ordinieren ließen, und sehe nicht ein, warum sich, wenn das ein ganz üblicher Berufswechsel ist, ein melancholischer Theologe, der es sonst nur durch Simonie zu etwas bringen kann, nicht in der Heilkunde umtun soll. Der Italiener Drusianus – von Trithemius fälschlich Crusianus genannt – gab seinen Beruf, den er ohne großen Erfolg praktizierte, auf und schrieb theologische Bücher. Marsilio Ficino war beides, zugleich Arzt und Seelsorger, und T. Linacre ließ sich noch im Alter zum Priester weihen. Auch die Jesuiten können beides gleichzeitig und praktizieren mit Erlaubnis ihrer Oberen als Chirurgen, Zuhälter, Kuppler und Geburtshelfer. Viele arme Landpfarrer, die über keine anderen Mittel verfügen, müssen sich als Quacksalber und Kurpfuscher über Wasser halten. Und weil unsere geizigen Patronatsherren uns nur einen so kargen Lebensunterhalt zukommen lassen, wie das gang und gäbe ist, zwingen sie die meisten von uns dazu, zusätzlich wie Paulus ein Handwerk auszuüben und sich als Heuerling, Mälzer, Obst- und Gemüsehändler, Viehzüchter, Schankwirt oder Schlimmeres zu verdingen. Ich hoffe jedoch, daß ich bei diesem meinem Geschäft, wenn ich es recht bedenke, nicht gegen die guten Sitten verstoße, und kann mich mit jenen beiden gelehrten Theologen Georgius Braunus und

Hieronymus Hemingius rechtfertigen, von denen sich – um ein oder zwei Zeilen bei meinem älteren Bruder auszuleihen – der eine zu Abbildungen und Karten, Ansichten und kurzweiligen länderkundlichen Studien hingezogen fühlte und einen umfassenden Städteführer schrieb, während der andere aufgrund seiner Liebe zur Stammbaumforschung sein *Theatrum Genealogicum* verfaßte. Oder ich kann mir das Argument zueigen machen, das der Jesuit Lessius in einem vergleichbaren Fall benutzte, daß ich nämlich eine Krankheit der Seele behandle, was ebenso in die Kompetenz eines Theologen wie die eines Mediziners fällt, wobei die zahlreichen Berührungspunkte zwischen beiden Berufen bekannt sind. Schließlich ist ein guter Gottesmann auch ein guter Arzt, oder er sollte es wenigstens sein, ein Arzt der Seele, wie sich unser Heiland nennt und 4. Matth. 23, 5. Luk. 18 und 7. Luk. 21 bezeugen. Beide unterscheiden sich nur nach ihrem Gegenstand, der eine zielt mit seinen Medikamenten auf den Körper, der andere auf die Seele; dieser heilt die Seele über den Leib, jener den Leib über die Seele, wie D. Clayton, unser Regius-Professor der Medizin, kürzlich in einer gelehrten Vorlesung überzeugend dargelegt hat. Der eine lindert die Laster und Leidenschaften der Seele, Zorn, Begierde, Verzweiflung, Stolz, Dünkel, indem er geistliche Arzneien verschreibt, der andere benutzt Heilmittel im Wortsinn bei körperlichen Gebrechen. Weil nun die Melancholie eine Krankheit sowohl des Leibes wie der Seele ist und als solche eine geistliche wie eine medizinische Behandlung verlangt, könnte ich mich gar nicht nutzbringender beschäftigen und kein geeigneteres, dringlicheres und passenderes Thema finden, welches sowohl alle Stände angeht wie auch einen ganzen Arzt und einen ganzen Seelsorger erfordert. Allein kann ein Theologe gegen diese komplizierte und vielschichtige Krankheit wenig ausrichten, und bei einigen Arten der Melancholie ist der Arzt noch hilfloser, aber zusammen können sie das Übel mit Sicherheit auskurieren:

Es bedingt so eines des anderen Hülf'. (Horaz)

Was beiden ansteht, ist, hoffe ich, auch für mich nicht unziemlich, der ich von Haus aus Theologe bin und der Neigung nach Mediziner. Jupiter stand bei meiner Geburt im sechsten Haus, und ich kann mit Beroaldus von mir sagen, daß ich zwar kein Arzt bin, aber doch in der Heilkunde nicht ganz unbewandert. Mit der theoretischen Medizin habe ich mich auseinandergesetzt, wenn auch nicht, um zu praktizieren, sondern um meine Neugier zu stillen, was gleichfalls Anlaß gab, um dieses Projekt in Angriff zu nehmen.

Sollten dem geneigten Leser diese Begründungen noch nicht zureichend erscheinen, folge ich dem Beispiel des freigebigen Alexander Munificus, Prälat und längere Zeit Bischof von Lincoln. Camden erzählt von ihm, er habe sechs Burgen gebaut, und anschließend, um damit keinen Neid zu erwecken – diese Formulierung hat Nubrigensis wortwörtlich von Roger, dem wohlhabenden Bischof von Salisbury, der während der Regierungszeit König Stephans die Schlösser Sherborne und Devizes errichtete – und um den Skandal und Makel abzuwenden, die ihm daraus hätten erwachsen können, Gotteshäuser in gleicher Zahl. Also verspreche auch ich für den Fall, daß diese Darlegung zu medizinisch ausfällt oder der alte Adam zu sehr im Vordergrund steht, Wiedergutmachung durch einen theologischen Traktat. Und damit wird man sich hoffentlich zufriedengeben, nachdem man sich mit dem Gegenstand meiner Untersuchung, der krankhaften Melancholie, näher vertraut gemacht und meine Beweggründe bedacht hat, nämlich die Allgegenwart dieses Übels, die Notwendigkeit einer Behandlung und die Vorteile und Wohltaten, die allen Menschen aus der Kenntnis dieser Krankheit erwachsen werden – Gründe, die ich im folgenden genauer erläutern will. Am Ende wird man mir fraglos zustimmen, daß die alle Teile unseres leibseelischen Mikrokosmos umfassende Anatomie dieses Temperaments eine ebenso große Aufgabe darstellt wie die Auflösung der chronologischen Irrtümer in der assyrischen Thronfolge, die Quadratur des Zirkels, die Vermessung der Buchten und Meerengen der Nordost- und Nordwestpassagen, daß sie als Entdeckung ebensoviel wert ist wie die der Terra Australis Incognita durch jenen landhungrigen Spanier und daß sie schließlich und endlich ebensoviel Mühe und Anstrengung gekostet hat wie die genaue Berechnung der Mars- und Merkurbahnen, die unsere Astronomen zur Verzweiflung treibt, oder die Berichtigung des Gregorianischen Kalenders. Für meinen Teil kommt es mir wenigstens so vor, und ich hoffe wie Theophrast nach der Abfassung seiner *Charaktere*, daß dieses Buch, o Freund Polykles, den Nachgeborenen dadurch von Nutzen sein wird, daß sie das, was bei ihnen in Unordnung ist, nach unseren Beispielen berichtigen und unsere Vorschriften und Warnungen zum eigenen Vorteil beherzigen. Wie jener große Heerführer Zisca nach seinem Tode eine Trommel aus seiner Haut angefertigt wissen wollte, weil er glaubte, noch ihr Klang würde seine Feinde in die Flucht schlagen, so zweifle ich nicht daran, daß der Vortrag oder die Lektüre der folgenden Zeilen – auch wenn ich nicht mehr sein werde – die Melancholie so verläßlich vertreiben wird, wie Ziscas Trommel seine Widersacher in Furcht und Schrecken versetzte. Aber eine Mahnung gebe ich meinen gegenwärtigen und zukünftigen Lesern mit auf den Weg: Der akut Schwermütige überschlage die Abschnitte über Symptomatik und Heilungschancen, damit er das Gelesene nicht auf sich selbst bezieht und durch Personalisierung allgemeiner Beobachtungen sein Leiden verschlimmert, sich Sorgen macht und wehtut und also am Ende mehr Schaden als Nutzen hat. Man lese solche Passagen also mit Bedacht, denn, so Agrippa, der Autor spricht Steine, und seine Leser müssen auf der Hut sein, damit er ihnen nicht den Schädel einschlägt. Der Rest ist zweifellos unbedenklich, und jeder wird Gewinn davon haben. Aber ich schweife ab und will fortfahren.

Wer an der Notwendigkeit meiner Unternehmung und der Allgegenwart der Melancholie Zweifel hegt, dem empfehle ich wie einst Cyprian dem Donatus, einmal die Welt Revue passieren zu lassen, sich selbst in Gedanken auf den Gipfel eines hohen Berges zu versetzen und von dort auf das Durcheinander und die Unberechenbarkeit dieses Gewoges herabzusehen. Er wird nicht umhin können, über dem Treiben entweder in Lachen auszubrechen oder Mitleid zu empfinden. St. Hieronymus besaß eine so starke Einbildungskraft, daß er in der Wildnis die Einwohner Roms tanzen sehen konnte, und wenn der Leser entweder seine Imagination bemüht oder emporklettert, wird er bald merken, daß die ganze Welt verrückt, melancholisch und toll ist. Sie gleicht, wie es Epichthonius Kosmopolites kürzlich auf einer Karte verbildlicht hat, einem Narrenschädel, einem Wolkenkuckucksheim oder nach Apollonius einem normalen Zuchthaus voll von Tölpeln, Betrügern, Schmeichlern und ist also dringend reformbedürftig. Strabon vergleicht Griechenland im neunten Buch seiner Geographie mit der Gestalt eines Mannes, ein Vergleich, den Nic. Gerbelius in seiner Erläuterung der Karte des Sophianus gutheißt. Die Brust dehnt sich von den Akrokeraunischen Bergen in Epirus bis zum Kap Sunion in Attika; Pagä und Megara bilden die beiden Schultern, der Isthmus von Korinth den Hals, die Peloponnes den Kopf. Wenn diese Anspielung zutrifft, ist es fraglos ein verrückter Kopf. Um es frei heraus zu sagen, die Einwohner des modernen Griechenland weichen nicht weniger von Vernunft und wahrer Religion ab als die Peloponnes vom Bild eines

Menschen. Und wenn man die übrige Welt auf die gleiche Weise untersucht, wird man feststellen, daß die Königreiche und ihre Provinzen melancholisch sind, ebenso wie alle Städte und Familien und alle pflanzliche, tierische und vernunftbegabte Kreatur, daß alle Stände, Konfessionen, Altersgruppen, Charaktere sich in Disharmonie befinden und wir alle uns, wie auf dem Bild des Cebes dargestellt, schon vor unserer Geburt am Becher des Irrtums berauscht haben und also vom Höchsten bis zum Geringsten ein Gegenmittel benötigen. Und jene seltsame Vorgehensweise bei Seneca, wo Vater und Sohn sich gegenseitig ihren Wahnsinn beweisen, ist vielleicht allgemeine Übung; und Porcius Latro zeugt gegen uns alle. Denn wer ist kein Dummkopf, wer ist nicht melancholisch, verrückt, geisteskrank? Narrheit, Schwermut, Irrsinn bilden eine einzige Krankheit, und Delirium kann als ihre umfassende Bezeichnung dienen. Alexander Gordonius, Jason Pratensis, Savonarola, Guianerius, Montaltus wollen sie fälschlich auseinanderdividieren, und ein altes stoisches Paradox lautet, alle Narren sind verrückt, aber einige mehr als andere. Doch wer ist kein Narr? Wer ist frei von Melancholie? Wessen Wesen und Verhalten ist nicht mehr oder weniger damit durchtränkt? Nach Plutarch erzeugen schlechte Veranlagungen, wenn man sie nicht bekämpft, schlimme Gewohnheiten, und diese sind schon oder werden rasch zu Gebrechen. Die gleiche Ansicht vertritt Cicero im zweiten seiner *Gespräche in Tusculum:* Narren sind krank wie alle, die im Kopf nicht ganz richtig sind, denn was ist nach der Definition von Gregorius Tholosanus Krankheit anders als eine Auflösung und Zerrüttung jenes körperlichen Bundes, den die Gesundheit stiftet. Und wer ist nicht krank oder anfällig? Wen übermannt nicht Leidenschaft, Zorn, Neid, Mißgunst, Furcht und Sorge? Wer laboriert nicht an diesen Gebrechen? Nur ein wenig Geduld, und man wird sehen, welche Zeugnisse, Bekenntnisse und Belege ich zum Beweis der These anführen kann, daß die meisten Menschen verrückt sind und es zu Zeiten Strabons ebenso nötig hatten, nach Anticyrae, wo die Nieswurz wächst, zu pilgern wie heute nach Compostela, zur Lieben Frau von Sichem oder nach Loreto, wo sie sich Hilfe erhoffen, daß solche Wallfahrten wahrscheinlich so gedeihlich sind wie eine Reise nach Guyana und daß der Bedarf an Nieswurz den an Tabak bei weitem übersteigt.

Daß die Menschen übellaunig, schwermütig, verrückt, wirrköpfig sind, bezeugt der Prediger Salomo im zweiten Kapitel, Vers 12: Da wandte ich mich zu sehen die Weisheit und die Tollheit und Torheit, und Vers 23: Denn alle seine Lebtage hat er Schmerzen mit Grämen und Leid, daß auch sein Herz des Nachts nicht ruht. So kann man unter Melancholie vieles verstehen und sie begreifen als Schwermut im eigentlichen oder uneigentlichen Sinn, als Anlage oder Gewohnheit, als Auslöser von Schmerz- oder Lustempfindungen, als Schwachsinn, Mißmut, Furcht, Kummer, Verrücktheit, sie das alles oder nur einen Teil davon umfassen lassen, buchstäblich oder metaphorisch von ihr reden – es sind jeweils Aspekte derselben Sache. Nach Salomo ist selbst das Lachen verrückt, und nach Paulus wirkt die Traurigkeit der Welt den Tod. Das Herz der Menschen wird, so der Prediger Salomo, voll Arges, und Torheit ist in ihren Herzen, dieweil sie leben (Kap. 9, V. 3). Allerdings haben auch die Weisen kein besseres Los, denn wo viel Weisheit ist, da ist viel Grämens; und wer viel lernt, der muß viel leiden (Kap. 1, V. 18). Also haßte er das Leben, nichts konnte ihn fröhlich stimmen; er verabscheute seine Arbeit, weil alles, wie er fand, eitel und Haschen nach Wind sei. Denn selbst der weiseste Mensch der Welt kann sich nicht erlösen oder auch nur seine Taten rechtfertigen: Denn ich bin der allernärrischste und Menschenverstand ist nicht bei mir (30. Spr. 2). Das mögen Salomos Worte sein oder die Agurs, des Sohnes Jakehs, jedenfalls sind sie kanonisch. David, ein Mann ganz nach Gottes Herzen*, gesteht das Gleiche von sich im 73. Psalm Vers 21 und 22: Da war ich ein Narr und wußte nichts; ich war wie ein Tier vor dir. Er hält alle für Toren (Psalm 53 und 32. 9; 49. 20) und vergleicht sie mit Rossen und Maultieren, die nicht verständig sind. Auch der Apostel Paulus schätzt sich so ein: Das sage ich, als wären wir schwach geworden. Ich rede in Torheit (2. Kor. 11. 21). Man vergleiche aus 5. Mose 32. 6; Jer. 4; 3. Amos 1. 5. Eph. 6. O ihr unverständigen Galater, wer hat euch bezaubert, daß ihr der Wahrheit nicht gehorchet? (3. Gal. 1). Wie oft werden die Angesprochenen nicht mit dem Attribut des Wahns und der Torheit gebrandmarkt. Keine Bezeichnung kommt häufiger bei den Kirchenvätern und Theologen vor, und daran kann man sehen, welche Meinung sie von der Welt hatten und wie sie die Taten der Menschen einschätzten.

Bekanntlich denkt man heute ganz anders und hält die Machthaber und Würdenträger, die Fürsten, Stadtväter und Reichen für gescheit. Sie kommen wohl schon als Weise auf die Welt, und allen Politikern und Staatsmännern geht das so, denn wer wagte es, den Mund aufzutun und sich gegen sie zu stellen. So verderbt ist unser Urteil, daß wir auf der anderen Seite weise und ehrenwerte Menschen für Narren halten. Schon Demokrit bedeutet in einem Brief an Hippokrates, die Abderiten betrachteten Tugend als Narretei, und ebenso verhalten sich die meisten unserer Zeitgenossen. Soll ich den Grund verraten? Fortuna und die Tugend mit ihren Sekundanten Torheit und Weisheit traten einst bei den olympischen Spielen gegeneinander an. Jedermann glaubte, daß Fortuna und die Torheit unterliegen würden, und bedauerte ihr Geschick. Aber es kam ganz anders. Fortuna war blind, und es kümmerte sie nicht, wen oder wohin ihre regellosen Schläge trafen. Die Tugend und Weisheit wichen zurück, und das gemeine Volk pfiff sie aus und wollte nichts mehr von ihnen wissen, seine Bewunderung galt fortan der Torheit und Fortuna, und es hängt ihnen an bis auf den heutigen Tag. Schufte und Dummköpfe stehen in den Augen dieser Weltkinder immer noch am besten da und erfreuen sich allgemeiner Wertschätzung. Vielen guten Menschen dagegen ist es zu Lebzeiten schlecht ergangen. Archis hielt David nach 1. Sam. 21. 14 für einen Verrückten. Elisa und die übrigen Propheten wurden nicht anders beurteilt, das Volk verspottete David, und er schreibt: Ich bin vor vielen wie ein Wunder (71. Psalm 6). Wir aber sind Narren um Christi willen, heißt es im 1. Korinther 4, Vers 10, und Christus und seine Jünger wurden gleichermaßen eingeschätzt (10. Joh., 3. Mark. 26), und nicht anders erging es den Christen zu Zeiten des Plinius, die man wenig später Jünger der Unvernunft, Umstürzler, lasterhafte Neuerer, Fanatiker, Hunde, Übeltäter, Giftmischer und galiläische Wichte schimpfte. Bei uns ist es gängige Übung, ehrbare, fromme, rechtgläubige, gottesfürchtige und rechtschaffene Menschen zu Idioten und Eseln zu stempeln, weil sie nicht lügen und betrügen können oder wollen und unfähig sind zu heucheln, sich zu verstellen, zu schmeicheln, den rechten Untertanengeist an den Tag zu legen, gute Geschäfte zu machen, Rivalen auszustechen, zu reüssieren, vor ihren Förderern zu katzbuckeln und nach unten zu treten, sich Gesetzen, Sitten und Gebräuchen bedingungslos zu unterwerfen, lauthals zu loben, für andere durch dick und dünn zu gehen, Meinungen zu übernehmen und an nichts zu zweifeln, alles zu glauben, alles auszuhalten, sich über nichts zu beklagen und alles das zu praktizieren, was Sicherheit und Beförderung garantiert und die Betreffenden angeblich zu einem Ausbund des Glücks und der Klugheit werden läßt. Solche Opportunisten blicken auf alle herab, die nicht wie sie lavieren, die

Hand aufhalten und andere bestechen können, sondern Gott fürchten und ihr Gewissen befragen. Aber der Heilige Geist, der besser zu urteilen weiß, nennt eben jene Narren. Die Toren sprechen in ihrem Herzen (53. Psalm 2); dies ihr Tun ist eitel Torheit (49. Psalm 14). Denn was kann törichter sein, als sich für nichtige weltliche Vergnügungen ewige Höllenstrafen einzuhandeln, wie Gregor und andere uns einschärfen.

Ja sogar jenen großen Philosophen, die die Welt immer in ehrendem Andenken gehalten hat, deren Werke wir hochschätzen, deren Weisheit anderen zum Vorbild gereichte, sogar jenen Erfindern der Künste und Wissenschaften erging es nicht anders. Das Orakel des Apoll erklärte Sokrates zum weisesten Menschen seiner Zeit, seine beiden Schüler Platon und Xenophon nannten ihn den besten und weisesten, den glücklichsten und gerechtesten aller Sterblichen und verklärten und vergotteten ihn mit diesen Ehrentiteln nicht weniger als Alkibiades, der ihn ebenfalls in die Unvergleichlichkeit emporlobt. Achilles sei ein großer Mann gewesen, meint er, und Brasidas und andere könnten ihre Bedeutung mit seiner eigenen messen, Antenor und Nestor stünden ranggleich neben Perikles usw., aber niemand von den Alten oder Zeitgenossen könne sich mit Sokrates vergleichen oder ihm auch nur nahekommen. Die Sieben Weisen Griechenlands, die Druiden Britanniens, die indischen Brahmanen, äthiopischen Gymnosophisten, persischen Magier, Apollonios, der nach Philostrat von Geburt an weise war, Epikur, den sein Schüler Lukrez so außerordentlich bewunderte, sie alle zählen zur Gruppe derer, über die wir solche übertriebenen Lobreden hören:

> Er, der an Geist vorragte vor sämtlichen Sterblichen und sie
> auslöscht', wie die im Äther ersteigende Sonne die Sterne,
> kaum als möglich erscheint's, daß menschlichem Stamm er
> entsprossen. (Lukrez)

Aristoteles soll demnach die Weisheit in Person gewesen sein, ein Naturwunder; zur wandelnden Bibliothek erklärt Eunapius den Longin, andere gelten als Leuchten, Geistesriesen, als Inbegriff der Gewitztheit, göttlicher Intellekt, himmelsstürmende Adler, Licht der Welt, Alleinherrscher, Könige, Präzeptoren, Wundertäter im Reich des Geistes und der Gelehrsamkeit, als Oceanus, Phoenix, Atlas, als phänomenal, als Musensitz des ganzen Weltkreises, der Gipfel des Menschlichen, Gemahl der Natur. Und trotzdem können wir, wie Aelian über Protagoras und Gorgias schrieb, von ihnen allen sagen, daß sie immer noch Kinder blieben, keine Adler, sondern Papierdrachen, Novizen, Analphabeten, Eunuchen der Weisheit. Obwohl sie die Klügsten waren und ihr Zeitalter zu ihnen aufblickte, sind sie ebensowenig Ausnahmeerscheinungen wie Alexander der Große, von dem es heißt, er habe 10 000 Offiziere in seinem Heer gehabt, die nicht weniger tapfer waren als er und den Oberbefehl ebensogut hätten innehaben können. Unzählige waren im Altertum wissender als spätere Generationen, und doch blieben auch sie hinter dem Ideal zurück. Lactantius weist in seinem Buch über die Weisheit nach, daß die Denker Wirrköpfe waren, Narren, Esel, Verrückte, so voll von aberwitzigen und lächerlichen Lehren und hirnverbrannten Ansichten, daß seiner Meinung nach keine Greisin und kein Fieberkranker je unsinnigeres Zeug von sich gegeben hätten. Demokrit übernahm alles von Leukipp und vermachte, wie Lactantius ausführt, das Erbe seiner Torheit dem Epikur. Ähnliches behauptet er von Platon, Aristipp und den übrigen Philosophen, die außer ihrer Sprache nichts von den Tieren unterscheide. Und Theodoret bezeugt in seinem Traktat *De curatione Graecarum affectionum* von Sokrates, den das Orakel des Apoll zum Weisesten unter den Zeitgenossen erhob und vor der Pest bewahrte, den zwei Jahrtausende bewunderten und dem manche so wenig Böses nachsagen möchten wie Christus, daß dieser Mann in Wirklichkeit ein ungebildeter Trottel war, wie Aristophanes ihn titulierte, ein ehrgeiziges Lästermaul, wie ihn sein Meister Aristoteles nennt, ein attischer Hanswurst, so Zeno, und nach Athenaios ein Feind aller Künste und Wissenschaften, aller Philosophen und Weitgereisten, ein eingebildeter Esel, ein Nörgler und Pedant; was sein Verhalten betrifft, so beschreibt ihn Theod. Cyrensis als Knabenschänder und Atheisten, Anytus als jähzornigen und streitsüchtigen Trunkenbold, und nach Platons eigenem Geständnis war er ein Zechkumpan, der kräftig zulangen konnte, traniger als der Rest und ein Verrückter in Wort und Tat. Pythagoras galt teilweise als Philosoph, teilweise als Zauberer oder Hexenmeister. Wer Näheres über Apollonios, jenen großen Weisen, erfahren will, den Julian der Abtrünnige bisweilen mit Christus gleichsetzt, den verweise ich auf den gelehrten Traktat des Eusebius gegen Hierokles, und, was die gesamte philosophische Sippschaft angeht, auf Lukians *Piscator, Icaromenippus, Necyomantia.* Ihre Taten und die Meinungen, die sie verkündeten, waren im allgemeinen unerhört, aberwitzig und lächerlich, ihre Bücher und hochgestochenen Abhandlungen voll des Schwachsinns – schon Cicero bemerkte, daß

Schriftsteller normalerweise in ihren Werken delirieren –, und ihre Lebensführung widersprach ihren Worten; anderen empfahlen sie Armut, sie selbst waren raffgierig, sie lobten Liebe und Frieden und verfolgten sich gegenseitig mit giftigem Haß und Heimtücke. Stilvorschriften für Lyrik und Prosa hatten sie zur Hand, aber keiner von ihnen konnte, wie Seneca ihnen vorhielt, seine Leidenschaften zügeln. Ihre Musik sprach unser Gemüt an und erfüllte es mit Heiterkeit und Trauer, aber in der Not konnten sie selbst ihr Gewimmere nicht bezähmen. Sie wissen mit Hilfe der Geometrie den Boden zu vermessen, Grenzen zu ziehen, zu teilen und zu unterteilen, und können doch nicht bestimmen, woran ein Mensch Genüge findet, oder auch nur die Grenzen der Vernunft und der Besonnenheit wahren. Die Quadratur des Zirkels betreiben sie und verstehen doch den Zustand ihrer eigenen Seele nicht, gerade und gebogene Linien beschreiben sie, aber was im Leben richtig ist, bleibt ihnen verschlossen, und alle Nieswurz der Welt wird sie nicht wieder zur Vernunft bringen. Wenn diese Männer, die das Herz des Zenodotus, Krates' Leber und die Lampe des Epiktet besaßen, schon so hirnerweicht waren und nicht mehr Verstand hatten als Käfer, was soll man dann von den übrigen, vom gemeinen Volk, denken?

Sicher, wird man einwenden, das alles gilt für die Heiden, wenn man sie mit den Christen vergleicht, denn dieser Welt Weisheit ist Torheit bei Gott (1. Kor. 3. 19). Und Johannes sagt, das ist nicht die Weisheit, die von oben herab kommt, sondern irdisch, menschlich und teuflisch (3. Offenb. 15). Sie sind in ihrem Dichten eitel geworden, und ihr unverständiges Herz ist verfinstert. Da sie sich für weise hielten, sind sie zu Narren geworden (1. Röm. 21, 22). Auf Erden werden ihre geistreichen Arbeiten bewundert, während ihre Seelen im Höllenfeuer Qualen leiden. In gewissem Sinn sind Christen Crassianer und mit der Elle weltlicher Klugheit gemessen nicht besser als Narren. Wer ist weise? Nur Gott allein, erwidert Pythagoras (vgl. 16. Röm. 27). Paulus nennt Gott den einzig Guten, was Augustinus bestätigt, und niemand ist gerecht vor seinen Augen. Gott schaut vom Himmel auf der Menschen Kinder, daß er sehe, ob jemand klug sei, aber sie sind allesamt abgefallen und allesamt untüchtig (53. Psalm 3, 4). Da ist nicht, der Gutes tue, nicht einer (3. Röm. 12). Und Hiob unterstreicht das noch, wenn es heißt: Siehe unter seinen Knechten ist keiner ohne Tadel, und seine Boten zeiht er der Torheit: wieviel mehr die in Lehmhäusern wohnen

(4. Hiob 18, 19). In diesem Sinne sind wir alle Narren, und die Heilige Schrift allein ist Minervas Turm; wir und unsere Abhandlungen sind seicht und unvollkommen. Aber ich meine etwas anderes, denn sogar in unseren alltäglichen Geschäften sind wir nicht besser als Toren. Alle unsere Taten, so Plinius gegenüber Trajan, stellen unsere Narrheit bloß, und unser gesamtes Leben besteht aus Lächerlichkeiten. Wir sind nicht nüchtern und besonnen, und die Welt selbst, die zumindest aufgrund ihres Alters weise geworden sein sollte, wird nach Hugo de Prato Florido jeden Tag unvernünftiger; je mehr Hiebe sie erhält, desto schlimmer geht es zu, und wie ein Kind will sie immer noch mit Rosen und Blumen bekränzt werden. Wir benehmen uns äffisch darin, als zweibeinige Esel, jeder Ort quillt über von Geschwistern des Apuleius und von Silenen, die sich in diese Tiere verwandelt haben und so kindisch sind wie Zweijährige, die im Arm ihres Vaters schlafen. Jovianus Pontanus macht sich über einen Greis lustig, der wegen seines Alters ein wenig wunderlich war, aber er ermahnt uns auch, uns nicht nur über ihn zu erheitern, denn die ganze Stadt benimmt sich ähnlich kindisch, und wir sind eine närrische Gesellschaft. Man frage also nicht wie eine Figur bei Plautus, welcher Wahn spukt in jenem Alten, sondern welcher Wahn spukt in uns allen. Denn wir sind allesamt verrückt, nicht sporadisch, sondern immer, und es steht ebenso schlimm mit uns wie mit jenem. Nicht jener Greis ist doppelt kindisch und diese Alte ist verwirrt, sondern wir sind alle infantil und haben unsere Sinne nicht beisammen, wie Lactantius unter Berufung auf Seneca beweist. Zwischen uns und den Kindern besteht kein Unterschied bis auf die Tatsache, daß sie sich mit Stoffpüppchen und anderem Spielzeug beschäftigen und wir uns mit größerem Tand amüsieren. Weil wir selbst unsere Fehler haben, können wir andere schlecht anklagen und verdammen und ihnen vorwerfen, sie redeten irre oder sie seien – mit den aufreizenden Worten Mitios an Demea – verrückt und sollten verschwinden, denn nicht richtig im Kopf sind wir selbst, und es ist schwer zu beurteilen, wen von uns es am schlimmsten getroffen hat. Nein, allgemein gilt:

Der Zufall, nicht Weisheit regiert unser Leben. (Seneca)

Nachdem Sokrates alle Anstrengungen unternommen hatte, einen weisen Menschen zu finden, und deshalb Philosophen, Dichter und Handwerker befragt hatte, kam er endlich zu dem Schluß, alle Menschen seien Narren, und obwohl ihm diese Behauptung viel Ärger und Mißgunst einbrachte, bekannte er sich doch in jeder Gesellschaft offen dazu.

Ähnlich reist Supputius bei Pontanus durch ganz Europa, um mit einem Weisen zu reden, und kehrt schließlich unverrichteter Dinge nach Hause zurück. Wenige sind, soweit ich sehe, geistig gesund, steht bei Cicero, und ich beobachte, wie alles ohne Verstand und unbedacht begonnen wird:

Jener zur Linken und rechtshin dieser entwandelt, derselbe
Irrtum beide verlockt, doch in anderer Richtung. (Horaz)

Alle sind sie geisteskrank, aber nicht alle auf die gleiche Weise. Einer ist raffgierig, ein anderer lüstern, ein dritter ehrgeizig, ein vierter mißgünstig oder, wie der Stoiker Damasippus in einer Satire Horaz' sehr schön verdeutlicht:

Alle gerade wie du unklug sind.

Die Narrheit ist bei jedem von uns eine angeborene Krankheit, es gibt gleichsam eine Pflanzstätte der Unvernunft, und was da keimt und treibt, wächst ad infinitum weiter und gedeiht in solcher Mannigfaltigkeit, wie wir sie selbst nach Balthazar Castilio in unseren Torheiten an den Tag legen. Sie kann nicht leicht ausgejätet werden, denn sie hat tiefe Wurzeln in unserer Erziehung und unserem Lebenswandel. Einige behaupten, es gebe zwei Grundfehler unseres Verstandes: Irrtum und Unwissenheit, auf die sich alle weiteren zurückführen ließen, wobei Unwissenheit bedeutet, daß wir wichtige Dinge nicht durchschauen, und Irrtum, daß wir ein falsches Wissen von ihnen besitzen. Unwissenheit ist also ein Mangel, Irrtum eine positive Setzung. Die Unwissenheit gebiert Sünde, der Irrtum Ketzerei. Aber man kann beliebig viele Begriffsbestimmungen und -differenzierungen vornehmen, es ändert nichts daran, daß kaum jemand von Unverstand frei ist, und also fast jeder unter die eine oder andere Kategorie fällt. Wer immer seine Taten und die anderer untersucht, wird den Satz des Tibull bestätigt finden: Die Narren fallen ihren eigenen Hirngespinsten zum Opfer.

Wie Lukian in seiner geistreichen Art erzählt, wurde Charon von Merkur an einen Ort geführt, von dem aus er die ganze Welt überblikken konnte. Nachdem er sich sattgesehen hatte, wollte Merkur unbedingt von ihm wissen, was er beobachtet habe. Er sagte ihm, er habe eine riesige und kunterbunte Masse gesehen, mit Behausungen wie Maulwurfshügel und Menschen wie Ameisen, er habe Städte ausmachen können wie Bienenkörbe, in denen jede Biene einen Stachel besaß und sie nichts anderes trieben, als sich damit zu stechen, wobei einige so tyrannisch waren wie Hornissen und den übrigen an Größe überlegen, andere wie Raubwespen und wieder andere wie Drohnen. Über ihren Köpfen hing ein Gebrodel von Gemütsverwirrungen: Hoffnung, Furcht, Ärger, Geiz, Unwissenheit und die Pestwolken der Krankheiten, die sie gleichwohl auf ihr Haupt herabbeschworen. Einige zankten, andere kämpften oder hasteten und rannten Tand, Nichtigkeiten und anderen Augenblicksvergnügungen hinterher, ihre Städte und Provinzen waren in Aufruhr, die Reichen stritten wider die Armen, die Armen wider die Reichen, der Adel wider die Handwerker, sie wider den Adel und so fort. Am Ende verdammte er sie alle als Geisteskranke, Narren, Idioten, Esel. O Toren, rief er aus, welche verrückten Taten und Anstrengungen, o wirrköpfige Zeiten. Als der Philosoph Heraklit ernstlich über unser Geschick nachdachte, kamen ihm die Tränen, und er beklagte weinend das menschliche Elend, die Unvernunft und die Torheit. Demokrit andererseits brach in Gelächter aus, so komisch schien ihm das menschliche Leben, und er wurde derart von Heiterkeitsausbrüchen übermannt, daß ihn die Einwohner Abderas für verrückt hielten. Also schickten sie nach dem Arzt Hippokrates, damit er seine Heilkunst an ihm erprobe. Aber die Geschichte wird in Hippokrates' Brief an Damagetus ausführlich berichtet, und weil sie für diese Abhandlung von einiger Bedeutung ist, will ich sie hier fast wörtlich einrücken, so wie sie von Hippokrates in allen Einzelheiten selbst erzählt wird.

Als Hippokrates nun in Abdera angekommen war, sammelten sich die Leute um ihn, von denen einige weinten, andere ihn anflehten, sein Bestes zu tun. Nach einer kurzen Rast suchte er Demokrit auf, wobei ihm die Menschen folgten, und fand ihn allein in seinem Garten vor der Stadt, auf einem Stein unter einer Platane sitzend, ohne Strümpfe und Schuhe, ein Buch auf den Knien und damit beschäftigt, verschiedene Tiere zu sezieren und seinen Studien nachzugehen. Die Menge versammelte sich im Kreis, um das Treffen der beiden zu beobachten. Hippokrates begrüßte Demokrit nach einer kurzen Pause und sprach ihn mit seinem Namen an, worauf Demokrit den Gruß erwiderte, etwas beschämt, daß er den Namen seines Gegenübers nicht zu nennen oder zu erinnern wußte. Hippokrates fragte ihn, womit er beschäftigt sei. Und Demokrit antwortete, er sei dabei, verschiedene Tiere zu zerlegen, um die Ursache der Verrücktheit und Melancholie zu entdecken. Hippokrates lobte sein Unternehmen und bewunderte sein Glück und seine Muße. Und warum, gab Demokrit zurück, besitzt du diese Muße nicht? Weil mich, so Hippokrates' Antwort, private Verpflichtungen daran hindern, denen ich um meinet- und der Nachbarn und Freunde willen nachkommen muß: Aufwendungen, Krankheiten, Gebrechen und Sterbefälle, Familienangelegenheiten und die Dienerschaft, das alles beraubt uns unserer Zeit. Bei diesen Worten brach Demokrit in nicht enden wollendes Gelächter aus, während seinen Freunden und den Umstehenden die Tränen kamen und sie seine Geisteskrankheit beklagten. Hippokrates wollte von ihm wissen, weshalb er lache. Demokrit verwies auf die Eitelkeiten und die Ziererei seiner Zeitgenossen, die sich allen tugendhaften Handelns entschlagen hätten, endlos nach Gold jagten, sich grenzenlos ihren Leidenschaften überließen, unendliche Mühen nicht scheuten, um ein bißchen Ruhm und Gunst zu erhaschen, auf der Suche nach Gold tiefe Stollen in die Erde trieben und darüber oftmals ihr Leben und ihr Vermögen verlören. Einige liebten Hunde, andere Pferde, wieder andere wollten, daß ihnen viele Provinzen gehorchten, und kannten doch selbst keinen Gehorsam. Einige liebten ihre Frauen zuerst zärtlich, nur um sie später zu verlassen und zu hassen, oder zeugten Kinder, die sie mit viel Sorgfalt und hohen Kosten aufzögen, aber kaum, daß sie volljährig geworden seien, verachteten, vernachlässigten und mittellos dem Mitleid der Umwelt überließen. Sind diese Verhaltensweisen nicht Zeichen unerträglicher Torheit? Wenn Menschen in Frieden leben, gelüstet es sie nach Krieg, sie verachten die Ruhe, setzen Könige ab und andere an ihrer Stelle ein und ermorden Männer, um mit deren Frauen Kinder zu zeugen. Wie viele sonderbare Launen hausen in den Menschen? Wenn sie arm sind und bedürftig, suchen sie Reichtümer, und wenn sie sie besitzen, genießen sie sie nicht, sondern verbergen sie unterirdisch oder vergeuden sie sonstwie. O weiser Hippokrates, über ein derartiges Verhalten muß ich lachen, und das um so mehr, wenn es kein gutes Ende nimmt oder etwas so Widersinniges bezweckt. Unter den Menschen gibt es weder Wahrheit noch Gerechtigkeit, denn täglich zieht der eine gegen den anderen zu Felde, der Sohn gegen den Vater und die Mutter, Bruder gegen Bruder, Verwandte und Freunde gegen ihresgleichen, und alles das um Reichtümer willen, die niemand nach seinem Tode weiter besitzen kann. Trotzdem schneiden sie sich die Ehre ab und bringen sich gegenseitig ums Leben, begehen alle möglichen Gesetzesverstöße und verachten Gott und die Menschen, Freunde und Vaterland. Von leblosen Dingen machen sie viel Aufhebens und halten Statuen, Bilder und andere bewegliche Habe für einen wichtigen Teil ihrer Schätze. Vieles davon ist teuer bezahlt, und manches Kunstwerk mit solchem Geschick angefertigt, daß nur noch die Sprache zu fehlen scheint, und doch lassen sich ihre Besitzer nur höchst ungern von Menschen aus Fleisch und Blut ansprechen. Andere verkomplizieren ihr Leben nach Kräften; wenn sie auf dem Festland wohnen, ziehen sie auf eine Insel und von dort wieder zurück und so weiter, so flatterhaft sind ihre Wünsche. Sie loben Tapferkeit und Kampfesstärke und lassen sich doch selbst von Lust und Geiz besiegen; kurz, ihr Geist ist nicht weniger in Unordnung, als es der Körper des Thersites war. Und also scheint mir, ehrwürdiger Hippokrates, du solltest angesichts so vieler menschlicher Narreteien mein Lachen nicht tadeln; denn niemand macht sich über seine eigene Torheit lustig, sondern nur über die seines Nachbarn, und also verspotten sie sich gerechterweise gegenseitig. Der Trunkenbold nennt den Vielfraß, von dem er weiß, daß er nüchtern ist. Viele lieben das Meer, andere die Landwirtschaft, kurz, nicht einmal, was ihren eigenen Handel und Wandel angeht, sind sie sich einig, geschweige denn in Wort und Tat.

Als Hippokrates so flüssig und ohne lange nachzudenken über die Eitelkeit der Welt und ihre lächerliche Widersprüchlichkeit reden hörte, antwortete er: Die Notwendigkeit zwingt die Menschen zu solchen Taten, und nach göttlichem Ratschluß gibt es die unterschiedlichsten Bestrebungen und Absichten, damit wir nicht untätig sind, denn nichts ist den Menschen abträglicher als Faulheit und Schlendrian. Außerdem ist das menschliche Geschick so unberechenbar, daß man zukünftige Ereignisse nicht vorhersehen kann. Ließen sich die Gründe der späteren Abneigung und Trennung vorhersagen, würde niemand heiraten; Eltern würden nicht so rührend für ihre Kinder sorgen, wüßten sie die Stunde ihres Todes, ein Landmann säen, wenn er nicht auf reiche Ernte hoffte, ein Kaufmann sich aufs Meer hinauswagen, ahnte er den Schiffbruch voraus, ein Magistrat sich nicht wählen lassen, wüßte er von seiner baldigen Absetzung. Werter Demokrit, jeder hofft nun einmal auf das Beste, und zu diesem Zweck handelt er, ohne sich aus diesem Grund lächerlich zu machen.

Als Demokrit diese armselige Entschuldigung hörte, lachte er wieder laut auf, weil er erkannte, daß ihn Hippokrates mißverstanden hatte und nicht richtig nachvollziehen konnte, was er über die Geistesverwirrung und die Geistesruhe ausgeführt hatte. Wenn die Menschen mit Umsicht und Weitblick handeln würden, würden sie sich nicht wie jetzt zu Narren machen, und er hätte keinen Grund, sie zu verlachen. Aber, so sagte er, sie haben keinen Verstand und blasen sich in diesem Leben auf, als wären sie unsterbliche Halbgötter. Wenn sie nur die Unbeständigkeit der Welt bedächten und wie sie sich ohne alle Festigkeit und Sicherheit herumwälzt, wäre das ausreichend, um sie klug werden zu lassen. Der, der jetzt obenauf ist, liegt morgen am Boden, der heute auf dieser Seite sitzt, sieht sich morgen auf jene geschleudert, aber unbedacht, wie sie sind, stürzen sie sich in Unannehmlichkeiten und Schwierigkeiten, begehren und dürsten nach nutzlosem Zeug und manövrieren sich blindlings ins Elend. Wenn sie nicht mehr in Angriff nähmen, als ihnen zuträglich ist, würden sie zufrieden leben, und die Selbsterkenntnis würde ihrem Ehrgeiz Zügel anlegen. Sie würden bemerken, daß die Natur genug gewährt, wenn man nichts Überflüssiges und Wertloses begehrt, was ohnehin nur Kummer und Belästigungen mit sich bringt. Wie ein fetter Körper anfälliger für Krankheiten ist, so die Reichen für Albernheiten und törichtes Zeug, das manches Opfer fordert, manchen Verdruß bereitet. Viele achten nicht darauf, was anderen durch schlechten Lebenswandel zustößt, und stürzen durch eigene Schuld auf dieselbe Weise, ohne die handgreiflichen Gefahren vorauszusehen. Dies sind arge Verrücktheiten, sagte er, die mich lachen machen, denn jetzt bezahlt ihr den Preis eurer Gottlosigkeit, eures Geizes, Neides, der Bosheit, der ungeheuerlichen Schurkereien, des Aufbegehrens, der unstillbaren Wünsche und heillosen Laster, ganz abgesehen von der Heuchelei und Verstellung, dem tödlichen Haß, mit dem ihr euch begegnet, während ihr gute Miene zum böse Spiel macht, dem Schwelgen in schmutzigen Lüsten, der Übertretung aller Gesetze der Natur und des Anstands. Auf manches, was sie aufgegeben haben, sei es Landwirtschaft oder Seefahrt, werfen sie sich nach einiger Zeit von neuem, nur um davon, wankelmütig und unbeständig wie sie sind, wieder abzulassen. Wenn sie jung sind, möchten sie alt sein und umgekehrt. Fürsten loben die Zurückgezogenheit, den Privatmann gelüstet es nach öffentlichen Ehren. Der Magistratsherr empfiehlt ein ruhiges Leben, der, der ruhig lebt, begehrt sein Amt und die damit verbundene Macht. Und was ist der Grund all dieser Verwirrung: die fehlende Selbsterkenntnis. Einige finden Vergnügen am Zerstören, andere am Aufbauen und wieder andere daran, ein Land auszuplündern, um ein anderes und sich selbst zu bereichern. In all diesen Dingen benehmen sie sich wie Kinder, die ohne Überlegung und Einsicht sind, und gleichen den Tieren mit Ausnahme der Tatsache, daß die Tiere besser sind als sie, weil sie sich an dem, was die Natur gewährt, Genüge sein lassen. Hat man jemals einen Löwen gesehen, der Gold vergräbt, oder einen Stier, der um eine bessere Weide kämpft? Wenn ein Eber durstig ist, trinkt er, soviel er braucht, nicht mehr; und wenn sein Magen voll ist, hört er auf zu fressen. Nur wir Menschen sind maßlos in beidem wie auch in der Sinnenlust, denn während die Tiere nur zu gewissen Zeiten in Brunst sind, suchen wir uns ständig zu paaren und ruinieren so unsere körperliche Gesundheit. Und verdient der verliebte Narr etwa nicht ausgelacht zu werden, der sich nach einem Weibsbild verzehrt, einer ungestalten und ungewaschenen Schlampe hinterhergreint und -heult, obwohl er zwischen den schönsten Frauen wählen könnte? Gibt es dagegen in der Medizin ein Mittel? Ich seziere und zerlege diese armen Tiere, um die Ursache solcher geistigen Störungen, Eitelkeiten und Torheiten herauszupräparieren, obwohl ich, wenn meine empfindsame Natur das zuließe, besser menschliches Anschauungsmaterial benutzen sollte. Von der Stunde seiner Geburt an ist der Mensch elend, schwach und kränklich; während er noch an der Brust hängt, wird er von anderen angeleitet, wenn er erwachsen und kräftig ist, übt er sich im Unglückzufügen, und im Alter wird er wieder zum Kind und bereut sein vergangenes Leben. An dieser Stelle wurde Demokrit von jemandem unterbrochen, der ihm Bücher brachte, und dann bekräftigte er seine Ansicht von neuem, daß alle verrückt, unbedacht und dumm seien. Um das, was ich ausgeführt habe, zu belegen, braucht man sich nur die Gerichte und die Privatsphäre anzusehen. Richter urteilen zu ihrem eigenen Vorteil und fügen den Armen schreiendes Unrecht zu, um sich bei anderen beliebt zu machen. Anwälte ändern Urteile und lassen gegen Bestechung wichtige Urkunden unauffindbar werden. Einige sind Falschmünzer, andere manipulieren Gewichte. Einige verunglimpfen ihre eigenen Eltern oder stürzen ihre leiblichen Schwestern ins Verderben, andere fertigen lange Klage- und Schmähschriften an, bringen anständige Menschen um ihren guten Ruf und rühmen die Unzüchtigen und Lasterhaften über den grünen Klee. Einige berauben diesen Klienten, andere jenen; Richter machen Gesetze gegen Diebe und sind doch selbst die größten Langfinger. Manche bringen sich um, andere verzweifeln, wenn sie nicht ans Ziel ihrer Wünsche gelangen können. Andere tanzen, singen, lachen, feiern Feste und Gelage, während ihre Nächsten seufzen, schmachten, wehklagen, weil sie weder zu essen oder zu trinken haben noch Kleidung besitzen. Etliche schmükken ihre Körper, und ihre Gedanken kreisen um die abscheulichsten Laster. Wieder andere lungern herum, um falsch Zeugnis abzulegen, und sind für Geld zu jeder Aussage bereit. Obwohl die Richter davon wissen, drücken sie, bestechlich wie sie sind, beide Augen zu und dulden, daß falsche Verträge über die Gerechtigkeit siegen. Frauen verbringen den ganzen Tag damit, sich herauszuputzen, um in der Öffentlichkeit anderen Männern den Kopf zu verdrehen, laufen aber zu Hause wie Schlampen herum, ohne sich für ihre Ehemänner, denen sie gefallen sollten, im mindesten herzurichten. Wenn ich solche Unbeständigkeit, Unvernunft und Maßlosigkeit sehe, kann ich gar nicht anders, als über diejenigen zu lachen, die sich in ihrer Torheit weise dünken, ihre Geistesverwirrung nicht bemerken und also auch nicht von ihr geheilt werden wollen.

Es wurde spät, und Hippokrates verabschiedete sich. Kaum hatte er Demokrit verlassen, sammelten sich die Städter um ihn, um zu erfahren, was er von dem Fall halte. Hippokrates antwortete ihnen knapp, daß die Welt trotz gewisser Nachlässigkeiten in Kleidung, Körperpflege und Ernährung keinen weiseren, klügeren, ehrenhafteren Menschen besitze als Demokrit und daß die sehr im Irrtum seien, die ihn als verrückt bezeichneten.

So schätzte Demokrit die Welt seiner Zeit ein, und ihr Zustand war die Ursache seines Gelächters, zu dem er wahrhaftig guten Grund hatte. Heute haben sich die Ursachen noch vermehrt, und es gab noch nie so viele Narren und Verrückte. Deshalb reicht ein Demokrit heutzutage schon nicht mehr aus, sondern wir brauchen einen Demokrit, der über Demokrit lacht, einen Narren, der einen anderen verhöhnt, einen Possenreißer, der sich über seinesgleichen ausschüttet: einen Über-Demokrit, groß wie der Koloß von Rhodos. Denn jetzt spielt, wie Sarisburiensis seinerzeit sagte, die ganze Welt verrückt; wir haben ein neues Theater, eine neue Szenerie, eine neue Komödie der Irrungen, eine neue Truppe von Schauspielern. Die heiligen Riten der Göttin der Lustbarkeit, die Calcagninus in seinen Fabeln so einfallsreich beschreibt, werden überall zelebriert, denn überall sind die Schauspieler Verrückte und Narren, jede Stunde wechselt das Kostüm und die Rolle. Wer heute Seemann war, ist in diesen Spielen zu Ehren der Göttin morgen Apotheker, eine Weile Schmied, eine Weile Philosoph; der König mit seiner Krone, seiner Robe, seinem Zepter und seinen Höflingen treibt demnächst einen bepackten Esel vor sich her wie ein Fuhrmann. Wenn Demokrit heute lebte, sähe er befremdliche Veränderungen: eine neue Gesellschaft von Maskierten, Windbeuteln, Eseln, angemalten Puppen, Fassaden, bizarren Schemen, Gimpeln, Ungeheuern, Wirrköpfen, Schmetterlingen. Und viele gleichen den letzteren in der Tat, wenn es zutrifft, was ich gelesen habe. Denn als einst Jupiters und Junos Hochzeit gefeiert wurde, waren neben den Göttern auch viele Edle eingeladen. So war auch Chrysalus, ein persischer Prinz, unter den Gästen, von einem stattlichen Gefolge begleitet, angetan mit goldnen Kleidern und prächtigen Gewändern, ein majestätischer Anblick – und trotzdem ein Esel. Die Götter, die ihn in solchem Pomp und mit solcher Prachtentfaltung eintreten sahen, erhoben sich, um ihm Platz zu machen, weil sie diesen Menschen nach seiner Kleidung beurteilten. Aber Jupiter durchschaute sein oberflächliches, blendnerisches und eitles Naturell und verwandelte ihn und seinen Hofstaat in Schmetterlinge. Und so gaukeln sie, denn ich weiß nichts Gegenteiliges, immer noch in ihrer buntscheckigen Tracht umher und werden von den Gebildeteren Chrysaliden genannt, was auf ihr goldenes Äußeres hindeutet, während sie dahinter Drohnen, Fliegen und nutzlose Wesen sind. Solche Menschen gibt es schwärmeweise.

Manchen Zusatz an Unvernunft, Dummheit und Eitelkeit müßte Demokrit bemerken, reiste er jetzt umher oder erhielte er wie Lukians Charon von Pluto die Erlaubnis, aus der Unterwelt heraufzusteigen, die Sitten zu studieren und unsere Städte Moronia Pia und Moronia Felix zu besuchen. Ich bin sicher, er würde vor Heiterkeit platzen:

Lebt' auf Erden er noch, wie würde Demokritus lachen. (Horaz)

Der römische Satiriker Juvenal war der Meinung, zu seiner Zeit hätte das Laster, die Dummheit und der Wahn einen Höchststand erreicht:

Jegliches Laster betrat den Gipfel.

Und der Historiker Josephus tadelte seine Landsleute, die Juden, weil sie mit ihren Verirrungen prahlten und sich untereinander darüber stritten, wer für seine Schurkereien am berüchtigtsten sei. Aber die Springflut unserer Verrücktheit steigt noch weitaus höher:

Hat uns erzeugt ruchlos'ren Schlags, die
bald noch verworfnere Brut erzielen. (Horaz)

Sie wird bald ein noch argeres Geschlecht hervorbringen, wie das Orakel des Matthäus (Kap. 12, V. 45) bezeugt. Es ist nicht zu leugnen, die Welt verändert sich von Tag zu Tag, Städte fallen, Königreiche bekommen neue Herren, und wir wechseln die Sprache, die Kleidung, die Gesetze, Gebräuche und Sitten, aber nicht unsere Laster, nicht Krankheiten, nicht die Symptome der Torheit und Unvernunft, die immer dieselben bleiben. Wie ein Fluß seinen Namen und seinen Lauf beibehält, aber nicht das Wasser, und trotzdem immer weiterfließt,

Rinnet und wird fortrinnen in ewigem Laufe entrollend,

(Horaz)

so variieren Zeiten und Personen, aber die Untugenden bleiben in alle Ewigkeit dieselben. Wie die Nachtigallen von altersher sangen, Hähne krähten, Kühe muhten, Schafe blökten, Spatzen zwitscherten, Hunde bellten, so machen sie es immer noch. Und nicht anders behalten wir unsere Verrücktheit, spielen immer noch den Narren und besitzen das nämliche Temperament und eben die Neigungen, die schon unsere Vorfahren auszeichneten. Wir und unsere Söhne ähneln uns alle, und das wird bis zu unseren letzten Nachfahren so bleiben. Aber kehren wir zur Gegenwart zurück.

Wenn Demokrit jetzt lebte und nur den Aberglauben unseres Zeitalters, seinen religiösen Wahn, wie Meteran es nennt, sehen könnte, so viele, die sich zum Christentum bekennen, und so wenige Nachfolger Christi, so viele Worte über die Religion, so viel Wissen und so wenig Gewissen, so viele Prediger, so wenig praktizierter Glaube, eine solche Vielfalt von Sekten, den Wust von aberwitzigen Traditionen und Zeremonien! Was wäre, wenn er einem Kapuziner, Franziskaner, pharisäerhaften Jesuiten, einer dieser männlichen Schlangen, einem tonsurgekrönten Mönch in seiner Kutte, einem Bettelbruder begegnete oder ihren mit der Tiara geschmückten Herrn, den Papst, zu sehen bekäme, den Nachfolger des armen Petrus, servus servorum dei, Diener der Diener Gottes, der Könige mit einem Tritt entthront oder seinen Fuß auf den gebeugten Nacken eines Kaisers setzt, ihn ohne Strumpf und Schuh vor seiner Pforte warten und sich von ihm Zaumzeug und Steigbügel halten läßt? (Wenn das Petrus und Paulus noch hätten erleben können!) Was wäre, wen er einen Fürsten untertänig vor ihm im Staub liegen und seinen Zeh küssen sähe, und was sagte er zu den rotbemützten Kardinälen, einst arme Gemeindepfarrer und jetzt den Fürsten ebenbürtig. Der Himmel selbst wird von der Torheit heimgesucht, wäre sein Eindruck. Wie reagierte er wohl, hätte er nur einige unserer frommen Pilger barfüßig nach Jerusalem, zu unserer Lieben Frau von Loreto, Rom, Santiago, zum Schrein des heiligen Thomas ziehen und sie zu diesen falschen und wurmzerfressenen Reliquien kriechen sehen, wäre er bei einer Messe anwesend gewesen und hätte dieses Küssen der Paxtafeln, der Kruzifixe, die Kriechereien und Kniefälle, ihre mannigfachen Gewänder und Zeremonien, Heiligenbilder, Ablässe, Vigilien, Fastenübungen, Feste, das Bekreuzigen, das Verneigen und Knien beim Ave-Maria, das Glockenläuten bei diesen Schauspielen für die ungebildeten Massen miterlebt, das Kauderwelsch der Gebete und das Herunterleiern des Rosenkranzes. Er hätte gehört, wie eine alte Frau ihre lateinischen Gebete spricht, wäre Zeuge ihrer Weihwasserspritzereien, ihrer Prozessionen, ihrer Breviere, Bullen, Teufelsaustreibungen, Heiligenbilder, wunderlichen Kreuze, ihres Geklappers und Geplappers geworden. Hätte er die Heiligenviten, den Koran der Türken, den jüdischen Talmud, die Kommentare der Rabbiner gelesen, was nur hätte er gedacht und wie hätte ihn das alles berührt? Hätte er sich das Leben eines Jesuiten herausgegriffen und genauer untersucht, wäre er auf einen Heuchler gestoßen, der sich zur Armut bekennt und doch mehr Güter und Ländereien sein eigen nennt als mancher Fürst und über unendliche Schätze und Einkünfte verfügt. Er und seine Mitbrüder lehren andere das Fasten und treiben selbst maßlose Völlerei wie Bootsleute, die in die eine Richtung rudern und in die andere blicken. Sie schwören Keuschheit und führen das Heilige im Munde, sind aber in Wirklichkeit gewohnheitsmäßige Kuppler und berüchtigte Hurenböcke; Mönche, die eigentlich der Welt und ihren Eitelkeiten entsagt haben sollten und die sich doch wie machiavellistisches Pack für alle politischen Fragen und Staatsangelegenheiten interessieren: Heilige, Friedensstifter, die nur aus Neid, Wollust, Ehrgeiz, Haß und Bosheit bestehen, Hetzer, Verräter, Meuchelmörder, wahre Geißeln ihres Vaterlandes, die auf diese Weise hoch hinaus gelangen, und das alles, um einen Überschuß an guten Werken anzusammeln und so sich selbst und anderen den Himmel zu verdienen. Auf der Gegenseite stieße er auf unsere peniblen und wunderlichen Ketzer, die ins gegenteilige Extrem verfallen, allen Zeremonien mit Abscheu begegnen und lieber ihr Leben und ihren Lebensunterhalt verlieren, als etwas zu übernehmen, was die Papisten benutzt haben, und mögen es noch so nebensächliche Dinge sein. Sie allein halten sich für die wahre Kirche, das Salz der Erde, obwohl sie die abgeschmacktesten Menschen sind. Prinzipienreiter aus Furcht und niedriger Liebesdienerei, die sich wie ein Wetterhahn nach dem Winde drehen, eine Rotte von Opportunisten, die sich allem anschließen, auf alles schwören, was nur Beförderung verspricht, eine neue epikureische Bande, die wie Geier auf der Lauer liegt, nach der Beute kirchlicher Pfründen Ausschau hält und zum Aufsteigen bereit ist, sobald irgendjemand fällt. Was – so schon Lukians Formulierung – hätte Demokrit wohl getan, wäre er Zeuge all dieser Dinge geworden?

Oder hätte er auch nur beobachtet, wie das gemeine Volk, einer Schafherde gleich, dem an den Hörnern gezogenen Leithammel in den Abgrund folgt – und einige aus Eifer, andere aus Furcht dorthin geraten, wohin der Sturm sie treibt. Sie glauben alles, untersuchen nichts, und sind doch bereit, eher zu sterben als einer jener Zeremonien abzuschwören, an die sie gewöhnt sind. Andere treibt die Heuchelei in die Predigten, sie schlagen sich an die Brust, heben die Augen zum Himmel, täuschen Eifer vor, geloben Besserung und sind und bleiben doch eingefleischte Wucherer, menschliche Ungeheuer, Harpyien, Teufel, um es frei heraus zu sagen.

Wie hätte er reagiert, wenn er unsere zahllosen blutigen Schlachten miterlebt, von ihnen gehört oder gelesen hätte? Schlachten, in denen viele Tausende auf einmal umgekommen sind, deren Ströme von Blut Mühlräder hätten antreiben können und die doch nur aus gekränktem Ehrgefühl geschlagen wurden oder um Fürsten zu verlustieren, ohne gerechten Anlaß, vielmehr um eitler Titel – so Augustinus – und um der Rangordnung willen, vom Zaun gebrochen wegen einer Frau oder eines anderen Spielzeugs, begonnen aus Herrschsucht, Aufgeblasenheit, Bosheit, Rachgier, Dummheit, Idiotie – allesamt gute Gründe, um die Welt mit Blutvergießen und Schlächtereien zu verwüsten, während die verhätschelten Staatsmänner zu Hause und in Sicherheit alle Annehmlichkeiten und Genüsse auskosten, es sich bequem machen, ihren Lüsten frönen und keinen Gedanken an das unsägliche Elend ihrer armen Soldaten, an die häufigen Verwundungen, an Hunger, Durst und die beklagenswerten Sorgen, Bedrängnisse, Nöte, Qualen verschwenden, die solche Kampagnen begleiten. Sie sind ganz ohne Gefühl und Anteilnahme. Deshalb werden Kriege begonnen durch die Einflüsterungen einer Handvoll zügelloser, kleingeistiger, armseliger, hungriger und verlotterter Heerführer, durch Schmarotzer und Speichellecker, Heißsporne, ruhelose Neuerer, die noch grün und unreif sind; eine private Laune, Begierde, Ehrgeiz, Habsucht, solche Ursachen treiben das Volk in die verfluchten Schlachten. In der Blüte ihres Lebens werden wohlgestalte, wohlerzogene, an Leib und Seele gesunde, stolze Männer wie Tiere zur Schlachtbank geführt und ohne Mitleid und Skrupel Pluto geopfert, abgestochen wie Schafe, dem Teufel zum Fraß, 40 000 auf einmal. Einmal, sage ich? Das wäre noch erträglich, aber diese Kriege nehmen kein Ende und ziehen sich durch viele Epochen. Nichts ist so vertraut wie dieses Hauen und Stechen, wie Massaker, Morde, Verwüstungen, und der Himmel hallt wider von beispiellosem Waffengeklirr. Sie kümmert nicht, welches Unheil sie anrichten, wenn sie sich nur heute bereichern können, und sie fachen die Glut des Streits so lange an, bis die ganze Welt von den Flammen verzehrt wird. Die Belagerung Trojas dauerte zehn Jahre und acht Monate, und 870 000 Griechen und 670 000 Trojaner fielen, bei der Einnahme der Stadt wurden noch einmal 276 000 Männer, Frauen und Kinder hingeschlachtet. Caesar hat eine Million Tote auf dem Gewissen, Mohammed der Zweite 300 000. Sicinius Dentatus kämpfte in hundert Schlachten, siegte achtmal im Zweikampf, trug vierzig Verwundungen davon, ihm wurde hundertvierzigmal der Siegerkranz verliehen, und er erlebte neun Triumphzüge zur Belohnung seiner guten Dienste. M. Sergius brachte es auf zweiunddrießig Blessuren, der Zenturion Scaeva auf ich weiß nicht wie viele. Jede Nation hat ihren Hektor, Scipio, Caesar und Alexander. Unser Eduard der Vierte nahm an sechsundzwanzig Schlachten teil, und wie alle schwelgte er darin und sonnte sich in seinem Ruhm. Bei der Belagerung Jerusalems forderten das Schwert und der Hunger 1 100 000 Opfer. In der Schlacht von Cannae fielen nach dem Bericht des Polybios 70 000 Mann, also ebensoviele wie bei Battle Abbey auf einem unserer Schlachtfelder. Nichts Neues ist es, wenn ein Waffengang von Sonnenaufgang bis Sonnenaufgang währt wie damals bei Konstantin und Licinius. Bei der Belagerung von Ostende, einer vergleichsweise unbedeutenden Stadt und kleinen Festung, die dennoch zu einem großen Grab wurde, starben 120 000 Menschen, abgesehen von den Städten, Weilern und Lazaretten voll von verstümmelten Soldaten. Kriegsmaschinen, Feuerwerk und was auch immer der Teufel erfinden konnte, um mit 2 500 000 vierzigpfündigen Eisenkugeln Unheil anzurichten, kam zum Einsatz – ein Waffenarsenal, das drei oder vier Millionen Golddukaten verschlungen hatte. Wer, so fragt Erasmus, kann sich genug über das steinere Herz, die Halsstarrigkeit und blinde Wut derjenigen verwundern, die ohne jede Aussicht auf Erfolg das Leben ihrer Soldaten aufs Spiel setzen und sie mitleidlos zur Schlachtbank führen – eine Gemütsverfassung, die man mit Recht als das blindwütige Toben von Tieren bezeichnen kann, die ohne Vernunft in ihren eigenen Untergang rennen. Welche Pest, welche Raserei hat ein so teuflisches und so viehisches Unternehmen wie den Krieg zuerst in die Köpfe der Menschen eingeschleppt? Wer hat ein so sanftes und friedliches Geschöpf, für die Liebe, das Erbarmen und die Milde gemacht, dahin gebracht, so zu toben, bestialisch zu wüten und in den eigenen Untergang zu rennen? Wie könnte die Natur mit der Menschheit rechten: Ich habe dich als harmloses, ruhiges, göttliches Wesen hervorgebracht! Wie müßten ihr Gott und alle Menschen guten Willens Vorhaltungen machen! Aber die anderen sind nun einmal die tapferen Recken, die Männer von Welt; sie allein werden bewundert, sie allein triumphieren, werden gekrönt, zu ihrem ewigen Ruhm errichtet man Statuen, Pyramiden, Obelisken, und ihr unsterblicher Genius ist ihnen zu Diensten und läßt sie nach den Sternen greifen. Als Rhodos belagert wurde, waren die Gräben voll von den Leichen der Erschlagenen, und als Soliman, der große Türke, vor Wien lag, stapelten sich die Toten bis zur Oberkante der Wälle. Daraus machen sie sich einen Spaß, und mit ihren Freunden und Verbündeten verfahren sie nicht anders, allen Schwüren, Gelöbnissen und Versprechungen zum Trotz:

Wer unterscheidet Tücke und Tapferkeit noch vor dem Feinde?

(Vergil)

Weil die Gesetze im Krieg schweigen, legen alle die Bündnisse und das Kriegsrecht zu ihren Gunsten aus. Die Gebote Gottes und der Menschen werden mit Füßen getreten, das Schwert allein entscheidet. Und um ihrer Lust zu frönen und ihren Grillen nachzukommen, gibt es nichts, was sie nicht versuchten, sagten oder täten. Es ist allgemeiner Brauch, einen Vater gegen seinen Sohn, Bruder gegen Bruder, Verwandten gegen Verwandten, Königreich gegen Königreich, Provinz gegen Provinz, Christen gegen Christen kämpfen zu lassen, Parteien, die sich vorher niemals in Gedanken, Wort oder Tat etwas zuleide getan haben. Unendliche Schätze werden so verschwendet, Städte niedergebrannt, blühende Gemeinwesen geplündert, herrliche Länder entvölkert und verheert, die alten Einwohner vertrieben, Handel und Wandel zugrunde gerichtet, den Jungfrauen, den – so Seneca – unverheirateten Mädchen und Knaben, deren Locken noch keine Schere sahen, wird Gewalt angetan, und tugendhafte Matronen klagen mit Andromache, daß sie vielleicht von eben jenen zum Beischlaf gezwungen werden, die vorher ihre Gatten getötet haben. Die Reichen, die Armen, die Kranken und Gesunden, die Herren und Knechte, alle verschlingt oder verkrüppelt der Krieg, und alle Folter, alle Qual, alles Elend und höllisches Unheil, das der Teufel und eine tobsüchtige Raserei ersinnen kann, bricht als Ruin und Zerstörung über sie herein. Der Krieg ist, wie Gerbelius folgert, eine abscheuliche Sache, eine Geißel Gottes, die Ursache und Folge, die Frucht und Strafe der Sünde, nicht die Schur der menschlichen Rasse, wie Tertullian ihn nennt, sondern ihr völliges Verderben. Hätte Demokrit nur Zeuge des letzten Bürgerkriegs in Frankreich sein können, dieser widerwärtigen Gemetzel, die in weniger als zehn Jahren – so Collignius – eine Million Menschen verschlangen, zwanzigtausend geschleifte Kirchen hinterließen und, wie Richard Dinoth hinzusetzt, das ganze Königreich zerrütteten, weil so viele aus dem Volk Hungersnöten und den kriegerischen Wirren zum Opfer fielen oder mit dem Schwert hingeschlachtet wurden, und zwar mit einem solch zügellosen Haß, daß sich die Welt darüber verwunderte. Unter Heinrich dem Sechsten wurden während der Rosenkriege auf unseren Pharsalischen Feldern Hunderttausend hingemetzelt, wie eine Quelle bezeugt; nach einer anderen wurden zehntausend Familien ausgerottet, so daß man mit Comineus über die barbarische Wildheit, das rohe Wüten zwischen Angehörigen derselben Nation, die sich weder in Sprache noch Religion unterschieden, nur staunen kann. Welch blinde Raserei treibt euch, Bürger? Warum toben die Heiden, fragt David im zweiten Psalm. Und wir können hinzusetzen: Warum toben die Christen? Es ist unbillig für die Heiden und mehr noch für uns, ein Schrekkensregiment aufzurichten wie die Spanier in Westindien, wo, wenn wir Bartholomaeus à Casa, ihrem eigenen Bischof, Glauben schenken können, in zweiundvierzig Jahren zwölf Millionen Menschen mit ausgesuchten und ungeheuerlichen Martern zu Tode gebracht wurden, und vielleicht ist nach seinem Zeugnis auch die Zahl von fünfzig Millionen nicht übertrieben. Ich verliere kein Wort mehr über die französischen Massaker, die Sizilianische Vesper, die Tyrannei des Herzogs Alba, unsere Pulververschwörung und jene vierte Furie, wie sie Heinsius nennt, die spanische Inquisition, welche die zehn biblischen Plagen völlig in den Schatten stellte:

Weltweit wütet der heillose Kriegsgott. (Vergil)

Leben wir nicht, wie Gallobelgicus meint, in einer verrückten Welt, ist der Krieg nicht Irrsinn? Sind nicht die – so Scaligers Folgerung –, die der Nachwelt ihre zahllosen Schlachten als Denkmäler ihrer Umnachtung hinterlassen, geisteskrank? Würden nun alle diese Erfahrungen Demokrit wohl erneut zu Lachkrämpfen getrieben haben oder stimmte er eine andere Melodie, einen anderen Ton an und weinte mit Heraklit, heulte vielmehr, brüllte und risse sich vor Mitleid die Haare aus oder stände erstarrt, so wie der Dichter von Niobe erzählt, sie sei vor Kummer wie betäubt gewesen und habe sich in einen Stein verwandelt. Aber ich habe das Schlimmste noch gar nicht erwähnt; nicht jene Aufstände, Aufwiegeleien und Bürgerkriege, die, vom Wahn begonnen, vom Verbrechen durchgefochten und mit allgemeinem Elend bezahlt werden. Auf solche «ungerechten» Kriege beziehe ich mich, denn angeblich dürfen ja nicht alle Waffengänge verurteilt werden, wie die überspannten Wiedertäufer in ihrer Borniertheit behaupten. Vielmehr ist unsere christliche Taktik ebenso unverzichtbar wie die römische Schlachtordnung oder die griechische Phalanx. Das Kriegshandwerk gilt als edler und ehrbarer Beruf, auf den man nach Lage der Dinge nicht verzichten kann, Soldaten sind unsere besten Mauern und Bollwerke, und ich muß dem Ausspruch Ciceros entsprechend für die reine Wahrheit halten, daß alle unsere bürgerlichen Geschäfte, unsere Studien, unsere Rechtsangelegenheiten, unser Gewerbe und unsere Pfründen unter dem Schutz der kriegerischen Tugenden stehen und daß diese unsere Künste daniederliegen, sobald Aufruhr zu befürchten ist. Kriege sind also sehr nützlich, und Söldner, wie Tyrius zu ihrer Verteidigung anführt, für den Staat mehr wert als Bauern. Nun ist Tapferkeit bei einem klugen Menschen eine rühmliche Sache, aber ihre Advokaten unterliegen einem argen Irrtum und einer Begriffsverwirrung, wenn sie Diebstahl, Mord und Plünderung als tugendhaft bezeichnen und Notzucht, Blutbäder und Massaker mit Ludovicus Vives zu bloßem Zeitvertreib verniedlichen. Normalerweise nämlich nennen sie die bedenkenlosesten Blutsauger, größten Diebe, die elendesten Desperados, verräterischsten Schurken, die unmenschlichsten Mörder und die unbesonnensten, grausamsten und zügellosesten Lumpen tapfere und großmütige Seelen, heldenhafte und ehrenwerte Hauptleute, unerschrockene Waffenträger, heroische und ruhmvolle Soldaten, die, wie Pontus Heuter in seiner Geschichte Burgunds beklagt, sämtlich durchdrungen sind von einem falschen und rohen Ehrenkodex. So kommt es, daß täglich so viele freiwillig zu den Fahnen eilen, Frauen, Kinder und Freunde für sechs Pfennig Tagessold – wenn sie überhaupt soviel bekommen – im Stich lassen, ihr Leben und ihre Glieder verkaufen, sich begierig in die Bresche schlagen, Wache schieben, im Hinterhalt liegen, bei der ersten Attacke dabei sind und in der vordersten Front kämpfen, tapfer vorrücken, fröhliche Trommel- und Trompetenklänge in den Ohren, voll von Eifer und Energie, inmitten der im Wind flatternden Banner, der blitzenden Rüstungen, der wippenden Federbüsche, der Spieß- und Schwertwälder, dem Kunterbunt der Flaggen, des Prunks und der Herrlichkeit, als marschierten sie im Triumph und als Sieger zum Kapitol, und in eben dem Pomp, mit dem des Darius' Armee in die Schlacht bei Issus zog. Furchtlos rennt das Kanonenfutter in sein Verderben, um das Schwert der Feinde durch die eigenen Wunden stumpf werden zu lassen, wie Barletius sagt, um sich einen Namen zu machen und Ruhm, Ehre, Beifall zu erwerben, die nicht länger anhalten als ein Mündungsblitz und wie eine Rose im Augenblick verblühen. Von den 15 000 gemeinen Soldaten, die in einer Schlacht dahingemäht werden, finden nachträglich kaum fünfzehn Erwähnung, oder es taucht überhaupt nur einer, der General, in den Annalen der Geschichtsschreibung auf, und nach kurzer Zeit sind auch ihre, ist auch sein Name ausgelöscht und die Schlacht selbst der Vergessenheit anheimgefallen. Die griechischen Rhetoren schildern mit aller Kraft ihres Genies und ihrer Beredsamkeit die ruhmreichen Siege bei den Thermopylen, bei Salamis, Marathon, Mykale, Mantineia, Chaironeia, Plataiai. Die Römer überliefern ihre Schlachten bei Cannae und auf den Pharsalischen Feldern; aber auch in diesen Berichten ist von einzelnen Personen kaum die Rede. Und trotzdem treibt sie dieser angebliche Ruhm, der allgemeine Beifall, das Streben nach einer trügerischen Unsterblichkeit, der Stolz und die Aufgeblasenheit dazu, sich tollkühn und ohne einen Funken Verstand umzubringen und unzählige andere mit in den Tod zu nehmen. Alexander tat es leid, daß keine weiteren Welten mehr für ihn zu erobern waren, und dieser Ausspruch wurde von manch einem bewundert, denn er zeuge von königlicher Haltung; nur der weise Seneca tadelte ihn und meinte, das sei gesprochen wie ein Tollhäusler. Und den Satz, den derselbe Seneca auf Alexander und seinen Vater Philipp münzt, daß beide nämlich so viel Unglück über die Sterblichen gebracht hätten wie sonst nur Feuer und Wasser und das unbarmherzige Wüten dieser Elemente, diesen Satz beziehe ich auf alle Menschen ihres Schlages. Um so beklagenswerter ist die Tatsache, daß sie sich und anderen einreden, diese infernalische Lebensführung sei heilig, und denjenigen den Himmel versprechen, die ihr Leben im heiligen Krieg aufs Spiel setzten. Wie im Altertum die Perser, Griechen und Römer, so befeuern in unserer Gegenwart die Türken den Kampfeswillen ihrer Truppen mit dem Versprechen, daß alle, die in diesen blutigen Waffengängen auf dem Feld der Ehre blieben, direkt in den Himmel kämen, heiliggesprochen würden – eine teuflische Erfindung – und ihre Taten zu ewigem Angedenken in den Chroniken verzeichnet stünden. Dabei wäre es, bei Licht besehen, besser, wenn man solche viehischen Geschichten unterdrückte, denn da Kriege eine Geißel Gottes sind, mit der er die Sünden, die Verstocktheiten und den Unverstand der Sterblichen straft, sind solche Berichte den guten Sitten und einem anständigen Leben alles andere als förderlich. Aber sie lassen sich von ihren Irrtümern nicht abbringen und verleihen so der grausamsten und verderblichsten Pest der Menschheit einen heiligen Glanz. Haudegen werden mit Ehrentiteln, öffentlichem Beifall, hohen Belohnungen für ihre guten Dienste überhäuft, mit Statuen und Bildern geehrt, und es gibt keinen höheren Ruhm, als fürs Vaterland zu sterben. Africanus wird so von Ennius idolisiert, Mars und Herkules und ich weiß nicht wie viele andere Recken wurden im Altertum vergöttlicht und in den Himmel gehoben, obwohl sie in Wirklichkeit blutige Schlächter waren, verderbte Zerstörer, Quälgeister der Welt, scheußliche Ungeheuer, Höllenhunde, barbarische Plagen, Allesverschlinger und gemeine Henker der Menschheit, wie Lactantius klar beweist. Solche Menschen legen, sobald sie im Krieg in eine verzweifelte Lage geraten, übereilt Hand an sich selbst wie jene Kelten, die es aufgrund ihres lächerlichen Ehrbegriffs als schändlich empfanden, vor einer einstürzenden Mauer zurückzuweichen. Diejenigen, die nicht ins gezückte Schwert stürzen und der Kanonenkugel auszuweichen suchen, gelten als niedrige Feiglinge ohne Heldenmut. Auf diese Weise suhlt sich die Erde in ihrem eigenen Blut, und die Liebe zum Schwert und der Wahnsinn des verfluchten Krieges wüten weiter. Der Mord, für den ein Mensch im Privatleben mit der eigenen Hinrichtung bezahlt, wird zum Zeichen der Mannhaftigkeit, wenn er im Krieg in aller Öffentlichkeit verübt wird, und die Beteiligten werden dafür belobigt. Wir messen alles wie die Türken nach dem Ergebnis, und zu fast allen Zeiten, in fast allen Ländern und an nahezu allen Orten läßt, wie Cyprian bemerkt, die Schändlichkeit vollendeter Tatsachen den Übeltäter ungeschoren davonkommen. Einer wird dafür gekrönt, wofür ein anderer die Folter erleidet:

Den belohnet das Kreuz für die Untat, jenen die Krone,
(Juvenal)

der wird über dem zum Ritter, Herren, Grafen und großen Herzog, wofür nach Agrippa jener zur Abschreckung aller am Galgen baumelt:

Wiewohl, wenn ein anderer etwa
Gleiches getan, er nimmer dem Sittenrichter entginge. (Juvenal)

Ein armer Schafdieb wird aufgeknüpft, weil er Mundraub begangen hat, um nicht zu verhungern – eine Tat, zu der ihn vielleicht unerträgliche Kälte, Hunger und Durst getrieben haben. Aber der Inhaber eines hohen Amtes darf gefahrlos ganze Provinzen ausrauben, Tausende verderben, plündern und auspressen, nach Belieben unterdrücken, schinden, quälen, tyrannisieren, sich am Gemeinbesitz vergreifen und in seinem Handeln unberechenbar sein; gleichwohl wird ihm das alles noch mit schwülstigen Titeln vergolten, er wird für seine guten Dienste geehrt, und niemand wagt es, dagegen aufzubegehren und ihn zu tadeln.

Wie hätte Demokrit auf ein übles Subjekt reagiert, auf einen Narren, Idioten, auf ein Schwammerlhirn, einen goldenen Esel, ein Scheusal in Menschengestalt, das viele anständige, weise und gelehrte Männer um sich versammelt hat, die ihm als Wurmfortsatz seines Reichtums untertänigst aufwarten, und zwar einzig aufgrund der Tatsache, daß er vermögender ist als sie. Sie ehren jemanden mit göttlichen Titeln und bombastischen Beinamen, beweihräuchern und belobhudeln einen Menschen, von dem sie wissen, daß er ein Schwachkopf, ein Narr, ein raffgieriger Schuft, ein Tier ist, nur weil er im Geld schwimmt. Was sagte unser Philosoph wohl zu einem Esel im Löwenpelz, einem dreckigen und ekelhaften Kadaver, einem Gorgonenhaupt, aufgedunsen von Schmarotzern, das sich glorreiche Titel anmaßte, zu einem Kindskopf und Langohr, einer bemalten Gruft, einem ägyptischen Tempel? Was dächte er angesichts eines verwelkten Gesichts, eines kranken, verunstalteten, zerfressenen Äußeren, eines verwesten Körpers, eines vergifteten Geistes und einer genußsüchtigen Seele, ausstaffiert mit Orientperlen, Juwelen, Diademen, umhüllt von Parfüm und anderen kunstvollen Schöpfungen und so stolz auf seine Gewänder wie ein Kind auf seinen neuen Rock? Was angesichts eines guten Menschen mit Engelsantlitz, eines Heiligen mit demütigem Sinn, einer bescheidenen Seele, die in Lumpen herumliefe, betteln müßte und am Rande des Hungertodes stünde? Wie verhielte er sich gegen einen komischen Kauz und abstoßenden Schmutzfinken, von außen abgerissen und verkommen, aber geschliffen formulierend und mit Weisheit und göttlichem Geist begabt, wie gegen einen adretten, tadellos gekleideten Menschen, der im Besitz bester Manieren, aber von aller Anmut und allem Witz verlassen, Unsinn schwafelt?

So viele Anwälte, Advokaten und Gerichte gibt es, so wenig Gerechtigkeit läßt sich finden, so viele Richter, so wenig Pflege des Gemeinwohls, so viele Gesetze und doch immer mehr Unordnung! Jeder Gerichtshof ist ein Labyrinth, und wie viele tausend Prozesse werden hier rücksichtslos durchgefochten! Oft sitzt der Ungerechteste zu Gericht, ein Gottloser urteilt über religiöse Fragen, ein Ignorant entscheidet wissenschaftliche Dispute, ein Faulpelz kümmert sich um Beschäftigungsprobleme und ein Ausbund an Unbarmherzigkeit um die Armenfürsorge. Ein Lamm wird hingerichtet, nachdem der Wolf das Urteil gesprochen hat, ein Räuber sitzt auf der Anklagebank und ein Dieb im Richtersessel; er bestraft andere hart und handelt doch selbst noch verwerflicher. Gesetze werden geändert, falsch ausgelegt, nach Für und Wider zurechtgestutzt, weil der Richter befangen und bestochen ist oder weil er im Gegenteil starr an seiner vorgefaßten Meinung festhält. Urteile werden nach Lust und Laune ausgesetzt oder abgeändert, obwohl es sich immer noch um denselben Fall handelt; einer wird seines Erbes beraubt, ein anderer als Erbe eingesetzt und begünstigt, Testamente und Urkunden werden gefälscht. Gesetze erläßt man, ohne sie einzuhalten, oder falls sie in Kraft treten, treffen sie doch nur die Dummen. Wenn es vor Gericht um Unzucht geht, wird der Vater den Sohn enterben und sein Kind verstoßen: «Hinaus, Schuft, hinweg, und wage dich nicht mehr unter meine Augen!» Der arme Angeklagte wird durch den Verlust seines Eigentums, seines Besitzes, seines Vermögens und guten Namens auf das jämmerlichste gepeinigt, er ist für immer entehrt, verlassen und muß bis zum letzten für seine Todsünde büßen; und doch hat er, wie Tranio bei Plautus sagt, nichts anderes getan, als den edlen Herren längst zur Gewohnheit geworden ist. Denn bei einer bedeutenden Person, bei Seiner Hochwohlgeboren und Euer Durchlaucht ist es nicht einmal eine läßliche Sünde, ein kleiner Fehltritt, vielmehr überhaupt kein Vergehen, sondern ein normales und übliches Verhalten, an dem niemand Anstoß nimmt. Der Betroffene erklärt es öffentlich für sein gutes Recht, wenn er nicht sogar damit prahlt.

Viele Elende, jüngere Brüder und andere, werden aufgrund einer verfehlten Politik und nutzlosen Erziehung, bei der sie keine Berufsausbildung erhalten, zu Bettlern oder Langfingern und enden schließlich wegen Diebstahls am Galgen. Was könnte schmählicher sein, denn viele Verurteilungen gereichen dem Landesherrn ebenso zur Unehre wie dem Arzt viele Beerdigungen. Der Lehrer korrigiert seine Schüler, wenn sie etwas falsch machen, und bringt ihnen die Fehler nicht auch noch bei. Entsprechend sollte man die Ursachen abstellen und dafür sorgen, daß es keine Diebe und Bettler mehr gibt, statt sie, wie es jetzt passiert, einfach in ihr eigenes Unglück rennen zu lassen. Gleichfalls ausgemerzt gehören die Ursachen der endlosen Rechtshändel, nämlich die Unmenge von Anwälten, wobei Streitigkeiten durch unkompliziertere Methoden aus der Welt geschafft werden sollten. Heute hasten sie wegen jeder Kleinigkeit zum Kadi und gehen sich gegenseitig an die Kehle. Um sich in den Besitz einer Sache zu bringen, so Hieronymus, pressen sie das Herzblut ihres Nächsten aus, verleumden, lügen, entehren, beschimpfen, legen falsch Zeugnis ab, schwören, werden meineidig, kämpfen und streiten, verschwenden ihre Güter, ihr Leben, Vermögen, opfern die Freunde, ruinieren sich gegenseitig, um eine Harpyie von Advokat zu mästen, der es auf diese Beute abgesehen hat und «Los doch, Sokrates; los doch, Xanthippe!» schreit, oder um einen bestechlichen Richter zu bereichern, der wie der Milan bei Äsop, als die Maus und der Frosch miteinander kämpfen, beide davonträgt. Überall lauern die Menschen einander auf wie gefräßige Vögel, wilde Tiere, Raubfische – entweder täuschen oder getäuscht werden, andere zerfleischen oder sich selbst in Stücke reißen lassen, ein Drittes gibt es nicht. Sie sind wie Brunneneimer, bei denen notwendig der eine nach oben kommt, wenn der andere nach unten geht, der eine leer, der andere voll ist. Der Ruin des einen wird zur Erfolgsleiter des anderen, und das alles gilt uns als gängige Praxis. Was ist der Markt? Ein Ort, wo sie sich nach Anacharsis gegenseitig betrügen, eine Falle, und ist die ganze Welt etwas anderes? Ist sie nicht ein riesiges Chaos, eine Sittenverwirrung, unbeständig wie das Wetter, ein Narrenhaus, eine Zusammenrottung von Unreinem, ein Jahrmarkt wandelnder Gespenster und Kobolde, ein Theater der Heuchler, ein Laden der Schurkerei und des Schöntuns, ein Kindergarten für Bösewichte, Kulisse des Geschwätzes, Schule des

Leichtsinns und Akademie der Laster; ein Schlachtfeld, auf dem es heißt Töten oder Getötetwerden und jeder für sich selbst und seine eigenen Zwecke kämpft und Wache hält. Weder Barmherzigkeit, Liebe, Freundschaft, Gottesfurcht, Verbundenheit, Nähe, Blutsbande noch christlicher Glaube kann sie zügeln. Wenn sie sich irgendwie beleidigt fühlen oder der Nerv ihres Besitzstrebens getroffen ist, kennen sie keinen Anstand mehr. Alte Freunde verwandeln sich aus lächerlichem Anlaß oder wegen einer kleinen Kränkung in erbitterte Feinde, und die sich eben noch gegenseitig alle Wohltaten der Liebe und Güte erweisen wollten, schmähen sich jetzt und trachten sich mit einem beispiellosen Haß nach dem Leben, ohne auch nur an Versöhnung zu denken. Solange es Nutzen verspricht, lieben und helfen sie einander, aber wenn nichts mehr zu erwarten steht, behandeln sie ihren Wohltäter wie einen alten Hund, setzen ihn aus, vertreiben oder erdrosseln ihn. Cato hält es für eine große Schande, Menschen wie alte Schuhe oder zerbrochenes Glas einfach auf den Abfallhaufen zu werfen; er selbst konnte es nicht über sich bringen, einen alten Ochsen zu verkaufen, geschweige denn einen bejahrten Diener aus dem Haus zu jagen. Aber die Regel ist es, jemanden zu schmähen, statt ihm seine Dienste zu vergelten, und wenn sie einen Menschen erst zum Komplizen ihrer Schurkereien gemacht haben, dann schaffen sie ihn anschließend beiseite wie Bajazet der Zweite, Herrscher der Türken, den Achmet Bassa oder ersetzen verdienten Lohn durch eben den tödlichen Haß, mit dem Tiberius den Silius verfolgte. Mit einem Wort, jeder geht seinen selbstsüchtigen Zielen nach. Unser höchstes Gut ist der Besitz, die Göttin, die wir anbeten, heißt Dea Moneta, Königin Mammon, ihr bringen wir täglich Opfer, sie lenkt unsere Herzen, Hände, Gefühle, alles. Sie ist die großmächtige Göttin, die uns aufzieht, erhöht und erniedrigt, sie führt das Kommando, zu ihr beten, laufen, reiten, gehen, kommen wir, um ihretwillen mühen wir uns ab und streiten uns wie die Fische um eine ins Wasser gefallene Brotkrume. Nicht aufgrund unseres Wertes, unserer Tugend (ein Theaterrequisit), Weisheit, Tapferkeit, unseres Wissens, unserer Ehre, Religion oder Tüchtigkeit werden wir respektiert, sondern es zählt nur Geld, Größe, ein Amt, Ansehen, Macht. Ehrlichkeit gilt als dümmlich, Schurkerei als Politik, die öffentliche Meinung bewundert den Schein und nicht, was dahinter steckt. Überall wird hinter ständig wechselnden Kulissen derart gelogen und betrogen, intrigiert und pariert, laviert, geschmeichelt, getäuscht und geheuchelt, daß man notwendig entweder Gott aufs höchste beleidigt, indem man sich dieser Welt anpaßt und in Rom als Römer lebt, oder aber verachtet, entehrt und im Elend sein Dasein fristen muß. Einer trägt seine Enthaltsamkeit und Heiligkeit vor sich her, der andere Sittenstrenge, ein dritter eine affektierte Einfachheit; aber in Wirklichkeit sind sie alle doppelzüngige Heuchler, Fassaden, Zwiegemälde: auf der Vorderseite Lamm, rückseitig Löwe. Wie hätte Demokrit alles das aufgenommen?

Was hätte er von einem Menschen gehalten, der sich wie ein Chamäleon verändern oder wie Proteus verwandeln kann, der zwanzig Rollen und Personen gleichzeitig spielt, wenn es zu seinem Nutzen ist, der wie der Planet Merkur keine gerade Bahn verfolgt, sondern nach Bedarf den Guten gut, den Bösen böse erscheint, der für jeden, den er trifft, ein anderes Gesicht aufsetzt, andere Kleidung und einen anderen Charakter anlegt, dem alle Religionen, Temperamente, Neigungen zur Verfügung stehen, um wie ein Hund zu kriechen und sich durch vorgespiegelte Unterwürfigkeit lieb Kind zu machen oder wie ein Löwe zu wüten, wie ein Köter zu kläffen, wie ein Drache zu kämpfen, wie eine Schlange zu stechen, sanft zu sein wie ein Lamm und doch im nächsten Augenblick die Zähne zu blecken wie ein Tiger, Krokodilstränen zu vergießen, einige zu ducken, andere über sich zu dulden, hier zu befehlen, dort zu kuschen, an einem Ort den Tyrannen zu spielen, anderwärts sich auf der Nase herumtanzen zu lassen, zu Hause den Weisen zu geben und in der Öffentlichkeit zur allgemeinen Belustigung den Hanswurst zu machen?

Wie wären Demokrit solche Unterschiede zwischen Wort und Tat angekommen, solche Welten zwischen Zunge und Herz, wie Menschen, die Schauspielern gleich in die unterschiedlichsten Rollen schlüpfen, anderen gute Ratschläge erteilen und den Eindruck erwekken, man müsse zu ihnen aufschauen, obwohl sie sich in Wahrheit im Schmutz wälzen?

So einer beteuert seine Freundschaft und küßt dem die Hand, den er einen Kopf kürzer sehen möchte, lächelt dem zu, dem er übel will, oder prellt, den er höflich grüßt. Unwürdige Freunde überschüttet er mit Lobreden, seinen Feind, der ein guter Mensch ist, entehrt er und verunglimpft seine Taten mit allem Neid und aller Arglist, die ihm zu Gebote stehen.

Es gibt Diener, die den Besitz ihrer Herren aufkaufen könnten, und mancher Träger des Amtsstabes ist vermögender als der Amtsinhaber. Andererseits wird das Pferd, das das Land beackert, mit Spreu gefüttert, und ein unnützer Klepper hat Futter in Hülle und Fülle, der Schuhmacher geht barfuß, der Schlachter schmachtet, der sich abschuftende Heuerling leidet Hunger, aber die Drohne lebt in Freuden.

Die Menschen kaufen Waren, die nicht mehr wert sind als Schall und Rauch, und investieren in Luftschlösser. Was in der Kleidung Mode ist und als schicke Pose, als zeitgemäßes Benehmen gilt, wird nachgeäfft. Wenn der König lacht, lachen alle:

Du lachst? Noch lautres Lachen
schüttelt ihn auch: er weint, wenn am Freund er Tränen
gewahrte: (Juvenal)

Sobald sich Alexander verbeugte, folgte ihm der Hofstaat; Alphonsus wandte den Kopf, und seine Schmarotzer taten desgleichen. Als Sabina Poppaea, Neros Gemahlin, bernsteinfarbene Haare trug, griff die römische Damenwelt diesen Einfall augenblicklich auf und machte sich die Mode zu eigen.

Bloße Stimmungen leiten die meisten, und bewundert und getadelt wird nach Gutdünken und ohne alles Urteilsvermögen; die geistlose Masse benimmt sich wie die Dorfhunde, wenn erst einer kläfft, fallen alle anderen grundlos ein. Spielt jemand eine Favoritenrolle oder wird er von einem Großen belobigt, spendet ihm die ganze Welt Beifall; wenn sich aber das Blatt wendet, er in Ungnade fällt und sich seine Sonne verfinstert, dann hassen ihn plötzlich alle, und selbst die, die ihn vorher übersahen, beäugen und begaffen ihn jetzt.

Manch einer denkt mit dem Bauch und hat die Eingeweide im Kopf, schleppt hundert Eichen auf seinem Rücken, verschlingt hundert Ochsen bei einer einzigen Mahlzeit, mehr noch, verleibt sich Häuser und Städte oder wie die Menschenfresser sogar seinesgleichen ein.

Ein anderer rollt sich wie ein Schneeball von niedrigster Bettelei zu einem imposanten «Euer Gnaden» und «Hochwohlgeboren» auf, windet sich mit unlauteren Mitteln in Ämter und Ehren; und ein dritter läßt sein Genie verhungern, seine Seele der Verdammnis anheimfallen, um Reichtümer anzuhäufen, in deren Genuß er nie gelangen wird, sondern die sein verschwenderischer Sohn im Nu verschleudert und verzehrt.

Dieses Strebertum und Ellbogenstoßen! Da verwendet ein Mann seine gesamten Kräfte und Mittel, Zeit und Geld darauf, der Günstling eines Günstlings eines Günstlings, der Schmarotzer eines Schmarotzers eines Schmarotzers zu werden, und könnte doch schon jetzt mit Anstand leben und die Speichellecker verachten.

Da sitzt ein struppiger Bettlerbalg, der sich kürzlich noch von Abfall ernährte, kroch und wimmerte, alle anflehte und für ein abgetragenes Wams Botengänge machte, plötzlich in Samt und Seide hoch zu Roß, leutselig und piekfein, kennt seine alten Freunde und Vertrauten nicht mehr, vernachlässigt seine Familie, sieht auf die herab, zu denen er aufblicken sollte, und spielt den großen Herrn.

Da katzbuckelt und dienert ein Gelehrter vor einem ungebildeten Bauern um eine warme Mahlzeit, ein Schreiber wird für das Aufsetzen einer Schuldverschreibung, ein Falkner für seine Dienste besser bezahlt als jeder Kopfarbeiter. Ein Anwalt verdient an einem Tag mehr als ein Philosoph in einem ganzen Jahr und erhält für die Bemühungen einer Stunde besseren Lohn als der Wissenschaftler für das Ergebnis zwölfmonatigen Forschens. Und der, der eine Kurtisane malen, auf der Fiedel spielen oder Locken drehen kann, kommt eher in der Welt voran als ein Philologe oder Poet.

Vernarrte Mütter herzen wie Äsops Affe ihr Kind zu Tode, ein Hahnrei drückt bei der Ehre seiner Frau beide Augen zu und ist doch in allen anderen Dingen ganz auf dem Quivive, ein anderer stolpert über einen Strohhalm und stößt an keinen Stein, beraubt Peter, um Paul zu bezahlen, kratzt mit einer Hand unrechte Einkünfte zusammen, bringt sich durch Bestechung, Lug und Trug in den Besitz herrschaftlicher Anwesen und gibt mit der anderen reichlich Almosen für die Armen, hinterläßt eine fromme Stiftung; pfennigpfiffig sind sie und talertumb, Blinde beurteilen Farben, die Weisen schweigen, die Narren reden, sie tadeln andere in der Öffentlichkeit, während sie es insgeheim selbst noch schlimmer treiben, und geißeln, wie Aurelius Victor von Kaiser Augustus berichtet, das an Dritten, dessen niemand schuldiger ist als sie selbst.

Da wagt ein armer Wicht oder Tagelöhner sein Leben für den neuen Herrn, der ihm am Jahresende seinen Lohn nur mit Murren auszahlt, ein Pächter schuftet und schindet sich, ackert und quält zum Nutzen einer verschwenderischen Drohne, die allen Gewinn verschlingt oder zur Befriedigung ihrer Lüsternheit mit beiden Händen ausgibt, ein Edler wirft sich angesichts des Todes in die Brust und ist bereit, sein Leben für einen Augenblick des Ruhms wegzuwerfen; ein Weltkind zittert vor dem Scharfrichter, hat aber keine Angst vor der Höllenglut, andere hoffen sehnlich auf Unsterblichkeit und gehen doch dem Tod, der einzigen Durchgangspforte zum Jenseits, mit allen Mitteln aus dem Wege.

Da gibt es tollkühne Recken wie jene alten Dänen, die lieber sterben als bestraft werden wollen und sich dem Tod mit trunkener Bereitwilligkeit in die Arme werfen, es aber nicht über sich bringen, ihre Sünden und Verfehlungen oder das Hinscheiden ihrer liebsten Freunde zu beklagen.

Da werden die Weisen zurückgesetzt, die Narren bevorzugt, einer herrscht über Städte und Dörfer, aber zu Hause führt eine dumme Weibsperson das Regiment; ein anderer ist Provinzgouverneur, und doch schreiben seine Kinder und Bediensteten ihm Gesetze vor wie der Sohn des Themistokles in Griechenland, der von sich sagte: Was ich will, will meine Mutter, und was meine Mutter will, tut mein Vater. Da reisen die Pferde in der Kutsche, vor die Menschen gespannt sind, Hunde fressen ihre Herren, Türme bauen Maurer, Kinder herrschen, die Alten gehen zur Schule, die Frauen haben die Hosen an, Schafe verwüsten die Städte, verschlingen die Menschen usw., kurz, die Welt steht kopf. Oh, wenn Demokrit das miterleben könnte!

Alle Einzelheiten aufzuzählen wäre eine der Arbeiten des Herkules, denn es gibt so viele lächerliche Beispiele wie Sonnenstäubchen. Wer könnte von allen berichten. Deshalb soll diese Kostprobe genügen.

Alles, was ich gesagt habe, ist offenkundig, alltäglich und wohlbekannt. Wie aber wäre es Demokrit angekommen, sähe er in die geheimen Winkel ihres Herzens? Wenn jeder ein Fenster in seiner Brust hätte, wie Momus es von Vulkans Geschöpf begehrte, oder wenn es jedem nach der Wunschvorstellung Ciceros auf der Stirn geschrieben stünde, was er über die Republik dächte? Bei Lukian berührt Merkur die Augen Charons und setzt ihn so von einer Sekunde auf die andere instand, die blinden Hoffnungen und Wünsche, Gedanken und Taten, Gerüchte und flüchtigen Sorgen der Menschen wahrzunehmen. Was wäre, wenn jemand wie Lukians Gallus mit seiner Schwanzfeder Türen und Schlösser öffnen und Riegel zurückfliegen lassen könnte, wie sich Cyprian wünschte, oder wenn er den unsichtbar machenden Ring des Gyges besäße oder ein seltenes Glas, das den Gesichtskreis so vergrößerte, daß er alles auf einmal sehen und hören könnte – ähnlich der Lanze, die Jupiter bei Martianus Capella in der Hand hält und die ihm alles zeigte, was täglich auf der Erde vor sich ging? So würden die aufgesetzten Hörner sichtbar, die Machenschaften der Alchimisten mit ihrem falschen Stein der Weisen, die wirre Pläneschmiederei und alle die das Tageslicht scheuenden Werke, die falschen Schwüre, Hoffnungen, Befürchtungen und Wünsche, die Demokrit wahre Lachkrämpfe verursacht hätten. Er sähe Windmühlen in einem Kopf und ein Hornissennest im anderen. Und wäre er mit Lukians Ikaromenippus in Jupiters Flüstergalerie anwesend gewesen, hätte er zu seiner großen Verwirrung den einen um Regen, den anderen um Sonnenschein flehen, diesen den Tod seiner Frau, jenen den seines Vaters erbitten hören. Empfangen wollen sie aus Gottes Hand, was ihnen die Schamröte ins Gesicht triebe, würde ihr Anliegen publik. Wer wollte also leugnen, daß diese Menschen nicht ganz richtig im Kopf sind? Könnte sie die Nieswurz heilen? Mitnichten, ein ganzer Morgen davon würde nicht ausreichen.

Was aber noch weit beklagenswerter scheint, ist die Tatsache, daß wir verrückt sind wie Senecas blinde Frau und es uns nicht eingestehen wollen und keine Heilung suchen, denn wenige erkennen ihr Leiden und alle lieben es. Wenn uns unser Bein oder Arm schmerzt, dann sinnen wir mit allen Mitteln auf Abhilfe, und wenn wir an einem körperlichen Gebrechen laborieren, schicken wir nach dem Arzt. Aber geistige Erkrankungen nehmen wir erst gar nicht zur Kenntnis; die Wollust quält uns von der einen, Neid, Ärger, Ehrgeiz malträtieren uns von der anderen Seite. Wir werden von unseren Leidenschaften in Stücke gerissen, als wären unsere Gliedmaßen an auseinanderstürmende Pferde gefesselt. Einer ist melancholisch, der andere verrückt, entweder aufgrund von Veranlagung oder falscher Lebensweise; aber wer von uns allen sucht Hilfe, gesteht seine Verwirrung ein oder weiß, daß er krank ist? Wie der Dummkopf, der seine Kerze auslöschte, damit ihn die Flöhe nicht fänden, so hüllt sich mancher in ein fremdes Gewand und schmückt sich mit geliehenen Titeln, damit ihn niemand erkenne. Jeder denkt von sich selbst: ich bin gesund, weise und verlache die anderen. Und wir alle machen den Fehler, die Nahrungsmittel, die Kleidung, die Sitten und Gebräuche, die unsere Vorfahren guthießen, lächerlich zu machen und für unzeitgemäß zu erklären. Die Alten dagegen halten die Jüngeren für verrückt, obwohl sie selbst schon senil sind, und wie Seeleuten scheint es ihnen, das Land wiche zurück, obwohl sie sich selbst bewegen. In Wirklichkeit nämlich hat die Welt viel mehr Verstand, als ihr Altersschwachsinn zugestehen will. Die Türken spotten über uns, wir über sie, die Italiener halten die Franzosen für wankelmütig, die Franzosen schimpfen auf die Italiener und ihre Sitten, die Griechen sahen sich von lauter Barbaren umgeben und werden jetzt selbst so eingeschätzt; wir nennen die Deutschen schwerfällig und tumb, bringen für viele ihrer Gebräuche kein Verständnis auf, und sie denken nicht weniger verächtlich von uns; die Spanier mokieren sich über alle Völker und haben alle gegen sich. So töricht sind wir und lächerlich mit unseren widersinnigen Taten, Posen, Ernährungs- und Kleidungsgewohnheiten, Sitten und Ratschlüssen. Wir zeigen schimpfend mit dem Finger auf andere und sind doch allesamt Toren, wobei die die größten Esel abgeben, die ihre Ohren am eifrigsten verstecken. Wenn sich jemand einmal seine Meinung gebildet hat, hält er jeden für einen Idioten und Trottel, der diese Haltung nicht teilt oder anderer Ansicht ist,

weil nichts sie für gut, als was sie gebilligt, erachten. (Horaz)

Niemals wird er mit Atticus jeden Freude an der jeweils eigenen Gemahlin haben lassen, sondern nur die seine ist schön. So hört er auf niemanden und erkennt – alle verachtend – kein Vorbild an, vielmehr ist er, wie Plinius formuliert, sich selbst Gesetz und Exempel. Was Hippokrates einst in seinem Brief an Dionysius tadelte, ist heute immer noch gültig, daß nämlich der, der etwas nicht hat oder schätzt, diesen Besitz bei anderen als überflüssigen und eitlen Zierat herabwürdigt und damit dem Fuchs Äsops gleicht, der, nachdem er seinen Schwanz eingebüßt hatte, verlangte, seine Artgenossen sollten den ihren ebenfalls kappen. Die Chinesen sagen, daß die Europäer nur ein Auge hätten, sie dagegen zwei und die übrige Welt blind sei (obwohl sie Scaliger seinerseits für lauter Vieh hält), und entsprechend gilt: nur du und deine Mitsektierer sind weise, andere sind auf halbem Wege stehengeblieben, der Rest aber ist nicht bei Sinnen, Idioten- und Eselspack. Weil wir unsere eigenen Irrtümer und Unzulänglichkeiten nicht zugeben, können wir gefahrlos über andere herziehen, als ob wir allein nicht betroffen und im übrigen bloße Zuschauer seien. Wir halten es für wunders was, und es ist in der Tat eine Art Meisterleistung, uns über die Verirrungen Dritter lustig zu machen, wo sich doch jeder an die eigene Nase fassen müßte. Denn schließlich ist der größte Beweis der Dummheit der, sich vor anderen lächerlich zu machen und es nicht einmal zu bemerken, wie es dem Marsyas widerfuhr, der nach dem Bericht des Apuleius mit Apollo wetteiferte und nicht bemerkte, wie er sich zum Gespött machte. So verhält sich jeder von uns, er ist seines Irrsinns überführt und gleicht, wie Augustinus folgert, in den Augen der Weisen und Engel dem, der mit den Füßen über dem Kopf laufen will. Also lachst du mich aus, ich dich, und gemeinsam lachen wir über einen dritten, und er zahlt mit gleicher Münze heim. Andere klagen wir des Irrsinns und Wahns an und sind selbst die größten Schwachköpfe. Denn es ist die Eigenschaft und das deutliche Kennzeichen eines Narren, daß er aus Stolz und Eigendünkel beleidigt, herabsetzt, tadelt und kritisiert, andere Toren schimpft und damit nur seine eigene Torheit bloßstellt. So lehren wir, was wir selbst nicht befolgen: ein Wankelmütiger schreibt über die Beständigkeit, ein gottloser Lebemann stellt fromme und heilige Regeln auf, ein Schwachkopf verfaßt eine Abhandlung über die Weisheit oder zieht mit Sallust über diejenigen her, die das Vaterland auspressen, nur um sich in Amt und Würden als noch größerer Blutsauger zu erweisen. Solches Verhalten zeugt von Charakterschwäche und ist ein deutliches Zeichen der Unvernunft der Beteiligten. Wer also ist der wahre Narr? Vielleicht sind wir irgendwo alle verrückt – zumindest nach Gesellschaft – und nehmen deshalb die Unvernunft nicht wahr, denn die Landläufigkeit des Irrtums und Wahns bringt ihre Absurdität ebenso wie unsere Verwunderung darüber zum Verschwinden. Uns ergeht wie einst dem C. Fimbria in Rom – nach Cicero ein vorlauter, strohköpfiger, verrückter Mensch, der von seinen Zeitgenossen auch so eingeschätzt wurde mit Ausnahme derjenigen, die ebenso verrückt waren wie er und folglich nichts Absonderliches bemerkten:

> Denn er mochte für toll gar wenigen gelten, dieweil der
> größte Teil von Menschen versiecht an eben der Krankheit.
>
> (Horaz)

Aber selbst angenommen den Fall, sie erkennen ihren Wahn, und es gelingt, jemanden seiner Verrücktheit zu überführen, dann wird er zwar vor seiner Torheit in Wort und Tat nicht mehr die Augen verschließen und seine Bauwut oder den eitlen Hang zum Prahlen, Zanken, Verschwenden, Spielen, Buhlen, Kritzeln, Schwatzen, mit dem er sich vor seiner Umwelt lächerlich macht, eingestehen. Aber mit aller Redekunst kann man ihn – den besten Argumenten zum Trotz – nicht soweit bringen, daß er mit seiner Unvernunft bräche. Sie ist so angenehm, so köstlich, daß er nicht auf sie verzichten kann. Er kennt seinen Fehler, macht aber keinen Versuch, ihn abzulegen, auch wenn man ihm die üblen Folgen von völliger Verarmung über Sorge, Krankheit, Ehrverlust und Verderben bis hin zum geistigen Zusammenbruch vorhält. Ein Wüterich zieht seine Rache, ein Lüstling seine Dirne, ein Dieb seine Beute, ein Vielfraß seinen Bauch allemal seiner Wohlfahrt vor. Man verdeutliche einem Genußsüchtigen, einem Raffgierigen, einem ehrgeizigen Streber seinen Irrweg und bringe ihn nur eine Handbreit davon ab, schon jammert er, daß er verloren sei, und kehrt zu den alten Gewohnheiten zurück wie ein Hund zu seinem Erbrochenen. Keine Überredung, kein Rat, keine Beschwörung zeitigt Wirkung, und wenn man Himmel und Hölle in Bewegung setzte, man predigt tauben Ohren wie Odysseus, der erfolglos auf Elpenor, Gryllus und den Rest seiner Mannschaft einredete: Schweinemenschen, unbelehrbar in ihrem vertierten Naturell. Man zerstampfe solche Leute in einem Mörser, sie bleiben dieselben. Wenn einer ein Ketzer oder in einer abartigen Doktrin so eingefahren ist wie unsere unwissenden Papisten, mag man seinen Verstand eines Besseren belehren, ihm seine Einbildungen und fixen Ideen demonstrieren, ihn zum Abschwören zwingen und alles sonnenklar darlegen, er wird trotzdem verstockt und halsstarrig auf seiner Irrlehre beharren: Wenn ich mich darin irre, dann mit Freuden, und niemand kann mich umstimmen. Ich handle, wie ich und meine Vorfahren gehandelt haben und wie es meine Freunde jetzt tun, und sollten sie närrisch sein, bin ich in guter Gesellschaft. Sagt selbst, sind solche Menschen verrückt oder nicht? Machen sie sich nicht zum Gespött? Oder soll man sie vielleicht für geistig normal, besonnen, klug, vernünftig erklären und ihnen gesunden Menschenverstand zusprechen?

Wer ist von beiden der Tollste? (Horaz)

Ich meinerseits schlage mich auf Demokrits Seite und gebe sie der Lächerlichkeit preis: eine Gesellschaft von hirnerweichten Schwachköpfen, so verrückt wie Orest und Athamas, die allesamt hoch zu Esel reiten oder mit dem Narrenschiff ins Nieswurzland segeln sollten. In diesem Zusammenhang brauche ich mich sicher nicht mit Beweisen abzumühen, feierliche Erklärungen abzugeben und einen Eid zu schwören, vielmehr wird man mir auch so glauben. Auf ein Wort – sind sie nicht Toren? Ich mache euch zu Schiedsrichtern, obwohl ihr selbst gleichermaßen Narren und Verrückte seid, und meine eigene Frage verrät den nämlichen Geisteszustand, denn wie sagt Merkur in einer Komödie:

Gerechtes von Ungerechten zu verlangen ist Narrheit. (Plautus)

In einer ersten Annäherung habe ich versucht, den melancholischen Zustand von Königreichen, Provinzen, Familien und Einzelpersonen zu schildern, nun will ich diese Bereiche detaillierter untersuchen, und worüber ich mich bisher eher unmethodisch und verallgemeinernd verbreitet habe, das soll im folgenden genauer analysiert und in der gebotenen Kürze mit speziellen und einleuchtenden Argumenten, Zeugnissen und Beispielen belegt werden:

Vernimm nun, weswegen alle gerade wie du unklug sind.

(Horaz)

Mein erstes Argument leihe ich mir von Salomo und entnehme diesen Pfeil seinem Sentenzenköcher; 3. Spr. 7: Dünke dich nicht, weise zu sein, und 26. Spr. 12: Wenn du einen siehst, der sich weise dünkt, da ist an einem Narren mehr Hoffnung denn an ihm. Jesaja verflucht jene, die bei sich selbst weise sind und halten sich selbst für klug (5. Jes. 21). Und daraus dürfen wir schließen, daß es ein schweres Vergehen und eine große Selbsttäuschung ist, zu gut von sich selbst zu denken – und ein triftiges Argument, um den Betroffenen ihre Unvernunft vor Augen zu führen. Viele wären nach Seneca fraglos weise geworden, hätten sie sich nicht eingebildet, sie seien schon im Besitz des vollkommenen Wissens, bevor sie den Weg auch nur zur Hälfte hinter sich gebracht hatten. Sie waren zu voreilig und frühreif, zu schnell und übereilt und besaßen eine zu hohe Meinung von sich selbst, ihren Verdiensten, ihrem Mut, Geschick, von ihrer Kunst, Gelehrsamkeit, ihrem Urteilsvermögen, ihrer Beredsamkeit und von den übrigen Talenten, die alles verdarb. Alle ihre Gänse waren Schwäne, und das ist der schlagende Beweis für ihren Unverstand. Früher gab es nur Sieben Weise, heute lassen sich kaum noch so viele Narren auftreiben. Thales übersandte dem Bias und dieser wiederum dem Solon den goldenen Dreifuß, den ein Fischer gefunden hatte und der nach dem Auftrag des Orakels dem jeweils Weisesten gehören sollte. Würde er heute entdeckt, so stritten sich alle um ihn wie die drei Göttinnen um den goldenen Apfel, so klug sind wir geworden. Wir haben weibliche Politiker, Kinder treiben Metaphysik, jeder Dummerjan beherrscht die Quadratur des Zirkels, konstruiert sein Perpetuum mobile, findet den Stein der Weisen, legt die Offenbarung Johannis aus, entwickelt neue Theorien, ein neues Weltsystem, eine neue Logik, eine neue Philosophie. Unser Land, sagt Petronius, bordet über von heiligen Geistern und entrückten Seelen, so daß es leichter ist, unter uns einen Gott als einen Menschen auszumachen; so überschwenglich denken wir von uns selbst und bezeugen damit nachdrücklich unseren Wahn.

Mein zweites Argument gründet auf einer Stelle der Heiligen Schrift, die schon oben Erwähnung fand, die ich hier aber – mit Erlaubnis Platons, nach dessen Ansicht etwas Gutes nicht schlechter wird, auch wenn man es zweimal sagt – erneut zitiere: die Narren, so geplagt waren um ihrer Übertretung willen (107. Psalm 17). Daraus leitet Musculus ab, daß alle Missetäter notwendig Narren sind. Ähnlich lesen wir im 2. Röm. 9: Trübsal und Angst über alle Seelen der Menschen, die da Böses tun – und das sind alle. Und in 65. Jes. 14 steht geschrieben: Siehe meine Knechte sollen vor gutem Mut jauchzen, ihr aber sollt vor Herzeleid schreien und vor Jammer heulen. Das wird durch die Zustimmung aller Philosophen bestätigt. Unredlichkeit ist nach Cardano nichts anderes als Narrheit und Unvernunft. Aber zeigt mir einen ehrlichen Menschen. Es gibt keinen Übeltäter, der nicht auch ein Narr wäre, lautet ein Merksatz des Fabius, der auf dasselbe abzielt. Wenn nun keiner rechtschaffen, keiner weise ist, dann sind alle Toren. Und so muß man sie auch einschätzen, denn wie sollte man den anders beurteilen, der sich sein ganzes Leben rückwärts und nach Westen bewegt, obwohl sein Reiseziel im Osten liegt, wie den laut Musculus für einen Weisen halten, der Augenblicksvergnügungen dem ewigen Heil vorzieht, die Güter seines Herrn in dessen Abwesenheit durchbringt und der Strafe sicher sein kann. Der ist umsonst weise, der selbst nicht klug lebt. Wer wird einen Kranken für vernünftig erklären, der maßlos ißt und trinkt und so seinen Körper aus dem Gleichgewicht bringt. Wer spräche jenem Klugheit und Verstand zu, der nicht krank werden möchte, aber nichts tut, um seine Gesundheit zu kräftigen oder zu erhalten. Theodoret folgt dem Platoniker Plotin und nennt es lächerlich, wenn ein Mensch nach selbstgegebenen Gesetzen lebt, Gott durch seine Taten beleidigt und trotzdem auf Errettung hofft oder wenn er seine eigene Sicherheit freiwillig vernachlässigt, von den entsprechenden Maßnahmen nichts wissen will und sich ganz auf fremde Hilfe verläßt. Wer wird in solchen Fällen von Weisheit reden?

Das dritte Argument leite ich von dem vorhergehenden ab. Alle Menschen werden Opfer ihrer Leidenschaften, ihres Verdrusses, der Gelüste und Vergnügungen; gemeinhin hassen sie die Tugenden, die sie lieben sollten, und lieben die Sünden, die ihnen hassenswert erscheinen müßten. Deshalb sind sie, wie Chrysostomos behauptet, nicht nur der

Melancholie verfallen, sondern vernunftlose, irrsinnige Untiere, und nach der festen Überzeugung des Philo Judäus muß man diejenigen, die sich von ihren Leidenschaften hinreißen lassen oder an einer Geisteskrankheit leiden, als tot oder lebendig begraben ansehen. Wo Angst und Kummer hausen, da ist, wie Lactantius nachdrücklich sagt, kein Platz für die Weisheit:

Denn welcher begehrt, der fürchtet auch; jener
welcher in Furcht hinlebt, wird nie mir gelten ein Freier. (Horaz)

Und Seneca und die übrigen Stoiker sind gleichfalls der Meinung, daß die geringste seelische Beunruhigung alle Weisheit vertreibe. Was ist lächerlicher, so insistiert Lactantius, als ein Xerxes, der den Hellespont auspeitschen läßt und den Berg Athos bedroht. Um es auf den Punkt zu bringen: Wer ist frei von Leidenschaften? Kein Sterblicher kann, wie Cicero aus einem alten Gedicht schließt, Kummer und Krankheit meiden, und der Kummer ist ein unzertrennlicher Weggefährte der Melancholie. Chrysostomos geht, wie erwähnt, noch weiter und erklärt die Menschen für mehr als töricht, nämlich für vertiert, abgestumpft und allen gesunden Verstandes ledig. Denn wie, so sagt er, soll ich dich als Menschen erkennen, wenn du wie ein Esel austrittst, wie ein Pferd hinter Frauen herwieherst, wie ein Stier in Brunst tobst, wie ein Bär schlingst, wie ein Skorpion stichst, wie ein Wolf zusammenraubst, verschlagen bist wie ein Fuchs und frech wie ein Köter? Soll ich dich als Menschen bezeichnen, wo du doch alle Merkmale des Tieres besitzt? Wie soll ich dich erkennen? An deinem Äußeren? Nichts erschreckt mich mehr, als ein Tier in Menschengestalt.

Seneca nennt den Satz des Epikur, ein Tor beginne sein Leben immer von vorn, eine erhabene Rede, und hält es für widerwärtigen Leichtsinn, sein Leben jeden Tag auf ein neues Fundament zu stellen – aber wer handelt nicht so? Einer reist, einer baut, der wirft sich auf dieses, ein anderer auf jenes Geschäft, und die Alten sind ebenso auf dem Holzweg wie alle übrigen; o verrücktes Greisenalter, ruft Cicero aus. Die Jungen, die Alten und die dazwischen, sie sind ohne Ausnahme unvernünftig und nicht bei Sinnen.

Aeneas Silvius beschreibt unter anderem drei wirksame Methoden, um einen Narren dingfest zu machen. Der ist ein Tor, der sucht, was er nicht finden kann, oder der sucht, was ihm, wenn er es findet, mehr schadet als nützt, oder der zwischen mehreren Wegen zu seinem Reiseziel wählen kann und sich den schlimmsten aussucht. Nach diesem Bestimmungsverfahren dünken mich die meisten Narren; man betrachte ihren Lebensweg und wird schnell begreifen, aus welchen Schwachköpfen und Verrückten sich die Mehrheit zusammensetzt.

Beroaldus hält Trunkenbolde, Zecher und diejenigen, die gern einen über den Durst trinken, für verrückt. Das erste Glas stillt den Durst, so der Dichter Panyasis bei Athenaios, das zweite macht lustig, das dritte trinkt man zum Vergnügen, das vierte raubt den Verstand. Wenn dieser Standpunkt richtig ist, wie viele Verrückte ließen sich dann auflisten und was wäre mit denen, die nicht vier, sondern vier mal vier Gläser leeren? Macht Alkohol die Menschen nicht unvernünftiger als alle Wut und Raserei? Ich stimme dem zu, sie sind verrückter als verrückt und noch weit schlimmer dran.

Die Abderiten hielten Demokrit für einen Verrückten, weil er manchmal zu Tode betrübt und manchmal vor Heiterkeit ganz aus dem Häuschen war. Weil er sich dann ausschütten konnte vor Lachen, erklärte man ihn für wahnsinnig, und er wollte deshalb alle seine Freunde auf Rhodos anweisen, weder zu viel zu lachen noch sich zu sehr zu betrüben .Wären jene Abderiten mit uns vertraut gewesen und hätten sie das Hohngelächter und Gegrine unserer Tage miterlebt, wären sie fraglos zu dem Schluß gekommen, daß wir alle den Verstand verloren hätten.

In seiner Ethik benutzt Aristoteles Weisheit und Glück als austauschbare Begriffe. Und Cicero formuliert den paradoxen Satz: Der Weise ist frei, aber der Narr ist ein Sklave, denn Freiheit ist die Fähigkeit, unseren eigenen Gesetzen entsprechend zu leben. Wer besitzt diese Freiheit? Wer ist frei?

> Der Weise, der sich selbst beherrscht,
> welchen die Armut weder, noch Tod, noch beide erschrecken,
> Trotz den Begierden zu bieten und Ehrengepräng zu verachten,
> stark, und in sich vollendet, geglättet und völlig gerundet.
>
> (Horaz)

Wo findet man einen solchen freien Menschen? Wenn es keinen gibt, dann gilt der Umkehrschluß, daß wir alle Sklaven, Vernunftlose oder Schlimmeres sein müssen. Kein Schuft ist glücklich. Und da niemand zu Lebzeiten glücklich und gut ist, ist auch keiner weise. Die Guten sind rar. Und für eine Tugend findet man in derselben Gesellschaft zehn Laster. Wenige gleichen Prometheus, zahllose dem Epimetheus. Wir können uns vielleicht so nennen oder anderen tugendhafte Beinamen verleihen wie Carolus Sapiens, Philippus Bonus, Lodovicus Pius usw., wir können die Eigenschaften eines Weisen beschreiben, wie Cicero einen Redner, Xenophon den Cyrus, Castiglione einen Hofmann und Galen die Temperamente beschrieben haben oder wie sich die Politiker die Aristokratie ausmalen. Aber wo sollen wir diese Musterexemplare in der Wirklichkeit auftreiben? Ein Mensch ist an sich schon ein wundersames Geschöpf, aber, so fügt Trismegistos hinzu, ein Weiser wäre das größte Wunder. Viele sind Bacchanten, nur Bacchus ähneln die wenigsten.

Als man dem Alexander das reichverzierte und prächtige Kästchen des Königs Darius überreichte und jeder ihm raten wollte, was er am besten darin verwahre, bestimmte er es zum Aufbewahrungsort der Werke Homers, dieses kostbarsten Juwels des menschlichen Geistes. Und dennoch schilt Scaliger Homers Muse eine Amme der Verrücktheit, die schamlos wie eine Kurtisane vor nichts mehr erröte. Jacobus Mycillus, Gilbertus Cognatus, Erasmus und fast die gesamte Nachwelt bewundern Lukians sprühenden Witz, und trotzdem hat er sich die Zurückweisung und den Tadel Scaligers zugezogen, der ihn den Zerberus der Musen nennt. Sokrates, auf den die ganze Welt so große Stücke hält, gilt Lactantius und Theodoret als bloßer Narr. Plutarch stellt Senecas Genie über das aller griechischen Philosophen; aber Seneca sagt von sich, wenn ich mich mit einem Narren erheitern will, dann denke ich an mich selbst und habe ihn schon gefunden. Cardano zählt im 16. Buch von *De subtilitate rerum* zwölf überragend scharfsinnige Philosophen auf, die sich durch ihre Integrität, ihre gedankliche Präzision und Weisheit auszeichnen: unter anderem Archimedes, Galen, Vitruv, Archytas Tarentinus, Euklid und die beiden Araber Geber und den Erfinder der Algebra, Alkindus den Mathematiker. Aber das große Triumvirat, das alle anderen überragt, bilden für ihn Ptolemaios, Plotin und Hippokrates. Scaliger macht sich über dieses Urteil lustig, nennt einige der Erwähnten Handwerker und Zimmerleute und Galen die Hosennaht des Hippokrates. Er sagt, daß Cardano selbst an anderer Stelle sowohl Galen wie Hippokrates wegen ihrer Weitschweifigkeit, Dunkelheit und Unordnung verurteile. Paracelsus hält sie beide für Idioten und Anfänger in Physik und Philosophie. Scaliger und Cardano bewundern den Mathematiker Suisset, der fast die Grenzen des menschlichen Genies überschreite, und doch nennt Ludovicus Vives dessen Arbeiten Suissets Kinkerlitzchen. Cardano widerspricht sich an anderer Stelle selbst und zieht die Modernen generell den Alten vor: Verglichen mit den Zeitgenossen stecken unsere Vorfahren noch in den Kinderschuhen. Kurz und gut, der erwähnte Cardano und der heilige Bernhard wollen nur Propheten und Apostel in ihren Katalog der Weisen aufnehmen; aber was die von sich selbst halten, haben wir oben vernommen. Wir sind weltweise, bewundern uns gern und suchen den Beifall; wogegen Bernhard von Clairvaux festhält: Je weiser man bei anderen erscheint, desto verrückter steht man vor sich selbst da. Ich leugne nicht, daß es eine Art des Außersichseins gibt, die man gutheißen muß, einen göttlichen Wahn, eine heilige Verrücktheit, eine spirituelle Trunkenheit, die den Heiligen Gottes eigen ist. Sancta insania heißt sie bei Bernhard, der sie nicht wie der Gotteslästerer Vorstius direkt mit der Leidenschaft des Höchsten in Verbindung bringt, sondern sie als eine guten Menschen vertraute Erfahrung begreift. Wollte Gott, ihr hieltet mir ein wenig Torheit zugut, heißt es im 2. Kor. 11. 1, und Paulus wünscht im 9. Röm. 3 sogar, verbannt zu sein von Christo für meine Brüder. Das ist die Trunkenheit, von der Ficino spricht, wenn die Seele entrückt ist und der göttliche Geschmack himmlischen Nektars, den die Dichter durch das Opfer des Dionysos enträtselt haben, die Sinne betört. Und in diesem Sinne ermahnt uns Augustinus mit Vergil: Lasset uns alle außer uns und trunken sein. Aber normalerweise mißverstehen wir diesen Auftrag, überschreiten unsere Vollmacht und geraten ins gegenteilige Extrem. Zu jener Art der Entrückung sind wir unfähig, und von uns gilt, was er von Griechen, Briten, Galliern, Germanen und Italienern sagte, daß sie nämlich alle Kinder und also eine närrische Gesellschaft seien.

Wer nun von den Teilen zum Ganzen fortschreitet, der wird zu keinem anderen Ergebnis kommen, und die Einzelheiten sollen im folgenden hinlänglich dargestellt werden. Das Ganze läßt sich daraus wiederum induktiv ableiten. Jede Menschenmenge ist unvernünftig, voreilig und überhastet, eine brüllende Zusammenrottung ohne jedes Urteilsvermögen. Roger Bacon weist mit Hilfe des Aristoteles nach, daß das, was das gemeine Volk für wahr hält, in der Regel falsch ist und es sich gegen die Ergebnisse der Vernunft stellt. Aber die ganze Welt hat dieses vulgäre Naturell, und du bist selbst *de vulgo*, einer aus dem Volk, und dieser da und jener und alle übrigen. Deshalb ist, wie Phokion folgert, nichts, was wir sagen oder tun, gutzuheißen, und wir sind bloße Esel und Idioten. Man kann anfangen, wo man will, vorne oder hinten, die ganze Lieferung durchwühlen oder blindlings wählen, man wird doch immer nur das gleiche und in keinem Faß einen besseren Hering finden.

Kopernikus, der Nachfolger des Atlas, ist der Meinung, die Erde sei ein Planet, bewege sich und leuchte anderen Planeten wie der Mond, der über uns am Himmel steht. Digges, Gilbert, Kepler, Origanus und andere verteidigen seine Hypothese mit scheinrationalen Gründen und halten den Mond für bewohnt. Wenn die Erde folglich ein Mond ist, dann sind wir in unserem sublunaren Irrgarten nicht von ungefähr dem Schwindel verfallen und mondsüchtig.

Bis in die tiefe Nacht,
wenn der Olymp schon verschlossen, der Tag dem Abend
gewichen, (Vergil)

könnte ich so weiterargumentieren, aber wie versprochen gehe ich nun in die Einzelheiten. Die geschilderte Melancholie findet sich nicht nur bei Menschen, sondern auch bei Pflanzen und Tieren. Ich spreche dabei nicht von jenen Dingen, die saturnin, das heißt von Natur aus melancholisch genannt werden wie Blei und ähnliche Minerale oder Gartenraute, Zypresse und die Nieswurz, von der Agrippa handelt, auch nicht von Fischen, Vögeln, Säugetieren wie Hasen, Kaninchen, Haselmäusen, Eulen, Fledermäusen und Nachtvögeln, sondern über das melancholische Verhalten, das man bei allen Geschöpfen beobachten kann. Setzt man eine Pflanze um, so welkt sie dahin, wie es besonders bei Dattelpalmen ins Auge fällt und ausführlich in Konstantins Abhandlung über die Landwirtschaft nachzulesen ist. Ähnliches gilt für die Unverträglichkeit zwischen Weinstock und Kohl, Wein und Öl. Man sperre einen Vogel in einen Käfig, und er stirbt vor Traurigkeit, man pferche ein Tier in einen Verschlag, nehme ihm seine Jungen oder Genossen weg und beobachte die Folgen. Wer könnte die Seelenregungen der Furcht, des Kummers usw. in allen Kreaturen übersehen. Vor allem Hunde sind für diese Krankheit besonders anfällig, weil sie, wie manche glauben, wie Menschen träumen und durch die Gewalt der Melancholie tollwütig werden. Ich könnte viele Geschichten von Hunden erzählen, die aus Kummer gestorben sind und sich über den Tod ihres Herrn zu Tode gegrämt haben, aber man findet solche Erzählungen bei vielen Autoren.

Königreiche, Provinzen und politische Institutionen sind für diese Krankheit ebenfalls empfänglich und ihr ausgesetzt, wie Boterus in seiner Politik ausführlich nachgewiesen hat. Wie im menschlichen Körper die falsche Mischung der Säfte verschiedene krankhafte Veränderungen auslösen kann, schreibt er, so entstehen auch in einem Gemeinwesen pathologische Ungleichgewichtszustände, die man an ihren besonderen Symptomen leicht erkennen kann. Denn wo eine Nation gesittet, gottesfürchtig und den Fürsten gehorsam ist, vernünftig, friedfertig, ruhig, wohlhabend, glücklich und blühend erscheint, wo sie in Frieden, in Eintracht und Einheit lebt, das Land wohlbestellt ist, es viele schöne und volksreiche Städte gibt, wo, wie Cato der Ältere sagt, die Menschen ordentlich, sittsam und geradeheraus sind, da lebt man gut und glücklich, da ist das, was Politikern als der Hauptzweck des Gemeinwesens gilt, erfüllt, da kann man mit Aristoteles von den Segnungen des Gemeinwohls und mit Polybios von einer beneidenswerten und idealen Situation sprechen. Ein solches Land ist frei von Melancholie wie Italien zu Zeiten des Augustus und wie heute China und viele blühende Königreiche Europas. Aber wo sich Unzufriedenheit, allgemeine Mißstände, Armut, Barbarei, Bettlertum, Plagen, Kriege, Rebellionen, Aufruhr, Meuterei, Zwietracht, Müßiggang, Ausschweifungen, Genußsucht breitmachen, wo das Land brachliegt, wüst und von Mooren, Fenn und Einöden durchsetzt, wo die Städte daniederliegen, verkommen und arm, und die Dörfer entvölkert sind, wo die Menschen verwahrlost, schmutzig und sittenlos leben, da herrschen notwendig Mißmut und Melancholie; und ein solches Königreich, ein solches Land hat einen kranken Körper und bedarf der Fürsorge und Reform.

Nun kann aber eben das nicht in die Tat umgesetzt werden, solange die Ursachen der Krankheiten nicht beseitigt sind, die sich gemeinhin auf eigene Versäumnisse oder aber zufallsbedingte Störfaktoren zurückführen lassen. Zu den letzteren zählen: eine Lage in ungünstigem Klima, zu weit nördlich, in einer unfruchtbaren und öden Region wie den Wüsten Libyens oder Arabiens, an wasserlosen Orten wie Lop und Belgian in Asien oder in schlechter Luft wie in Alexandretta, Bantam, Pisa, Durazzo usw., Gefährdung durch ständige Meereseinbrüche und Überflutungen wie vielerorts in den Niederlanden und anderswo, gefährliche Nachbarschaft wie bei Ungarn und Türken, den Podolianern und Tartaren und generell das Leben in Grenzgebieten, die durch feindliche Einfälle oft verheert werden und in denen also den Einwohnern ständig die Furcht im Nacken sitzt. Auch Städte können durch Kriegseinwirkungen, Feuersbrünste, Plagen, Überschwemmungen, wilde Tiere, den Niedergang des Handels, blockierte Häfen und die Gewalt des Meeres verwüstet werden, wie jüngst Antwerpen, im Altertum Syrakus, in Italien Brindisi und Rye und Dover bei uns, und viele fürchten auch heute noch das Toben und Wüten der See und kämpfen unter immensen Kosten dagegen an wie die Venezianer. Aber die häufigsten Krankheitsursachen liegen in den Gemeinwesen selbst, und zwar zuvörderst, wenn Religion und Gottesdienst vernachlässigt, umgemodelt oder geändert werden. Wo man Gott nicht fürchtet, seinem Fürsten nicht gehorcht, wo Atheismus, Epikureertum, gotteslästerliches Verhalten, Pfründenwirtschaft und ähnliche Ruchlosigkeiten an der Tagesordnung sind, kann das Land nicht gedeihen. Als Abraham nach Gerar kam und das unfruchtbare Land sah, war er sicher, daß dort keine Gottesfurcht existiere. Cyprian Echovius, ein spanischer Länderkundler, lobt Barcino vor allen anderen Städten Spaniens, weil man hier keinen Bettler, keinen Armen findet, sondern alle wohlhabend und begütert sind. Und als Grund gibt er an, daß die Einwohner religiöser seien als ihre Nachbarn. Warum wurden die Israeliten so oft zur Beute ihrer Feinde und in die Gefangenschaft geführt, wenn nicht wegen ihrer Götzendienerei, ihrer Mißachtung des göttlichen Wortes, ihres Frevels, ja der einen Übertretung des Archam. Was haben wir zu erwarten, die wir zahllose Archams, Kirchenräuber und Pfründenschacherer unter uns wissen. Wie können wir auf gutes Gedeihen hoffen, die wir die heiligen Pflichten vernachlässigen und größtenteils der Schwelgerei und Genußsucht leben.

Andere weitverbreitete Übelstände sind der Gesundheit des Staates ebenfalls abträglich; die Änderung der Sitten und Gebräuche, Machtmißbrauch, Unterdrückung, Aufruhr usw., wie bei Aristoteles, Bodin, Boterus, Junius, Arnisaeus u. a. ausgeführt. Ich weise hier nur auf die wichtigsten hin. Weiter sind zu nennen: öffentliche Unordnung und schlechte Regierung, zurückzuführen auf eine inkompetente, faule, raffgierige, ungerechte, unbedachte und tyrannische Obrigkeit, welche sich aus Trotteln, Idioten, Kindern, stolzen, eigensinnigen, parteiischen, unbesonnenen Schikanierern, Wirrköpfen und Unterdrückern zusammensetzt, die zur Ausübung solcher Ämter gleichermaßen ungeeignet und unfähig sind. Viele prächtige Städte und blühende Königreiche geraten auf diese Weise ins Elend, der ganze Körper leidet unter solchen Köpfen, und alle Gliedmaßen werden notwendig in Mitleidenschaft gezogen, wie heutzutage an jenen reichen Provinzen Kleinasiens zu beobachten ist, die unter dem türkischen Joch stöhnen, oder an den riesigen Gebieten des Großfürstentums Moskau, die unter der Knute des Zaren stehen. Wer wüßte von zivilisierteren, wohlhabenderen Ländern als Griechenland und Kleinasien, die sich eines überströmenden Wohlstandes, Volksreichtums, der Machtfülle, Pracht und Herrlichkeit erfreuen, samt jenem Wunder unter den Nationen, dem Heiligen Land, das trotz seiner geringen räumlichen Ausdehnung so zahlreiche Städte und Ortschaften beherbergen und so viele Krieger hervorbringen konnte. Ägypten, ein weiteres Paradies, liegt jetzt verwildert, verlassen und fast ganz verödet unter der despotischen Regierung eines herrschsüchtigen Türken, der sich nicht nur die Verfügungsgewalt über Feuer und Wasser, Güter und Ländereien angeeignet hat, sondern auch noch seine Untertanen in solch sklavischer Abhängigkeit hält, daß ihr Leben und ihre Seele ganz seinem frechen Willen und Befehl ausgeliefert sind. Ein derartiger Tyrann verdirbt alles, worauf er seinen Fuß setzt, und gibt dem Historiker Sabellicus Grund zu der Klage: Wenn ein alter Bewohner jetzt aufblickte, würde er seine Heimat nicht wiedererkennen, und einem Reisenden und Fremden würde das Herz schwer ob der herrschenden Zustände. Wo einem Volk nach Aristoteles jeden Tag neue Bürden und Abgaben auferlegt werden, die wie in dem Bericht des Zosimus so drückend sind, daß die Männer ihre Frauen, die Väter ihre Söhne feilbieten müssen, um sie zu begleichen, da muß sich Unzufriedenheit breitmachen, die sich – so Cicero – in den Klagen und Tränen der Städte äußert und arme, elende, aufrührerische und verzweifelte Untertanen erzeugt, wie Hippolytus hinzusetzt. Ein klarsichtiger Landsmann stellte noch vor kurzem in einem Bericht über das Herzogtum Toskana fest, die Menschen dort lebten in großem Kummer und tiefer Unzufriedenheit, wie man den vielfältigen Beschwerden über handgreifliche Mißstände entnehmen könne; ihr Staat sei wie ein kranker Körper, den man kürzlich ärztlich behandelt habe und dessen Körpersäfte noch nicht wieder im Gleichgewicht seien; vielmehr sei er durch Aderlässe so geschwächt, daß nur noch die schwarze Galle der Melancholie übrig wäre.

Demgegenüber sind die Fürsten und Potentaten maßlos in ihren Gelüsten, Heuchler und Epikureer, die ihre Religion nur vorschützen. Was ist brüchiger und unsicherer als solche Scheinheiligkeit? Was untergräbt ihren Besitz eher als die ausschweifende und rasende Begierde nach den Frauen und Töchtern ihrer Untertanen, um von schlimmeren Verirrungen zu schweigen. Sie, die auf dem Pfad der Tugend die ersten sein sollten, sind nur allzu oft Rädelsführer, wenn es darum geht, Unheil zu stiften und sich Ausschweifungen zu ergeben; als Geißel ihrer Länder ruinieren sie sich selbst und werden schließlich verbannt oder von ihren gegen sie verschworenen Untertanen ermordet wie Sardanapalus, Dionysius der Jüngere, Heliogabal, Periander, Peisistratos, Tarquinius, Timokrates, Childericus, Appius Claudius, Andronicus, Galleazzo Sforza, Alexander de Medici u. a.

Fürsten und große Männer sind heimtückisch, neidisch, parteisüchtig, ehrgeizig, eifersüchtig, sie reißen das Gemeinwesen in Stücke wie die Welfen und Ghibellinen, stören seinen inneren Frieden und lassen es in gegenseitigem Morden verbluten. Unsere Geschichtsbücher sind nur zu voll von solchen barbarischen Untaten und von dem Leid und Elend, das ihnen entspringt.

Wie Pferdeegel sind sie, hungrig, aussaugerisch, bestechlich, habsüchtig, gefräßig wie Wölfe, sie ziehen ihre Privatinteressen dem öffentlichen Wohl vor (denn schon Sallust formulierte: Privatinteressen stehen den öffentlichen immer im Wege), sind ungebildet, dumm, Kurpfuscher in politischen Angelegenheiten, weil ihnen die Fähigkeiten, die Tugend und das Wissen abgehen, klug nur durch Vererbung und an der Macht lediglich aufgrund ihres Erstgeburtsrechts, der Günstlingswirtschaft oder ihres Reichtums und ihrer Adelsprädikate. Diese Art der Regierung ist notwendig vom Übel und mit großen Mängeln behaftet, denn wie schon ein alter Philosoph bestätigt, eignen sich solche Amtsinhaber oft nicht für ihre Aufgaben: Senatoren werden immer nur wenige aus einer großen Menge, und von diesen können noch weniger als gute Menschen gelten, und von dieser Handvoll von Ehrenmännern sind wieder nur ein paar gelehrt, weise, klug und damit tauglich für die Ausübung dieser Ämter. Diese Tatsache stürzt den Staat notwendig in Unordnung.

Denn wie der Herr, so's Gescherr, Antigonus' Feststellung, daß der, der den König von Mazedonien unterweise, auch alle seine Untertanen unterrichte, besitzt immer noch Gültigkeit:

Denn Fürsten sind für ihre Untertanen
Buch, Schul' und Spiegel, an das Recht zu mahnen.

(Shakespeare)

Ihre Beispiele machen rasch Schule, ihre Laster finden überall gastliche Aufnahme. Wenn sie gottlos, ungläubig, wollüstig, zügellos, schwelgerisch, streitsüchtig, habgierig, ehrgeizig, ungebildet sind, so wird die Masse des gemeinen Volkes dem Müßiggang und der Verschwendung frönen, der Lust und dem Trunke verfallen sein und also in Armut und Bedürftigkeit leben. Und da Armut Aufruhr und Schurkerei im Gefolge hat, werden solche Untertanen bei jeder Gelegenheit zur Meuterei und Rebellion bereit sein, ewig unzufrieden, Klage führend, murrend, widerwillig, für jede Ausschreitung, für Diebstahl, Verrat, Mord, Revolution zu haben, verschuldet, mit allen Wassern gewaschen, Roßtäuscher, Vogelfreie, Männer mit schlechtem Ruf und schlechterem Leben. Der Merksatz des erfahrenen Staatsmanns Sallust lautet: Die, die arm und schlecht sind, beneiden die Reichen, hassen die Guten, verabscheuen die gegenwärtige Regierung, wünschen sich eine neue und möchten alles auf den Kopf stellen. Als Catilina in Rom rebellierte, suchte er sich eine Gefolgschaft solcher verkommenen Subjekte zusammen, die seine Vertrauten und Gehilfen waren, und aus diesem Holz sind die Aufrührer aller Zeiten zum größten Teil geschnitzt, Jack Cade, Tom Straw, Kett und seine Kumpane.

Eine aufsässige und streitsüchtige Bevölkerung, eine Fülle von Händeln, Gesetzen, Prozessen, Anwälten, Ärzten, das alles sind handfeste Symptome eines kranken und melancholischen Staates, wie Platon schon vor langer Zeit behauptete; denn wo Menschen dieses Schlages ausschwärmen, da vervielfachen sich unter ihren Händen die unproduktiven Tätigkeiten, und der Staatskörper, der sonst gesund war, kränkelt. Sie sind in unseren Tagen ein weitverbreitetes Übel, eine unmerkliche Pest, und noch nie war ihre Zahl größer. Sie haben sich vermehrt, schreibt Matthäus Geraldus, selbst Anwalt, wie Heuschrekken, und sind nicht Beschützer, sondern die Quälgeister des Landes, ein hochmütiges, verdorbenes, raffgieriges, streitsüchtiges Geschlecht, eine beutelschneiderische Sippschaft, eine lärmende Gesellschaft, Geier im Talar, Diebe und Seminaristen der Zwietracht, schlimmer als Straßenräuber, weil sie sich zu Friedensstiftern berufen fühlen, aber in Wirklichkeit die größten Ruhestörer sind, eine Gesellschaft gottloser Harpyien, raffgierige Büttel (ich spreche von unseren gemeinen Hungerleidern und Winkeladvokaten, begegne aber auf der anderen Seite allen tauglichen Gesetzen und anständigen Anwälten, die die Orakel und Lotsen jedes gut regierten Staates sind, mit der gebührenden Ehrfurcht), unfähig und ohne Urteilsvermögen. Sie verursachen nach Livius mehr Unheil als Krankheit, Kriege, Hunger und Seuchen und können, wie Sesellius, ein einstmals berühmter Pariser Rechtsgelehrter, formuliert, in einem Gemeinwesen ganz unvorstellbare Zerstörungen anrichten. Wie Efeu eine Eiche so lange umklammert, bis er ihr das Mark ausgesogen hat, so verfahren sie mit ihren Wohnorten, in denen bald ein Rat, Gerechtigkeit, ein Plädoyer nur noch gegen bar zu haben ist, der Anwalt ohne Honorar verstummt wie ein Fisch und man eine Auster ohne Messer leichter auseinander bekommt als unbesoldete Advokatenzähne. Sarisburiensis schreibt: Ich spreche aus Erfahrung und habe tausendmal mit ihnen zu tun gehabt, Charon selbst ist anständiger als sie, denn er läßt es bei einer einfachen Gebühr bewenden, sie aber vervielfachen die ihre immer wieder und sind nie zufrieden, außerdem lassen sie sich bezahlen, um nichts zu sagen, und kassieren mehr, damit sie ihren Mund halten, als wir für das Beste bekommen, das wir vorzutragen haben. Sie schmeicheln ihren Klienten und laden sie zum Essen ein, aber, so folgert er, das Recht nimmt nirgendwo größeren Schaden als bei Leuten, die am ehrlichsten scheinen, wenn sie die größten Betrüger sind. Sie fühlen sich zu Friedensstiftern berufen und setzen sich für die Sache der Niedrigen ein, denen sie zu ihrem Recht verhelfen wollen, sie spielen die Schutzherren der Elenden und verfolgen doch in allem nur den eigenen Vorteil. Um den Reichen das Geld aus der Tasche zu ziehen, vertreten sie den armen Kläger umsonst, aber der ist nur der Köder, um eine andere Beute an den Haken zu bekommen. Wenn es keinen Streit gibt, dann brechen sie einen vom Zaun und finden einen gesetzlichen Kniff, mit dem sie ihre Klientel gegeneinander aufhetzen. So bleibt der Fall über Jahre anhängig, bevor er überhaupt vor Gericht kommt, und wenn das Urteil gefällt und rechtskräftig ist, finden sie aufgrund von Verfahrensfehlern immer noch Anlaß zur Revision. Nach zweimal sieben Jahren ist die Sache immer noch so frisch wie zu Beginn, und so schinden sie Zeit, verzögern den Prozeß, bis sie sich bereichert und ihre Klienten an den Bettelstab gebracht haben. Und was Cato den Schülern des Isokrates vorhielt, das können wir guten Gewissens unseren zänkischen Juristen zum Vorwurf machen, daß sie nämlich bei ihren Gerichtsverfahren alt werden und hienieden so prozeßsüchtig und geschäftig agieren, als müßten sie die Interessen ihrer Mandanten in alle Ewigkeit vertreten, bei manch einem also von der Hölle aus. Simlerus beklagt sich über die Schweizer Advokaten seiner Zeit, die, statt zu Ende zu kommen, immer neue Kontroversen begönnen und ihre Fälle über Jahre hin auswalzten. Sie halten ihre

Klienten in dem Glauben, ihre Klage sei aussichtsreich, bis ihr Erbe aufgezehrt ist oder sie mehr aufgewendet haben, als die strittige Sache wert war oder sie als Schadensersatz zugesprochen bekommen. Folglich hält der, der vor Gericht zieht, wie das Sprichwort sagt, den Wolf bei den Ohren und flieht wie ein Schaf vor dem Sturm in den Dornbusch. Wenn einer seine Sache weiterverfolgt, zerrinnt ihm sein Vermögen, wenn er die Klage zurückzieht, verliert er alles. Wo liegt da der Unterschied? Früher hatten sie nach Augustinus den Brauch, Streitfälle durch Schiedsmänner beizulegen. Und Simlerus unterrichtet uns entsprechend, daß es in jeder Stadt der Schweiz Schlichter gab, die zwischen den streitenden Parteien vermittelten, wobei er ihre Ehrlichkeit und Schlichtheit bewundert, die so gut Frieden halten und mit den größten Streitigkeiten fertigwerden konnte. Im afrikanischen Fez gibt es weder Anwälte noch Advokaten; wenn es zwischen den Einwohnern zu Kontroversen kommt, begeben sich beide Parteien, der Kläger und der Beklagte, zu ihren Alfakinen oder obersten Richtern, und auf der Stelle, d. h. ohne juristisches Vorspiel und leidige Verzögerungen, wird die Angelegenheit verhandelt und entschieden. Unsere Vorväter hatten nach dem Zeugnis eines unserer ehrenwerten Länderkundler den Brauch, mit ein paar Verszeilen und goldenen Kreuzen alle ihre Rechtsübertragungen und Bürgschaften abzuwickeln. Und die Aufrichtigkeit und Rechtschaffenheit der folgenden Zeitalter war so groß, daß die Urkunde, mit der ein ganzes Gut übereignet wurde, kaum mehr als zwanzig Zeilen umfaßte. Ein Vorbild liefert hier die Region Scytala Laconica, die seit alters her für solche Vertragsabschlüsse berühmt ist, wie sie auch Cicero dem Atticus nachdrücklich ans Herz legt und wie sie Plutarch, Aristoteles und Thukydides zur Nachahmung empfehlen. Auch Diodorus und Suidas schätzen diese lakonische Kürze hoch, und sie tun gut daran, denn nach Tertullian steckt in wenigen Worten die größere Sicherheit. In den alten Tagen war das durchgängig so, aber heute reicht selbst das Pergament vieler Häute kaum aus; derjenige, der ein Haus kauft oder verkauft, braucht ein zweites für alle notwendigen Schriftstücke, so viele Umstände wollen berücksichtigt sein, so viele Worte werden zu Papier gebracht, so viele tautologische Wiederholungen aller Einzelheiten sind notwendig, angeblich, um Anfechtungsversuche zu unterbinden. Doch wissen wir aus leidvoller Erfahrung, daß eben diese Komplizierungen spitzfindigen Köpfen Anlaß zu weiteren Interpretationen und Streitigkeiten liefern und kaum ein Vertrag so akkurat aufgesetzt werden kann, daß ein anderer Jurist nicht eine Schwachstelle oder einen Grund zur Anfechtung darin zu entdecken vermöchte. Wenn ein Wort an einer falschen Stelle steht oder der kleinste Fehler nachweisbar ist, wird alles null und nichtig. Was heute Gesetz ist, gilt morgen nicht mehr, und was der eine für korrekt hält, scheint dem anderen äußerst fehlerhaft, und folglich herrscht zwischen uns nichts als Zank und Streit, und wir verbünden uns gegeneinander. Die asiatische Eigenheit, über die sich schon Plutarch beklagt, ließe sich unschwer auch in unserer Gegenwart nachweisen; die Männer, heißt es bei ihm, die hier versammelt sind, kommen nicht, um ihren Göttern zu opfern oder um Jupiter den Erntedank abzustatten noch um Bacchus mit Lustbarkeiten zu erfreuen, sondern eine jährlich wiederkehrende Seuche, die ganz Asien durchrast, hat sie am Gerichtstag hierhergebracht, um ihre Streitfälle und Prozesse zu Ende zu bringen. Es ist ein wilder, zerstörerischer Haufen, bei dem jeder den anderen ins Verderben stürzen möchte. Und unsere normalen Kläger, Gerichtshansel und Klienten sind auch nicht besser. Jeden Tag neue Aufregungen, Fehler, Irrtümer, Anfechtungen und, wie ich höre, Tausende von anhängigen Verfahren an einem einzigen Gerichtshof; niemand bleibt unbehelligt, kein Rechtstitel ist gut genug – und im Gefolge: Verbitterung, Winkelzüge, Verschleppungen, Fälschungen, immense Kosten (Unsummen werden bedenkenlos aus dem Fenster geworfen), Gewalt und Arglist, wobei niemand genau weiß, ob die Anwälte, ihre Klienten, die Gesetze oder alle zusammen daran schuld sind. Ich kann in diesem Zusammenhang nur die treffende Mahnung des Apostels Paulus an die Korinther wiederholen: Euch zur Schande muß ich das sagen: ist so gar kein Weiser unter euch, auch nicht einer, der da könnte richten zwischen Bruder und Bruder? Sondern ein Bruder hadert mit dem anderen. Und der Ratschlag Christi an Prozeßgegner: Sei willfährig deinem Widersacher bald (5. Matth. 25), war niemals beherzigenswerter als in unseren Tagen.

Ich könnte noch viele einzelne Übelstände aufzählen, die das Staatswesen aus dem Gleichgewicht bringen. Ich will mich aber kurz fassen: Wo eine gute Regierung, umsichtige und weise Fürsten im Amt sind, da wächst und gedeiht alles, und es herrscht Friede und Glück. Wo es aber anders steht, sind die Dinge häßlich anzusehen, unzivilisiert, barbarisch, roh, ein Paradies hat sich in eine Wildnis verwandelt. Diese den Franzosen und Deutschen benachbarte Insel kann beredt Zeugnis davon ablegen, wie schnell ein Land durch die kluge Politik der Römer aus der Unkultur herausgeführt werden konnte. Man vergleiche nur Caesars Berichte über uns und die des Tacitus über die Germanen. Ursprünglich waren sie so unzivilisiert wie die Ureinwohner Virginias, aber durch Kolonisierung und gute Gesetze entstanden auf dem Territorium barbarischer und gesetzloser Völker wohlhabende und volksreiche Städte, wie wir sie jetzt antreffen, und blühende Königreiche. Virginia und die wilden Iren könnten längst zivilisiert sein, wenn die Maßnahme der Koloniengründung, die erst jetzt beginnt, schon eher ergriffen worden wäre. Ich habe eine im Jahre 1612 gedruckte Abhandlung gelesen, die die wahren Gründe dafür aufdeckt, daß Irland nie vollständig unterworfen und nicht vor Beginn der glücklichen Regierungszeit unserer Majestät dem Herrschaftsbereich der Englischen Krone einverleibt wurde. Aber wenn ein klarsichtiger Politiker diese Überlegungen gründlich prüfte, würde er sie sich wohl nicht rückhaltlos zu eigen machen, vielmehr dürfte es unserer Nation zur Unehre gereichen, daß wir diese Region so lange haben brachliegen lassen. Was bekommen Reisende in den reichen Vereinigten Provinzen der Niederlande – um uns vor unsere Haustür zu begeben – nicht alles zu Gesicht: saubere Städte und volksreiche Orte, voll von überaus fleißigen Handwerkern, Landstriche, die, der See abgerungen, mit großem Aufwand und mit Hilfe kunstvoller Erfindungen geschützt und wie Bemster auf so bemerkenswerte Weise kultiviert werden, daß nach den Worten des Geographen Bertius die Welt nichts Vergleichbares kennt, zahllose von Menschenhand angelegte befahrbare Kanäle zwischen den Ortschaften. Bei uns dagegen stehen tausende Morgen Marschlandes unter Wasser, unsere Städte liegen weit verstreut und sind im Vergleich mit den holländischen miserabel, armselig und häßlich anzusehen, unser Handel liegt danieder, unsere langsam fließenden Flüsse sind unpassierbar geworden, das nützliche Transportwesen verkommt, natürliche Häfen ohne Schiffe und Menschen, aber Gehege und nur für das fürstliche Jagdvergnügen genutzte Forste zuhauf, und daneben öde Heide und entvölkerte Dörfer – wer fände daran nichts auszusetzen.

Ich leugne nicht, daß unsere Nation im Ausland einen guten Ruf hat, sie ist ein edles und blühendes Königreich und, wie alle Geographen, Historiker und Politiker einvernehmlich versichern, eine geradezu einzigartige Festung. Was Quintius bei Livius von den Einwohnern der Peloponnes sagt, trifft auch auf uns selbst zu: wie ihr Panzer den Schildkröten Sicherheit gewährt, so werden wir von einer wütenden See verteidigt, die uns von allen Seiten wie ein Schutzwall umgibt. Unsere Insel hat viele lobenswerte Seiten, und Camden, einer unserer gelehrten Landsleute, bemerkt ganz treffend: Seit die Normannen nach England kamen, kann es dieses Land sowohl unter militärischen Gesichtspunkten als auch in jeder anderen zivilisatorischen Hinsicht mit den blühendsten Königreichen Europas und der christlichen Welt aufnehmen, ein gesegnetes reiches Land, eine der Inseln der Seligen. Und in manchen Bereichen genießt sie sogar den Vorzug vor allen anderen Nationen, denn unsere erfahrenen Seeleute, teuer erkauften Entdeckungen, unsere Navigationskunst und Kaufmannschaft tragen den Preis vor allen Konkurrenten davon, sogar vor den Portugiesen und Holländern selbst. Ohne jede Furcht, sagt Boterus, durchkreuzen sie sommers wie winters den Ozean, und zwei ihrer Kapitäne haben mit ebensoviel Heldenmut wie Glück die Erde umsegelt. Daneben genießen wir viele andere Segnungen, an denen es unseren Nachbarn gebricht: das Evangelium wird unverfälscht gepredigt, die kirchliche Disziplin ist gesichert ebenso wie ein langer, ruhiger Frieden, wir sind frei von übermäßigen Abgaben, der Furcht vor feindlichen Einfällen, innerem Aufruhr, das Land ist gut bestellt, durch natürliche Lage und menschliche Kunst befestigt, und die glückliche Vereinigung von England und Schottland, für die unsere Vorfahren kämpften und die sie herbeiwünschten, ist Wirklichkeit. Und schließlich überragen wir alle durch einen weisen, gelehrten, gläubigen König, einen neuen Numa, zweiten Augustus und wahren Josia, durch ehrenwerte Senatoren, eine gebildete Priesterschaft und ein gehorsames Volk. Aber zwischen vielen Rosen wachsen auch einige Disteln, das Unkraut des Frevels und Verbrechens, das den Frieden des Staates stört, seine Ehre und seinen Ruhm befleckt und schnellstens ausgerottet gehört.

Das erste Laster ist der Müßiggang, der Schwärme von Schurken und Bettlern, Dieben, Trunkenbolden, Querulanten, die Lykurg bei Plutarch die Eiterbeulen jedes Gemeinwesens nennt, und ein städtisches Proletentum erzeugt. Auch schäbig gebaute, arme, kleine, unansehnliche Städte, weit verstreut, verfallen und halb verlassen, gehen auf ihr Konto. Unser Land ist fruchtbar, wer wollte das in Abrede stellen, und voll von guten Dingen, aber weshalb hat es dann nicht einen ähnlichen Reichtum an Städten aufzuweisen wie Italien, Frankreich, Deutschland oder die Niederlande? Weil sie eine andere Politik verfolgt haben, und wir nicht so sparsam, umsichtig und fleißig sind. Müßiggang ist der böse Geist unserer Nation. Denn schon Boterus behauptet zu Recht, daß die Fruchtbarkeit des Bodens allein nicht ausreicht, sondern Kunstfertigkeit und Gewerbefleiß hinzukommen müssen. Nach Aristoteles gibt es natürliche und künstliche Reichtümer; zu den natürlichen gehören guter Boden, Bodenschätze usw., zu den künstlichen Waren, Münzen u. ä. Viele Königreiche sind fruchtbar, aber dünn besiedelt wie etwa das Herzogtum Piemont in Italien, das Leander Albertus wegen seines Reichtums an Getreide, Wein und Früchten preist, obwohl es weniger bevölkert ist als kargere Regionen. England hat, wie gesagt, mit Ausnahme Londons keine Großstadt und ist doch ein fruchtbares Land. Ich finde 46 Städte und mit einer Stadtmauer umgebene Gemeinden im Elsaß, einer kleinen deutschen Provinz, 50 Burgen, eine Unzahl von Dörfern und mit Ausnahme von felsigem Grund und Berggipfeln kein brachliegendes Stück Land, wie Munster zu berichten weiß. Im Kreichgau, einem kleinen Territorium am Neckar von nicht mehr als 24 italienischen Meilen Breite, lese ich von 20 befestigten Städten und zahllosen Dörfern bis zu 150 Häusern neben Burgen und Adelssitzen. In Thüringen stoße ich auf 12 Grafschaften, und in ihnen auf 144 Städte, 2000 Dörfer, 144 Ortschaften, 250 Burgen. In Bayern gibt es 34 große und 46 kleinere Städte. Portugallia interamnis , ein kleiner Landstrich, zählt 1460 Gemeinden, 130 Klöster, 200 Brücken. Malta, eine unfruchtbare Insel, ernährt 20000 Einwohner. Aber vor allem bewundere ich, was Lues Guicciardini aus den Niederlanden berichtet. Holland hat 26 Städte, 400 große Dörfer; Seeland 10 Städte, 102 Gemeinden, Brabant 26 Städte, 102 Gemeinden, Flandern 28 größere, 90 kleinere Städte, 1154 Dörfer neben Abteien und Burgen. Im allgemeinen können die Niederlande für jede unserer Städte drei der ihren vorweisen, die allesamt volksreicher und wohlhabender sind. Und worin sollte der Grund dafür liegen, wenn nicht in ihrem Gewerbefleiß und kaufmännischen Geschick, ihrem Handel, der von einer Vielzahl von Kaufleuten abgewickelt und durch die zahlreichen künstlichen Kanäle und günstigen Häfen, an denen sie ihre Städte bauen, befördert wird. Über alle diese Voraussetzungen verfügen wir in gleichem Maße oder könnten es wenigstens. Aber der eigentliche Magnet, der alle Handelsgüter und Waren wie magisch anzieht und ihren gegenwärtigen Lebensstandard sichert, besteht nicht in der Fruchtbarkeit des Bodens, sondern in ihrem sie reich machenden Gewerbefleiß, gegen den sogar die Goldminen von Peru und Neuspanien verblassen. Die Holländer verfügen nicht über eigenes Gold oder Silber, Wein oder Öl, selbst Getreide wächst in den Vereinigten Provinzen kaum, es ist wenig oder kein Wald, Zinn, Blei, Eisen, keine Seide, Wolle, kein Rohstoff oder Metall vorhanden, und trotzdem können sich weder Ungarn und Transsylvanien, die sich ihrer Bodenschätze rühmen, noch das fruchtbare England mit den Niederlanden vergleichen. Ich wage die Feststellung, daß weder Frankreich, Tarent, Apulien, die Lombardei oder irgendein Teil Italiens, das spanische Valencia oder das liebliche Andalusien mit seinen üppigen Früchten, mit seinem Wein und Öl, den zwei Ernten pro Jahr, noch irgendeine andere Region Europas so blüht, so wohlhabend, dicht besiedelt, so voll von guten Schiffen, solide gebauten Städten und allen notwendigen Gebrauchsgütern ist. Holland ist unser Indien, ein China im Kleinen, und das alles aufgrund der Tüchtigkeit, des Handels und einer umsichtigen Politik. Der Gewerbefleiß zieht alles Gute wie ein Magnet an, und er allein läßt Länder aufblühen, Städte sich bevölkern, wobei mit dem dann notwendig in großen Mengen anfallenden Dünger auch unfruchtbare Böden verbessert und ertragreicher gemacht werden können, so wie Schafe nach Dion eine schlechte Weide saftiger werden lassen.

Erklärt mir, ihr Politiker, warum das fruchtbare Palästina, das prächtige Griechenland, Ägypten, Kleinasien so verfallen und zu Schatten ihrer selbst heruntergekommen sind. Der Boden ist derselbe geblieben, aber die Regierung hat sich geändert, und die Bevölkerung ist faul und untätig geworden, das landwirtschaftliche Geschick, die Administration, der Gewerbefleiß, alles liegt danieder. Der Boden ist nicht erschöpft, so belehrt Columella den Sylvinus, sondern durch unsere Faulheit verödet. Wenn man dem trauen kann, was Aristoteles in seiner Politik, was Pausanias, Stephanus, Sophianus und Gerbelius vom antiken Griechenland berichten, dann gab es 70 Städte in Epirus, die von Paulus Aemilius zerstört wurden. Jetzt weist die einst so ansehnliche Provinz keine einzige echte Stadt und kaum noch Einwohner auf. Zu Zeiten Strabons existierten 62 Städte in Mazedonien, und nach Gerbelius gab es vordem 30 in eben jenem Lakonien, in dem sich jetzt kaum noch so viele Dörfer finden lassen. Während ein Rundblick vom Berg Taygetus dem Betrachter im Altertum zahlreiche feine und prächtige Städte zeigte, die mit hohen Kosten und äußerster Kunstfertigkeit auf der Peloponnes angelegt worden waren, sähe man sie heute in Schutt und Asche liegen, erobert, verbrannt, verwüstet und dem Erdboden gleichgemacht. Wer könnte die Tränen zurückhalten, erzählte er eine solche Geschichte, heißt es bei Vergil. Wer ist so gefühllos, hat ein solches Herz aus Stein, ergänzt Cicero. Wer also könnte diese Überreste ausreichend bejammern und beklagen? Wo sind die 4000 Städte Ägyptens, die 100 Kretas? Sind sie auf zwei zusammengeschrumpft? Was wissen Plinius und Aelian über das alte Italien zu vermelden? Damals hatte es 1166 Städte vorzuweisen. Blondus und Machiavelli gestehen ihm inzwischen bei weitem nicht mehr den Bevölkerungsreichtum und die Zahl der Städte zu, die es zu Zeiten des Augustus besaß (Leander Albertus findet höchstens noch 300), und doch war es schon damals, wenn man Livius Glauben schenken darf, nicht mehr so stark und mächtig wie in den vorhergehenden Jahrhunderten: Früher wurden in Italien 70 Legionen ausgehoben, während inzwischen der ganze bekannte Erdkreis kaum noch soviel liefert. Alexander allein gründete in kurzer Zeit 70 Städte, die türkischen Sultane haben doppelt so viele zerstört und verwüstet. Die meisten sind fest davon überzeugt, daß Großbritannien heute volksreicher ist denn je; aber wenn man Beda, Leland und andere liest, findet man, daß es während der sächsischen Heptarchie am blühendsten war und zu Zeiten Wilhelms des Eroberers viel mehr Einwohner zählte als gegenwärtig. Tausende von Gemeinden, die noch im Reichsgrundbuch verzeichnet waren, sind heute verfallen, zerstört, entvölkert. Je kleiner ein Territorium ist, desto wohlhabender ist es normalerweise. Davon legen das athenische, lakedämonische, arkadische, eleanische, sikyonische und messenianische Gemeinwesen in Griechenland zur Genüge Zeugnis ab wie auch die reichsfreien Städte und Freistaaten Deutschlands, die Kantone der Schweiz, die alten Territorien Toskana, Lucca, Siena und Piemont, Mantua, Venedig, Ragusa in Italien.

Deshalb rät Boterus dem Fürsten, der sich ein reiches Land und schöne Städte wünscht, einträgliche Gewerbezweige ins Land zu holen, sich Monopole zu sichern, arbeitsame Einwohner und Handwerker anzusiedeln und keinen unbearbeiteten Rohstoff wie Zinn, Eisen, Wolle, Blei exportieren zu lassen – was bei uns teilweise in Angriff genommen, aber dann doch nicht verwirklicht wurde. Weil der menschliche Fleiß und die Gewerbevielfalt jedem Königreich zur Zierde gereichen und zu seinem Wohl ausschlagen, ließen die alten Marseiller niemanden in ihre Stadt, der nicht ein Gewerbe ausübte. Auf Geheiß des türkischen Herrschers Selims des Ersten wurden tausend gute Handwerker aus Tauris in Konstantinopel angesiedelt. Die Polen vereinbarten mit Heinrich, Herzog von Anjou, ihrem neugewählten König, er solle hundert Handwerkerfamilien mit nach Polen bringen. Jakob der Erste ließ die besten Handwerker Europas anwerben und entlohnte sie großzügig, damit sie seine schottischen Untertanen in ihrem jeweiligen Gewerbe unterwiesen. Unser glorreicher König Eduard der Dritte erwarb sich ewigen Ruhm dadurch, daß er bei uns die Tuchmacherei einführte, indem er einige Handwerkerfamilien aus Gent nach England holte. Wie viele prächtige Städte könnte ich aufzählen, die nur durch das Handwerk gedeihen und in denen Tausende von Einwohnern allein durch das Geschick ihrer Finger ihr gutes Auskommen haben: in Florenz in Italien durch die Herstellung von Goldbrokat, in Mailand durch die Seidenindustrie, in Arras durch schöne Wandbehänge. Viele Städte in Frankreich und Deutschland, insbesondere jene im Binnenland, haben gar keine andere Einnahmequelle. Das arabische Mekka liegt zwischen Felsen in einem wüsten, wasserlosen Landstrich, wie ihn Vertomannus beschreibt, und ist doch aufgrund des Ost-West-Handels eine sehr anmutige und schmucke Stadt. Das persische Hormus, ein berühmtes Handelszentrum, verdankt seinen ganzen Wohlstand seinem Hafen. Korinth, die prächtige Stadt, der Augapfel Griechenlands, zog aufgrund seiner beiden hervorragenden Häfen Kenchreai und Lechaion den gesamten Handel des Ionischen und Ägäischen Meeres an sich, obwohl das Umland zerklüftet und rauh war, wie Strabon schreibt. Dasselbe gilt von Athen, Aktium, Theben, Sparta und den meisten griechischen Städten. Nürnberg liegt auf denkbar unfruchtbarem Boden und ist doch eine prächtige Reichsstadt, und das allein durch Handwerksfleiß und Gewerbegeschick. Sie ziehen den Reichtum vieler Länder an sich und sind so gewandt, daß, wie Sallust in einem ähnlichen Fall behauptet, ihre Seele in ihren Fingerspitzen zu sitzen scheint, was entsprechend auch auf Basel, Speyer, Cambray und Frankfurt zutrifft. Mexiko und die umliegenden Städte sollen bei ihrer Entdeckung dichter besiedelt gewesen sein als jeder andere Ort, und der Jesuit Matthäus Riccius berichtet von einem solchen Gewerbefleiß der Chinesen, daß in ihren volksreichen Ländern kein Bettler oder Müßiggänger anzutreffen und die allgemeine Wohlfahrt gesichert war. Uns kommen solche Berichte märchenhaft vor, denn wir verfügen zwar über dieselben Mittel: Menschen, die zupacken können und lernfähig sind,

Rohstoffe aller Art, Wolle, Flachs, Eisen, Zinn, Holz und andere vorzügliche Werkstoffe, aber nicht über den entsprechenden Arbeitseifer. Unsere besten Waren schicken wir ins Ausland, wo sie den Bedürfnissen entsprechend bearbeitet und veredelt werden. Die Fertigprodukte werden dann für teures Geld reimportiert, oder sie machen Kinkerlitzchen aus dem, was bei der Produktion abfällt, und verkaufen uns das zu eben dem Preis, für den sie die Rohstoffe erwarben. Mit wenigen Ausnahmen leben wir in unseren Städten wie spanische Tagediebe von der Zecherei; Schenken, Bierlokale, Mälzereien sind die besten Pflüge, und der größte Handelsposten ist der Bierverkauf. Meteran und andere halten uns vor, daß wir den fleißigen Holländern nicht das Wasser reichen können. Jedes beschwerlichere oder besonders anspruchsvolle Gewerbe, sagt er, ist ganz in fremder Hand; sie sind von fischreichen Gewässern umgeben, aber so faul, daß sie nicht genug für ihren Eigenbedarf fangen, sondern von ihren Nachbarn dazukaufen müssen. Freiheit der Meere, pah! Die anderen fischen unter unserer Nase und verkaufen uns den Fang zu ihren Preisen:

O Schmach, daß jener den Vorwurf
mir zu sagen vermocht, und ich ihn nicht zu entkräften. (Ovid)

Ich schäme mich, daß solche Vorhaltungen von Ausländern laut werden, zumal ich sie nicht widerlegen kann.

Unter unseren Städten hat nur London ein wirklich urbanes Gesicht, dieser Inbegriff Britanniens, dieser prächtige und berühmte Handelsplatz, der keinen Vergleich mit ausländischen Konkurrenten zu scheuen braucht. Aber London wächst auf Kosten der übrigen Städte und weist nach meinem bescheidenen Urteil gleichwohl noch viele Schattenseiten auf. Mit wenigen Ausnahmen sind die übrigen Ortschaften in einem heruntergekommenen und baufälligen Zustand, arm und voll von Bettlern, was auf das daniederliegende Handwerk, eine schlechte und nachlässige Wirtschaftspolitik und die aufmüpfige Faulheit ihrer Einwohner zurückzuführen ist, die eher herumlungern und betteln, ja lieber verhungern als zu arbeiten.

Zweifellos lassen sich auch Verteidigungsargumente anführen: Unsere Städte sind nicht so schön angelegt (zumal der architektonische Stolz dieses Landes seit altersher die normannischen Burgen und Gotteshäuser sind), nicht so wohlhabend und volksreich, liegen nicht so nahe beisammen wie die anderer Länder, weil uns neben den Gründen, die Cardano nennt, Wein und Öl und die zwei Ernten im Jahr abgehen.

Wir leben in einem kälteren Klima und brauchen deshalb wie alle Bewohner nördlicher Regionen etwas mehr fleischliche Nahrung. Folglich reichen unsere Lebensmittel nicht für so viele Münder. Immerhin aber besitzen wir Rohstoffe aller Art, die offene See für den Handel und prächtige Häfen. Wie also ließen sich unsere Nachlässigkeit, Zügellosigkeit, Trunkenheit und die Abscheulichkeiten, die sie im Gefolge haben, entschuldigen? Man wird einwenden, es seien vorzügliche Gesetze, strenge Vorschriften erlassen und Besserungsanstalten eingerichtet worden; das alles aber anscheinend mit mäßigem Erfolg, weil einzelne Anstalten nichts nützen und ganze Besserungsstädte notwendig wären. Unser Wirtschaftssystem müßte grundlegend reformiert und den Mängeln abgeholfen werden. In anderen Ländern existieren zugestandenermaßen die gleichen Übelstände, was uns und unsere Versäumnisse, Fehler, Frevel, den Müßiggang, Aufruhr, die Zwietracht, Streitereien, Prozesse aber nicht entschuldigt. Zahlreiche Gesetze sind zur Aufrechterhaltung der öffentlichen Ordnung und zur Entlastung der Rechtsprechung in Kraft getreten, andere suchen den Maßlosigkeiten in Kleidung und Ernährung, dem Niedergang des Ackerbaus und der Entvölkerung zu steuern oder richten sich im besonderen gegen jene Schurken, Bettler und ägyptischen Vagabunden – so jedenfalls werden sie genannt –, die nach dem Zeugnis des Munster, Cranzius und Aventinus, nicht anders als die Tartaren und Araber den Osten, ganz Deutschland, Frankreich, Italien und Polen überschwemmt haben. Aber die Niedertracht ist in allen Epochen so groß, daß solche Maßnahmen auch diesmal kaum Wirkung gezeitigt haben. Niemand in unserem Staate sei ein Bettler, sagt Platon, und will solche Menschen aus dem Gemeinwesen ausgeschieden wissen wie einen schlechten Körpersaft aus dem Leib. Sie sind wie Geschwüre und Eiterbeulen, die auszukurieren sind, bevor dem melancholischen Gesamtzustand abgeholfen werden kann.

Was Karl der Große, die Chinesen, Spanier und der sächsische Kurfürst in solchen Fällen anordneten, läßt sich bei Arnisäus, Boterus und Osorius nachlesen. Wenn ein Land übervölkert war, so wie eine Weide oft von zuviel Vieh übergrast ist, schaffte man sich gewöhnlich durch Koloniegründung oder Kriege Entlastung oder schöpfte, wie die alten Römer, den Überschuß zum Bau öffentlicher Gebäude, Brükken, Straßen ab, eine Methode, die bekanntlich auch auf den Britischen Inseln von ihnen praktiziert wurde. Wie Augustus in Rom handelte, so auch die Spanier in ihren westindischen Bergwerken, etwa in Potosi in Peru, wo bis heute 30 000 Menschen arbeiten und 6000 Schmelzöfen in Betrieb sind; Aquädukte, Brücken, Hafenanlagen und die gewaltigen Bauwerke Trajans und Claudius' in Ostia, die Thermen Diokletians und die Zisterne des Fucinus, das von Themistokles angelegte Piräus, das marmorne Amphitheater in Verona, die Stadtgründungen Philippi und Herakleia in Thrakien, die Via Appia und Flaminia, alle diese Wunderwerke legen Zeugnis ab von dieser Lösung. Bevor das Volk müßig geht, sollte man sich der ägyptischen Pharaonen Möris und Sesostris erinnern, die ihre Untertanen beim Bau überflüssiger Pyramiden, Obelisken, Labyrinthe, Kanäle, Seen und gigantischer Anlagen in die Fron nahmen, um sie von Rebellion, Aufruhr und Trunkenheit abzuhalten und ihren Unterhalt zu sichern, damit sie nicht zu Landstreichern und Tagedieben würden.

Ein weiterer Schandfleck ist der Mangel an regulierten Wasserwegen, und Boterus, Hippolytus a Collibus und andere Staatstheoretiker erklären die Vernachlässigung dieses Bereichs entsprechend für einen großen Makel jedes Gemeinwesens. In den Niederlanden dagegen scheut man beim Ausbau des Wassernetzes weder Kosten noch Mühen, und im Herzogtum Mailand und dem Gebiet um Padua besitzt man eine ähnlich bewundernswerte Weitsicht. In Frankreich, Italien, China benutzt man Kanalsysteme, um unfruchtbaren Boden zu bewässern oder Marschland, Sümpfe und Moore trockenzulegen. Masinissa verwandelte so viele Teile im Landesinneren der afrikanischen Berberei und Numidiens, die vorher wüst und lebensfeindlich gewesen waren, in fruchtbares Land. Im ganzen Orient wird laut Vertomannus und Gotardus Arthus viel Mühe auf die Bewässerung verwandt, besonders in Ägypten und in der Umgebung von Babylon und Damaskus, von Barcelona, Segovia, Murcia und an vielen anderen Orten in Spanien sowie im Mailänder Raum. Dadurch wird die Bodenqualität sehr verbessert, und die Einwohner haben großen Gewinn davon.

Vor einiger Zeit versuchten die Türken die Landenge zwischen Afrika und Asien durch einen Kanal passierbar zu machen, was früher schon Sesostris, Darius und einige ägyptische Pharaonen ohne Erfolg in Angriff genommen hatten, wie Diodorus Siculus und Plinius berichten. Weil das Rote Meer höher liegt als Ägypten, hätte es das ganze Land überschwemmt, und deshalb ließen sie von ihrem Plan ab. Allerdings nahm, wie Diodorus mitteilt, Ptolemaios die Arbeiten viele Jahre später wieder auf und führte sie an günstigerer Stelle zu Ende.

Demetrius, Julius Caesar, Nero, Domitian und Herodes Atticus unternahmen gleichfalls Anstrengungen, den Isthmus von Korinth zu durchstechen, um eine schnellere und gefahrlose Durchfahrt vom Ionischen ins Ägäische Meer zu erreichen. Um den auftauchenden Schwierigkeiten zu begegnen, bauten die Peloponneser ein Mauerwerk wie unseren Hadrianswall um Schoenus, wo der Tempel Neptuns stand, und auf dem kürzesten Weg quer über die ganze Landenge, wie Diodorus zu berichten weiß. Spätere Autoren nennen den Kanal Hexamilium; Amurath der Türke hat ihn zerstört, die Venezianer haben ihn anno 1453 mit 30 000 Mann in fünfzehn Tagen wieder instand gesetzt. Nach Acosta gab es Pläne, in Mittelamerika einen Kanal von Panama bis Nombre de Dios zu stechen, und die französischen Historiker Thuanus und Serres sprechen von einem berühmten Aquädukt, das, zu Zeiten Heinrichs des Vierten geplant, die Loire mit der Seine und die Rhone mit der Loire verbinden sollte. Ein ähnliches Projekt verfolgten der römische Kaiser Domitian mit Saône und Mosel – Tacitus spricht im 13. Buch davon –, später Karl der Große und andere. Erhebliche Geldmittel sind früher für die Neuanlage oder Ausbesserung von Fahrrinnen (Aurelian machte so den Tiber bis Rom schiffbar, um das ägyptische Korn in die Stadt zu transportieren, durchschnitt Furten und legte Uferbefestigungen an) oder zur Sanierung verlandeter Häfen aufgewendet worden wie etwa in Ostia, wo der römische Kaiser Claudius enorme Anstrengungen unternahm und Unsummen investierte, ganz wie heutzutage die um die Erhaltung ihrer Stadt besorgten Einwohner von Venedig. Viele Mittel und Wege, den Wohlstand eines Gebietes zu mehren, hat man in den Provinzen Europas erfunden und vervollkommnet – etwa die Einführung außereuropäischer Pflanzen oder der Seidenraupenzucht; allein die Blätter der Maulbeerbäume in den Ebenen Granadas bringen dem spanischen König jährlich 30 000 Kronen ein, ganz abgesehen von den vielen Handwerkern und Gewerbetreibenden, die im Königreich Granada, in Murcia und anderswo in Spanien von der Seidenindustrie leben. Frankreich profitiert vom Salz usw. Darüber, ob diese Dinge (Seidenraupenzucht, Weinbau, Fichtenschonungen) nicht auch bei uns mit Erfolg betrieben werden könnten, ist das letzte Wort noch nicht gesprochen. Cardano fordert Eduard den Sechsten auf, Olivenbäume anzupflanzen, und ist überzeugt, daß sie auf unserer Insel wüchsen. Unsere schiffbaren Flüsse werden in der Regel vernachlässigt; sicher, wegen der geringen Breite der Insel schwellen sie nirgendwo zu mächtigen Strömen an, aber sie fließen sanft und gleichmäßig dahin, überstürzen sich nicht in Stromschnellen zwischen Felsen und Sandbänken wie die schäumende Rhone und Loire in Frankreich, der Tigris in Mesopotamien, der reißende Duro in Spanien mit ihren Katarakten und Wirbeln, die wie im Rhein und der Donau bei Schaffhausen, Laufenburg, Linz und Krems die Schiffahrt gefährden. Sie weisen auch keine breiten Untiefen auf wie der Neckar in der Pfalz oder der Tiber in Italien, sondern strömen ruhig und schön dahin wie die Saône in Frankreich, der Hebrus in Mazedonien, der Eurotas in Lakonien. Viele von ihnen könnten wieder schiffbar gemacht werden (ich nenne Wye, Trent, Ouse, die Themse bei Oxford, deren Unpassierbarkeit sich längst nachteilig bemerkbar macht) wie die Lea von Ware bis London. Bischof Atwater oder Heinrich der Erste, wie andere behaupten, ließ einen schiffbaren Kanal von Trent nach Lincoln stechen, der heute, wie Camden berichtet, verfallen ist, und es wird viel von Ankern und ähnlichen Überresten erzählt, die in der Nähe des alten Verulamium bei St. Albans gefunden werden. Gute Schiffe sind früher bis Exeter gekommen und haben Kanäle, Häfen und Anlegestellen benutzt, die jetzt unpassierbar und nicht mehr zu gebrauchen sind. Wir unterschätzen die Vorteile des Wassertransports, sind folglich wegen der hohen Frachtkosten im Inland gezwungen, unsere Waren selbst zu verbrauchen, und leben aus Mangel an Absatzchancen wie Schweine in ihrem Stall.

Wir verfügen über viele ausgezeichnete königliche Häfen wie Falmouth, Portsmouth, Milford, die in nichts hinter dem westindischen Havanna, dem alten Brundisium in Italien, Aulis in Griechenland, Ambrakia in Akarnania, Suda auf Kreta zurückstehen, und doch ist der Schiffsverkehr und Handelsumschlag gering. Dabei könnten da, wo sich jetzt mit Mühe ein Dorf hält, große Städte entstehen – aber das ist Sache der Politiker. Ich wüßte hier noch viele andere Versäumnisse, Mißbräuche, Irrtümer, Fehler im In- und Ausland aufzuzählen, ganz zu schweigen von den Dingen, die Anstoß erregten, selbst wenn man sie nur im Flüsterton erwähnte. Aber ich muß mich in acht nehmen, um nicht über das Ziel hinauszuschießen. Die Sau belehrt Minerva, ich bin hier nicht in meinem Element, wie der Leser vielleicht schon bemerkt hat; manchmal erzeugt die Wahrheit Haß, wie es heißt, und Traubensaft und Haferschleim sind gut für einen Papageien. Was Lukian vom Historiker sagt, gilt meiner Meinung nach aber auch für Staatstheoretiker: der, der offen sprechen und schreiben will, darf sich nie einem Fürsten oder Gesetz bedingungslos unterwerfen, sondern muß die Sache darlegen, wie sie in Wirklichkeit ist, ohne Rücksicht auf fremde Interessen und Neigungen.

Wir haben, ich leugne es nicht, gute Gesetze, um den Mißbräuchen zu steuern, aber sie scheinen ähnlich wie im Ausland ihren Zweck nicht immer zu erfüllen. Eigentlich brauchte unser Zeitalter eine Art Generalinspizienten, der alles wieder ins Lot brächte, oder ein aufrechtes Heer von Rosenkreutzern, denn sie rücken nach eigener Auskunft ja alles wieder gerade, gleich ob es sich um Religion, Politik, die guten Sitten oder Kunst und Wissenschaft handelt. Wir hätten einen zweiten Attila, Tamerlan, Herkules nötig, der mit Acheloos kämpfte, den Augiasstall ausmistete, Tyrannen wie Diomedes und Busiris besiegte, Diebe wie Cacus und Lacinius vertriebe, arme Gefangene wie Hesione in Schutz nähme, der die heiße Zone und die Wüsten Libyens durchquerte, um die Welt von Ungeheuern und Kentauren zu befreien. Oder einen anderen Krates aus Theben, der unsere Sitten reformierte und unsere Streitereien und Meinungsverschiedenheiten so beilegte, wie jener es damals tat, weshalb er in Athen als Gott verehrt wurde. Wie Herkules die Welt von Ungeheuern befreite und sie überwältigte, so kämpfte Krates gegen Neid, Lüsternheit, Ärger, Geiz und alle anderen wilden Laster und Ungeheuer des Geistes. Man möchte heute einen solchen Besucher herbeiwünschen oder hätte, wäre es mit dem Wünschen getan, gern den Ring oder die Ringe, die Timolaus bei Lukian begehrt. Mit ihrer Hilfe wollte er so stark werden wie 10 000 Mann oder eine Armee von Riesen, sich unsichtbar machen, Pforten und Burgtore öffnen, beliebige Schätze heben, sich im Nu an jeden Ort versetzen, Gefühle umschlagen lassen, beliebige Krankheiten heilen und die ganze Welt durchstreifen, um alle Not der Staaten und Menschen wie auch seine eigene zu wenden. Er könnte die unsteten Tartaren zur Räson bringen, die im Fernen Osten China unsicher machen und westwärts Moskau und Polen überrennen, und die Araber zähmen, die beutegierig und plündernd die östlichen Regionen heimsuchen, damit ihre Janitscharen keine Raubkarawanen mehr anführen. Er könnte die Barbarei in Amerika ausrotten, den geheimnisvollen Südkontinent entdecken, die Nordost- und Nordwest-Passagen erkunden, die riesigen Sümpfe am Asowschen Meer trockenlegen, die endlosen Wälder der deutschen Mittelgebirge roden, die arabische Wüste bewässern, alle unsere grassierenden Leiden wie Skorbut, Falten und die Neapolitanische Krankheit heilen, unsere müßigen Streitereien beenden, die aufrührerischen Begierden und zügellosen Lüste abschneiden, Atheismus, Gottlosigkeit, Ketzerei, Schisma und Aberglauben ausrotten, die jetzt die Welt peinigen, die grobe Unwissenheit unterrichten, Italien von Luxus und Ausschweifung, Spanien von Aberglauben und Eifersucht, Deutschland von der Trunksucht und alle nördlichen Länder von Völlerei und Unmäßigkeit befreien. Unsere hartherzigen Eltern müßte er samt unseren Lehrern und Tutoren kasteien, ungehorsame Kinder und nachlässige Sklaven auspeitschen, die Verschwender und verlorenen Söhne bekehren, Müßiggänger zur Arbeit anhalten, Trunkenbolde aus den Gasthäusern vertreiben, Dieben das Handwerk legen, bestechliche und herrschsüchtige Magistrate zur Rechenschaft ziehen. Aber die Kritik des Licinius an Timolaus trifft auch uns selbst. Dies alles sind eitle, aberwitzige, lächerliche Wünsche, die nie in Erfüllung gehen. Alles bleibt, wie es ist, auch wenn Boccalinus die Staaten vor Apollo zitieren und die Welt durch seine Bevollmächtigten reformieren möchte. Gegen die herrschenden Zustände ist kein Kraut gewachsen und ihnen ist nicht abzuhelfen. Die Menschen hören erst auf, Toren zu sein, wenn sie aufhören zu leben; solange sie sich den Bart raufen können, spielen sie den Schurken und Narren.

Eine Änderung herbeizuführen ist so schwer und aussichtslos, daß das sogar die Kräfte des Herkules bei weitem übersteigen würde. Sollen die Menschen also weiter ungehobelt, dumm, unwissend, kulturlos leben, soll ein Stein sich auf den anderen türmen und der Staat, wie es die Apologie des Andreae formuliert, weiter an Husten und Atemnot, die Welt am Laster laborieren. Sollen sie sich der Barbarei ergeben, tyrannisieren, genießen, unterdrücken, schwelgen, von Parteiungen, Aberglauben, Prozessen, Kriegen und Zank verzehrt werden, in Aufruhr, Armut, Not und Elend dahinvegetieren, sich empören oder sich den Gefährten des Odysseus gleich wie Schweine in ihrem eigenen Dreck suhlen, ich lasse sie in ihrer Narrheit gern gewähren. Nur will ich – mir selbst zu Gefallen – mein eigenes Utopia entwerfen, ein neues Atlantis, ein politisches Gemeinwesen eigener Prägung, in dem ich ungehindert schalten und walten, Städte gründen, Gesetze und Verordnungen erlassen kann, wie es mich ankommt. Und warum auch nicht?

Es hatten die Maler und Dichter
kühn jedwedes zu wagen von jeher gleiche Befugnis. (Horaz)

Schließlich gibt es eine dichterische Freiheit, und außerdem war mein Vorgänger Demokrit Staatsmann, Stadtrichter in Abdera und Gesetzgeber, wie manche glauben, warum also soll ich mir nicht die gleichen Ämter zulegen? Ich will jedenfalls den Versuch wagen. Was die Lage meines utopischen Gemeinwesens angeht, so habe ich mich, wenn ich denn unbedingt Auskunft geben soll, noch nicht definitiv entschieden. Vielleicht irgendwo auf der Terra incognita des sagenhaften Südlandes – Platz genug wäre ja, denn meines Wissens haben weder die unersättlichen Spanier noch Mercurius Britannicus bisher mehr als einen Zipfel davon entdeckt – oder auf jenen schwimmenden Inseln im Mare del Zur, die wie die Kyaneischen Eilande im Schwarzen Meer ihre Position verändern und nur wenigen Menschen zu bestimmten Zeiten zugänglich sind, oder auf den Inseln der Seligen, von denen man noch weniger weiß. Auch im Innern Amerikas oder an der Nordküste Asiens wäre Platz genug. Aber ich wähle eine Lage auf dem 45. Breitengrad (über die Minuten mache ich mir keine Gedanken) inmitten der gemäßigten Zonen oder vielleicht unter dem Äquator in jenem irdischen Paradies, wo der Lorbeer immer grünt und ein ewiger Frühling herrscht. Über den Längengrad lasse ich aus bestimmten Gründen nichts verlauten. Dagegen tue ich hiermit kund und zu wissen, daß jeder Ehrenmann, der mir soviel Geld schickt, wie ein Astrologe nach Cardano für die Erstellung eines Horoskops verlangen darf, Teilhaber sein und in mein Projekt eingeweiht werden soll. Oder falls eine Persönlichkeit schon jetzt für ein weltliches oder geistliches Amt kandidieren möchte – Thomas Morus spricht im Zusammenhang mit dem Erzbistum Utopia von heiligem Ehrgeiz, der die Bewerber beseele und keineswegs verfehlt sei –, dem soll es ohne alle Fürsprache, Handgelder und Empfehlungsschreiben übertragen werden, wenn nur seine Verdienste für ihn sprechen. Wir werden keine Stellvertreter und kein kirchliches Patronat zulassen, und wenn er ausreichend qualifiziert und willens sowie in der Lage ist, die Amtsgeschäfte zu führen, steht seiner sofortigen Einsetzung nichts im Wege. Das Reich soll in zwölf oder dreizehn Provinzen unterteilt werden, die durch Berge, Flüsse, Straßen oder andere deutliche Landmarken genau umgrenzt werden. Jede Provinz bekommt eine Metropole, die wie im Zentrum eines Kreises angeordnet sein soll, und die übrigen Städte werden im Abstand von jeweils zwölf italienischen Meilen angelegt. In ihnen werden alle Gebrauchsgegenstände zu festen Zeiten und Tagen feilgeboten; dafür gibt es keine Marktflecken oder Messen, denn die machen die Städte arm (kein Dorf soll sich weiter als sechs, sieben oder acht Meilen von der nächsten Stadt befinden); eine Ausnahme bilden nur die Umschlagplätze am Meer, jene Handelszentren und Märkte mit Stapelrecht wie Antwerpen, Venedig, Bergen und London. Die Städte sollen in der Regel an schiffbaren Flüssen, Seen, Buchten oder natürlichen Häfen liegen und eine regelmäßige geometrische Anlage – rund, quadratisch oder rechteckig – mit schönen breiten und geraden Straßen besitzen; die Stein- und Ziegelhäuser sollen wie in Brügge, Brüssel, Rhegium Lepidi, Bern in der Schweiz, Mailand, Mantua, Crema, wie das von Marco Polo beschriebene tartarische Cambalu oder das venezianische Palma ein einheitliches Stadtbild ergeben. Vorstädte dulde ich nur in Ausnahmefällen, ebenso ärmliche Bebauung; Mauern allein, um unliebsame Besucher abzuhalten, es sei denn bei Städten in Grenz- oder Küstenlage. Diese sollen nach dem neuesten Stand der Festungsbaukunst gesichert und an natürlichen Häfen oder anderen geeigneten Orten angelegt werden. In jeder dieser so konstruierten Städte gibt es zweckdienliche Kirchen und separate Begräbnisstätten, die nicht in den Kirchhöfen liegen, eine Zitadelle, die den Ort beherrscht, Gefängnisse für Rechtsbrecher, geeignete Marktplätze aller Art für Getreide, Fleisch, Vieh, Brennstoff, Fisch, geräumige Gerichtsgebäude, Versammlungsräume für alle Gruppen und Vereinigungen, Börsen, Begegnungsstätten, Zeughäuser, in denen die Geräte zur Feuerbekämpfung untergebracht sind, Übungsgelände für Schützen, Promenaden, Theater, weite Flächen für die Leibesertüchtigung, für Kurzweil und tugendhafte Erholung, Heime und Spitäler aller Art für Kinder, Waisen, Alte, Kranke, Irrsinnige, Soldaten sowie Pesthäuser, die nicht schnell zusammengezimmert oder von gichtbrüchigen Wohltätern gestiftet sind, welche, nachdem sie ihr Leben lang ganze Provinzen tyrannisiert und mit Raub und Betrug ausgesaugt haben, plötzlich für einen frommen Zweck spenden und kurz vor ihrem Lebensende als Geste der Buße noch ein Armenhaus, eine Schule oder Brücke bauen. Das ist dasselbe, wie eine Gans zu stehlen und sich eine Feder anzustecken, Tausend zu berauben, um Zehnen zu helfen. Meine Heime werden demgegenüber nicht durch Spenden und mildtätige Stiftungen finanziert und auch nicht für eine zahlenmäßig genau begrenzte Gruppe von Hilfsempfängern eingerichtet, sondern stehen allen Bedürftigen, gleich ob es viele oder wenige sind, offen. Sie werden durch die öffentliche Hand unterhalten, denn wir sind nicht nur für uns selbst geboren. Es wird ein zweckmäßig angelegtes Wasserleitungsnetz in jeder Stadt geben, gemeinsame Kornspeicher wie in Dresden, Stettin und Nürnberg, Akademien für Mathematik, Musik und Schauspielkunst wie jene im ionischen Lebedos, für Alchimie, Medizin, Malerei und Philosophie, damit alle Künste und Wissenschaften schneller vervollkommnet und leichter erlernbar werden. Wie bei den alten Persern werden von Staats wegen öffentliche Historiographen bestellt und informiert, so daß alle bemerkenswerten Ereignisse nicht mehr wie heute von untauglichen Schreiberlingen und parteiischen oder schmarotzenden Pedanten aufgezeichnet werden. Ich werde öffentliche Schulen aller Art einrichten, wo Gesangs-, Tanz- und Fechtunterricht erteilt wird, wo die Ausdrucksfähigkeit gefördert und Fremdsprachen nicht, wie heute üblich, aufgrund langweiliger grammatischer Regeln vermittelt werden, sondern am praktischen Beispiel und im Gespräch, so wie Reisende im Ausland lernen und Kindermädchen ihren Schutzbefohlenen das Sprechen beibringen. Wie ich alle diese Institutionen ins Leben rufen will, so werde ich auch jeweils Leiter bestellen, kompetente Beamte, Schatzmeister, Ädilen, Quästoren, Aufseher über die Schüler, den Besitz der Witwen und alle öffentlichen Einrichtungen, die einmal jährlich sämtliche Einnahmen und Ausgaben auf das genaueste abrechnen müssen, damit kein Durcheinander entsteht und keine Geldverschwendung betrieben wird, wie man leider Gottes in aller Deutlichkeit sagen muß. Sie unterstehen den höheren Beamten und Gouverneuren jeder Stadt, die wiederum nicht dem Stand armer Kaufleute und gemeiner Handwerker entstammen, sondern dem niederen und höheren Adel. Sie unterliegen zu bestimmten Terminen und Jahreszeiten der Residenzpflicht in der Stadt, der sie am nächsten wohnen, denn ich sehe keinen Grund, warum es, wie sich Hippolytus beklagt, für den Adel weniger ehrenhaft sein sollte, über die Stadt als über das Land zu herrschen, oder unschicklicher, hier zu wohnen. Ich werde keine Sümpfe, Marschen, Moore, riesigen Wälder, Wüsten, Heidegebiete, kein Gemeindeland zulassen, sondern alles privatisieren (aber dabei nicht durch Bauernlegen das Land entvölkern, um Mißverständnissen zuvorzukommen), denn was Allmende, also Gemeinbesitz ist und jedem gehört, das gehört zugleich niemandem. In den wohlhabendsten Ländern wie Essex und Kent bei uns oder in Spanien oder Italien ist alles im Privatbesitz, aber wo die Parzellen am kleinsten sind, da wirft der Ackerbau am meisten ab wie im italienischen Florenz oder syrischen Damaskus, wo die Felder eher Gärten gleichen. Ich dulde kein Brachland in meinem Reich, nicht einmal auf den Berggipfeln. Wo die Natur versagt, soll ihr menschliche Kunst aufhelfen. Und auch die Seen und Flüsse dürfen nicht verwaist liegen. Das allgemeine Straßennetz, Brücken, Uferbefestigungen, Wasserleitungen, Aquädukte, Kanäle, gemeinnützige Anlagen und Gebäude werden mit öffentlichen Mitteln sorgfältig instand gehalten. Keine Vertreibung von Bauern, keine Aneignung ihres Grundes, keine Umwandlung von Wald in Ackerland ist gestattet, es sei denn nach Zustimmung des aufsichtführenden Beamten. Dieser hat die Aufgabe, festzustellen, welche Reformen generell notwendig werden, was fehlerhaft ist, wie die Mängel abgestellt werden können, welcher Boden sich am besten für Forstwirtschaft, Getreide, Vieh, Gartenbau, Obstanbau, die Anlage von Fischteichen eignet, wobei eine großzügige Grundvergabe erfolgen und verhindert werden soll, daß ein Großgrundbesitzer sich wie bei uns gierig alle übrigen Besitzungen einverleibt. Der Beamte entscheidet auch, was dem Adel, was den Pächtern zusteht. Und weil diese so eher dazu ermutigt werden, ihr Stück Land zu kultivieren, zu düngen, einzuzäunen, zu entwässern und Bäume darauf zu pflanzen, sollen ihnen lange Pachtzeiten und ein fester Pachtzins eingeräumt werden, um sie vor den unerträglichen Forderungen erpresserischer Großgrundbesitzer in Schutz zu nehmen. Der erwähnte Oberaufseher wird gleichermaßen festlegen, welcher Teil des Landes zur herrschaftlichen Domäne gehören, welcher Pachtland werden und wie dieses bestellt, gedüngt, beackert und die Bodenqualität verbessert werden soll:

> Hier gedeiht das Getreide, da kommen die Weintrauben besser,
> anderswo Baumobst, dort grünen ohne Bearbeitung Gräser.
>
> (Vergil)

Auch den Gewerbetreibenden ist das Ihrige zuzumessen, denn Gutsherren sind nicht selten Idioten, schlechte Landwirte, raffgierige Tyrannen, die nicht wissen, wie sie ihren Besitz mehren können, oder kurzsichtig nur auf ihren eigenen Vorteil und nicht auf das allgemeine Wohl bedacht sind.

Eine auf utopischer Gleichheit basierende Regierungsform ist eher ein Wunschtraum als ein zu verwirklichendes Ziel. Campanellas Sonnenstaat und Bacons New Atlantis sind geistreiche Fiktionen, aber ansonsten Chimären, und Platons Staat ist in vielerlei Hinsicht gottlos, absurd und lächerlich und entbehrt allen Glanzes und aller Prachtentfaltung. Ich werde also mehrere Adelsränge einführen, wobei jeweils der älteste Sohn den Titel erbt, aber auch für seine jüngeren Brüder Vorsorge treffen, denn sie sollen mit ausreichenden Renten ausgestattet oder in einem ehrbaren Beruf ausgebildet werden, der sie ernährt. Die Freiherrenwürde soll immer mit Grundbesitz verbunden sein, und der, der das Land erwirbt, kommt dadurch auch in den Genuß des Titels, wohingegen derjenige, der sein väterliches Erbteil und Gut verpraßt und durchgebracht hat, auch sein Adelsprädikat verliert. Einige Würden sollen erblich sein, andere werden verliehen wie eine Pfründe, oder man wird eingesetzt wie unsere Bischöfe. Ganz ähnlich werden auch die Paläste der Paschas in der Türkei und die Ämter und Häuser des Prokurators in Venedig wie der goldene Apfel dem, der sich in Krieg und Frieden als der würdigste erwiesen hat, als Belohnung für seine guten Dienste zur Verfügung gestellt und dienen damit, da die Ehre die Künste nährt, gleichzeitig anderen, die nach demselben Ziel streben, als Ansporn. Denn ich hasse jene strengen, unnatürlichen, harten deutschen, französischen und venezianischen Gesetze, die die Plebejer von Ehrenämtern ausschließen. Sie ohne Rücksicht auf die Klugheit, den Reichtum, die Tugend, Tapferkeit und die Verdienste von Bewerbern aus dem Volke nur für Patrizier zu reservieren und die Standesgrenzen undurchlässig zu machen, heißt der Natur den Krieg erklären; dieses Verfahren ist Gott und den Menschen ein Greuel, und ich verabscheue es zutiefst. Meine Regierungsform ist die Monarchie, denn die Freiheit ist nirgendwo angenehmer als unter einem tugendhaften König. Es gibt wenige Gesetze, die aber strikt eingehalten werden und klar und deutlich in der Muttersprache niedergelegt sind, damit sie jeder verstehen kann. Jede Stadt soll ein besonderes Gewerbe ausüben oder ein Handelsmonopol besitzen, das ihr die Existenzgrundlage liefert. Die Eltern sollten zumindest jedes dritte Kind in die Geheimnisse ihres Berufsstandes einweihen. Und überall sollen die verschiedenen Gewerbetreibenden so angesiedelt werden, daß sie die restlichen Bewohner nicht belästigen oder gefährden. Die Berufsgruppen, die mit Feuer zu tun haben wie Fein- und Grobschmiede, Brauer, Bäcker und das metallverarbeitende Handwerk sollen in einem eigenen Stadtviertel wohnen, ebenso Färber, Gerber, Kürschner und alle, die viel Wasser benötigen. Alle sollen an den für sie geeigneten Standorten untergebracht werden, wobei

Tätigkeiten, die mit Lärm- und Geruchsbelästigung verbunden sind wie bei Schlachtereien, Kerzenziehern, Gerbereien in Randbezirke und Seitengassen gehören. Bruderschaften und Handelsgesellschaften heiße ich ebenso gut wie Kaufmannsbörsen und Akademien für Apotheker, Ärzte, Musiker. Aber alle Gewerbe sollen abgabepflichtig sein wie heute schon die Bäcker und Brauer gegenüber der Marktaufsicht, und für das Getreide wird ein Höchstpreis festgelegt, der auch bei äußerster Knappheit nicht überschritten werden darf. Importgüter des täglichen Bedarfs, die für den Menschen so unverzichtbar sind wie Getreide, Holz, Kohle und andere Lebensmittel, werden kaum oder überhaupt nicht besteuert, aber bei Luxus- und Schmuckartikeln wie Wein, Gewürzen, Tabak, Seide, Samt, Goldbrokat, Spitze, Juwelen wird eine höhere Abgabe erhoben. Jedes Jahr werden einige Schiffe auf Entdekkungsreise geschickt und verständige Männer bestellt, die die angrenzenden Königreiche bereisen und sich über neue Erfindungen, vorbildliche Gesetze und Sitten sowie Reformen, kriegerische oder friedliche Absichten und was sonst noch für das Staatswohl von Interesse sein mag, ins Bild setzen. Über die kirchliche Disziplin wacht das Episkopat, das seinerseits wie alle der weltlichen Macht unterstellt ist. Es gibt kein an Laien übertragenes Kirchengut, aber allgemeine Körperschaften und Gesellschaften, und der Vorsitz der Pfründenverwaltung wird von nach chinesischem Vorbild examinierten und staatlich anerkannten Mitgliedern der Universität wahrgenommen. Keine Gemeinde soll mehr als tausend Mitglieder haben. Und läge es im Bereich des Möglichen, hätte ich gern Priester, die Christus nachfolgen, mildtätige Anwälte, die ihren Nächsten lieben wie sich selbst, maßvolle und bescheidene Ärzte, Staatsmänner, die die Welt verachten, Philosophen, die zur Selbsterkenntnis fähig sind, Adelige, die ein ehrsames Leben führen, Kaufleute, die das Lügen und Betrügen lassen, und eine unbestechliche Beamtenschaft. Aber das alles ist ausgeschlossen, und ich muß das nehmen, was ich bekomme. Deshalb würde ich die Zahl der Anwälte, Richter, Advokaten, Ärzte, Chirurgen usw. begrenzen und jeden, soweit möglich, seine eigene Sache vertreten und dem Richter wie im afrikanischen Fez, in Bantam, Aleppo und Ragusa die Geschichte erzählen lassen, die er sonst seinem Anwalt auftischt. Die approbierten Advokaten, Chirurgen und Ärzte sollen aus dem Staatssäckel besoldet werden und ihre Stelle verlieren, wenn sie zusätzliche Vergütungen verlangen, oder falls man ihnen ein geringes Honorar zugesteht, soll es erst fällig werden, nachdem sie ihre Sache vollständig zum Abschluß gebracht haben. Derjenige, der einen anderen verklagt, hat ein Pfand zu hinterlegen, dessen er verlustig geht, wenn sich herausstellt, daß die Anschuldigung falsch war oder die Klage übereilt bzw. in arglistiger Absicht erfolgte. Verfügt er über keine Sicherheiten, muß der Kläger vor Prozeßbeginn sein Klagebegehren durch einen zu diesem Zweck gebildeten Ausschuß beurteilen lassen. Ist die Angelegenheit gewichtig genug, darf er die Klage einreichen, falls nicht, muß er sie zurückziehen. Alle Fälle werden suppresso nomine, also ohne Namensnennung der Parteien, verhandelt, wenn nicht ein besonderer Umstand dagegen spricht. Richter und andere Amtsträger sollen des weiteren in geeigneter Weise über die Provinzen, Dörfer und Städte verteilt werden, um als Schlichter und Schiedsmänner zu fungieren und Meinungsverschiedenheiten beizulegen. Auch sollen sie nicht allein, sondern mindestens zu dritt zu Gericht sitzen und Urteile fällen, und die Richter müssen turnusgemäß oder nach Losentscheid wechseln und dürfen dasselbe Amt nicht unbegrenzt innehaben. Kein Rechtsstreit soll länger als ein Jahr dauern und ohne Verzögerungen und Einsprüche rasch abgewikkelt werden, so daß er in dem zugestandenen Zeitraum zu Ende geführt werden kann. Die Richter und die nachgeordneten Justizbeamten werden wie die chinesischen Mandarine ausgewählt oder nach dem exakten Wahlmodus der Venezianer bestimmt, wobei nur diejenigen wählbar und für die Magistratur und andere ehrenvolle Richterämter geeignet sind, die das entsprechende Wissen und die charakterliche Qualifikation mitbringen und die Approbation eines autorisierten Prüfungsgremiums besitzen. Bei der Besetzung der Posten kommen die Gelehrten an erster, die Soldaten an zweiter Stelle, denn ich bin der Meinung des Vegetius, daß ein Gelehrter das größere Anrecht besitzt, weil die militärischen Leistungen eine Generation überdauern, die geistigen aber ewig sind. Wenn Gewählte sich etwas zuschulden kommen lassen, werden sie ihres Amtes enthoben und entsprechend bestraft. Unabhängig davon, ob ihre Amtszeit auf zwölf Monate befristet ist oder nicht, sollen sie einmal jährlich Rechenschaft ablegen, denn die Menschen sind parteiisch und voll Leidenschaft, erbarmungslos, raffgierig, bestechlich und anfällig für Liebe, Haß, Furcht und Gunstbeweise, und jedes Königreich ist einem größeren untertan. Wie Solons Areopagiten und die römischen Zensoren sollen einige die anderen beaufsichtigen und ihrerseits beaufsichtigt werden; sie haben dafür Sorge zu tragen, daß kein beutehungriger Beamter unter dem Deckmantel seiner Autorität seine Untergebenen schlecht behandelt und sie wie Tiere unterdrückt, schikaniert, quält und auf ihnen herumtrampelt, sondern gleiches Recht soll für alle gelten, und alle sollen als Freunde und Brüder zusammenleben, wie Sesellius es sich in seiner Schrift über das Reich der Gallier wünschte: ein Zusammenklang, eine Harmonie von Königen, Fürsten, Adel und Volk, wechselseitig verbunden und vereint in Liebe, Gesetz und Autorität ohne alle Zwietracht, ohne Ehrverletzungen und Übergriffe. Wenn sich jemand in seinem Amt Verdienste erwirbt, soll es ihm vergolten werden, denn

wer wählt ob ihrer selbst die Tugend,
nähmest du Lohn hinweg? (Juvenal)

Wer in den Künsten oder Wissenschaften eine Erfindung macht, die der Allgemeinheit zugute kommt, wer ein wissenschaftliches Werk vorlegt, zu Hause oder im Ausland eine Heldentat vollbringt, der wird entsprechend belohnt, geehrt, befördert. Und ich sage wie Hannibal bei Ennius, wer meinen Feind erschlägt, der ist für mich ein Karthager; Herkunft und Stand spielen keine Rolle, derjenige, der durch seine Amtsführung und Tatkraft das Beste verdient, soll es bekommen.

Zweifellos aufgrund von Mitgefühl und Nächstenliebe wünscht sich Tilianus bei Philonius, alle seine Bücher wären in Gold und Silber, Juwelen und Edelsteine verwandelt, um Kriegsgefangene auszulösen, Eingekerkerte zu befreien und allen Notleidenden und Mittellosen zu helfen. Ein frommer Wunsch, ich leugne es nicht, aber was wäre das Resultat? Selbst wenn alles tadellos ins Werk gesetzt würde und der Wohltäter über die Reichtümer des Krösus verfügte, wäre die Zahl der Bedürftigen im Handumdrehen wieder genauso groß. Deshalb dulde ich von vornherein keine Bettler, Tagediebe, Vagabunden oder Müßiggänger, die nicht nachweisen können, womit sie ihren Lebensunterhalt bestreiten. Wer hinfällig, lahm, blind und alleinstehend ist, wird in Heimen, die zu diesem Zweck errichtet werden, untergebracht; ist jemand aber verheiratet und gebrechlich, arbeitsunfähig oder durch Unglück und Schicksalsschläge in Not geraten, soll ihm durch Kornzuteilung, mietfreie Wohnung und eine jährliche Rente geholfen und so reichlich vergolten werden, was er der Gesellschaft vorher an guten Diensten geleistet hat. Alle Arbeitsfähigen aber sind zur Arbeit verpflichtet. Denn ich sehe mit Thomas Morus keinen Grund, warum ein Epikureer und Faulpelz, ein reicher Prasser und Wucherer untätig, aber höchst angenehm und in Ehren leben und andere tyrannisieren soll, wenn man auf der anderen Seite arme Tagelöhner, Schmiede, Zimmerleute oder Bauern, die ihr ganzes Leben zum Wohl aller geschuftet und wie Esel Lasten geschleppt haben, im Alter verhungern oder betteln läßt und es denjenigen, ohne deren Arbeit kein Gemeinwesen existieren könnte, am Ende schlimmer ergeht als Zugtieren. Wenngleich alle Stände ihren jeweiligen Aufgaben obliegen, soll sich doch niemand überanstrengen, sondern es gibt festgesetzte Erholungspausen und Feiertage, Feste und fröhliche Zusammenkünfte nach persischem Vorbild und der Art römischer Saturnalien, so daß jeder, selbst der kleinste Handwerker und niedrigste Dienstmann, wie sein Herr einmal in der Woche singen und tanzen oder auf andere ihm gemäße Weise seinem Vergnügen nachgehen kann. Wer sich betrinkt, hat die nächsten zwölf Monate enthaltsam zu leben. Ein Bankrotteur kommt an den Pranger, wer seine Schulden nicht bezahlen kann und durch Ausschweifungen oder Fahrlässigkeit verarmt ist, wird für ein Jahr ins Gefängnis geworfen. Kann er in diesem Zeitraum seine Gläubiger nicht zufriedenstellen, soll er gehenkt werden. Der Gotteslästerer verliert seine Hände, wer falsch Zeugnis ablegt oder des Meineids überführt wird, soll die Zunge abgeschnitten bekommen, es sei denn, er will sie mit dem Kopf auslösen. Auf Mord und Ehebruch steht die Todesstrafe, aber nicht auf Diebstahl außer in Tateinheit mit schwereren Verbrechen oder bei ständigen Rückfällen. Sonst werden Diebe auf die Galeere oder in die Minen geschickt oder auf Lebenszeit denjenigen als Knechte überlassen, die Opfer ihrer Missetaten waren. Die Institution der Sklaverei aber lehne ich ab, denn ich halte es mit Brisonius und Ammianus für ungerecht, daß Frauen und Kinder, Freunde und Bundesgenossen für die Verfehlungen des Vaters leiden sollen.

Kein Mann soll vor seinem fünfundzwanzigsten, keine Frau vor ihrem zwanzigsten Lebensjahr heiraten, wenn nicht besondere Umstände vorliegen. Wenn einer der Ehepartner stirbt, soll der andere sich frühestens nach sechs Monaten wiederverheiraten dürfen, und weil viele Familien sich durch eine große Mitgift finanziell verausgaben oder ruinieren, soll sie ganz abgeschafft oder von Aufsichtsbeamten auf ein vertretbares Maß zurückgeschraubt werden. Häßliche Heiratskandidatinnen sollen dabei etwas mehr, schöne gar nichts oder nur sehr wenig an Aussteuer bekommen, wobei wiederum der Inspektor das letzte Wort hat. Aber wenn jemand erst einmal in das heiratsfähige Alter gekommen ist, sollen weder Armut noch andere Gründe ihn daran hindern, sich zu verehelichen; vielmehr soll er eher dazu gedrängt als daran gehindert werden. Allein Verstümmelung, schwere Mißbildungen, Gebrechlichkeit oder eine gefährliche körperliche oder geistige Erbkrankheit rechtfertigen Ausnahmen von dieser Regel. Den Betroffenen ist die Heirat bei Strafe verboten, allerdings soll auch für sie eine zufriedenstellende Lösung gefunden werden. Wenn die Bevölkerung zu zahlreich wird, soll man durch Koloniengründung Abhilfe schaffen.

Niemand darf in den Städten bewaffnet sein. Jeder soll immer die Tracht tragen, die seinem Berufsstand gemäß und an der er also zu erkennen ist. Der übermäßige Prunk bei Beerdigungen wird abgeschafft, jene nachträglichen und unzeitigen Aufwendungen werden wie viele andere Kosten gesenkt. Makler, Pfandleiher und Wucherer dulde ich nicht; aber weil wir es hier mit Menschen und nicht mit Göttern zu tun haben und das menschliche Herz verstockt ist, soll das Zinsnehmen erlaubt sein. Sicher, wären wir rechtschaffen, hätten wir dafür keine Verwendung, aber wie die Dinge nun einmal stehen, sehe ich keine Alternative. Obwohl die meisten Theologen dagegen sind, müssen die Politiker es stillschweigend dulden. Immerhin heißen es einige gelehrte Doktoren wie Calvin, Bucer, Zanchius, P. Martyr gut, weil es von so vielen großen Rechtskundigen akzeptiert wird, wovon auch kaiserliche Gesetze, staatliche Verordnungen und Konventionen sowie die kirchliche Billigung zeugen. Allerdings überlasse ich dieses Geschäft weder Privatpersonen, noch kommt als Geldgeber jeder Interessent in Frage; vielmehr dürfen nur Waisen, unverheiratete und verwitwete Frauen und diejenigen, die aufgrund ihres Alters, Geschlechts, ihrer Erziehung und mangelhaften Geschäftserfahrung ihr Kapital nicht anders anzulegen wissen, ihr Geld nicht etwa selbst verleihen, sondern einer Bank überlassen. Solche öffentlichen Banken soll es nach dem Vorbild Genuas, Genfs, Nürnbergs und Venedigs in jeder meiner Städte geben, und sie verleihen Geld zu Zinssätzen von fünf bis acht Prozent, deren genaue Festlegung wiederum Aufsehern oder Schatzmeistern übertragen ist. So wie es für Privatpersonen illegal sein soll, Geld zu verleihen, so sind andererseits auch gewisse Gruppen wie Vergeuder und Verschwender gesetzlich von der Kreditaufnahme ausgeschlossen. Nur Kaufleute und junge Handelsunternehmer, also Männer, die Kapital brauchen und genau wissen, wie sie es einzusetzen haben, gelten als kreditwürdig; allerdings erst, nachdem die genannten Aufseher bezüglich der Notwendigkeit, des Grundes und der Bedingungen der Vorfinanzierung zu einem positiven Urteil gelangt sind.

Private Monopole, die einem einzelnen zu Reichtum verhelfen und viele andere an den Bettelstab bringen, werde ich ebensowenig gestatten wie Ämterhäufung und Stellvertreterunwesen. Maße und Gewichte sollen überall dieselben sein. Ich verabscheue Kriege, die nicht zum Wohl des Volkes und aus zwingenden Gründen geführt werden:

Hassen wir doch den Habicht, denn ständig lebt er in Waffen.

(Ovid)

Angriffskriege sind ausgeschlossen, es sei denn, das Recht wäre ganz und gar auf unserer Seite. Ich halte nämlich große Stücke auf das, was Hannibal nach Livius dem Scipio sagte: Es wäre für uns beide ein Segen gewesen, hätte Gott deinen Vorfahren eingegeben, mit Italien, und meinen, mit Afrika zufrieden zu sein. Denn weder Sizilien noch Sardinien sind die Kosten und Mühen, die Flotten und Armeen und das Leben so vieler berühmter Heerführer wert gewesen. Zuerst sollte man friedliche Mittel anwenden. Und die Bestimmtheit des Friedfertigen bringt das fertig, was die Gewalt nicht vermag. Ich ließe meine Truppen mit größtmöglicher Schonung vorgehen und beherzigte die von Thukydides überlieferten Worte des Fabius: Wer überlegt handelt, fügt dem Feind mehr Schaden zu als durch rohe Gewalt. Bei solchen Waffengängen sollte man also Verheerungen, das Brandschatzen der Städte und das Hinmetzeln von Kindern usw. nach Kräften vermeiden. Für den Verteidigungsfall halte ich Truppen zu Land und zu Wasser in Bereitschaft, die ebenso wie die Marine sofort einsatzfähig sind. Auch Geld, der Nerv des Krieges, liegt bereit. Für diesen Zweck wird wie im alten Rom und in Ägypten ein Drittel der Staatseinnahmen in Reserve gehalten, um schwere Steuern und Kriegsabgaben zu vermeiden und die anfallenden Kosten für die Kriegführung ebenso davon zu bestreiten wie alle anderen öffentlichen Ausgaben, sei es für Renten, Instandsetzungen, harmlose Vergnügungen, Feste, Schenkungen, Belohnungen oder Bewirtungen. Alle entsprechenden Maßnahmen aber sollen erst nach reiflicher Überlegung ergriffen und in die Tat umgesetzt werden, damit nichts übereilt, nachlässig oder zu zaghaft geschieht. Alles Weitere darzulegen würde einen eigenen Band beanspruchen. Aber davon genug! Ich ermüde meinen Leser mit diesem Thema und hätte mich doch gern noch weiter darüber verbreitet, wenn mir mein eigentliches Vorhaben nicht Zügel anlegte.

Von der Ebene des Gemeinwesens und der Städte steige ich auf die der Familie hinab, die unter ebensovielen Kümmernissen, Belastungen und Mißhelligkeiten leidet wie alle übrigen Bereiche. Hier gibt es große Ähnlichkeiten zwischen dem Staat und der ökonomisch-hauswirtschaftlichen Sphäre, die sich nur in der Größe und dem Verhältnis der Aufgaben unterscheiden, aber wahrscheinlich, wie Bodin und Peucer im Anschluß an Platon behaupten, dieselbe Periodizität aufweisen, nämlich Zyklen von sechs- oder siebenhundert Jahren. Außerdem werden sie oft auf die gleiche Weise in Mitleidenschaft gezogen oder zerstört, insbesondere durch Maßlosigkeit, die für beide Bereiche ruinös ist, wie Bauwut, Geldverschwendung, luxuriöse Bekleidung und was sich noch an Beispielen aufzählen ließe, die alle dasselbe Ergebnis zeitigen. Einer unserer Länderkundler, der beiläufig davon spricht, warum alte Familien im Norden so häufig sind und so lange existieren, während sie sich im Süden so selten finden lassen und bald aussterben, nennt dafür allein den Grund, daß die Ausschweifungen alles verzehrt hätten. Elegante Kleidung und aufwendige Bauten wurden, wie er in seinen Annalen vermerkt, erst in letzter Zeit auf der Insel heimisch und hatten den Verfall der Gastfreundschaft zur Folge. Gleichwohl wird auch dieser Begriff oft mißverstanden, und hinter dem Namen der Freigebigkeit und Gastfreundschaft verbirgt sich dann Unmäßigkeit und Verschwendungssucht, und das, was bei richtiger Handhabung lobenswert ist, hat sich durch Mißbrauch und Mißverständnis für manch edle Familie in Fluch und Verderben verwandelt. Denn manche leben wie reiche Vielfraße und verprassen ihren Besitz durch ständige Feiern und Einladungen. Wie bei Homers Axylus steht ihre Tür jedem offen, sie bewirten ihre Gäste mit überreichem Dienstpersonal und einem Aufwand, der ihre Mittel übersteigt, und sind plötzlich bankrott und – wie Aktaion von seinen Hunden – von der Meute ihres Gefolges, ihrer Verwandten und Freunde verschlungen worden. Paulus Jovius berichtet von den nördlichen Ländern, es grenze ans Wunderbare, welche unendlichen Mengen Fleisch an unseren Tafeln vertilgt würden, und ich kann nur beteuern, daß dies nicht ein Zeichen der so oft mißbrauchten Freigebigkeit und Gastfreundschaft ist, sondern von zügelloser Ausschweifung, Völlerei und Verschwendungssucht, also einem bloßen Laster, zeugt. Als solches hat es Schulden, Not, Bettelei und Erbkrankheiten im

Gefolge, läßt das Vermögen dahinschmelzen und bringt den Körper aus dem Gleichgewicht. Dazu kommt noch die Bauwut, die sich in phantastischen Gebäuden, Türmchen, Promenaden, Parks austobt, die Spielleidenschaft, Vergnügungssucht, Modenarrheit, die ihre Opfer schließlich dazu zwingen, ihren Haushalt aufzulösen und sich in irgendein Loch zu verkriechen. In seinem Buch über den französischen Staat nennt Sesellius drei Gründe, warum der französische Adel so häufig Bankrotteure hervorbringe. Erstens weil seine Angehörigen pausenlos Prozesse führen und langwierige und kostenträchtige Streitfälle ausfechten, in deren Verlauf die Rechtsanwälte gewöhnlich ihren Besitz an sich bringen. Der zweite Grund ist ihre Verschwendungssucht. Sie leben über ihre Verhältnisse und werden also von den Kaufleuten geschluckt. (Der französische Schriftsteller La Nove führt fünf Gründe für die Armut seiner Landsleute an, die denselben Tenor aufweisen. Er ist der festen Überzeugung, daß, teilte man den französischen Adel in zehn Teile, acht davon verschuldet, durch Hypotheken belastet oder ihres Vermögens schon weitgehend beraubt seien.) Der dritte Grund sind die Ausgaben für luxuriöse Kleidung, die ihre Einkünfte aufzehren. Was dies mit unseren eigenen Verhältnissen zu tun hat, mag jeder selbst herausfinden. Ich werde mich an anderer Stelle damit befassen. Wenn im menschlichen Körper der Kopf, das Herz, der Magen, die Leber, die Milz oder ein anderes Organ in Mitleidenschaft gezogen sind, leidet der gesamte Organismus darunter, und ganz ähnlich verhält es sich auch bei der Hauswirtschaft. Wenn der Kopf nichts taugt und ein Verschwender, Trunkenbold, Hurenbock oder Spieler Haushaltsvorstand ist, wie soll dann die Familie in gesunden Verhältnissen leben? Und wenn die Heilsgöttin selbst, wie Demea in einer Komödie des Terenz sagt, das Heil des Hauses wahren wollte, sie könnte es nicht. Oft hat ein guter, ehrbarer und sorgfältiger Mensch eine Xanthippe zur Frau, ein kränkliches, unehrliches, faules, dummes, unordentliches Weib als Lebensgefährtin, eine stolze, launenhafte Kokotte, eine verschwenderische, an der Flasche hängende «große Dame», die alles durchbringt. Oder beide Ehepartner haben ein unvereinbares Naturell: er lebt sparsam, sie wirft das Geld zum Fenster heraus, er ist klug, sie dumm und beschränkt – welches Einvernehmen, welche Freundschaft soll da entstehen? Wie in der Fabel Äsops von der Drossel und der Schwalbe ist von gegenseitiger Liebe und zärtlicher Anrede nichts zu bemerken, statt dessen beschimpft man sich als Hure und Dieb und wirft sich Schemel an den Kopf. Welche Tollheit sucht diese Familie heim. Im allgemeinen haben alle erzwungenen Ehen solche Konsequenzen, oder wenn es den Eheleuten trotzdem gelingt, gut miteinander auszukommen, dann haben sie vielleicht ungehorsame und aufsässige Kinder, die auf die schiefe Bahn geraten und ihren Eltern den Schlaf rauben: der Sohn ein Dieb und Verschwender, die Tochter eine Hure. Eine Stiefmutter oder Schwiegertochter bringt alles aus dem Gleichgewicht. Oder es ergeben sich schmerzliche Folgen, weil das Geld zur Schuldentilgung, für Abgaben, Gebühren, Mitgift und Altenteil, Auszahlung der Erben, fällige Jahresrenten fehlt. Viele können deshalb den Pomp ihrer Vorfahren eigentlich nicht mehr finanzieren oder ihre Kinder standesgemäß aufziehen und ausbilden, und lassen sich doch nicht dazu herab, ihren wahren Vermögensverhältnissen entsprechend zu leben. Oft kommen viele Mißhelligkeiten zusammen und verschlimmern alles noch: undankbare und abgekühlte Freunde, schlechte Nachbarn, nachlässige Diener – verschlagene, diebische und durchtriebene Sklaven, wie Plautus schreibt, die tausendfach verschlossene Türen zu öffnen verstehen, die heimlich stehlen und sich von nichts als Leckerbissen ernähren –, Unfälle, Steuern, Geldstrafen, beschwerliche Pflichten, überflüssige Ausgaben, Bewirtungen, Verluste, Feindschaften, Neid, häufige Einladungen, Bürgschaften, Krankheit, Tod der Freunde und, als tiefster Abgrund, Leichtsinn, schlechte Haushaltsführung, Unordnung und Wirrwarr. Auf diese Weise steht ihnen auf ihren Gütern das Wasser plötzlich bis zum Hals, und sie sind unmerklich in ein Labyrinth von Schulden, Sorgen, Kummer, Not, Verdruß und damit in tiefe Melancholie geraten.

Ich habe die Familie damit abgehandelt und wende mich jetzt kurz den sozialen Klassen und Ständen zu. In den Augen der Welt führen die Fürsten und großen Männer ein gefahrloses, glückliches, leutseliges und fröhliches Leben und sind frei von melancholischen Anwandlungen. Was aber ihre Sorgen, ihr Elend, den Argwohn, die Mißgunst und Übellaunigkeit, ihre Tor- und Tollheiten angeht, so verweise ich den Leser auf Xenophons *Tyrannus*, wo sich König Hieron ausführlich mit Simonides, dem Dichter, über dieses Thema unterhält. Von allen Menschen werden die Mächtigen am heftigsten von ständiger Furcht und Sorge geplagt, so daß es bei Valerius heißt: Wenn du wüßtest, mit welchen Sorgen und welchem Jammer dieser Königsmantel gefüttert ist, würdest du dich nicht bücken, um ihn aufzuheben. Oder gesetzt den

Fall, sie lebten in Sicherheit und ohne Furcht und Unmut, so sind sie doch nur allzu oft unvernünftig und in ihren Taten übereilt. Man lese in all unseren Historien nach, welche Narren über Narren geschrieben haben. Welches war ihr Gegenstand?

Der wallende Zorn wahntörichter Fürsten und Völker.

(Horaz)

Wie irrsinnig, wie tobsüchtig sie sich aus den geringsten Anlässen betragen, wie übereilt und unüberlegt sie vorgehen, wie wenig Verstand sie besitzen, davon legt jede Seite Zeugnis ab:

Was Sinnloses die Fürsten begehen, entgilt der Achiver.

(Horaz)

Als nächste in der Rangordnung, auch was Elend und Unzufriedenheit und die ganze Palette unbesonnener Handlungen angeht, kommen die großen Männer; weit weg von Jupiter, weit weg von seinem Blitz, heißt es, und je näher, desto schlimmer sind sie dran. Wenn sie am Hof leben, sind sie mal obenauf, mal unten durch und den Gezeiten königlicher Huld ausgeliefert; ihr Gesicht, nicht ihr Verdienst macht oder ruiniert ihr Glück. Polybios vergleicht sie mit den Zählperlen eines Abakus, die jetzt für Gold, morgen für Silber stehen und ihren Wert nach dem Willen des Rechnenden ändern, heute eine Einheit symbolisieren, morgen tausende und einmal vorn, dann wieder ganz hinten auftauchen. Außerdem peinigen sie sich gegenseitig mit Zwietracht und Rivalitäten: einer ist ehrgeizig, der andere verliebt, der dritte, ein hochverschuldeter Verschwender, überstrapaziert sein Vermögen, während der vierte, der sorgfältig ist und sich alle erdenkliche Mühe gibt, auf keinen grünen Zweig kommt. Aber was die Ängste und Sorgen dieser Menschen angeht, so verweise ich den Leser auf Lukians Abhandlung *De mercede conductis,* auf Aeneas Silvius, der sie als Sklaven der Lust und der Dummheit bezeichnet, auf Agrippa und viele andere Autoren.

Über Philosophen und Gelehrte, diese Diktatoren antiker Weisheit, Oberaufseher des Geistes und der Gelehrsamkeit, Übermenschen, Buhlen der Muse, denen allein es vergönnt ist, Gehirn und Intellekt zu besitzen, habe ich oben schon im allgemeinen Begriffe gehandelt. Diese scharfsinnigen und hochverehrten Kopfverdreher haben die Nieswurz nicht weniger nötig als andere – o Ärzte, öffnet die mittlere Vene. Man lese Lukians *Piscator* und mache sich ein Bild, wie er sie einschätzte, oder Agrippas Abhandlung von der Eitelkeit der Wissenschaften; nein, man führe sich ihre eigenen Arbeiten, absurden Lehren, wahnwitzigen Paradoxien zu Gemüte – wer, Freunde, könnte das Lachen zurückhalten? Aristoteles hat recht, wenn er schreibt, es gebe kein großes Genie ohne einen Anflug des Wahnsinns, sie haben ihren Tick wie alle anderen; man findet einen Zug ins Phantastische, eine Tendenz zu hohlen Phrasen, Bombast und Aufgeblasenheit sowie einen affektierten Stil, der sich wie ein hervortretender Faden in einem ungleichmäßig gewebten Tuch durch ihre Werke zieht. Und die Weisheit, Geduld und Demut lehren, sind die größten Schwachköpfe, Spatzenhirne und Querulanten. Denn wo viel Weisheit ist, da ist viel Grämens; und wer viel lernt, der muß viel leiden. Ich brauche meinen Autor nicht weiter zu zitieren. Diejenigen, die andere verlachen und verachten und die Welt für verrückt halten, verdienen es, selbst verspottet zu werden; denn sie sind ihrerseits nicht weniger verwirrt, und ihre Torheit liegt ebenso offen zutage. Demokrit macht sich mit seinem ständigen Hohngelächter über die Dummheit seinerseits lächerlich, das Gekläffe des Menippus, der Spott des Lukian, die Satiren des Lucilius, Petronius, Varro, Persius sind so tadelnswert wie alles andere:

> Mög ein Gerader den Krummen, den Mohr ausspotten
> ein Weißer. (Juvenal)

Bale, Erasmus, Hospinian, Vives und Kemnisius haben die scholastische Theologie als Ozean unsinniger Disputationen denunziert und zunichte gemacht. Einen Irrgarten unauflöslicher Fragen und fruchtloser Streitereien, einen unglaublichen Wahnsinn nennt sie einer. Wenn schon die Scholastiker, der subtile Scotus, der unwiderlegbare Occam, Baconthorpe, der scharfsinnigste aller Theologen, und selbst der Doctor Seraphicus Thomas von Aquin, dem ein Engel diktierte, sich diese Kritik gefallen lassen müssen, was soll dann aus der gemeinen Menschheit werden? Was können die geringeren Künste zu ihrer Verteidigung anführen? Wie rechtfertigen sich ihre Anhänger? Ihre große Gelehrtheit hat ihnen den Schädel gesprengt und so darin Wurzeln geschlagen, daß nicht einmal mehr die Nieswurz etwas nützt noch die berühmte Lampe des Epiktet, in deren Schein jeder Studiosus so klug bleibt wie zuvor. Es hat alles keinen Zweck; aufgrund ihrer Zungenfertigkeit pflegen die Schönredner den rhetorischen Leerlauf, schwatzen anderen ihren Willen auf, stacheln sie auf oder beschwichtigen sie und können doch in ihrem eigenen Kopf keine Ordnung halten. Wie sagt Cicero: Ich ziehe die stockende Weisheit der geschwätzigen Torheit vor, und Seneca pflichtet ihm darin bei, daß die Rede eines Weisen weder zu glatt noch zu emphatisch sein sollte. Fabius stellt die meisten Rhetoriker in Sprache, Ausdruck und Gestus auf eine Stufe mit Menschen, die außer sich sind, und Gregor erklärt, nicht der sei weise, der kluge Worte machen könne, sondern der klug handle. Bestenfalls ist der Redner ein wetterwendischer Schuft, der seine Zunge feilbietet; er ist nichts als Stimme, wie Lipsius von der Nachtigall sagt, ein Schönfärber, Schmeichler und Parasit, weshalb ihn Ammianus Marcellinus einen verderblichen Betrüger nennt, und er richtet mit seinen schönen Worten mehr Unheil an als ein anderer mit Bestechungsgeldern. Denn jemandem, der uns mit klingender Münze in die Falle locken will, kann man leichter entrinnen als dem, der mit gleisnerischen Begriffen blendet; und aus eben diesem Grund verachtete Sokrates die Sophisten so sehr und widerlegte ihre Lehren. Der berühmte Dichter Fracastoro gesteht freimütig zu, daß alle Poeten verrückt sind, ebenso Scaliger – und wo würde Widerspruch laut? Jemand gefällt sich darin, wahnsinnig zu sein, d. h. Verse zu schmieden, so interpretiert Servius; alle Dichter sind nicht bei Sinnen, eine Gesellschaft bitterer Satiriker und Verleumder oder aber schmarotzender Claqueure. Und was ist die Poesie selbst, wenn nicht, so Augustinus, der von trunkenen Lehrern gereichte Wein des Irrtums. Auf alle paßt der Tadel, mit dem Thomas Morus einst nur die Gedichte des Germanus Brixius bedachte:

Im Narrenschiff treiben sie hin
und wohnen im Walde des Wahns.

In seinem Brief an Lupsetus erklärt Budäus das Zivilrecht zum Turm der Weisheit, ein anderer verehrt die Physik als Inbegriff der Natur, ein dritter wirft beides über den Haufen und hißt die Flagge seiner eigenen Lieblingswissenschaft. Unsere hochnäsigen Kritiker, grammatischen Kleinigkeitskrämer, Annotatoren und verschrobenen Altertumsforscher graben alle Überreste des Geistes aus dem Schutt der antiken Literatur aus. Dabei halten sie aber jeden für einen Narren, der an den Ausgaben der anderen nichts auszusetzen findet. Sie korrigieren Kollegen, erhitzen sich über frostigen Problemchen, zermartern ihr Hirn, um herauszufinden, wie viele Straßen es in Rom, wie viele Häuser, Tore, Türme es im Lande Homers gegeben habe, wer Aeneas' Mutter, Niobes Tochter gewesen sei, ob Sappho nicht besser war als ihr Ruf und ob das Ei oder die Henne zuerst existiert habe. Auch über andere Dinge, die jeder, wüßte man sie, sogleich wieder zu vergessen suchte, wird eifrig geforscht: welche Kleidung die römischen Senatoren trugen, welche

Schuhe, wie sie saßen, wo sie ihre Notdurft verrichteten, wie viele Gänge eine Mahlzeit umfaßte, welche Sauce gereicht wurde. Womit sich eine zeitgenössische Geschichtsschreibung nach Ludovicus Vives schlichtweg lächerlich machte, das gilt ihnen als kostbare und ausführlich zu kommentierende Entdeckung, die Ruhm einbringt. Sie triumphieren und sind so stolz darauf, als hätten sie eine Stadt eingenommen, eine Provinz erobert, und dünken sich so reich, als seien sie auf eine Goldader gestoßen. Dabei verraten und besudeln sie viele Bücher guter Autoren mit ihren absurden Kommentaren, diesen Latrinen der Besserwisserei, wie Scaliger formuliert. Solche vertrottelten Anmerkungshuber, die sich ihren Geist darin beweisen, andere zu bekritteln, durchwühlen mit Bienenfleiß die alten Abfallhaufen und ziehen ein Manuskript allen Schätzen der Erde, ja sogar dem Evangelium selbst vor. Mit ihren Streichungen, Lesarten, textkritischen Apparaten und Ausgaben letzter Hand, mit Emendationen und Annotationen machen sie die Bücher teuer, sich selbst lächerlich und erweisen niemandem einen Dienst. Aber wenn jemand ihnen entgegenzutreten und zu widersprechen wagt, werden sie tollwütig und greifen zu den Waffen. Wie viele Bogen sind schon für Verteidigungsschriften, bittere Schmähungen und Apologien verschwendet worden. Dies ist ein armseliger Ertrag und lauter Tand. Aber ich will lieber nichts mehr von, über, für oder gegen diese Leute verlauten lassen, weil ich ihren Geißelhieben ebenso ausgesetzt bin wie alle anderen. Was also die Philologen, Philosophen und Künstler angeht, so fasse ich zusammen, daß es sich dabei um eine Art Verrückte handelt, wie Senecas Einschätzung bestätigt. Sie werden von Skrupeln heimgesucht und von Zweifeln geplagt, wenn es darum geht, wie man antike Quellen richtig liest und welche Textverbesserungen man vornehmen soll, wissen aber ihr eigenes Leben nicht besser zu machen und können uns folglich auch nicht beibringen, unsere fünf Sinne zusammenzunehmen oder uns richtig zu verhalten. Ist der nicht verrückt, der mit Archimedes Linien zeichnet, während sein Haus geplündert, die Stadt belagert wird oder die ganze Welt in Flammen aufgeht? Und sind wir es nicht auch, die wir unsere Zeit mit Spielereien, Scheinproblemen und unnützem Zeug vergeuden, wo unser Seelenheil in Gefahr ist?

Daß Liebende verrückt sind, wird niemand ernsthaft in Abrede stellen. Gleichzeitig zu lieben und weise zu sein ist nicht einmal Jupiter selbst gegeben:

Nicht wohl gehen vereint, noch haben gemeinsame Wohnung
Lieb' und Herrschergewalt. (Ovid)

Als man Cicero eine zweite Ehe nahelegte, erwiderte er, er könne nicht zugleich lieben und weise sein. Nach Plutarch ist die Liebe Irrsinn, die Hölle, eine unheilbare Krankheit, und Seneca nennt sie eine uns entmannende rauschhafte Lust. Aber ich werde davon noch gesondert handeln; derweil mögen Liebende alles übrige ausseufzen.

Der Jurist Nevisanus hält es für eine ausgemachte Sache, daß die meisten Frauen unvernünftig sind, was nach Seneca auch von den Männern, gleich ob jung oder alt, gilt. Und wer würde das bezweifeln? Die Jugend ist verrückt, das Alter nach Cicero kaum besser dran. Theophrast glaubte in seinem 107. Lebensjahr allmählich weise zu werden und beklagte deshalb sein Hinscheiden. Wenn aber die Weisheit so spät kommt, wo soll man dann einen Weisen finden? Unsere Alten werden schon mit siebzig senil. Ich könnte noch andere und bessere Autoritäten zitieren, aber warum soll nicht ein Narr auf den anderen verweisen. Nevisanus hat eine ebenso schlechte Meinung von den Reichen. Vermögen und Weisheit halten es nicht zusammen aus, und der Reichtum bringt die Menschen um den Verstand. Wie man weiß, haben die dümmsten Bauern die dicksten Kartoffeln. Und wo immer es den Menschen gut geht, da ist die Weisheit nicht anzutreffen. Denn solchen Leuten ist der Müßiggang angeboren (weil sie sich nicht abmühen müssen), und er geht Hand in Hand mit einer ihnen eigentümlichen Geringschätzung der Wissenschaft. Wo die bedeutendsten Köpfe zu finden sind, schreibt Aristoteles, gibt es den geringsten Wohlstand, und wo der am größten ist, bleiben die Hirne am kleinsten. Reichtümer und geistige Armut gesellen sich gern. Manche haben ebensoviel Grips in ihrem Schädel wie im großen Zeh. Neben der tiefverwurzelten Mißachtung der freien Künste, die den Geist verfeinern, legen sie in der Regel ein einfältiges Verhalten an den Tag. Einer ist ein gottloser Genußmensch, der zweite ein Spieler, der dritte ein Hurenbock (womit sie alle passende Zielscheiben für den Satiriker abgeben):

Der rast toll aus Liebe zu Ehfrau'n, jener zu Knaben,
(Horaz)

mancher ist wild auf die Falknerei, Jagd, Hahnenkämpfe, ein anderer auf Trinkgelage, Reiten, Prasserei, ein vierter aufs Bauen, aufs Kämpfen usw.:

Damasipp ist verrückt im Ankauf alter Gebilde. (Horaz)

Damasippus hat eine eigene Passion, die erwähnenswert ist, und Heliodorus aus Karthago eine andere. Mit einem Wort und der Schlußfolgerung Scaligers, sie sind alle wahre Stützen und Standbilder der Torheit. Man wähle aus allen Geschichten die über den Menschen, der die höchste Bewunderung genießt, und man wird viel zu loben, aber auch viel zu tadeln finden.

Der große Alexander neigte zum Jähzorn, und der Tod ereilte ihn, als er betrunken war; Caesar und Scipio waren tapfer und klug, aber auch ehrgeizig und aufgeblasen; Vespasian, der bedeutende Kaiser, raffgierig; Hannibal verfügte über großartige Tugenden und zahllose Laster; in ihm lebten zwei ganz unterschiedliche Personen wie nach Machiavelli auch in Cosimo de Medici. Sie alle gleichen gewissen Doppel- oder Drehbildnissen; steht man vor ihnen, sieht man ein hübsches Mädchen, hinter dem sich auf der Rückseite ein Affe oder eine Eule verbirgt. So ist es auch mit den Großen: auf den ersten Blick steht alles zum Besten, aber wenn man genauer hinsieht, sind sie auf der einen Seite weise, auf der anderen närrisch; lobenswert in einigen wenigen Dingen, ansonsten aber alles andere als fehlerlos. Ich schweige von ihren Krankheiten, von Neid, Mißmut, Nöten und anderem Elend; soll die Figur der Armut aus Aristophanes' *Plutus* alles übrige darlegen.

Die Geizigen zählen zu den verrücktesten Menschen und weisen alle Symptome der Melancholie, nämlich Angst, Trübsinn, Mißtrauen, auf, wie ich an passender Stelle darlegen werde:

Nieswurz ist in größester Gabe zu reichen dem Geizhals.

(Horaz)

Und doch deucht mich, daß die Verschwender sie noch an Verrücktheit übertreffen, gleich ob sie private oder öffentliche Mittel aus dem Fenster werfen. So tadelt ein holländischer Autor Richard, den Herzog von Cornwall, der um den Kaisertitel prozessierte, wegen seiner Verschwendungssucht, die Geld wie Wasser verspritzte. Törichtes England, schreibt er, das solcher Summen beraubt wurde, und törichte Herrscher Deutschlands, die ihre edlen Privilegien für Geld verschacherten. Verschwender, Bestecher und Bestechliche sind Narren, und närrisch sind auch alle diejenigen, die ihr Geld nicht zusammenzuhalten oder vernünftig auszugeben verstehen.

Das gleiche gilt von den Zornigen, Verdrießlichen, Neidischen, Ehrgeizigen, von den Epikureern, Atheisten, Schismatikern und Ketzern. Bei ihnen allen hat die Einbildungskraft Schaden genommen, sagt

Nymannus, und ihre Torheit wird offenbar werden jedermann (2. Tim. 3. 9). Der Italiener Fabatus hält alle Seeleute für verrückt; das Schiff ist verrückt, denn es steht niemals still, die Seemänner sind es, weil sie sich solch drohenden Gefahren aussetzen, das Meer ist tobsüchtig und in ständiger Bewegung, den Winden geht es nicht anders, denn sie wissen nicht woher und wohin, und die zur See fahren, sind die Verrücktesten von allen; für einen Narren zu Hause treffen sie vierzig im Ausland an. Der das schrieb aber war selbst ein Verrückter, und vielleicht gilt das auch von seinen und meinen Lesern. Felix Platter ist der Meinung, daß alle Alchimisten verrückt und nicht ganz bei sich sind. Athenaios behauptet dasselbe von den Fiedelspielern und Musikanten, denn wo die Musik zu einem Ohr hereinkomme, entweiche der Verstand zum anderen. Stolze und großspurige Menschen sind fraglos verrückt und die Lüstlinge nicht minder; ich spüre ihren jagenden Puls bis hierher, und manche sind sogar verrückt nach Hörnern und lassen andere mit ihren Frauen schlafen und drücken beide Augen zu.

Alle Einzelheiten auszubreiten und alle die wahnwitzigen Mühen, Bücher, Unternehmungen, Attitüden, die dumpfe Beschränktheit, die lächerlichen Taten und absurden Gesten aufzuzählen, wäre eine wahrhaft herkuleische Aufgabe. Cicero spricht von dem Wahnsinn gigantischer Bauwerke wie der ägyptischen Pyramiden, der Labyrinthe und Sphinxe, die von einer Gesellschaft gekrönter Esel zur Befriedigung ihrer Eitelkeit errichtet wurden, wobei heute weder die Erinnerung an den König oder Architekten noch an Sinn und Zweck der Konstruktion überlebt hat. Es brauchte einen Fachmann wie Vesalius, um alle anatomischen Feinheiten herauszupräparieren: die Verstellung, Wankelmütigkeit, Blindheit, Übereilung, Lug und Trug, Bosheit und Zorn, Frechheit, Undankbarkeit, Ehrgeiz, den tiefsten Aberglauben, die niedrigste, heuchlerische, schmarotzende, kriecherische, tuschelnde Schmeichelei, das Gezänk, die Zusammenstöße, Begierden, Streitereien. Soll ich sagen, daß sogar Jupiter, Apollo und Mars närrisch waren? Und selbst Herkules, der Ungeheuer besiegte, sich die Welt unterwarf, der anderen beistand, wußte sich in dieser Beziehung nicht zu helfen und endete im Wahnsinn. Wohin soll man seinen Fuß setzen, mit wem sich unterhalten, ohne nicht überall in Stadt und Land auf einen Signior Deliro, einen tobenden Herkules, auf Mänaden und Korybanten zu treffen? Ihre Reden verraten sie. Sie stammen von Pilzen ab oder führen ihre Ahnenreihe auf die zurück, die von Samson mit dem Kieferknochen eines Esels erschlagen wurden, oder auf Deukalion und die Steine Pyrrhas, denn wir alle haben steinerne Herzen und nur zu deutlich die Merkmale dieser Rasse – als hätten wir alle das Zauberhorn Astolphos, jenes englischen Herzogs bei Ariost, gehört, das nie erklang, ohne daß alle Zuhörer rasend wurden und sich vor Angst das Leben nehmen wollten. Wir sind im Schwarzen Meer im Hafen der Daphne insana gelandet, der die geheime Eigenschaft besitzt, alle um den Verstand zu bringen; wir sind eine Gesellschaft von Wirrköpfen, Trunkenbolden, Mitsommernachtsträumern, unsere Hundstage dauern das ganze Jahr wie unser Wahn. Wen soll ich ausnehmen? Herrn Niemand mit Ulrich von Hutten; denn Niemand ist immer vernünftig, Niemand ist ohne Fehler geboren, Niemand ist frei von Schuld, Niemand ist mit seinem Los zufrieden, Niemand ist bei Sinnen, wenn er verliebt ist. Niemand ist gut, weise und vollständig glücklich. Wen nehme ich an zweiter Stelle aus? Die Schweigsamen, denn der ist weise, der wenig redet; und es gibt keine bessere Methode, der Torheit und dem Wahnsinn zu entrinnen, als Wortkargheit. Wer bildet die dritte Ausnahme? Alle Senatoren und Magistrate, denn alle auf der Erfolgsleiter sind klug, alle Eroberer tapfer und alle großen Männer nicht minder – schon weil es jedem schlecht bekommt, sich mit Göttern anzulegen. Sie sind als Autoritätspersonen automatisch weise und von Amts wegen gut; also darf man nicht despektierlich von ihnen denken oder sprechen. Wer ist als nächster an der Reihe? Die Stoiker? Der Stoiker ist die Weisheit in Person und unterliegt keinen Gemütsschwankungen. Plutarch aber gießt seinen Spott über ihn aus: Ein Stoiker wird durch Qualen nicht angefochten, durch Feuer nicht verbrannt, er wird von seinem Gegner nicht überwunden, von seinem Feind nicht in die Sklaverei verkauft. Obwohl er runzelig, halbblind, zahnlos, mißgebildet und keinen Pfifferling wert ist, kommt er sich doch in seiner Einbildung wunderschön, gottähnlich und königlich vor. Niemals wird er irre, verrückt, trübsinnig, betrunken, denn seiner Tugend kann er nach Zenon aufgrund seines klaren Verstandes nicht verlustig gehen. Aber auch er hat wie seine Gefährten eine Nieswurzkur nötig, so weise er sich auch dünken mag. Chrysippos gibt bereitwillig zu, daß sie Narren sind wie alle anderen und zu gewissen Zeiten und bei bestimmten Gelegenheiten die Trunkenheit und Melancholie sie ihrer Tugend beraubt und sie sich so verrückt gebärden wie der Rest. Auch Zyniker wie Menippus, Diogenes und den Thebaner Krates nehme ich selbstverständlich aus. Ebenso, um in die Gegenwart hinabzusteigen, die weise Bruderschaft der Rosenkreutzer, jene großen Theologen, Staatsmänner, Philosophen, Ärzte, Philologen und Künstler, die so göttliche Geister wie die heilige Brigitte, Albas Joacchimus, Leicenbergius der Welt in ihren Prophezeiungen verheißen haben. Auch Elias Artifex, ihren Theophrast und Meister, den einige, obwohl ihn Libavius und andere verspotten und kein gutes Haar an ihm lassen, für den Erneuerer aller Wissenschaften und Künste und den Reformer der Welt ausgeben. Das jedenfalls behauptet und versichert Johannes Montanus Strigoniensis, der große Förderer des Paracelsus, der Elias zum göttlichsten Menschen und Inbegriff der Weisheit erklärt, wo immer er auch stecken mag. Er, seine Bruderschaft und Freunde sind alle der Weisheit verlobt, wenn wir den Schülern und Anhängern glauben dürfen. Auch Lipsius und den Papst muß ich ausnehmen und ihre Namen von der Liste der Narren streichen. Denn abgesehen von dem speichelleckerischen Zeugnis Dousas, nach dem es von Sonnenaufgang bis zum Mäotid-See niemanden gebe, der sich mit ihm vergleichen könne, behauptet Lipsius von sich selbst, er sei ein großer Herr und Meister und unser aller Lehrer; er brüstet sich damit, dreizehn Jahre lang in den Niederlanden Weisheit gesät zu haben wie einst der Philosoph Ammonius in Alexandria; er ist wahrlich der Achte Weise. Der Papst ist mehr als ein Mensch, jedenfalls erheben ihn seine Papageien zu einem Halbgott, und außerdem kann sich ihre Heiligkeit nicht irren, es sei denn, sie spricht *in cathedra*. Trotzdem haben Zauberer, Ketzer, Gottlose und Kinder auf dem Heiligen Stuhl gesessen, und Platina sagt von Johannes XXII., er sei ein passabler Gelehrter gewesen, habe aber gleichwohl viel Unüberlegtes und Leichtfertiges getan. Ich gehe nicht weiter in die Einzelheiten, sondern komme zu dem allgemeinen Schluß: Alle sind sie verrückt, ihr Geist ist verdunstet und wird, wie Ariost erzählt, in Gläsern hinter dem Mond aufbewahrt:

Der kam durch Liebe drum, und der durch Ehre;
durch Hoffnung der, die er auf Fürsten setzt;
der, da er Reichtum sucht auf falschem Meere;
der, durch Gemäld' und Edelstein ergötzt;
und dieser durch der Zauberkunst Chimäre,
und der durch andres, was er höher schätzt.
Auch den Sophisten und den Astrologen,
den Dichtern auch, war viel davon entzogen.

Überführte Narren sind sie, aktenkundige Verrückte, und viele davon, wie ich fürchte, unheilbar. Die Symptome sind eindeutig, alle kommen sie aus Schilda:

Da es ja Wahnsinn ist, da es offenbare Verrücktheit.

(Juvenal)

Was bleibt anderes zu tun, als nach den Lorariern zu schicken – jenen Offizieren, die sie alle in die gute Gesellschaft des Irrenhauses einführen – und Rabelais zu ihrem Arzt zu machen.

Wenn jemand fragt, wie ich mich erdreisten könne, andere zu tadeln, und ob ich etwa keine Fehler habe, so antworte ich ihm: Allerdings, sogar mehr als du, wer immer du bist. Ich bin nichts Besonderes, das gestehe ich offen, sondern so verrückt und töricht wie alle anderen. Auch für mich gilt: der Verrückte soll aus der Gesellschaft entfernt werden. Aber mein Trost besteht darin, daß ich so viele Gefährten habe, und hochangesehene dazu. Und obwohl ich nicht ganz so gut und so verständig bin, wie es wünschenswert wäre, bin ich doch auch nicht so schlecht und von allen guten Geistern verlassen, wie manch einer meiner Leser vielleicht glaubt.

Ich komme, falls das zugestanden ist, zu dem Ergebnis, daß die ganze Welt melancholisch, verrückt und aus dem Häuschen ist, und zwar in allen Teilen. Damit habe ich meine Aufgabe erfüllt und das, was ich zunächst zu verdeutlichen unternahm, ausreichend illustriert. Gegenwärtig habe ich nichts weiteres dazu zu sagen; ich kann mir und den anderen nur einen guten Arzt und uns allen einen gesünderen Geist wünschen.

Obwohl ich aus den oben genannten Gründen Ursache hatte, mich dieses Themas anzunehmen und die besonderen Arten der Unvernunft vorzustellen, damit die Menschen ihre Unzulänglichkeiten erkennen und ihre Fehler zu berichtigen suchen, verfolge ich hier doch ernstere Absichten. Ich unterlasse also im folgenden alle Schlenker und Abschweifungen und schweige von denen, die nicht im eigentlichen, sondern nur im übertragenen Sinne melancholisch, verrückt, verwirrt oder tendenziell schwermütig sind, d. h. von den Dummen, Zornigen, Betrunkenen, Blöden, Mürrischen, Stolzen, Aufgeblasenen, Lächerlichen, Verrohten, Griesgramen, Halsstarrigen, Unverschämten, Extravaganten, Vertrockneten, Senilen, Stumpfsinnigen, Verzweifelten, Spatzenhirnen, Verrückten, Rasenden, Närrischen, Sonderlingen, die kein Hospital fassen, kein Medikament heilen kann. Meine Absicht und mein Unterfangen in der folgenden Untersuchung ist es, das melancholische Temperament in all seinen Ausformungen und Teilen genauestens zu untersuchen, das Krankheitsbild der habituellen Melancholie sowohl philosophisch wie medizinisch auf den Begriff zu bringen und die Ursachen, Symptome und Heilverfahren aufzuzeigen, damit man diese Erkrankung besser bekämpfen kann. Veranlaßt wurde ich dazu durch den Wunsch, Gutes zu tun, wie durch die Allgegenwart der Schwermut. Sie ist heutzutage, wie Mercurialis bemerkt, ein weitverbreitetes Leiden und tritt nach Laurentius in unseren elenden Zeiten so häufig auf, daß es nur wenige gibt, denen sie keine Schmerzen bereitet. Derselben Meinung sind Aelian Montaltus, Melanchthon und andere. Julius Caesar Claudinus bezeichnet die Melancholie als Quelle aller anderen Gebrechen; im übrigen grassiere die Schwermut in unseren verrückten Zeiten derart, daß kaum einer unter tausend davon nicht betroffen sei, was besonders für die hypochondrischen Winde gelte, die von der Milz, dem unteren Brustkorb und Zwerchfell ausgingen. Weil sie also ein so schweres und verbreitetes Leiden darstellt, denke ich meine Zeit am besten zu nutzen und der Allgemeinheit den größten Dienst zu erweisen, wenn ich Mittel verordne, mit deren Hilfe man gegen diese Seuche, dieses Martyrium für Körper und Geist, Vorsorge treffen und es heilen kann.

Wenn ich in meinen bisherigen Ausführungen über mein Ziel hinausgeschossen sein sollte oder sie einigen, woran ich nicht zweifle, zu phantastisch, unernst, leichtgewichtig und satirisch für einen Theologen zu sein scheinen, so erlaube ich mir, zu antworten wie Erasmus in einem ähnlichen Fall: nicht ich, sondern Demokrit hat es gesagt. Man bedenke, was es heißt, in der Maske eines anderen, in seinem Namen und dem von ihm entliehenen Habitus zu sprechen. Es gibt schließlich einen Unterschied zwischen jenem, der die Rolle eines Prinzen, Philosophen, Magistraten, Narren nur spielt, und dem, der wirklich so ist. Auch ich beanspruche die Freiheit der alten Satiriker, und was ich vorlege, ist eine Art Kompilation anderer Autoren; sie reden, nicht ich:

Wenn je ich
sprach zu frei, wenn etwa zu scherzhaft, mußt du mir dieses
Recht nachsichtig verleihn. (Horaz)

Man mißverstehe mich nicht. Wenn ich mich ein wenig vergesse, hoffe ich auf Nachsicht. Und, um die Wahrheit zu sagen, warum sollte auch jemand beleidigt sein oder Anstoß nehmen?

Frei stand's und steht es für immer,
daß sie das Laster zwar geißeln, doch nicht die Person.

(Horaz/Martial)

Ich hasse nicht die Personen, sondern ihre Laster. Und wenn die Kritik bei jemandem Mißfallen erregt und er sich getroffen fühlt, so soll der nicht mit dem Satiriker ins Gericht gehen (so jedenfalls rechtfertigte sich Erasmus vor Dorpius, und ich mache es, wenn ich Kleines mit Großem vergleichen darf, nicht anders), sondern sich über sich selbst ärgern, weil er seine Fehler verraten und offengelegt hat, indem er die Satire auf sich bezog. Wenn er schuldig ist und den Tadel verdient, soll er sich bessern, wer immer er ist, und niemandem zürnen. Wer aber ungestraft sein will, der bleibt ein Narr (12. Spr. 1). Ist er unschuldig, betrifft es ihn nicht. Es ist also nicht meine freizügige Rede, sondern ein schlechtes Gewissen und sein eigener wunder Rücken, der ihn zurückzucken läßt:

Will jemand irregehn aus eignem Mißtrauen,
durchaus auf sich beziehn, was alle angeht,
der Tor deckt selbst sein bös Gewissen auf.

(Phaedrus)

Ich stelle nicht in Abrede, daß das, was ich gesagt habe, ein wenig nach Demokrit schmeckt, aber man kann scherzen und trotzdem die Wahrheit sagen. Ich gebe auch zu, daß manches etwas bissig ist, aber scharfe Saucen regen den Appetit an:

Noch die Speise behagt, der des Essigs Schärfe verkürzt war.

(Martial)

Jeder kritisiere und nörgle nach Herzenslust, ich wehre alles mit dem Schild Demokrits ab. Solche Medizin soll überall und jederzeit mein Trostpflaster sein; und wann und wo auch immer ich Zielscheibe der Kritik werde, erkläre ich: nicht ich, sondern Demokrit hat es gesagt, und er zeichnet dafür verantwortlich. Meine Abhandlung wurde von einem Müßiggänger in freien Stunden verfaßt, gleichsam zur Zeit der Saturnalien oder dionysischen Feiern, bei denen man sich ungestraft Freiheiten herausnehmen konnte und die Sklaven im alten Rom tun und lassen durften, was sie wollten. Als unsere Landsleute ihrer Göttin Vacuna opferten und zechend an ihren Feuern saßen, habe ich dies geschrieben und veröffentlicht: ein Niemandsnichts. Zeit, Ort, Personen und Umstände entschuldigen mich, denn warum sollte ich nicht wie alle anderen auf der faulen Haut liegen und sagen, was ich denke.

Mag jemand mir diese Freiheit streitig machen, ich nehme mir doch das Recht heraus, jawohl, ich bin so frei:

Will dennoch jemand glauben, daß man gegen ihn
zu schonungslos gesprochen, der bedenke dies. (Terenz)

Wer Anstoß nimmt, soll seine Gürtelschnalle umdrehen, es stört mich nicht. Ich schulde dem Leser nichts, noch suche ich seine Gunst, ich bin unabhängig und ohne Furcht.

Nein, ich widerrufe, es ist mir nicht egal; ich habe Angst, ich gestehe meine Fehler ein und gebe meine große Verfehlung zu:

Wartet nur – aber ich möchte erst lieber den Wellengang
dämpfen. (Vergil)

Ich bin über mein Ziel hinausgeschossen, habe dummes, überstürztes, unüberlegtes, absurdes Zeug geredet und meine eigene Narrheit auf dem Seziertisch ausgebreitet. Mir kommt es vor, als sei ich auf einmal wie aus einem Traum erwacht. Ich hatte einen Tobsuchtsanfall, habe mich in einem Delirium der Phantasterei in alles Mögliche eingemischt. Ich habe fast alle Menschen angegriffen, einige geschmäht, andere gekränkt und mich selbst ins Unrecht gesetzt. Nun bin ich wieder bei Sinnen und sehe meinen Irrtum ein und rufe mit Orlando: Verzeiht mir, ihr guten Seelen, was vergangen ist, ich will es fürderhin wieder gutmachen; ich verspreche euch im folgenden also eine sachlichere Argumentation.

Was ich aufgrund meiner Schwäche, Dummheit, Leidenschaft, Mißmutigkeit und Ignoranz falsch dargestellt habe, möge vergeben und vergessen sein. Denn Tacitus hat recht, wenn er sagt, bitterer Hohn hinterläßt einen Stachel, und ein anderer ehrenwerter Autor setzt hinzu: Sie fürchten den Witz des Satirikers, und er ihr Gedächtnis. Ich habe also Grund, mich auf das Schlimmste gefaßt zu machen, und obwohl ich hoffentlich niemandem Unrecht getan habe, bitte ich doch jeden einzelnen inständig, wie Scaliger den Cardano, an meinen Ausführungen keinen Anstoß zu nehmen. Ich schließe mit seinen Zeilen. Wüßtest du um meine Bescheidenheit und Schlichtheit, würdest du leicht vergeben und verzeihen, was fehlerhaft ist oder von dir mißverstanden wurde. Wenn also im folgenden beim Sezieren dieser düsteren Geistesverfassung meine Hand ausrutscht, ich wie ein ungeschickter Anfänger, ohne es zu bemerken, die Haut durchsteche und zu tief schneide, wenn es weh tut und das Skalpell danebengeht, verzeihe man einer ungeübten Hand und einem ungeschickt geführten Messer. Mir scheint es fast ein Ding der Unmöglichkeit, immer einen ausgeglichenen Tonfall zu treffen, ohne sich Seitenhiebe zu gestatten. Schwierig ist es, keine Satire zu schreiben, heißt es bei Juvenal, denn es gibt so viele äußere Anreize und innere Gefühlsaufwallungen, daß auch der beste gegen Irrtümer nicht gefeit ist. Es ist unmöglich, nicht bisweilen über das Ziel hinauszuschießen:

Doch bei längerem Werk mag füglich der Schlaf uns
beschleichen. (Horaz)

Aber wozu die Erklärungen. Ich hoffe, ich werde niemanden kränken, und falls doch, finde ich meine Zuflucht darin, alles abzustreiten, zu widerrufen und von mir zu weisen, woran ein anderer Anstoß nehmen könnte. Ich entschuldige mich mit eben der Leichtigkeit, mit der er mich anklagt, baue aber doch auf das Wohlwollen und freundliche Entgegenkommen meines geneigten Lesers. In dieser festen Hoffnung und im Vertrauen darauf will ich beginnen.

II
Hauptteil

Die Vortrefflichkeit des Menschen und die Gründe für seinen Fall, sein Elend und seine Gebrechen

Der Mensch gilt als das vortrefflichste und edelste Geschöpf, als vornehmstes, gewaltiges Gotteswerk und Wunder der Natur, wie Zoroaster formuliert; Platon heißt ihn das Wunder aller Wunder, Plinius den Inbegriff und die Summe der Welt, andere nennen ihn einen Mikrokosmos, den Souverän oder Vizekönig der Erde, Alleinherrscher und Herr über alle Kreatur, in dessen Gewalt die übrigen Geschöpfe gegeben sind und dem sie gehorchen, weil er ihnen körperlich und seelisch weit überlegen ist. Ins Leben gerufen wurde er nach Gottes Ebenbild und mit all den Fähigkeiten und Kräften, die dessen unsterblicher und unkörperlicher Substanz innewohnen; so war er anfangs rein, göttlich, vollkommen, glücklich und, wie es in 4. Eph. 24 heißt, nach Gott geschaffen in rechtschaffener Gerechtigkeit und Heiligkeit. Frei von allen Gebrechen lebte er im Paradies, um Gott zu erkennen, ihn zu rühmen und zu preisen, seinem Willen zu gehorchen und so – mit den Worten eines alten Dichters – Gott gleich Götter zu zeugen und die Gemeinde der Gläubigen zu mehren.

Aber dieses edelste Geschöpf ist – welch eine bejammernswerte Verwandlung – von dem abgefallen, was es einmal war, hat seine hohe Stellung verwirkt und ist ein Ausgestoßener, ein Lump, eine der elendesten Kreaturen dieser Welt geworden; betrachtet man es jetzt in seiner verderbten Natur und der bis auf einige Reste vollständigen Erniedrigung, steht es noch unter den Tieren. Wenn ein Mensch in Ansehen ist und hat keinen Verstand, so fährt er davon wie ein Vieh, heißt es im 49. Psalm, und so also schätzt David ihn ein – als monströses Resultat einer staunenswerten Verwandlung, als Fuchs, Hund, Schwein und was nicht sonst noch alles. Wie sehr hat er sich gewandelt: früher selig und im Glück, jetzt elendig und verflucht. Er nährt sich kümmerlich, ist dem Tode verfallen und allen möglichen Gebrechen und Nöten ausgesetzt.

Große Mühsal hat Gott verhängt,
    und ein schweres Joch lastet auf den Menschenkindern.
Vom Tage an, daß sie hervorgehen aus dem Schoß ihrer Mutter,
    bis zum Tage ihrer Rückkehr zur Mutter aller Lebendigen.
Das Sinnen und Sorgen ihres Herzens,
    das Ende ihrer Worte bis zum Tage des Todes ist:

Von dem, der hoch auf dem Thron sitzt,
bis zu dem, der in Staub und Asche sitzt,
Von dem, der Kopfbund und Diadem trägt,
bis zu dem, der ein Gewand von Fellen trägt:
Zorn, Eifersucht, Kummer und Schrecken,
Todesfurcht, Zank und Streit. (Jesus Sirach)

All dieses widerfährt dem Menschen zu Lebzeiten, und vielleicht erwartet ihn auch noch die ewige Verdammnis im künftigen Leben.

Die auslösende Ursache all dieser Heimsuchungen, des Verlusts und der Zerstörung der Gottesebenbildlichkeit, der Grund des Todes, der Krankheiten und aller zeitlichen und ewigen Strafen war die Sünde unseres Stammvaters Adam, der, angestachelt und verführt vom Teufel, von der verbotenen Frucht aß. Sein Ungehorsam und Stolz, seine Begierde, Unmäßigkeit und Neugier, sein Unglaube, das waren die Eigenschaften, denen die Erbsünde und die allgemeine Verderbnis des Menschengeschlechts entsprang, denen böse Neigungen und die faktische Übertretung der Gebote entströmten wie einer Quelle und die also für all das Unheil verantwortlich sind, das wegen unserer Sünden über uns kommt. Und vielleicht haben schon die legendären Dichter uns diesen Sachverhalt mit der Geschichte von der Büchse der Pandora versinnbildlichen wollen, aus der, nachdem sie durch Pandoras Neugier einmal geöffnet war, alle möglichen Krankheiten in die Welt kamen. Aber es ist nicht nur die Neugier allein, sondern es sind auch all die anderen zum Himmel schreienden Sünden, die die vielfältigen Plagen und Heimsuchungen auf unsere Häupter herabziehen. Wo gesündigt wird, zieht Sturm auf, heißt es sehr treffend bei Chrysostomos. Und die Narren, so der 107. Psalm, waren geplagt um ihrer Übertretung und um ihrer Sünden willen. Über die, die Gott nicht fürchten, kommt nach Salomo wie ein Sturm Angst und Not und euer Unglück als ein Wetter (1. Spr. 27). Machen dich Kriege zittern, redet Cyprian dem Demetrius ins Gewissen, bedrücken dich Teuerung und Hungersnot? Zerrütten Krankheiten deine Gesundheit? Wird die ganze Menschheit von Seuchen heimgesucht? So nur, um die Sünden zu strafen. Ist die Erde verdorrt, bringt der ausgetrocknete Boden keine Früchte hervor, sind die Quellen versiegt, Wein, Getreide, Öl vernichtet, machen faulige Lüfte die Menschen krank? Ihre Vergehen sind schuld; sie schreien wie Abels Blut um Rache zum Himmel, denn unsere Übertretungen vor dir sind zu viel, und unsere Sünden antworten wider uns (59. Jes. 12). Aber solche Ermahnungen wollen wir nicht hören und verschließen die Augen vor dem, was geschieht: Du schlägst sie, aber sie fühlen's nicht, du machst es schier aus mit ihnen, aber sie bessern sich nicht (5. Jer. 3). Ich plagte euch mit dürrer Zeit und mit Brandkorn, ich schickte Pestilenz unter euch und ließ den Gestank von eurem Heerlager in eure Nasen gehen; doch bekehrtet ihr euch nicht zu mir, spricht der Herr (4. Amos 9, 10). Herodes konnte Johannes den Täufer nicht ertragen, noch konnte Domitian zulassen, daß Apollonios als Ursache der Pest in Ephesos seine Ungerechtigkeit und sein ehebrecherisches, inzestuöses Treiben anprangerte.

Gottes gerechter Ratschluß schickt uns diese Heimsuchungen, um unsere Verblendung und Verstocktheit, die unsere Sünden begleitet und befördert, zu bestrafen, uns zu züchtigen und seinem Zorn Genüge zu tun. Denn das Gesetz verlangt Gehorsam und Strafe, wie man ausführlich im 5. Buch Mose nachlesen kann: Wenn du aber nicht gehorchen wirst der Stimme des Herrn, deines Gottes, daß du hältst und tust alle seine Gebote und Rechte, so werden alle diese Flüche über dich kommen und dich treffen. Verflucht wirst du sein in der Stadt, verflucht auf dem Acker. Verflucht wird sein die Frucht deines Leibes. Der Herr wird hinter dich senden Unfall, Unruhe und Unglück (5. Mose 28. 15–20). Oder aber die Züchtigungen werden uns auferlegt, um uns zu demütigen, um unsere Geduld in diesem Leben zu üben und zu erproben, uns heimzuführen, uns zur Erkenntnis Gottes und unserer selbst zu bringen und uns die Weisheit zu lehren und einzuprägen: Darum wird mein Volk müssen weggeführt werden unversehens, denn sie sehen nicht auf das Werk des Herrn, darum ist der Zorn des Herrn ergrimmt über sein Volk, und er reckt seine Hand über sie (5. Jes. 13 und 25). Gott wünscht unsere Rettung, sagt Lemnius, und deshalb zieht er uns oft an den Ohren, um uns an unsere Pflichten zu erinnern: Denn die, so irrigen Geist haben, werden Verstand annehmen und aufs Wort merken (29. Jes. 24 und 28. Jes. 19). Meine Seele ist voll Jammers, und mein Leben ist nahe am Tode, gesteht David im 88. Psalm, dein Grimm geht über mich; dein Schrecken drückt mich. Und deshalb wandte er sich Gott zu. Als der große Alexander auf dem Höhepunkt seiner Macht und von seinen Hofschranzen vergottet sich aus einer Wunde bluten sah, erinnerte er sich daran, auch nur ein Mensch zu sein und mäßigte seinen Stolz. In der Krankheit, so beobachtet Plinius ganz richtig, denkt der Geist über sich selbst nach, hält Gericht und lernt, sein vormaliges Verhalten zu verabscheuen. Daraus folgert er gegenüber seinem Freund Marius, daß es der Gipfel aller Philosophie wäre, würden wir nach unserer Wiederherstellung so weitermachen oder auch nur einen Teil unserer auf dem Krankenlager gegebenen Versprechungen in die Tat umsetzen. Wer weise ist, behält dies (7. Psalm 43), wie David es tat, und wird es in allen Lebenslagen beherzigen. Wenn er Kummer, Not, Krankheit zu durchleiden oder andere Widrigkeiten zu bestehen hat, prüfe er sich selbst, warum ihm diese oder jene Erkrankung, Heimsuchung oder ein unheilbares Leiden auferlegt worden ist, und ermahne sich, ob es nicht zu seinem Besten geschehe. Körperliche Krankheiten dienen der seelischen Gesundung, und wäre er nicht heimgesucht worden, so Plutarch, hätte er gänzlich zugrunde gehen müssen. Denn welchen der Herr liebt, den straft er, und hat doch Wohlgefallen an ihm wie ein Vater am Sohn (3. Spr. 12). Wer auf der anderen Seite sicher und in Frieden lebt und von allen körperlichen Leiden frei ist,

wem Wohlwollen und Ruhm und Gesundheit reichlich zuteil ward
und reinblinkendes Mahl bei niemals fehlendem Beutel, (Horaz)

der möge sich doch inmitten seines Glücks an die Warnung Moses erinnern: So hüte dich nun, daß du des Herrn, deines Gottes, nicht vergessest (5. Mose 8. 11). Es soll ihm das alles nicht zu Kopf steigen, sondern er sei der Gaben und Wohltaten Gottes eingedenk, werde um so dankbarer, je mehr er hat – wie Agapetianus rät – und mache den rechten Gebrauch von ihnen.

Nun sind die auslösenden Ursachen unserer Gebrechen so vielfältig wie diese Gebrechen selbst. Die Sterne, die Sphären, Elemente und alle Geschöpfe Gottes rüsten sich gegen den Sünder. Ursprünglich waren sie alle gut, und wenn nun viele von ihnen für uns zum Verhängnis werden können, so liegt das nicht an ihrer innersten Natur, sondern an unserer eigenen Verderbtheit. Denn durch den Sündenfall unseres Stammvaters Adam ist alles verändert worden; die Erde liegt unter einem Fluch, der Einfluß der Gestirne hat sich gewandelt, die vier Elemente, Vögel und Pflanzen, alles ist jetzt bereit, uns Schaden zuzufügen:

Wasser, Feuer, Eisen und Salz,
das Mark des Weizens, Milch und Honig,
das Blut der Trauben, Öl und Kleidung,
all das erweist sich den Guten als gut,
wie es den Schlechten zum Bösen anschlägt. (Jesus Sirach)

Die Himmel bedrohen uns mit ihren Kometen, Sternen, Planeten, mit großen Konjunktionen, Verfinsterungen, Oppositionen, Quadraturen und anderen unfreundlichen Erscheinungen, die Lüfte mit Meteoren, Donner und Blitz, mit unmäßiger Hitze und Kälte, gewaltigen Winden, Stürmen und Unwettern. Dürre, Hungersnöte, die Pest und alle möglichen anderen Seuchen sind die Folgen, und unzählige Menschen fallen ihnen zum Opfer. Boterus berichtet, daß im ägyptischen Kairo jedes dritte Jahr 300 000 von der Pest hingerafft werden, und jedes fünfte oder im äußersten Fall siebte Jahr fordert sie in Konstantinopel 200 000 Tote. Wie schrecken und ängstigen uns die furchtbaren Erdbeben, die in China, Japan und der östlichen Hemisphäre am häufigsten auftreten und bisweilen sechs Städte auf einmal verschlingen. Wie wütet das Wasser mit Einbrüchen und Überschwemmungen; Dörfer, Ortschaften und Städte versinken, Brücken werden fortgerissen, von Schiffbrüchen gar nicht zu reden. Manchmal gehen ganze Inseln mit ihren Bewohnern unter wie im holländischen Seeland, manchmal werden große Teile des Festlandes überflutet, wie das beim Lake Erne in Irland der Fall war, und wir erblicken nur noch die Überreste von Städten in der offenen See. In den Marschen Frieslands kam 1230 bei einer Sturmflut fast die gesamte Bevölkerung und alles Vieh ums Leben. Wie tobt endlich das Feuer, dieses erbarmungslose Element, das in einem Augenblick ganze Städte in Schutt und Asche legt. Welche ältere oder bedeutende Ansiedlung ist nicht im Verlauf ihrer Geschichte wieder und wieder ein Raub der Flammen geworden und durch dieses mitleidslose Element der Verunstaltung, Verwüstung und dem Ruin anheimgefallen. Mit einem Wort:

> Wen das Feuer verschont, holt das Meer,
> den im Hafen rafft der Pesthauch dahin,
> nach glücklicher Heimkehr fällt die Krankheit den Krieger.

Und um in die Einzelheiten zu gehen – wie viele Geschöpfe sind nicht Todfeinde des Menschen! Löwen, Wölfe, Bären; einige mit Hufen bewehrt, andere mit Hörnern, Fang- und Stoßzähnen, Nägeln und Klauen gerüstet. Wie viele sind nicht giftig wie die Schlangen und bringen uns mit ihrem Stachel, Atem oder bloßem Anblick in Lebensgefahr! Wie viele gefährliche Fische, Pflanzen, Pflanzensäfte, Früchte, Samen, Blumen ließen sich im Handumdrehen aufzählen, deren Berührung oder Verzehr schwere Erkrankungen oder gar den Tod zur Folge hat. Einige Autoren erwähnen etliche tausend Gifte; aber das sind Kleinigkeiten im Hinblick auf den größten Feind des Menschen – den Menschen selbst. Denn der ist durch die Einflüsterungen des Bösen stets bereit, Unheil anzurichten, und erweist sich als sein eigener Henker, als Wolf, als Satan sich selbst und den anderen gegenüber. Wir sind alle Brüder in Christo oder sollten es zumindest sein, Glieder eines Leibes, Diener eines Herrn, und doch vermag kein Teufel uns so zu peinigen, zu malträtieren und zu quälen wie unseresgleichen. Und als David zwischen Hungersnot, Pestilenz und Krieg wählen sollte, wollte er nach 2. Samuel 24 vor allem nicht in der Menschen Hand fallen und in die Gewalt böser und mitleidsloser Feinde geraten:

Die Menschen, sie sind kaum wert des Namens der Menschen,
und an grimmiger Wut gehen den Wölfen sie vor. (Ovid)

Nicht selten können wir den Ausbruch von Seuchen vorhersehen und uns in Sicherheit bringen. Dürre, Unwetter, Plagen sagen die Astrologen voraus, und Erdbeben, Fluten, Hauseinstürze und Feuersbrünste kündigen sich – etwa durch Geräusche – auf die eine oder andere Weise an oder schaukeln sich allmählich auf. Nur der Niedertracht, den Betrügereien, dem Unrecht und den Schurkenstreichen der Menschen kann keine Kunst entkommen. Mit Hilfe von Toren, Mauern und Türmen können wir unsere erklärten Feinde am Betreten unserer Städte hindern und uns der Diebe und Räuber durch Wachsamkeit und Bewaffnung erwehren; aber der Bosheit der Menschen und ihren schändlichen Machenschaften ist keine Vorsicht gewachsen. So viele Ränke wissen wir zu schmieden, soviel Böses führen wir gegeneinander im Schilde, daß auch der Wachsamste nichts dagegen ausrichten kann.

Wie Zauberer und Hexen versichern wir uns manchmal teuflischen Beistandes oder hauen und stechen mit Hilfe von Betrügereien, giftigen Mixturen und Kriegslisten in Feldzügen und Einzelkämpfen aufeinander ein, als wären wir wie Kadmus' Soldaten nur zu dem Zweck auf die Welt gekommen, einander zu vernichten. Es ist eine alltägliche Nachricht, die von einhundert- und zweihunderttausend in einer einzigen Schlacht Gefallenen kündet; aber da wären ja auch noch unsere Folterkünste, spanischen Böcke, Streckbetten, Wippen, Räder, die den Geschützen und Kriegsmaschinen in nichts nachstehen. Wir haben mehr Folterinstrumente erfunden, bemerkt Cyprian zutreffend, als der menschliche Körper Gliedmaßen und Organe hat. Und wenn man genauer hinsieht, sind sogar die eigenen Eltern aufgrund ihrer

Unmäßigkeit, Unbesonnenheit und ihrer Sünden unsere Todfeinde: Die Väter haben Herlinge gegessen, aber den Kindern sind die Zähne davon stumpf geworden (18. Hesek. 2). Oft sind sie für unsere Kümmernisse verantwortlich und vererben uns unausweichlich Krankheiten und Gebrechen. Sie peinigen uns, wie wir bereit sind, unsere Nachkommenschaft zu schädigen:

> Der Eltern Stamm, schon schlechter als Ahnenart,
> hat uns erzeugt ruchlos'ren Schlags, die
> bald noch verworfnere Brut erzielen. (Horaz)

Und in den letzten Tagen werden, so Paulus im 2. Timotheus-Brief, vollends greuliche Zeiten kommen. Folglich sind wir böse von Natur, böse als Geschlecht, am verderbtesten aber durch unsere eigenen Hexenkünste, die jeden Menschen zum erbitterten Feind seiner selbst werden lassen. Wir geben uns alle Mühe, uns zugrunde zu richten, und mißbrauchen die guten Gottesgaben wie Gesundheit, Wohlstand, Kraft, Geist, Gelehrsamkeit, Geschicklichkeit und Erinnerungsvermögen als Mittel der Selbstzerstörung. Wie Judas Makkabäus den Apollonios mit dessen eigenen Waffen tötete, rüsten wir zu unserem eigenen Untergang und benutzen die Vernunft, Kunst, Urteilsfähigkeit und alles, was uns helfen sollte, gegensinnig dazu, uns zu verderben. Hektor gab dem Aias ein Schwert, das ihn, solange er gegen seine Feinde stritt, verteidigte und schützte; als er aber harmlose Geschöpfe damit verletzte, bohrte es sich in seine eigenen unversehrten Eingeweide. Gott hat uns hervorragende Gaben verliehen, die uns bei richtiger Verwendung großen Nutzen bringen müssen; werden sie aber mißbraucht, so ruinieren und vernichten sie uns ebenso sicher. Eben dies geschieht aufgrund unserer Unbedachtheit und Schwäche nur allzu häufig, und an Beispielen herrscht kein Mangel, wie denn auch der heilige Augustinus in seinen demütigen *Bekenntnissen* eingesteht, Gott habe ihn mit geistiger Regsamkeit, Beredtheit und einem guten Gedächtnis beschenkt, aber er habe diese Gaben nicht zum Ruhm Gottes genutzt. Über solchen mißbräuchlichen Umgang werde ich weiter unten ausführlich handeln, und wer in die Einzelheiten gehende Fragen hat, der konsultiere die Ärzte; jedenfalls liegen in diesen Verstößen gegen die Natur und das rechte Maß die Ursachen für unsere Gebrechen, unsere Völlerei und Trunkenheit, unsere unersättlichen Begierden und ungeheuerlichen Ausschweifungen. Die Tafel fordert mehr Opfer als das Schwert, das ist ein wahres Sprichwort. Und es ist unsere Unmäßigkeit, die so viele unheilbare

Krankheiten über uns kommen und uns vorzeitig altern läßt, die unser körperliches Gleichgewicht zerstört und uns einem plötzlichen Tod ausliefert. Was uns aber am meisten peinigt, ist unsere eigene Verblendung und Torheit – wen Jupiter vernichten will, den bringt er um den Verstand –, unsere Schwäche, Unbeherrschtheit, die mangelnde Widerstandskraft gegenüber mannigfachen Begierden und die Leichtigkeit, mit der wir jeder Leidenschaft und Gefühlsaufwallung nachzugeben bereit sind. So verwandeln wir uns und sinken auf die Stufe der Tiere herab. Entsprechend heißt es bei Homer, dem König der Dichter, von Agamemnon, daß er, wann immer er heiter und ausgeglichen war und seine Leidenschaften zu zügeln vermochte, in seiner Gestalt Jupiter, seiner Tapferkeit Mars, seiner Weisheit Pallas Athene ähnelte. Wenn ihn aber der Zorn übermannte, verlor er diese göttlichen Attribute, wurde zum Löwen, Tiger, Hund und glich Jupiter in keiner Weise mehr. Ganz analog erscheinen wir als lebendige Heilige, solange uns die Vernunft regiert, wir unsere unmäßigen Gelüste im Zaum halten und uns Gottes Wort unterwerfen. Überlassen wir uns aber unseren Begierden, unserem Ärger, Stolz und Ehrgeiz und geraten wir auf entsprechende Abwege, so vertieren wir, ruinieren unsere körperliche und seelische Gesundheit, ziehen Gottes Zorn auf uns und beschwören die Melancholie und alle möglichen anderen unheilbaren Leiden als gerechte und verdiente Strafe für unsere Sünden herauf. [. . .]

Fälschlich als Melancholie bezeichnete Anwandlungen von Niedergeschlagenheit und andere Begriffsverwirrungen

Melancholie, der Gegenstand dieser Untersuchung, tritt entweder als Stimmung oder als Naturell auf. Als Stimmung bezeichnet sie jene vorübergehende Niedergeschlagenheit, die noch die unbedeutendsten Anlässe von Kummer, Mangel, Krankheit, Ärger, Furcht, Trauer, geistiger Unruhe, Mißmut und Sorge begleitet. Sie kommt und geht, löst Bedrückung, Stumpfheit, Verdruß aus, macht das Herz schwer, ist folglich dem Vergnügen, Frohsinn, der Freude und dem Genuß in jeder Weise entgegengesetzt und erzeugt in uns Widerspenstigkeit und Abneigung. In diesem zweifelhaften und uneigentlichen Sinn nennen wir den melancholisch, der niedergedrückt, betrübt, sauertöpfisch, stur, mürrisch, einzelgängerisch, aus dem Gleichgewicht geraten oder übellaunig wirkt. Und von diesen melancholischen Anwandlungen ist keine lebende Seele frei. Niemand ist ein so vollendeter Stoiker, niemand so weise, so glücklich, so geduldig, so großmütig, so fromm, so göttlich, daß er davon unberührt bliebe. Er mag in bester Verfassung sein, ab und an und manchmal mehr, manchmal weniger fühlt er doch diesen Schmerz. Melancholie in diesem Verständnis ist das Signum unserer Sterblichkeit: Der Mensch, vom Weibe geboren, lebt kurze Zeit und ist voll Unruhe (14. Hiob 1). Zenon, Cato wurden häufig davon geplagt, und sogar Sokrates bildet keine Ausnahme, dessen Ausgeglichenheit Aelian in höchsten Tönen lobt und von dem uns sein Schüler Platon glaubhaft versichert, nichts habe ihn aus der Ruhe bringen können, vielmehr habe er bei seinem Eingang und Ausgang immer dieselbe Heiterkeit zur Schau getragen, gleich welches Unheil ihn traf. Auch Q. Metellus, den Valerius als Inbegriff des Beneidenswerten vorstellt und von dem er berichtet, er sei der glücklichste aller Zeitgenossen, geboren im blühenden Rom, edler Abstammung, eine stattliche Erscheinung, gebildet, gesund, reich, ehrenwert, Senator und Konsul, gesegnet mit seiner Gattin, seinen Kindern, konnte sich der Melancholie nicht immer entziehen und hatte sein Maß an Kummer zu erdulden. Polykrates aus Samos, der seinen Ring ins Meer schleuderte, weil er an der Unzufriedenheit der anderen teilhaben wollte, und dem kurze Zeit später beim Angeln das Verlorene auf wundersame Weise durch einen Fisch zurückerstattet wurde, war nicht frei von melancholischen Anwandlungen. Niemand vermag sich selbst davon zu heilen; sogar die Götter litten bittere Qualen und waren dieser Gefühlsaufwallung häufig ausgesetzt, wie die griechischen Dichter ihnen nachsagen. Generell gilt mit Lipsius, daß es am Himmel so zugeht wie in unserem Leben: manchmal ist schönes Wetter, manchmal ist es bedeckt, manchmal stürmisch, manchmal heiter; wie eine Rose hat unsere Existenz Blüten und Dornen; wie das Jahr bisweilen einen milden Sommer und strengen Winter, erst Trockenheit und dann erlösenden Regen. Entsprechend mischen sich bei uns Freude und Hoffnung mit Furcht, Kummer und Ehrabschneiderei. Nach Seneca lösen sich Lust und Schmerz wechselseitig ab:

Denn mitten aus der Quelle der reizenden Anmut
hebt ein Bitteres sich, das ängstigt zwischen den Blüten.

(Lukrez)

Und nach Salomo kann das Herz auch beim Lachen trauern, und nach der Freude kommt Leid (14. Spr. 13), woraus Augustinus in seinem Kommentar zum 41. Psalm folgert, daß sogar in unserer Ausgelassenheit und Schwelgerei der Kummer und die Enttäuschung nisten. Für ein Pfund Honig handelt man sich die zehnfache Menge Galle ein, für ein Gläschen Vergnügen einen Krug Leids, für einen Fingerbreit Freude eine Elle Jammers. Wie Efeu eine Eiche umschlingt, so ist unser Dasein von Elend umgeben, und ein Sterblicher macht sich lächerlich, wenn er seinem Leben die Grundtönung beständigen Glücks verleihen will. Nichts ist so gedeihlich und angenehm, daß es nicht doch eine gewisse Bitterkeit besäße, die Grund zur Klage und Anlaß zum Groll böte, alles ist süßsauer, besteht gleichsam wie ein Schachspiel aus schwarzen und weißen Figuren, was die gegensätzlichen Gefühlsreaktionen bedingt. Auch Familien und Städte haben Phasen des Niedergangs und Abnehmens, und wir sind nicht hienieden, um wie die Engel, die himmlischen Mächte und Körper, Sonne und Mond, unsere Bahn ohne alle Abweichung und in äonenlanger Beständigkeit zu verfolgen, sondern aufgrund unserer Anfälligkeiten und Nöte unterbrechen wir unseren Lauf, geraten ins Taumeln und werden von dem kleinsten Windstoß aus der Bahn geworfen. Der geringste Anlaß beunruhigt und bestürzt uns, wir sind unstet und zerbrechlich, und das, worin wir unser Vertrauen setzen, ist es nicht minder. Derjenige, der das nicht weiß, ist nach Gallobelgicus nicht gerüstet, es zu ertragen, also nicht realitätstüchtig, denn er kennt die Grundstruktur der Wirklichkeit nicht, in der Lust und Schmerz wechselseitig aneinander gefesselt bleiben und sich wie im Kreis ablösen. Wer das nicht aushält, der schere sich fort; denn solchen Erfahrungen aus dem Wege zu gehen, ist ein Ding der Unmöglichkeit. Wir können uns nur mit Langmut und Hochherzigkeit wappnen, dem Unvermeidlichen die Stirn bieten und mit Paulus wie ein guter Soldat Christi die Heimsuchungen standhaft ertragen. Aber weil so wenige diesen guten Rat annehmen oder ihn richtig in die Tat umsetzen, weil sie vielmehr wie die wilden Tiere den Leidenschaften ihren Lauf lassen, sich ihnen unterwerfen und so in ein auswegloses Labyrinth von Sorgen, Kümmernissen und Nöten geraten, weil sie ihre Seele ausliefern und sich nicht in der Geduld üben, die ihnen anstünde, deshalb geschieht es sehr häufig, daß die Anwandlungen und Stimmungen sich zu habitueller Schwermut verfestigen. Eine vorübergehende Erkältung löst, wie Seneca schreibt, nur Husten aus; wird sie aber chronisch, dann ist Schwindsucht die Folge. Ähnlich verhält es sich auch mit den melancholischen Reizen, und je nachdem, ob die schwarze Galle auf einen empfänglichen oder einen widerstandsfähigen Organismus stößt, kommt es nur zu geringfügigen oder aber durchschlagenden Wirkungen. Was für den einen nur ein Flohbiß ist, verursacht dem anderen unerträgliche Qualen, und was dieser mit Haltung, Anstand und beispielhafter Selbstbeherrschung glücklich hinter sich bringt, kann jener um keinen Preis ertragen; vielmehr gibt er bei dem geringsten Anlaß, sei es eine eingebildete Kränkung, Kummer, Schande, seien es Verluste, Gaunereien, Gerüchte, seinen Gefühlen soweit nach, daß sich sein Aussehen verändert, seine Verdauung gestört wird, er keinen Schlaf mehr findet, seine Lebensgeister schwinden, das Herz schwer und der Leib hart wird. Er laboriert an Blähungen und verdorbenem Magen, und Melancholie überwältigt ihn. Wenn ein Mensch erst einmal im Schuldturm gelandet ist, wird jeder seiner Gläubiger sogleich einen Prozeß gegen ihn anstrengen und ihn dort festhalten. Das gleiche passiert einem Patienten, der sich verdrießen läßt. Im Handumdrehen und wie durch eine geöffnete Tür überfallen ihn alle möglichen anderen quälenden Gedanken, und wie ein hinkender Hund oder eine flügellahme Gans siecht er dahin und fällt schließlich der habituellen Schwermut und krankhaften Melancholie zum Opfer. So wie die Naturphilosophen acht Grade der Hitze und Kälte unterscheiden, so können wir wohl achtundachtzig Grade der Melancholie annehmen, je nachdem welche Organe und Körperteile angegriffen sind und wieweit der Patient bereits in den teuflischen Abgrund gestürzt oder in die bodenlose Flut hinausgewatet ist. Alle temporären Anwandlungen dagegen, gleich ob sie anfänglich als angenehm erlebt werden oder ob das jeweilige Opfer sie als unangenehm und bedrückend empfindet, heißen wir im uneigentlichen Sinn melancholisch, weil sie nicht andauern, sondern mit ihren Auslösern kommen und gehen. Die Melancholie, von der ich handle, ist dagegen gleichsam eingefleischt, ein chronisches, fortwährendes Leiden, ein unveränderliches Naturell, wie Aurelianus und andere es bezeichnen, das keinen Schwankungen mehr unterliegt. Und weil es sich so allmählich aus bloßen Stimmungen entwickelt und auf angenehme oder unangenehme Weise zur Gewohnheit verfestigt hat, wird man es kaum wieder los. [...]

Definition der Melancholie, Wortbedeutung und begriffliche Abgrenzung

Nach solchen Vorklärungen will ich mich nun auf allgemeinverständliche Weise meinem eigentlichen Thema zuwenden, die Melancholie definieren, abgrenzen und die Bedeutung des Wortes erklären. Die Bezeichnung der Krankheit ist, wie Bruel bemerkt, von der sie auslösenden materiellen Ursache abgeleitet, denn «melaina chole» heißt im Griechischen schwarze Galle. Ob sie aber ihrerseits Ursache oder Wirkung ist, d. h. eine Krankheit oder nur ein Krankheitssymptom darstellt, darüber mögen sich Donatus Altomarus und Salvianus klar werden, ich mische mich in solche Streitfragen nicht ein. Jedenfalls gibt es zahlreiche Beschreibungen, Aufzeichnungen, Definitionen. Fracastoro nennt in seinem zweiten Buch über den Geist diejenigen melancholisch, die ein Übermaß an verdorbener schwarzer Galle so in Mitleidenschaft gezogen hat, daß sie darüber den Verstand verloren haben und in allen oder den meisten Dingen, die Willensentscheidungen oder andere intellektuelle Operationen betreffen, unzurechnungsfähig geworden sind. Melanelius beschreibt die Schwermut unter Berufung auf Galen, Ruffus, Aëtios als krankhafte Verdrießlichkeit und übles Leiden, das die Betroffenen vertiert; Galen selbst redet von einer Privation oder Infektion des mittleren Kopfraums und definiert sie in Abhängigkeit von der jeweils in Mitleidenschaft gezogenen Region – ein Vorgehen, das Hercules de Saxonia billigt, der in diesem Zusammenhang von einer Störung grundlegender geistiger Funktionen spricht. Halyabbas benutzt die einfache Formel der Geistesverwirrung, Aretaios redet von ständiger Seelenqual, fixiert auf einen Auslöser, aber ohne erhöhte Körpertemperatur – eine Beschreibung, die Mercurialis kritisiert, Aelianus Montaltus dagegen als zureichend und treffend verteidigt. Im gemeinen Verstand bedeutet Melancholie eine Art fieberfreier Verrücktheit, die normalerweise von grundloser Angst und Trübsinn begleitet ist. Obwohl sich die meisten Autoritäten dem anschließen, will Hercules de Saxonia diese Definition nicht gelten lassen, und auch David Crusius hält sie für unzureichend, weil sie eher sagt, was die Schwermut nicht ist, als was ihr positives Wesen ausmacht. Aber ich will mich nicht schon jetzt in Einzelheiten verlieren. Der Oberbegriff ist nach Aretaios Geistesgestörtheit oder Seelenqual, wobei die geistige Komponente die Abgrenzung von rein körperlich bedingten Kontrollverlusten wie bei

Krämpfen oder Schlagfuß ermöglicht. Nur gestört ist der Melancholiker im Gegensatz zum Irren und Wahnsinnigen, bei dem die Hirnfunktionen nicht in Unordnung, sondern ganz ausgefallen sind. Fieberfrei setzen alle hinzu, um Schwermut von der Tobsucht und den psychischen Begleiterscheinungen der Pest zu unterscheiden. Angst und Sorge grenzt sie von gewöhnlichem Irrsinn ab, und die Grundlosigkeit der Befürchtungen wird in die Definition aufgenommen, um die Verwechslung mit anderen Formen der Niedergedrücktheit auszuschließen. Nach Maßgabe des Laurentius bedeutet Geistesgestörtheit die Beeinträchtigung eines grundlegenden geistigen Vermögens wie der Imagination oder des Verstandes, was auf alle Melancholiker zutrifft. Weil der auslösende Körpersaft der schwarzen Galle in der Regel kalt und trocken ist, tritt im Gegensatz zu Entzündungen kein Fieber auf. Angst und Sorge sind die wahren Kennzeichen und unzertrennlichen Weggefährten der meisten Schwermütigen, obwohl in Einzelfällen die Melancholie auch als höchst angenehm empfunden wird. Solche weniger typischen Vertreter lachen ständig, und einige finden ihre Zuversicht wieder und werfen allen Kummer ab, wie weiter unten ausgeführt werden soll.

Die affizierten Organe und anfälligen Gruppen

Es gibt Meinungsunterschiede zwischen den Autoren, welche Organe hauptsächlich befallen werden, ob Hirn, Herz oder etwas anderes. Die Mehrzahl plädiert für das Hirn, denn als Geistesstörung muß die Melancholie dieses Organ in Mitleidenschaft ziehen; allerdings nicht über die Verstopfung der Ventrikel oder Hirnwindungen, die sich nach Laurentius in Epilepsie oder Schlaganfällen äußert, sondern durch eine trockene Unterkühlung und Schädigung seiner Substanz. Das ist die Position des Hippokrates, Galen, der arabischen Medizin und der meisten modernen Heilkundigen. Demgegenüber lokalisieren Marcus de Oddis und fünf von ihm zitierte Autoritäten die melancholische Erkrankung im Herzen, weil es der Sitz der Leidenschaften und also auch der von Angst und Sorge sei. Aber ihr Einwand wird schon von Montaltus entkräftet, der gar nicht bestreitet, daß das Herz aufgrund seiner körperlichen Nachbarschaft ebenso wie das Zwerchfell und viele andere Organe mit affiziert wird, und zwar gleichsam aus einem natürlichen

Mitgefühl heraus. Aber weil für diese Erkrankung vorgängige Einbildungen, also Produkte der Imagination, ursächlich sind, muß in erster Linie das Gehirn als Sitz der rationalen Fähigkeiten und erst danach das Herz als Sitz der Gefühle angegriffen werden. Cappivaccius und Mercurialis, die sich beide mit diesem Problem ausführlich auseinandergesetzt haben, kommen einvernehmlich zu dem Schluß, daß das Hirninnere der Herd der Krankheit sei, die sich von dort auf das Herz und andere nachgeordnete und anfällige Organe wie Leber und Milz ausbreite, wobei der infizierte Magen alles noch zu verschlimmern vermag. Denn unser Körper ist beschaffen wie eine Uhr: Wenn ein Rädchen seine Aufgabe nicht mehr erfüllt, gerät alles andere in Unordnung, und das gesamte Gefüge nimmt Schaden. Und mit welch bewundernswerter Kunst der Mensch geschaffen und wie fein und harmonisch alles in ihm aufeinander abgestimmt ist, hat schon Ludovicus Vives in seiner Schrift *Fabula de homine* auf das eindrücklichste dargelegt.

Nicht weniger Zweifel als bei der organischen Lokalisierung ergeben sich im Zusammenhang mit der Frage, ob allein die Imagination oder der Verstand oder ob beide zusammen erkranken. Hercules de Saxonia beweist mit Hilfe seiner oben genannten Gewährsleute, daß nur die Imagination betroffen ist, und findet einen Verbündeten in Bruel. Montaltus dagegen widerspricht ihrer Lehrmeinung und belegt seine gegenteilige Ansicht mit zahlreichen Beispielen – etwa dem Patienten, der sich für ein Schalentier hielt, einer Nonne und einem verzweifelten Mönch, dem man seine ewige Verdammnis nicht ausreden konnte. Hier war die Vernunft ebenso derangiert wie die Einbildungskraft, weil sie seinen Irrtum nicht richtigstellte. Oft legen solche Patienten Hand an sich und bilden sich Absurditäten und lächerliche Dinge ein. Wenn ihr Verstand normal arbeitet, warum deckt er dann diese Täuschungen nicht auf, bereinigt sie und überzeugt die Betroffenen von deren Gegenstandslosigkeit? Für Avicenna sind deshalb beide Hirnfunktionen betroffen, und die Mehrzahl der arabischen Mediziner schließt sich ihm an. Um die Kontroverse beizulegen, halte ich fest, daß offenbar niemand daran zweifelt, wie sehr die Imagination bei melancholischen Erkrankungen in Mitleidenschaft gezogen ist. Den Anhängern der anderen Theorie aber gestehe ich mit Albertinus Bottonius, Doktor aus Padua, zu, daß zunächst die Imagination und dann der Verstand infiziert wird, wenn die Krankheit hartnäckig ist, und daß bei weiterer Ausbreitung auch das Glauben, Fürwahrhalten, das logische

Denken und Schließen in eher zufälliger Reihenfolge der Ansteckung anheimfallen können.

Nach den gefährdeten Organen möchte ich hier die gefährdeten Personengruppen zumindest erwähnen, denen ich an geeigneterer Stelle größere Aufmerksamkeit widmen werde. Zu den Anfälligen zählen diejenigen, die bei ihrer Geburt den schlechten Einflüssen von Mond, Saturn, Merkur ausgesetzt waren, die in einem übermäßig heißen oder kalten Klima leben, melancholische Eltern haben, unmäßig, dunkelhäutig oder von sanguinischem Temperament sind, kleine Köpfe, heiße Herzen, feuchte Hirne, eine heiße Leber und einen kalten Magen besitzen oder lange krank gewesen sind, sowie geborene Einzelgänger, große Gelehrte und alle, die kontemplativ veranlagt und keine Tatmenschen sind. Was das Geschlecht betrifft, so sind Männer anfälliger, wohingegen die Frauen seltener, dafür aber viel schwerer erkranken. Die melancholischste Jahreszeit ist der Herbst. Bei den Lebensabschnitten erscheint die Schwermut als fast normale Begleiterscheinung höheren Alters, aber trotzdem tritt sie bei Personen in der Blüte ihrer Jahre häufiger auf. Manche geben in diesem Zusammenhang die Vierzigjährigen, Gariopontus schon die Dreißigjährigen an, und Jobertus macht überhaupt keinen Unterschied zwischen Jung und Alt. Ebenso schließt Daniel Sennertus aufgrund allgemeiner Erfahrung keine Gruppe aus. Aëtios und Aretaios rechnen nicht nur die Mißmutigen, Jähzornigen, Elenden und Dunkelhäutigen zu den potentiellen Melancholikern, sondern auch besonders leutselige und fröhliche Menschen, Spötter und solche mit einem hellen Teint. Und nach Rhazes sind gerade die edelsten und kultiviertesten Geister am wenigsten dagegen gefeit. Ich kann also kein Temperament, keinen Stand, kein Geschlecht und kein Alter ausnehmen; resistent bleiben allein Narren und Stoiker. Letztere, weil sie nach Synesius ja nie mit einer Gefühlsaufwallung zu kämpfen haben, sondern wie Anakreons Grille blutleer und unempfindlich fast den Göttern gleichen. Und die Narren, weil sie nach Erasmus meistenteils feuchte Gehirne und ein leichtes Herz besitzen, Ehrgeiz, Neid, Schamgefühl und Angst ihnen nicht zu schaffen machen, ihnen das Gewissen nicht schlägt und auch die Sorgen, die uns ein Leben lang drücken, sie nicht martern.

Über die schwarze Galle selbst gibt es zwischen Avicenna und Galen große Meinungsverschiedenheiten und bis heute eine breite Diskussion. Wie dieser Körpersaft beschaffen ist, woher er kommt und von welchem Organ er erzeugt wird, hat nach Maßgabe des Jacchimus weder Galen noch ein anderer Klassiker befriedigend dargelegt. Aber auch die modernen Theoretiker kommen zu keinem einhelligen Ergebnis. Montanus unterscheidet in seinen Konsultationen wie Arculanus zwischen einer materiellen und einer immateriellen Komponente der Melancholie. Erstere zählt zu den vier Körpersäften und ist natürlich, die zweite gilt ihm als beiherspielend, unkörperlich und unorganisch; nach Hercules de Saxonia ist sie allein in den Lebensgeistern anzutreffen und wird dort von einer heißen, kalten, trockenen oder feuchten Distemperiertheit erzeugt, die das Gehirn und seine Funktionen ohne materielle Ursache beeinträchtigt. Paracelsus will von der Temperamentenlehre und den Körpersäften überhaupt nichts wissen und macht sich über diese Theorie lustig, aber die Galen-Schule hält sie im allgemeinen für zutreffend und schließt sich der Lehrmeinung des Montanus an.

Die melancholische Materie tritt entweder rein oder vermischt auf, sie richtet aufgrund abnormer Quantität oder Qualität und je nachdem, wo sie sich ablagert – ob im Hirn, der Milz, den Gekrösevenen, dem Herzen, Unterleib oder Magen –, Schaden an. Auch das Mischungsverhältnis der vier Körpersäfte Blut, Schleim, gelbe und schwarze Galle untereinander und ihr jeweiliger Zustand – natürlich oder verbrannt – spielen eine Rolle. Wenn die natürliche schwarze Galle, die kalt und trocken ist, sich im Körper über das Maß des ihm Zuträglichen hinaus ausbreitet, gerät der Organismus, wie Faventius ausführt, notwendigerweise aus dem Gleichgewicht und erkrankt. Das gleiche Ergebnis tritt im Fall einer denaturierten Schwarzgalligkeit ein, die nach Montaltus aus der Verbrennung von Galle oder anderen Säften resultiert und normalerweise heiß und trocken ist. In diesem Zusammenhang gibt es unterschiedliche Ansichten darüber, ob die denaturierte Melancholie sich aus allen vier Humores erzeugen läßt und welche Farbe und Beschaffenheit sie besitzt. Galen läßt sie nur aus drei Körpersäften unter Ausschluß des Phlegmas hervorgehen, denn – so seine Anhänger – wie kann aus weißem Schleim etwas Schwarzes werden? Hercules de Saxonia allerdings ist mit Cardano der gegenteiligen Meinung, hält allerdings Schwarzgalligkeit auf Schleimbasis für einen seltenen Fall. Melanchthon nennt diese Abart melancholia asinina, also einfältige, schweinische Schwermut, und behauptet wie Wecker, daß er Fälle davon mit eigenen Augen gesehen habe. Aus verbrannter schwarzer Galle entsteht ein Melancholikertyp, aus gelber ein anderer, der sich bestialisch aufführt, ein dritter phlegmatisch-dumpfer aus Schleim und ein vierter aus Blut, der das harmloseste Krankheitsbild aufweist. Manche dieser Erscheinungsformen sind kalt und trokken, andere heiß und trocken, je nach Mischungsverhältnis. Sich eindickendes Blutwasser und Serum verwandeln sich in Phlegma, dieser Schleim wiederum degeneriert zu gelber Galle und deren verbrannte Form wird aeruginosa melancholia, grünspanige Schwermut, ähnlich wie Essig aus reinstem, aber verdorbenem Wein oder durch Verdunstung des reineren Weingeistes hergestellt wird und am Ende sauer und stechend schmeckt. Durch das Stechende der Schwarzgalligkeit erklären sich Schlaflosigkeit, angstvolle Gedanken und Alpträume, so daß ich zu demselben Ergebnis komme wie oben. Wenn der Körpersaft kalt ist, verursacht er nach Faventius eine Geistesverwirrung mit milderer Symptomatik, wenn er aber heiß ist, sind die Betroffenen hektisch und tobsüchtig oder neigen doch wenigstens zum Delirieren. Ist das Gehirn heiß, sind es auch die Lebensgeister, und der Wahnsinn tobt sich in Gewalttätigkeit aus, bei Kälte sind Einfältigkeit und Verblödung die Folge. Die Farbe der Mixtur ändert sich je nach Beimischungen und deren Temperatur; manchmal ist sie schwarz, manchmal nicht. Hippokrates verwendet in seinem Buch über die Melancholie, wenn es denn authentisch ist, in diesem Zusammenhang das Beispiel eines brennenden Stücks Kohle, das leuchtet, wenn es heiß ist, und schwarz wird, sobald es erkaltet. So geht es auch mit diesem Körpersaft. Die unterschiedlichen Erscheinungsformen melancholischer Materie haben eine Vielzahl von Krankheitsbildern zur Folge. Ist die schwarze Galle im unverdorbenen Zustand über den Körper verteilt, entsteht die sogenannte schwarze Gelbsucht, sonst Viertagefieber, durchbricht sie die Haut, Lepra, lagert sie sich in anderen Körperteilen ab, zum Beispiel Skorbut. Wenn sie den Kopf in Mitleidenschaft zieht, entstehen daraus je nach Mischung etliche Formen der Geisteskrankheit und des Wahnsinns, die ich an passender Stelle behandeln werde.

Wo schon über die Materie so große Uneinigkeit herrscht, kann es nicht wundernehmen, daß auch die Arten und Formen, in denen sie auftritt, umstritten sind. Viele neue und alte Autoren schreiben in verwirrender Weise darüber, werfen Melancholie und Geisteskrankheit in einen Topf und behaupten, sie differierten nicht grundsätzlich, sondern nur dem Grad nach. Manche unterscheiden wie Ruffus Ephesius zwei Ausprägungen, andere gehen von einer unbegrenzten Vielzahl aus. Wenn die natürliche schwarze Galle verbrennt, schreibt Montanus, gibt das ein Krankheitsbild, wenn es das Blut oder der Schleim ist, ein zweites und drittes; im übrigen seien so viele Meinungen zu diesem Thema im Umlauf, wie es Menschen gebe. Hercules de Saxonia nimmt, wie erwähnt, eine körperlich bedingte und eine durch die Lebensgeister ausgelöste Erscheinungsform an; Savonarola dagegen unzählige, die er nach den befallenen Organen – Magen, Leber, Herz, Unterleib, After – und der jeweiligen Schwere der Erkrankung klassifiziert. Melanchthon geht mit ihm einig, denn wie der Saft der schwarzen Galle in unterschiedlichen Mischungen und Aggregatzuständen vorkomme, so manifestiere sich auch die Krankheit auf vielfältige Weise. Aber was diese Theoretiker für eigenständige Melancholiearten erklären, sind wohl eher unterschiedliche Symptomkomplexe derselben Sache. Und so können wir in Anlehnung an Gorrhäus eine unbegrenzte Zahl solcher Krankheitszeichen zugestehen und doch die Erkrankung selbst je nach ihrem Sitz – Kopf, Leib, Unterrippengegend – auf drei Formen zurückführen. Diese Dreiereinteilung findet auch die Zustimmung des Hippokrates wie der meisten Modernen. Erastus nimmt dagegen nur zwei Varianten an, die chronische Kopfmelancholie und eine zweite anfallartig auftretende Art. Andere schlagen vier oder fünf vor wie Rodericus à Castro, der den Nonnen, Witwen und alten Jungfern eine eigene Spielart reservieren möchte. Es gibt ferner Mediziner, die selbst Schwärmer, Besessene und Ekstatiker zu Melancholiekranken ernennen und auch Werwölfe und Liebestolle nicht ausnehmen. Aber am geläufigsten ist doch das Dreierschema. Die erste Erkrankungsform ist demnach allein vom Hirn ausgelöst und heißt Kopfmelancholie; die zweite betrifft den ganzen Körper, in dem die schwarze Galle aus dem Gleichgewicht geraten ist, die dritte rührt von den Eingeweiden, der Leber, Milz oder dem Gekröse her und wird hypochondrische oder blähende Melancholie genannt, wobei die Liebesmelancholie, der ich eine gesonderte Abteilung widmen werde, im allgemeinen zur Kopfmelancholie gerechnet wird. Die drei genannten Arten sind Gegenstand der folgenden Untersuchung, in der ich sie seziere, ihre Ursachen und Symptome sowie die gebräuchlichen Heilmittel darstelle, und zwar im Detail und übergreifenden Zusammenhang, so daß jeder, der von dieser Krankheit betroffen ist, erfährt, wie er zu einer Diagnose kommen und welche Heilverfahren er anwenden kann.

Zugestandenermaßen ist es nicht leicht, die drei Formen der Schwermut auseinanderzuhalten und ihnen jeweils eindeutige Ursachen, Symptome und Heilverfahren zuzuschreiben, weil sie sich so zum Verwechseln ähnlich sehen, daß selbst die sorgfältigsten Experten häufig in Schwierigkeiten geraten. Darüber hinaus tritt die Melancholie gern zusammen mit anderen Krankheiten auf, wobei dann auch größere Berufserfahrung nicht vor Irrtümern schützt. Montanus erwähnt einen Patienten, der sowohl an Schwermut wie auch an Freßsucht litt, bei einem andern kam Schwindel hinzu; Julius Caesar Claudinus nennt Steinleiden, Gicht, Gelbsucht, Trincavellius die Kombination mit Fieber, Gelbsucht, Freßsucht. Als der seinerzeit hochangesehene Paulus Regolin im letztgenannten Fall hinzugezogen wurde, verwirrte ihn die Symptomatik so, daß er nicht wußte, auf welche Form der Schwermut er sie zurückführen sollte. Die drei berühmten italienischen Ärzte Trincavellius, Fallopius und Francanzanus, die gleichzeitig konsultiert wurden, gelangten jeder zu einem anderen Ergebnis. Als man von Trincavellius andernorts einmal wissen wollte, was er von dem melancholischen jungen Mann halte, zu dessen Behandlung er gerufen worden war, gestand er seine Ratlosigkeit offen ein. Und in der siebzehnten seiner Konsultationen gibt es ähnlich große Meinungsverschiedenheiten über einen schwermütigen Mönch. Für die Symptome, die einige auf die geschädigten Organe und Körpersäfte zurückführen, läßt Hercules de Saxonia, wie erwähnt, nur unkörperliche Auslöser gelten, und manchmal kann man zwischen Melancholie und anderen Krankheiten überhaupt nicht eindeutig unterscheiden. In einem Fall lautete die Diagnose von Reinerus Solenander und Dr. Brande einhellig auf hypochondrische Melancholie, wohingegen Dr. Matholdus kategorisch auf Asthma bestand. Als sie den schwermütigen Herzog von Kleve behandeln sollten, konnten sich Solenander und Guarionius sowie die übrigen Mediziner nicht auf eine Zuordnung einigen. Die Übergänge zwischen den

Arten sind vielmehr so fließend, wie es die vierundvierzigste Konsultation des Caesar Claudinus verdeutlicht, in der es von einem polnischen Grafen heißt, er laboriere gleichzeitig an Kopfmelancholie und jener Form der Schwermut, die auf ein gesamtkörperliches Säfteungleichgewicht zurückzuführen sei. Zudem könnte ich Beispiele von Patienten anführen, bei denen sich alle drei Formen simultan oder nacheinander manifestierten. Daraus schließe ich, daß es sich mit den Arten der Schwermut in der Medizin so verhält wie in der Staatslehre mit den reinen Formen der Republik, Monarchie, Aristokratie und Demokratie, die zwar theoretisch famos funktionieren mögen, in der Praxis aber, wie u. a. die Beispiele Spartas, Roms und des heutigen Deutschland bezeugen, nur gleichsam gemildert oder in Mischformen vorkommen. Was immer die Mediziner in ihren Büchern über die Unterschiede verlauten lassen, spielt folglich keine so große Rolle, weil sich im Körper ihrer Patienten diese Konzepte doch vermengen. Also ist es fast ein Ding der Unmöglichkeit, bei der Vielfalt und Konfusion der Symptome und bei der Undurchsichtigkeit der Ursachen die Krankheitstypen gesondert zu behandeln und klare und verläßliche Unterscheidungen zwischen so zahlreichen Formen der Erkrankung und Geistesverwirrung vorzunehmen, zumal jeder Fall anders gelagert ist. Trotzdem will ich mich auf das Abenteuer einlassen und mit Hilfe des Ariadnefadens der besten Autoren einen Ausweg aus diesem verwirrenden Labyrinth der Zweifel und Irrtümer suchen und mich nunmehr zu den Ursachen der Schwermut vortasten.

Gott als Ursache melancholischer Erkrankung

Es ist fruchtlos, von Behandlungsmöglichkeiten zu reden und über Heilmittel nachzudenken, bevor man nicht die Gründe der Erkrankung durchleuchtet hat, bedeutet Galen dem Glauco, und die Erfahrung beweist, daß jene Heilverfahren mangelhaft, unzulänglich und nicht zweckdienlich sind, denen keine Ursachenforschung vorangeht. Das unterstreicht auch Prosper Calenius in seinem Traktat über die schwarze Galle gegenüber Kardinal Cäsius und in Übereinstimmung mit Fernelius, der das Wissen um die Ursachen überhaupt für eine unabdingbare Voraussetzung jeder vorbeugenden Behandlung und aller therapeutischen Maßnahmen hält. Kurpfuscherei kann vielleicht manchmal Linderung oder kurzfristige Besserung bewirken, aber sie bekommt die Krankheiten nie an der Wurzel zu fassen, und nur wenn die Ursache beseitigt wird, sind auch die Folgen auszuräumen. Den eigentlichen Auslöser in der Vielzahl von Möglichkeiten ausfindig zu machen, ist in unserem Fall zugestandenermaßen schwierig, und der darf sich glücklich schätzen, der diese Fähigkeit besitzt. Ich will mich nun nach besten Kräften bemühen, den Ursachen der Melancholie so nahe wie möglich zu kommen, will sie von der ersten bis zur letzten, von der allgemeinsten bis zur individuellsten gleichsam aufschlitzen, so daß ihr Innenleben um so deutlicher sichtbar wird.

Allgemeine Ursachen sind entweder übernatürlich oder natürlich. Die übernatürlichen kommen von Gott und seinen Engeln oder – mit göttlicher Erlaubnis – vom Teufel und dessen Gehilfen. Daß Gott selbst Schwermut senden kann, um Sünden zu bestrafen und seine Gerechtigkeit walten zu lassen, bezeugen viele Beispiele der Heiligen Schrift, denn die Narren waren geplagt um ihrer Übertretung willen und um ihrer Sünden willen (107. Psalm 17). Gehasi wurde mit Aussatz geschlagen, Joram mit Ruhr und Darmleiden, Davids Volkszählung hatte die Pest im Gefolge, und Sodom und Gomorrha vertilgte Gott vom Erdboden. Schwermut wird explizit erwähnt etwa im 5. Buch Mose, Kapitel 28: Der Herr wird dich schlagen mit Wahnsinn, Blindheit und Rasen des Herzens, oder 1. Samuel 16, Vers 14: Der Geist aber des Herrn wich von Saul, und ein böser Geist vom Herrn machte ihn sehr unruhig. Nebukadnezar fraß Gras wie die Ochsen, und sein Herz ward gleich den Tieren. Viele Geschichten der Heiden berichten von ähnlichen Strafen. Lykurgos wurde von Bacchus mit Wahnsinn geschlagen, weil er die Weinstöcke in seinem Land umhauen ließ, Pentheus und seine Mutter Agave ereilte dasselbe Schicksal, weil sie ihr Opfer vernachlässigten. Censor Fulvius verlor den Verstand, weil er einen Juno-Tempel zugunsten eines Neubaus abdecken ließ, den er der Fortuna geweiht hatte, und er starb an Kummer und Herzeleid. Als Xerxes den Apollo-Tempel zu Delphi plündern und ihm seine unermeßlichen Schätze rauben wollte, kam ein fürchterliches Donnergrollen vom Himmel, tötete 4000 Männer und ließ die übrigen irrsinnig werden. Wenig später ereilte Brennus bei einer gotteslästerlichen Tat das gleiche Schicksal, wobei es blitzte, donnerte und die Erde bebte. Wenn wir den kirchlichen Chronisten glauben dürfen, verhängten auch die Heiligen viele seltsame und wunderbare Strafen dieser Art. Chlodwig, der ehemalige französische König, und sein Sohn Dagobert kamen um ihren Verstand, weil sie den Körper des heiligen Dionysius entblößten, und ein gotteslästerlicher Franzose, der in Birgburg ein silbernes Abbild des heiligen Johannes stehlen wollte, wurde plötzlich rasend und toll bis zur Selbstzerfleischung. Als ein adeliger Herr aus Radnor, der erst spät in der Nacht von der Jagd zurückgekehrt war und seine Hunde in der Kirche von St. Avan's untergebracht hatte, sich nach Jägerart früh am nächsten Morgen erhob, mußte er feststellen, daß alle seine Hunde verrückt und er plötzlich blind geworden war. Der armenische König Tiridates wurde gleichermaßen mit Wahnsinn geschlagen, weil er einigen Nonnen Gewalt angetan hatte. Aber Poeten und Papisten können einander beim Fabulieren das Wasser reichen, und um ihre Kreditwürdigkeit ist es nicht zum besten bestellt. Trotzdem und ungeachtet der Möglichkeit, daß sie ihre Nemesis-Geschichten und Heiligenlegenden vielleicht nur erfunden haben oder teuflischem Trug aufgesessen sind, steht fest, daß der Herr, wie David sagt, der Gott bleibt, des die Rache ist, und daß unsere zum Himmel schreienden Verfehlungen die Melancholie und viele andere Krankheiten auf unser Haupt herabbeschwören. Durch seine Gesandten, die Engel, schlägt und heilt Gott, wen er will, und er kann uns mit seinen Geschöpfen, mit Sonne, Mond und Sternen plagen, die er allesamt so als Werkzeuge zu benutzen weiß wie ein Landmann sein Beil. Hagel, Schnee und Stürme sind wie zu Josuas Zeiten und während der Herrschaft des Pharao in Ägypten immer noch Vollstrecker seiner Gerechtigkeit. Die stolzesten Geister müssen sich vor ihm beugen und rufen mit Julian dem Abtrünnigen aus: Du hast gesiegt, Galiläer! oder mit jenem Apollo-Priester bei Chrysostomos: O Himmel, o Erde! Welch ein Widersacher ist das? Sie erkennen die Macht des Höchsten und beten mit David: Ich bin sehr zerstoßen. Ich heule vor Unruhe meines Herzens (38. Psalm 9). Herr, strafe mich nicht in deinem Zorn und züchtige mich nicht in deinem Grimm (38. Psalm 2). Laß mich hören Freude und Wonne, daß die Gebeine fröhlich werden, die du zerschlagen hast (51. Psalm 10). Schaffe in mir, Gott, ein reines Herz und gib mir einen neuen, gewissen Geist (51. Psalm 12). Vielleicht legte Hippokrates deshalb solchen Wert darauf, daß ein Arzt sich Klarheit verschaffe, ob eine Krankheit übernatürliche und göttliche Ursachen habe oder ganz dem Lauf der Natur folge. Diese Problematik wird im übrigen bei Valesius, Fernelius und Caesar Claudinus weiterverfolgt, auf die ich den Leser bei der Frage, wie diese Hippokratesstelle zu verstehen sei, verweise. Paracelsus war der Meinung, daß spirituelle Erkrankungen, wie er sie nannte, auch nur spiritualiter geheilt werden könnten. Die üblichen medizinischen Mittel führen in solchen Fällen nicht zum Erfolg, denn mit Gott darf kein Sterblicher kämpfen. Als Herkules, der Bezwinger der Ungeheuer, bei den Olympischen Spielen alle besiegte, rang schließlich Jupiter selbst in fremder Gestalt mit ihm; der Kampf ging lange unentschieden, bis sich Jupiter endlich zu erkennen gab und Herkules seine Niederlage eingestand. Mit göttlichen Mächten nämlich mißt man sich nicht:

Und was braucht's zu verheißen dem Craterus goldene Berge?
(Persius)

Ärzte und Arzneien sind in solchen Fällen ohnmächtig; vielmehr haben wir uns der starken Hand Gottes zu unterwerfen, unsere Sünden zu bekennen und ihn um Gnade anzuflehen. Wenn er uns schlägt, ergeht es uns wie denen, die mit dem Speer des Achilles verwundet wurden – nur der Verursacher kann helfen. Andernfalls bleiben die Krankheiten unheilbar, und unsere Not hat kein Ende. [...]

Die Sterne als Ursache. Kennzeichen nach Maßgabe der Physiognomik, Gesichts- und Handlesekunst

Bei den natürlichen Ursachen unterscheidet man zwischen den primären oder allgemeinen auf der einen und den sekundären oder besonderen auf der anderen Seite. Primäre Ursachen sind die Sphären, Planeten, Sterne usw., deren Einfluß nach Ansicht unserer Astrologen Melancholie und andere Wirkungen auslöst. Ich möchte mich hier im übrigen nicht auf eine Diskussion darüber einlassen, ob die Sterne wirklich ursächlich sind oder nur Ursachen anzeigen, oder die sich zum Richter über alles Irdische aufwerfende Astrologie verteidigen. Wenn sich jemand so von Sextus Empiricus, Pico della Mirandola, Sextus ab Heminga, Pererius, Erastus, Chambers und anderen hat überzeugen lassen, daß er den Sphären, der Sonne und dem Mond nicht mehr Wirkung zutraut als einem Gasthaus- oder Ladenschild und alle astrologischen Regeln in Bausch und Bogen verdammt, selbst wenn die Erfahrung sie bestätigt, dann sollte er immerhin einmal Bellantius, Pirovanus, Marascallerus, Goclenius und Sir Christopher Heydon zur

Kenntnis nehmen. Wenn ich aber nach meiner eigenen Meinung gefragt werde, antworte ich, weil auch mir die Irrtümer der Gelehrten geläufig sind, daß die Sterne zwar gewisse Einflüsse ausüben, nicht aber im strengen Sinne etwas erzwingen können. Eine Notwendigkeit und Determination des Verhaltens haben sie nicht im Gefolge, und ihre Wirkkräfte sind so begrenzt, daß ihnen der Weise widerstehen kann. Sie mögen uns beherrschen, aber Gott beherrscht sie. All das hat Joh. de Indagine trefflich auf den Begriff gebracht, wenn er schreibt: Willst du wissen, bis zu welchem Grad die Sterne unser Schicksal bestimmen? Ich sage, sie beeinflussen uns so sacht, daß sie keine Macht über uns haben, solange uns die Vernunft regiert. Wenn wir aber unserer sinnlichen Natur nachgeben, sind wir ihnen wie die Tiere ausgeliefert, denn dann unterscheiden wir uns in nichts von diesen Geschöpfen. Also folgere ich hoffentlich richtig mit Cajetan, daß der Himmel ein Werkzeug Gottes ist und er also diese Astralkörper lenkt und bewegt, oder ein großes Buch, in dem die Sterne Buchstaben darstellen und worin für die, die es zu lesen wissen, viele seltsame Dinge geschrieben stehen, oder eine vorzügliche Harfe, die von einem hervorragenden Instrumentenbauer angefertigt wurde und auf der sich wunderschöne Musik erzeugen läßt, sofern man sie nur zu spielen versteht. Aber ich will zur Sache kommen.

Paracelsus ist der Ansicht, ein Arzt ohne astrologische Kenntnisse sei unfähig, die Ursachen einer Krankheit oder ihre Therapie zu begreifen. Er könne weder die Schwermut noch die Gicht, ja sogar nicht einmal Zahnschmerzen richtig behandeln, wenn er nicht das Horoskop des Patienten in seine Überlegungen miteinbeziehe. Die auslösende Ursache der Melancholie liegt für ihn eher in den Sternen als in den Körpersäften, und er behauptet, daß die Konstellation allein schon oft genug diese Krankheit im Gefolge habe, wobei über weitere Einflußgrößen noch gar nichts ausgesagt sei. So nennt er etwa Fälle Verrückter, die der Mond ihres Verstandes beraubt hat, und führt an anderer Stelle alles auf den Aszendenten zurück. Diesen Glauben an die Sterne teilen viele Philosophen und Anhänger Galens, wenn auch in gemäßigter und weniger dogmatischer Ausprägung. Eine Abart melancholischer Symptome ist auf astrale Einflüsse zurückzuführen, sagt Melanchthon. Die edelste Melancholie, wie die des Augustus, rührt her von der Konjunktion des Saturn und Jupiter im Sternbild der Waage, die schlimmste, wie die Catilinas, von der Begegnung des Saturn und des Mondes im

Tierkreiszeichen Skorpion. Jovianus Pontanus führt in diesem Zusammenhang aus: Die schwarze Galle, gleich ob heiß oder kalt, erzeugt viele Krankheiten. Obwohl sie von Natur aus kalt ist, läßt sie sich leicht erhitzen wie Wasser, das man zum Kochen bringen kann und das dann ebenso schlimme Verbrennungen wie das Feuer verursacht, sich andererseits aber auch zu Eis abkühlen läßt. Eine vielfältige Symptomatik tritt auf; manche werden verrückt, manche einzelgängerisch, manche lachen, andere haben Tobsuchtsanfälle. Der Grund für dieses Aus-dem-Gleichgewicht-Geraten aber ist seiner Meinung nach hauptsächlich in den Sternen zu suchen und hängt von den Positionen des Mars, Saturn und Merkur ab. Sein Merksatz lautet: Wenn Merkur bei der Geburt in der Jungfrau steht oder im genau gegenüberliegenden Sternbild der Fische und die Quadratur von Saturn und Mars hinzutritt, wird das Kind verrückt oder melancholisch. Oder an anderer Stelle: Bei wessen Geburt Saturn oder Mars kulminiert und der andere Planet im vierten Haus steht, der wird an Schwermut leiden, davon aber im Laufe der Zeit geheilt werden, falls Merkur opponiert. Sofern der Mond sich in Konjunktion oder Opposition zur Sonne, zum Saturn oder Mars befindet oder in Quadratur zu ihnen steht, kündigt das vor allem Kopf- und Hirnerkrankungen an; in solchen Menschen überwiegt ein schädlicher Körpersaft und macht sie schwermütig, mondsüchtig und verrückt, was nach Cardano auch für die vier Tage nach Neumond und die während einer Sonnenfinsternis oder bei einem Erdbeben Geborenen gilt. Garcäus und Leovitius gehen vom zur Zeit der Geburt dominanten Planeten aus und führen Epilepsie, Schwachsinn, Besessenheit und Schwermut auf bestimmte Konstellationen zurück. Mehr dazu in den Merksätzen des oben erwähnten Pontanus, die sich u. a. arabischen Quellen verdanken. Wer aber diese Gewährsmänner vielleicht als Astrologen und also parteiische Richter ablehnen möchte, der möge zumindest zur Kenntnis nehmen, was die Anhänger Galens zu sagen haben. Crato gesteht den Sternen nämlich bei melancholischen Erkrankungen bedeutenden Einfluß zu und findet Unterstützung bei solchen Autoren wie Jason Pratensis, Lonicerius, Ficino, Fernelius u. a. P. Cnemander erkennt die astrologischen Einflüsse als universale Ursache an und sieht in den Eltern und ungesunden Lebensumständen sekundäre Auslöser. Baptista Porta führt jede individuelle Anfälligkeit auf astrale Größen zurück, und die astrologischen Abhandlungen liefern eine Fülle von Beispielen für die Richtigkeit solcher Merksätze.

Andere Erkennungszeichen und Hinweise liefern die Physiognomik, Gesichts- und Handlesekunst, die nach dem Zeugnis von Joh. de Indagine, von Rotmann, dem Hofmathematiker des hessischen Landgrafen, und von Baptista Porta viele Affinitäten zur Astrologie besitzen und über die ich hier bereitwillig einige Abschnitte einschiebe, um die Neugierigen unter meinen Lesern zufriedenzustellen.

Die Grundvorstellung der Physiognomen ist folgende: eine dunkle Hautfarbe spricht für natürliche Melancholie und des weiteren, so Gratarolus, Magerkeit, starke Körperbehaarung, hervortretende Adern, dichte Brauen und – im Anschluß an Aristoteles – ein kleiner Kopf. Stark durchblutete, gerötete Haut ist ein Indiz der Kopfmelancholie. Die Stotterer und Kahlen fallen, wie Avicenna vermutet, der Schwermut am leichtesten zum Opfer, weil ihr Hirn trocken ist. Wer aber mehr über die physiognomischen Merkmale der Charaktere und Temperamente wissen möchte, der möge Adamantus und Polemus konsultieren, die beide die physiognomischen Schriften des Aristoteles kommentieren oder vielmehr paraphrasieren, oder zu den vier unterhaltsamen Büchern Baptista Portas greifen.

Auch die Handlesekunst verfügt über Merksätze, um Melancholie vorherzusagen. Wir führen sie hier in der Formulierung Taisniers an, der in seinem Buch die Summe aus Joh. de Indagine, Tricassus und Corvinus gezogen hat: Wenn die Saturnlinie von der Rascetta über die Hand bis zum Saturnberg läuft und dort von gewissen kleinen Linien geschnitten wird, deutet das auf Melancholie. Das gleiche gilt, wenn sich die Lebenslinie und die Naturlinie in spitzem Winkel schneiden oder die Saturnlinie mit Leber- und Naturlinie ein grobes Dreieck bildet. Gemeinhin folgern alle, daß Menschen mit einem von einem feinen Liniennetz durchzogenen Saturnberg häufig schwermütig, elend, unruhig, von Sorgen und Kummer geplagt sind; sie werden ständig von angstvollen und bitteren Gedanken heimgesucht, von Gram, Befürchtungen und Argwohn niedergedrückt. Ihr Vergnügen dagegen finden sie im Ackerbau und an Gebäuden, Tümpeln, Sümpfen, Quellen, Wäldern, Wegen usw. Thaddäus Haggesius führt in seiner Gesichtslesekunst gewisse Merksätze über Saturnlinien auf der Stirn an, die auf eine melancholische Anlage schließen lassen, und Baptista Porta trägt Beobachtungen anderer Körperregionen bei, nach denen etwa ein Fleck über der Leber oder auf den Fingernägeln Sorge, Kummer, Hader und Schwermut ankündigt. Die Ursache liegt in den Körpersäften, und er erwähnt als Beispiel aus seinem eigenen Leben, daß seine Nägel sieben Jahre lang solche schwarzen Flecken aufwiesen und er währenddessen ständig in Prozesse und Erbstreitigkeiten verwickelt war und mit Ängsten, der Furcht vor Ehrverlust und Verbannung, mit Kummer und Sorgen zu kämpfen hatte. Als seine Not ein Ende nahm, verschwanden auch die schwarzen Stellen. Auch Cardano weiß aus eigener Erfahrung von einem solchen Zeichen auf den Nägeln zu berichten, das vor dem Tod seines Sohnes erschien und sich ausdehnte, als jener im Sterben lag. Aber ich beschäftige mich hier schon zu lange mit diesen Liebhabereien, die viele überkritisch als absurd und lächerlich abtun. Trotzdem bin ich so frei, darüber zu schreiben, zumal ich meine Informationen nicht von Vagabunden und fahrendem Volk habe, sondern sie den Schriften ehrenwerter Philosophen und Ärzte entnehme, von denen etliche noch leben und an berühmten Universitäten lehren. Sie werden wohl in der Lage sein, ihren Ausführungen den gebührenden Nachdruck zu verleihen und sich gegenüber Nörglern und Ignoranten zu verteidigen.

Das Alter als Ursache

Was man zur Abgrenzung sekundäre oder besondere Auslöser der Melancholie nennt, ist entweder innerlich, angeboren, vererbt oder äußerlich und zufällig erworben und bezieht sich im letzten Fall auf Ereignisse, die uns nach der Geburt zustoßen. Bei den angeborenen Ursachen unterscheidet man natürliche wie das Alter und widernatürliche, die Fernelius praeter naturam nennt und die die Eltern als Erbkrankheiten an ihre Kinder weitergeben. Die vorrangige natürliche Ursache, der niemand aus dem Weg gehen kann, ist das Alter; von kalter und trockener Beschaffenheit hat es dieselbe Qualität wie die Melancholie und muß sie durch Schwächung der Substanz und der Lebensgeister sowie die Zunahme verbrannter Säfte notwendig hervorrufen. Deshalb hält es Melanchthon unter Rückgriff auf Aristoteles für ausgemacht, daß alte Menschen wegen der in ihnen im Übermaß vorhandenen schwarzen Galle gewöhnlich unzurechnungsfähig werden. Und der arabische Arzt Rhazes nennt die Melancholie eine notwendige und unvermeidliche Begleiterscheinung des Alters und der Gebrechlichkeit. Jenseits der Siebzig ist alles Kummer und Sorge, sagt der Psalmist, und die allgemeine Erfahrung bestätigt die Wahrheit dieses Satzes für die Altersschwachen. Besonders betroffen sind dabei diejenigen, die ein aktives und geschäftiges Leben hinter sich haben, ständig Befehle erteilen und viele Bedienstete überwachen mußten und das alles von einem Tag auf den anderen aufgaben wie Karl der Fünfte, der ganz plötzlich zugunsten Philipps zurücktrat. Augenblicklich überwältigte ihn die Melancholie; aber auch wenn sie weitermachen wie bisher, werden sie zuletzt senil und können aufgrund der üblichen Altersgebrechen ihren Besitz nicht mehr verwalten. Geplagt von Schmerz, Sorge und Kummer, kindisch und verwirrt, benehmen sie sich überall daneben, führen Selbstgespräche, sind ärgerlich, reizbar, mit allem unzufrieden. Cicero nennt sie mißtrauisch, launisch, gierig, hart, Balthasar Castilio eigensinnige, abergläubische, eingebildete Prahlhänse und Selbstbewunderer. Dieses natürliche Gebrechen zeigt sich am ausgeprägtesten bei alten Frauen, und zwar insbesondere solchen, die arm, alleinstehend, verachtet, auf Almosen angewiesen oder Hexen sind. Deshalb auch verlegen Wierus, Baptista Porta, Ulricus Molitor, Edwicus alles, was den Hexen nachgesagt wird, in deren Einbildung und machen die schwarze Galle für diese Halluzinationen verantwortlich. Nun ist umstritten, ob sie wirklich das Vieh zu Tode hexen, auf einer Zuberstange aus dem Schornstein fliegen, sich in Katzen und Hunde verwandeln, durch die Lüfte fahren können, ob sie sich zum Hexensabbat treffen und sich mit dem Teufel vereinigen. Deshalb führen die genannten Autoren alles auf das Übermaß an schwarzer Galle zurück, auf Schlaftrünke, natürliche Ursachen und teuflisches Blendwerk. Solche Frauen, so Wierus, können keine Wundertaten vollbringen, sondern ihr Geist ist verwirrt. Sie halten sich selbst für Hexen, die Böses tun, sind aber in Wirklichkeit gar nicht in der Lage, Unheil anzurichten. Allerdings wird diese Ansicht von Bodin, Erastus, Danäus, Scribanius, Sebastian Michaelis, dem Jesuiten Dandinus bekämpft und von Cicogna ausführlich widerlegt. Sie alle leugnen nicht die Melancholie der Betroffenen, bestreiten aber, daß die Hexerei nur das Produkt einer entgleisten Phantasie sei, mit der sie sich und andere täuschten.

Die zweite angeborene Ursache der Melancholie ist das Temperament, das wir gänzlich oder teilweise von unseren Eltern empfangen. Fernelius nennt sie, wie erwähnt, praeter naturam oder widernatürlich, weil sie in die Kategorie der Erbkrankheiten gehört. Das Temperament des Vaters, so argumentiert er, ist auch das des Sohnes, und eben die Krankheit, an der der Vater bei der Zeugung litt, wird später auch dem Sohn zu schaffen machen, denn er erbt die väterlichen Gebrechen ebenso wie seine Ländereien. Wenn die Konstitution des Erzeugers zerrüttet ist, heißt es bei Roger Bacon, wird das notwendig auch für seinen Sohn gelten, und auf diese Weise pflanzt sich das Übel fort. Nur zeigt sich nach Hippokrates die Vererbung weniger in körperlichen Merkmalen wie Proportionen, Narben, Gesichtszügen, sondern eher im Verhalten und in der Gemütsanlage. Seleucus hat wie seine Nachkommen einen Anker auf dem Oberschenkel, wie Trogus berichtet, und bei Plinius vererbt Lepidus seine Blindheit auf seinen Sohn. Die berühmte Familie der Aenobarbi verdankte ihren Namen der Rotbärtigkeit der Männer. Die sogenannte österreichische Lippe, die platte Nase der Indianer, der bayrisches Kinn genannte Kropf und die hervorquellenden Augen bei manchen Juden, alles das wird nach Buxtorfius vererbt. Die Eltern geben ihre Stimme, ihren Gang, ihre Haltung, das äußere Erscheinungsbild wie auch ihre übrigen Anlagen und Gebrechen an die Kinder weiter. Wie die Mutter, so die Tochter; ja selbst Gemüt und Charakter sind, wie Lemnius behauptet, schon im Keim angelegt, und die Bosheit und andere schlechte Eigenschaften der Kinder müssen oft ganz und gar den Eltern zugeschrieben werden. Für mich besteht folglich kein Zweifel, daß die Melancholie eine Erbkrankheit darstellt. Paracelsus bestätigt das ausdrücklich und ebenso Crato in seiner Epistel an Monavius. Bruno Seidelius führt Hippokrates und Plutarch als Zeugen dafür an, daß solche Erbanlagen häufig vorkommen, und er diagnostiziert bei einem seiner Patienten erbliche Schwermut. Nach Daniel Sennertus geht die Melancholie nicht nur vom Vater auf den Sohn über, sondern zuweilen auf die ganze Familie. Und Forestus führt in diesem Zusammenhang in seinen medizinischen Beobachtungen das Beispiel eines Kaufmanns an, der sein Patient war und dieses Leiden geerbt hatte. Bei Rodericus à Fonseca ist die Rede von einem jungen Mann, der mütterlicherseits vorbelastet war und durch dieses Erbteil sowie durch eine melancholisch machende Ernährung erkrankte. Der spanische Mediziner Ludovicus Mercatus hat kürzlich einen hervorragenden Traktat über Erbkrankheiten veröffentlicht, zu denen er die Lepra, Pocken, Steinleiden, Gicht, Epilepsie und anderes rechnet. Solche Leiden brechen erst nach vielen Jahren aus, sind aber dann unheilbar, ein Vorgang, der, wie er schreibt, geheimnisvoll anmutet. Noch wunderbarer ist die Tatsache, daß in manchen Familien der Vater unbehelligt bleibt und erst wieder der Sohn betroffen ist oder nur jeder zweite oder dritte in direkter Linie, daß das Krankheitsbild wechselt und sich gleichsam Stellvertreterleiden einstellen können. Diese sekundären Ursachen sind im allgemeinen so wirksam, daß sie nach Wolfius die primären nicht selten überlagern und die himmlischen Fügungen durchkreuzen. Deshalb wirken Kirche und Staat, menschliches und göttliches Gesetz zur Vermeidung von Erbkrankheiten zusammen und verbieten Heiraten auch unter nur entfernt Blutsverwandten. Auch Mercatus rät allen Familien zu frischem Blut, d. h. zu Schwiegersöhnen und Schwiegertöchtern, die sich vom ganzen Naturell her deutlich von ihnen unterscheiden, und zwar sowohl aus Liebe zu den Ihrigen wie aus Ehrfurcht vor dem Gemeinwohl. Ich zweifle nicht daran, daß die normalerweise alle 600 Jahre stattfindende Völkerwanderung auf Befehl der göttlichen Vorsehung erfolgt, damit unser Blut verbessert und gereinigt wird, so wie wir das Saatgut für unsere Felder von Zeit zu Zeit wechseln. Das ist der Grund für den Goten- und Vandalensturm und den Einfall der wie eine Sintflut über weite Teile Europas und Afrikas gekommenen, alles überrennenden Völkerschaften Skandinaviens und Sarmatiens. Gott sandte sie zum Besten unserer Gesundheit, die durch die Erbkrankheiten, die wir uns durch unsere Wollust und Zügellosigkeit zugezogen hatten, schon arg in Mitleidenschaft geraten war. Eine gesunde Generation starker und leistungsfähiger Männer aus dem Norden, frei von Krankheiten, Sittenverderbnis und anderen nachteiligen Eigenschaften, sollte unsere Erbanlagen verbessern und uns zu solchen Menschen machen, wie es die armen nackten Indianer Brasiliens und der Maragnan-Inseln in der Regel noch heute sind. Sie kennen nämlich keine ererbten oder ansteckenden Krankheiten und leben, z. B. auf den Orkneys und anderswo, ohne alle Arzneimittel 120 Jahre und länger. So sehen die unterschiedlichen Folgen der Mäßigkeit und der Ausschweifung aus; aber ich will zu den Einzelheiten kommen und genauer demonstrieren, auf welche Weise und durch wen das Gebrechen der Schwermut weitergegeben wird.

Die Kinder alter Väter haben, wie schon Scoltzius vermutet, selten eine gute Konstitution und sind daher besonders anfällig. Nach Levinus Lemnius zeugen Greise launische, griesgrämige, trübsinnige und melancholische Nachkommen, und ein fröhliches Gemüt ist die Ausnahme. Wer mit vollem Magen zeugt, wird nach Cardano ein kränkliches Kind oder einen geistesgestörten Sohn aufzuziehen haben, und ein Hirnschaden ist gleichermaßen die Folge, wenn die Eltern beim Beischlaf an Unwohlsein, Kopfschmerzen oder Migräne leiden oder der Mann betrunken ist. Ein Säufer zeugt den nächsten, sagt Plutarch, und Lemnius, ja sogar Aristoteles stimmen diesem Urteil zu. Dümmliche, trunksüchtige und geistig unbedarfte Frauen haben häufig Kinder, die ihnen gleichen, und solche Nachkommenschaft muß auch der gewärtigen, der mit einer Frau schläft, die ihre Tage hat. Andere bisweilen genannte Gründe sind falsche Ernährung – eine Vorliebe für Knoblauch und Zwiebeln etwa –, übermäßiges Fasten, intellektuelle Überanstrengung, ein ständig bekümmerter, betrübter, niedergeschlagener, ängstlicher und verwirrter Geist. Die Kinder solcher Menschen fallen nach Cardano der Geisteskrankheit und Melancholie häufig zum Opfer, denn wenn das Gehirn auf diese Weise in Mitleidenschaft gezogen und geschädigt ist, dann geht es auch den Nachkommen nicht anders, und sie werden ihr Leben lang betrübt, niedergeschlagen, furchtsam und verdrießlich sein. Einige sind der paradoxen Ansicht, daß kluge Männer normalerweise Dummköpfe zeugen; Suidas nennt hier das Beispiel des Grammatikers Aristarch, und Erasmus erklärt in seinem *Lob der Torheit* umgekehrt, Narren hätten kluge Kinder. Als Grund dafür gibt Cardano an, daß sich die höheren Lebensgeister durch das Studium verflüchtigen und durch niederes animalisches Fluidum aus dem Herzen und anderen Hirnteilen ersetzt würden. Lemnius unterstützt diese Lehre und ergänzt, die Gelehrten vernachlässigten die ehelichen Pflichten gegenüber ihren Gattinnen, deshalb hätten sie Schwächlinge und nicht selten Idioten und Einfältige zu Kindern.

Auch von der Mutter können schlechte Anlagen weitergegeben werden. Wenn sie nicht nur während der Empfängnis, sondern auch während ihrer Schwangerschaft übermäßig lustlos, bedrückt, ärgerlich, verdrießlich, mißmutig und melancholisch ist, wird auch ihr Sohn davon angesteckt und, wie Lemnius hinzusetzt, ein noch schlimmerer

Fall. Verzehrt sie sich vor Kummer, versetzt sie ein Unglück in Unruhe oder Angst, erschreckt sie sich vor etwas, was sie hört oder sieht, gefährdet sie damit ihr Kind und zerstört das Säftegleichgewicht des kleinen Organismus, denn die seltsamen Einbildungen der Mutter wirken auf das Kind ein und prägen es, wie sich am leichtesten an Schwangeren zeigen läßt, die es aufs heftigste nach gewissen Speisen gelüstet und deren Sprößlinge dann die gleiche Vorliebe entwickeln und die nämliche Eigenheit aufweisen. Wenn eine Hochschwangere einen Hasen sieht, hat das Kind oft eine Hasenscharte. Und bei Garcäus findet sich das denkwürdige Beispiel eines gewissen Thomas Nickell, der 1551 in der Stadt Brandenburg geboren wurde und zeit seines Lebens herumtaumelte und -wankte, als wolle er jeden Augenblick zu Boden stürzen. Und das alles, weil seine Mutter vor der Niederkunft einen Betrunkenen gesehen hatte. Bei Martin Wenrichius findet sich eine Passage über einen Bürger Wittenbergs, der wie ein Leichnam aussah. Als ich ihn nach dem Grund fragte, schreibt Wenrichius, antwortete er, seine Mutter habe, als sie mit ihm schwanger ging, zufällig eine Leiche gesehen und sei darüber so erschrocken, daß sich der grausige Eindruck auf das Kind übertragen habe.

So werden wir für die Sünden unserer Väter auf vielfältige Art bestraft und geplagt, und Fernelius hat recht, wenn er schreibt, es sei das größte Glück, gesund geboren zu werden, und es wäre gut um die Menschheit bestellt, wenn nur diejenigen, die an Leib und Seele ohne Fehl sind, heiraten dürften. Ein Landmann sät nur den besten und ausgesuchtesten Samen aus, kein Rind, kein Pferd zieht er auf, das körperlich deformiert wäre, kein Hengst darf eine Stute decken, wenn er nicht einwandfreier Rasse ist, die besten Widder suchen wir für unsere Schafherden aus, wählen für die Zucht die schmucksten Kühe, halten nur die verläßlichsten Hunde. Wie sorgfältig müßten wir da erst bei der Zeugung unserer eigenen Kinder vorgehen! Früher sollen einige Völker in dieser Hinsicht so vorsichtig und streng gewesen sein, daß sie körperlich mißgebildete oder geistig behinderte Kinder töteten, so etwa die alten Indianer, von denen Curtius berichtet, und viele andere gutregierte und sittenstrenge Gemeinwesen. Wer vormals in Schottland an Fallsucht, Geisteskrankheit, Gicht, Lepra oder einer anderen gefährlichen Krankheit litt, die sich vom Vater auf den Sohn vererbt, wurde nach Hec. Boethius augenblicklich entmannt, eine erkrankte Frau von männlicher Gesellschaft ausgeschlossen und, falls sie doch schwanger wurde, mit ihrem Kind lebendigen Leibes begraben. Das alles geschah zum allgemeinen Besten, damit nicht das ganze Volk Schaden nähme. Ein hartes Schicksal, wird der Leser einwenden, und eine Methode, die Christen sicher nicht ansteht, aber die uns doch nachdenklich machen sollte. Denn heute wird das alles zu sorglos gehandhabt; jeder, der will, darf heiraten, und es ist eine solche Freizügigkeit und Unbekümmertheit eingerissen, daß sich die Erbkrankheiten häufen, keine Familie vor ihnen sicher ist und fast jeder schon an dem einen oder anderen Gebrechen leidet. In jedem Fall muß ja der Älteste heiraten und den Zuchthengst unserer Gattung abgeben, und die Söhne reicher Eltern mögen geistig noch so zurückgeblieben, so lahm, verkrüppelt, unmäßig, zuchtlos und von Ausschweifungen zerrüttet sein, ihr Erbteil macht sie klug und kräftig. So kommt es, daß unsere Generation ungesund ist, viele körperlich und geistig dahinsiechen, heimtückische Krankheiten unter uns wüten, Familien dem Wahnsinn verfallen und es um uns noch schlechter steht als um unsere Väter.

Falsche Ernährung als Ursache

Entsprechend der vorgeschlagenen Darstellungsmethode habe ich bisher die angeborenen sekundären Ursachen behandelt und komme jetzt zu den Umwelteinflüssen, denen wir nach unserer Geburt ausgesetzt sind. Dabei unterscheidet man externe und interne Einflußgrößen. Die äußeren Bedingungen werden ihrerseits noch einmal in notwendige und nicht notwendige aufgegliedert. Die notwendigen, die so genannt werden, weil wir ihnen nicht aus dem Wege gehen können und sie uns je nach Gebrauch oder Mißbrauch verändern, umfassen jene unter den Medizinern sprichwörtlichen sechs res non naturales, also nicht natürlichen Dinge, die zu den Hauptauslösern der Melancholie rechnen. Denn bei fast allen Konsultationen heißt es, wenn die Rede auf die Krankheitsursache kommt, die Schuld liege beim Patienten selbst, habe er doch in einem der sechs nicht natürlichen Dinge gefehlt. Montanus, der im Fall eines melancholischen Juden konsultiert wurde, urteilte so und desgleichen Frisimelica; in seinem 244. Ratschlag tadelt er einen schwermütigen Soldaten und nennt als Grund seiner Erkrankung, er habe sich an allen sechs nicht natürlichen Dingen versündigt, und sie seien so zum äußeren Anlaß für seine inneren Obstruktionen geworden.

Die sechs nicht natürlichen Dinge sind Ernährung, Verhaltung und Ausscheidung, die schwerer wiegen als die übrigen, weil sie entweder neue Materie erzeugen oder dazu beitragen, sie aufzubewahren oder aus dem Körper zu entfernen. Die anderen vier umfassen Luft, körperliche Bewegung, Schlafen, Wachen und seelische Belastungen, die die Materie nur modifizieren. Die Ernährung, die erste Komponente, bestehend aus Nahrungsmitteln und Getränken, verursacht Melancholie bei substantiellen sowie akzidentiellen Verstößen gegen das rechte Maß. Man spricht in diesem Zusammenhang zu Recht von einer materiellen Ursache, weil sie nach Fernelius bei Erkrankungen insofern ein entscheidender Faktor ist, als sie den Krankheiten selbst Stoff und Nahrung liefert. Denn weder die Luft noch psychische Faktoren noch irgendein anderer augenfälliger Auslöser können wirksam werden, wenn nicht eine geschwächte körperliche Konstitution und ein Säfteungleichgewicht dazukommen. Man kann folglich sagen, die falsche Ernährung sei die Mutter aller Krankheiten, und die Vaterschaft auf sich beruhen lassen, denn die Melancholie und andere Gebrechen werden schon durch sie allein bewirkt. Viele Mediziner haben umfangreiche Bücher allein zum Thema der Natur und Qualität aller möglichen Speisen geschrieben wie etwa Galen, der Jude Isaak, Halyabbas, Avicenna, Mesue, Gordonius, Villanovanus und viele mehr, und fast jeder kommt in einem gesonderten Kapitel auch auf den Zusammenhang von Ernährung und Melancholie zu sprechen. Weil aber diese Arbeiten nicht jedermann zugänglich sind, will ich hier kurz zusammenfassen, welche Nahrungsmittel schwarze Galle erzeugen und welche zu meiden sind. Wie sie den Organismus im einzelnen beeinflussen, läßt sich bei Fernelius genauer nachlesen. Ich komme umgehend zur Sache und behandle zuerst die schon von der Substanz her falsche Ernährung.

Nach Galen und allen späteren Autoren erzeugt das kräftige und herzhafte Rindfleisch stark schwarzgalliges Blut. Es eignet sich deshalb nur für gesunde Menschen von kräftiger Konstitution und solche, die schwer arbeiten. Dabei muß es richtig zubereitet sein, gepökelt, von einem Jungtier oder Ochsen (das Fleisch kastrierter Tiere gilt generell als das beste) oder, wenn schon von älterem Vieh, dann am ehesten von abgearbeiteten Tieren. Aubanus und Sabellicus empfehlen Rindfleisch aus Portugal als das schmackhafteste und leicht verdaulichste, wir die eigenen Erzeugnisse. Gänzlich ungeeignet aber ist diese Fleischsorte für alle, die ein bewegungsarmes Leben führen, zur Schwermut neigen oder von trockener Konstitution sind.

Schweinefleisch ist von Natur aus am nahrhaftesten, aber gleichfalls für körperlich untätige und kränkliche Menschen nicht zuträglich. Zu feucht und saftig, verträgt es ein empfindlicher Magen nicht, und der Körper reagiert u. U. mit Viertagefieber auf häufigen Genuß.

Savonarola und Bruerinus raten von Ziegenfleisch ab, weil es von einem dreckigen und stinkenden Tier stamme und sich in entsprechend unappetitliche Körpersubstanzen verwandle; zartes, junges Lammfleisch dagegen wird von Isaak, Bruerinus und Galen erlaubt.

Hirsch und Rotwild hat als derbe Kost einen schlechten Ruf. In seiner Zähigkeit und Grobfaserigkeit ähnelt es dem Pferdefleisch. Und obwohl es von Tartaren, Chinesen und anderen Völkern verspeist wird, verbietet Galen seinen Genuß. Fohlen werden in Spanien ebenso häufig gegessen wie Rotwild, und unter spanischen Seeleuten ist es, insbesondere auf Malaga, als Proviant sehr gebräuchlich. Allerdings verlangt es lange Brat- oder Kochzeiten und taugt doch nicht viel.

Alles Wildbret macht melancholisch und erzeugt schlechtes Blut. Gleichwohl ist es schmackhaft und wird bei uns zu feierlichen Anlässen sehr geschätzt, denn wir besitzen in England mehr Jagdgehege als das ganze übrige Europa zusammengenommen. Von frisch erlegtem Wild und gut zubereitet ist es ab und zu gestattet, aber der häufige Genuß ist schädlich.

Dunkles Hasenfleisch ist schwer verdaulich und schwarzgallig, oft genossen erzeugt es Alpdruck und Angstträume. Dasselbe gilt für jedes Wildbret, das deshalb vor dem Richterstuhl der Heilkunde keine Gnade findet. Mizaldus und andere erklären, Hasenfleisch mache lustig und sei, wie ein Epigramm Martials bezeugt, ein Schönheitsmittel. Aber das rührt wohl nur daher, daß es gewöhnlich in frohgestimmter und heiterer Runde verzehrt wird, und ist also als zufällige Begleiterscheinung zu verstehen.

Kaninchen haben dieselben Eigenschaften wie Hasen. Magninus vergleicht sie mit Rind, Schwein und Ziege; allerdings werden Jungtiere allgemein gern gegessen.

Alles Schwerverdauliche löst Melancholie aus. Aretaios rechnet Kopf, Füße, Eingeweide, Gehirn dazu sowie Knochenmark, Fett, Blut, Haut und die inneren Organe wie Herz, Lunge, Leber, Milz.

Milch und alle Milchprodukte wie Butter, Käse, Quark usw. steigern die Schwarzgalligkeit mit Ausnahme der äußerst gesunden Molke. Manche halten auch Eselsmilch für einen Sonderfall. Alles übrige ist für kleine Kinder und gesunde Menschen nahrhaft und gut, aber denen abträglich, die einen empfindlichen Magen, offene Wunden, Gallensteine oder Migräne haben, weil es leicht verdirbt. Von allen Käsesorten ist die, die wir Banbury nennen, die beste. Je älter, würziger und härter aber ein Käse wird, desto bedenklicher ist nach Langius sein Verzehr. [...]

Die Nahrungsmenge als Ursache

Das Fleisch selbst und seine Qualität, schlechte Soßen und falsche Zubereitung richten allerdings bei weitem nicht soviel Schaden an wie die verzehrte Menge, ein falscher Ort und Zeitpunkt der Nahrungsaufnahme und die Maßlosigkeit des Zuviel oder Zuwenig. Es ist nur zu wahr, daß die Völlerei, der allesverschlingende mörderische Bauch, mehr Opfer fordert als das Schwert. Und noch zutreffender ist der Satz des Plinius, einfache Speise sei die beste; das Aufhäufen verschiedener Fleischsorten mit den entsprechenden Soßen erklärt er für verhängnisvoll, denn viele Gänge bringen auch viele Krankheiten. Avicenna verurteilt solche Speisefolgen ebenso wie das Ausdehnen von Mahlzeiten über den normalen zeitlichen Rahmen hinaus. Dieses Verhalten sei der Quellgrund vieler Gebrechen, die alle aus der Unvereinbarkeit und dem Widerstreit der verdickten Säfte resultierten. Hier liegen nach Fernelius denn auch die Ursachen für Verdauungsstörungen, Blähungen, Verstopfungen, Durchfall, Blutandrang, Abzehrung und plötzlichen Tod.

Wie eine Lampe bei überreichlicher Ölzufuhr erlischt oder ein kleines Feuer nicht plötzlich eine Menge Holz verträgt, so wird die natürliche körperliche Wärme durch unmäßige Nahrungsaufnahme gleichsam erstickt. Ein unersättlicher Bauch gleicht einem abgründigen Pfuhl, aus dem alle möglichen körperlichen und seelischen Leiden aufsteigen. Mercurialis erkennt hier einen der Gründe für seine eigene Krankheit, und Solenander führt das Beispiel eines Menschen an, der durch unzeitige Schwelgerei melancholisch geworden war. Crato bestätigt diese Einschätzung in seiner oft zitierten Warnung vor jeder Völlerei. Aber ich brauche gar keine weiteren Belegstellen aufzusuchen, denn

Hippokrates selbst erklärt: Je mehr Nahrung man dem kranken Körper zuführt, desto schlechter geht es ihm, denn die Nahrungsmittel verfaulen unter dem Einfluß der verdorbenen Körpersäfte.

Aber trotz der Schäden, die wir uns durch maßloses Essen und Trinken zufügen, treiben wir es in dieser Beziehung nur immer noch ärger. Man lese nach, was Johannes Stuckius kürzlich über die Gelage der Alten und unsere eigenen rauschenden Feste geschrieben hat, wobei uns diejenigen, die uns zum Essen einladen, eigentlich an den Rand des Grabes befördern. Welche Doppelgänger Fagos, Epikurs, des Apicius und Heliogabal haben unsere Zeiten vorzuweisen! Der Geist Lukulls wandelt noch heute, und jeder will in seinem Apollo-Zimmer soupieren. Die exklusiven Speisen des Äsop fährt jetzt jeder auf:

So schmeckt
am besten ihnen, was am meisten kost't. (Juvenal)

Das Teuerste ist gerade gut genug, und zwanzig oder dreißig Pfund Sterling für ein Gericht, ein paar tausend Kronen für ein Diner auszugeben, ist nichts Außergewöhnliches. Mulei-Hamet, König von Fez und Marokko, ließ sich eine Kapaunensoße drei Pfund kosten, und das ist heutzutage nicht der Rede wert, weil wir alles Preiswerte verachten. Das Licht selbst ist, wie Seneca bemerkt, manchem zuwider, weil es nichts kostet, und uns beleidigt die Wärme der Sonne und die kühlende Brise gleichermaßen, weil wir sie nicht erstanden haben. Die Luft, die wir atmen, dünkt uns ordinär, denn nur das erfreut, was einen hohen Preis hat. Und wenn wir einmal einfallsreich sind, dann unserem Schlund zuliebe, wenn wir uns Mühe geben, dann um den Gaumen zu kitzeln und den Bauch zufriedenzustellen. Livius beklagt sich darüber, daß ein Koch früher ein niederer Bediensteter war und nun als gefragte Person von Rang auftritt. Kochen ist zur Kunst und edlen Wissenschaft geworden, Köche gelten als feine Herren, der Bauch als Gott. Sie tragen ihr Hirn in der Magengrube, ihre Eingeweide im Kopf, so schätzt Agrippa einige zeitgenössische Schmarotzer ein, die sich ihrem Verderben in die Arme werfen, wie andere sich in ihr Schwert stürzen. Sie essen, bis sie platzen, Tag und Nacht, gleich wie ihnen die Ärzte ins Gewissen reden. Obwohl ihre Gesundheit unmittelbar bedroht ist und sie jeden Augenblick schreckliche Krankheiten gewärtigen müssen, schlingen sie bis zum Erbrechen, essen, mit Senecas Worten, um sich zu übergeben, und übergeben sich, um wieder essen zu können, bis sie auch das nicht mehr bei sich behalten. Sie stopfen ihre Mägen mit hingemetzelten Tieren voll und durchstöbern die ganze Welt als Sklaven ihres vergötzten Gaumens, den sie doch nicht zufriedenstellen können. Was das Meer, Land, Flüsse und Seen auch hergeben, dem Nimmersatt ist's nicht genug. Und gekrönt wird das Ganze durch zügelloses Trinken, wie es allerorts eingerissen ist. Sie strömen in die Tavernen, als seien sie allein zum Essen und Trinken auf die Welt gekommen wie der berühmte römische Parasit Offellius Bibulus, der, solange er lebte, entweder trank oder harnte. Sie sind schlimmer als Weinfässer, die den Wein verderben, aber wenigstens selbst intakt bleiben, und gelten doch für anständige Leute, selbst der trunkene Silenus war nicht vorzeigbarer. Was als Sünde galt, ist heute Tugend, schreibt Seneca, die große Mode und ehrenhaft. So weit ist es gekommen, daß jeder als Muttersöhnchen, Bauerntölpel ohne Kinderstube, Gegenteil eines feinen Herrn und daher als nicht gesellschaftsfähig gilt, der nicht trinkt. Nur der ist ein Kavalier, der den Strauß bis zum letzten Glas ausficht, und es ist keineswegs ehrenrührig, auf der Straße herumzutorkeln und herumzukrakeelen. Dieses Verhalten bringt im Gegenteil Ruhm und Anerkennung ein, wie denn auch bei Plautus Thesprio auf den Einwand des Epidicus: Wahrhaftig, welch schlechte Tat! antwortet, wo so viele mit entsprechendem Beispiel vorangingen, sei das längst nicht mehr tadelnswert. Vielmehr gereicht es einem zur Ehre, wenn man viel vertragen kann und es einem nicht zu Kopf steigt. Rivalitäten gibt es nur darum, wer das meiste wegsteckt und seine Zechkumpane unter den Tisch trinkt. Das höchste Gut unserer Geschäftsleute, ihr Lebenssinn und größter Trost besteht darin, sich miteinander in einer Schenke oder Taverne zu vergnügen wie die Moskowiter in ihren Met-Kaschemmen und die Türken in ihren Kaffeehäusern, die unseren Wirtsstuben gleichen. Sie schuften den ganzen Tag, um sich abends betrinken zu können, und verschleudern, wie der heilige Ambrosius bemerkt, den Gewinn des ganzen Jahres in einem Zechgelage. Die Nacht machen sie zum Tage, weiß Seneca von seinen Zeitgenossen zu berichten, und wenn wir aufstehen, gehen sie wie unsere Antipoden zu Bett:

> Wenn uns der Morgenwind trifft mit dem Schnauben der
> Heliosrosse,
> dann erst beginnt im Süden der Abendstern rötlich zu leuchten.
>
> (Vergil)

Der Sybarit Smindyrides sah in zwanzig Jahren die Sonne nicht einmal auf- oder untergehen. Und Verres, an dem Cicero kein gutes Haar läßt, ging im Winter nicht vor die Tür und verließ kaum das Lotterbett, in dem er trank und hurte. So wie er verbringen heute Abertausende ihre Zeit. Trinken und Frauen betrachtet man als eine Art Leistungssport, und diese Kentauren und Lapithen jonglieren mit Krügen und Schüsseln wie andere mit Bällen. Ständig verfällt man auf neue Kniffe wie scharfe Würstchen, Sardellen, Tabak, Kaviar, eingelegte Austern, Heringe, geräucherte Sardinen und die verschiedensten Sorten Pökelfleisch, um den Appetit anzuregen, und ruiniert sich eifrig mit Mitteln, die die Folgen des Alkoholkonsums mildern sollen. Wenn nichts mehr hilft, stolpern sie ins Freie oder lassen sich hinaustragen, um sich zu übergeben und dann von neuem anzusetzen. Irrwitzige Gesetze richten sich gegen diejenigen, die nicht mithalten wollen, und man brüstet sich mit seinen Leistungen, krönt nach trunkener Väter Sitte den ersten Hingesunkenen. Wenn sie gestorben sind, lassen sie sich einen Weinkrug auf ihren Grabstein meißeln. So setzen sie ihren Schurkereien die Krone auf und rechtfertigen ihre Verruchtheit, indem sie mit Rabelais, dem französischen Lukian, behaupten, Trunkenheit sei dem Körper zuträglicher als alle Arznei, denn es gebe mehr alte Trunkenbolde als alte Ärzte. Mit solchen argumentativen Schaumschlägereien verführen und ermutigen sie andere dazu, es ihnen gleichzutun, und drücken sie an ihr Herz, denn es gibt keinen besseren Klebstoff als solche Kumpanei. Im alten Griechenland hielt es Alkibiades, in Rom Nero, Bonosus und Heliogabal so, und viele unserer heutigen Großen tun es ihnen gleich. Wenn ein Fürst nach dem Vorbild des Bitias bei Vergil trinkt, daß seine Augen stier werden:

dieser
leerte mit kräftigem Zug das Gefäß bis zum goldenen Boden,
(Vergil)

und er doch bis zum Schluß nicht absetzt, ertönen Pauken und Trompeten, die Zuschauer applaudieren, und sogar der Bischof und sein Kaplan spenden dieser edlen Tat Beifall. Die Holländer bewirten ihre Gäste gleich eimerweise, so daß ihre Leiber zu Fässern aufquellen, und einer ihrer Landsleute beklagt sich über die unglaublichen Alkoholmengen, die dieses Volk in sich hineingießt. So inniglich sie einen Zechkumpanen lieben, ihn krönen und hochleben lassen, so abgrundtief hassen sie den, der ihnen nicht zuprostet; wer sich ausschließt, wird für dieses unverzeihliche Vergehen erstochen und umgebracht. Auch für die Sachsen ist der Nüchterne, wie Munster berichtet, ein Todfeind; und bei den Polen gilt als bester Gefolgsmann und grundanständiger Kerl, wer am häufigsten auf das Wohl seines Herrn anstößt. Der wird für seine treuen Dienste belohnt und allgemein geachtet, der am meisten verträgt, obwohl doch jedes Brauereipferd darin dem stärksten Trinker über ist. Trotzdem verdankt mancher solchen Heldentaten den Ruf, ein wackerer Recke zu sein, denn Tapferkeit zeigt sich ebenso vor dem Faß wie vor dem Feind, wie einige unserer Stadthauptleute und Bankettritter zur Genüge bewiesen haben. Dabei zerrütten sie vorsätzlich ihre körperliche Konstitution, ersticken ihren Geist und sinken auf das Niveau von Tieren herab.

Andere wiederum verfallen in das entgegengesetzte Extrem und beschwören solches Unheil durch zum Ritual erstarrte Ernährungsvorschriften herauf; sie sind, was die Essenszeiten und Speisen angeht, so übergenau, borniert und wunderlich, daß sie keinen Deut etwa von den Regeln eines Lessius abweichen, sich kein Gramm mehr oder weniger und keinerlei zeitlichen Spielraum gestatten. Morgens einen Diättrunk, Hähnchen- und Chinawurzelbrühe, mittags Pflaumensuppe, Geflügel, Kaninchen, Hammelrippe, Kapaunenflügel, Brustbein vom Huhn – das alles ist für einen gesunden Körper nicht substantiell genug und im Grunde absurd. Eine dritte Gruppe bringt sich durch übermäßiges Fasten um die Gesundheit. Tagsüber schmachten sie, und nachts liegen sie wach, wie heutzutage noch die Mohren und Türken. Mönche, Einsiedler und die übrigen Mitglieder dieser abergläubischen Sippschaft sind, wie Guianerius aus eigener Erfahrung bezeugt, durch übermäßiges Fasten nicht selten wahnsinnig geworden. Und auch Hippokrates bezieht sich auf ähnlich gelagerte Fälle, wenn er schreibt, etliche hätten durch ihre Mangelernährung mehr gesündigt und sich selbst größeren Schaden zugefügt als diejenigen, die reichlich essen und zur Völlerei neigen.

Auf welche Weise Ernährungsgewohnheiten, bestimmte Vorlieben und Zwangslagen der Melancholie zu- oder abträglich sind

Keine Regel gilt so allgemein, daß sie nicht Ausnahmen gestattete, und deshalb mildert oder modifiziert die Gewohnheit vieles, was ich bisher über die Unannehmlichkeiten und Beschwerden ausgeführt habe, die gewisse Speisen und ihr unmäßiger oder unzeitiger Genuß verursachen können. Die Tafeln müßten nämlich fast ganz verwaisen, hätte Hippokrates nicht recht mit einem seiner Merksätze, der da lautet: Dinge, an die man sich seit langem gewöhnt hat, richten weniger Schaden an, auch wenn sie von Natur aus schlecht sind – was sie übrigens auch bleiben, denn sonst könnte man strenge Diätvorschriften zu Recht zu bloßer Tyrannei erklären. Allerdings ändert die Gewohnheit die Verträglichkeit in einem gewissen Rahmen, läßt schlechtes Fleisch für diejenigen, die nichts anderes kennen, zur gesunden Ernährungsgrundlage werden und erlaubt auch unzeitigen Genuß ohne gesundheitliche Schäden. Apfelwein und Birnenmost blähen, wie überhaupt alle Früchte Blähungen auslösen, und doch sind sie in einigen Grafschaften Englands, in der Normandie und im spanischen Guipúzcoa Nationalgetränk, das jeder gut verträgt. In Spanien, Italien, Afrika lebt man hauptsächlich von Knollenfrüchten, rohem Kraut, Kamelmilch, und kein Einheimischer hat die Verdauungsprobleme, die bei einem Fremden mit Sicherheit auftreten würden. Nach Humfrey Llwyds schöner Epistel an Abraham Ortelius ernähren sich die Waliser – und der Verfasser zählt selbst dazu – hauptsächlich von Geflügel, in Holland sind Fisch, Wurzelgemüse und Butter Grundnahrungsmittel, und in Griechenland zieht man, wie Bellonius berichtet, bis zum heutigen Tag Fisch jedem anderen Fleisch vor. Nach Polydore Virgil verzehren wir wie alle nördlichen Völker viel Fleisch, und die südliche Ernährungsweise würde uns ebenso schlecht bekommen wie den Mittelmeervölkern unsere Küche. Wir trinken Bier, sie Wein, sie benutzen Öl, wir Butter; im Norden wird üppiger gegessen, im südlichen Klima mäßiger. Und doch sind beide Gruppen jeweils mit ihren eigenen Sitten und Gebräuchen bestens zufrieden. Als ein Äthiopier einst einen Europäer Brot verzehren sah, wunderte er sich darüber, wie ein Mensch solche Speise zu sich nehmen könne. Denn die Ernährungsgewohnheiten unterschieden sich so, daß er meinte, wer so etwas esse, der könne es auch gleich mit Schierlingsblättern, Eisenhut oder Nieswurz versuchen. Bis heute lebt das gemeine Volk in China ausschließlich von Knollenfrüchten und Kraut, und die Wohlhabendsten finden großen Gefallen an Pferde-, Esel-, Hunde- und Katzenfleisch. Das jedenfalls berichtet der Jesuit Matthäus Riccius, der viele Jahre unter Chinesen gelebt hat. Die Tartaren essen rohes Fleisch, normalerweise vom Pferd, und trinken wie die alten Nomaden geronnene Milch und Pferdeblut. Sie verspotten die

Europäer, weil sie Brot verzehren, das sie Halmspitzen nennen, und auch die Pferdestücke, die sich für Männer nicht schicken. Und doch nennt sie Scaliger ein gesundes und geistreiches Volk, dessen Angehörige hundert Jahre alt werden. Sogar im zivilisiertesten Landesteil, den der Jesuit Benedikt bei seinen Reisen vom Hof des Großmoguls nach Peking kennenlernte, halten sie es nicht anders. Bei den Skandinaviern und auf den Shetland Inseln ersetzt getrockneter Fisch das tägliche Brot, wobei die Speisekarte nach isländischem Muster durch Butter und Käse ergänzt wird. Dort trinkt man nach Dithmarus Bleskenius Wasser und wohnt zu ebener Erde. In Amerika ist Wurzelbrei Brotersatz, und statt auf Fleisch greift man auf Palmkohl, Ananas, Kartoffeln und ähnliches zurück. Manche trinken ein Leben lang Salzwasser und essen rohes Fleisch oder Gras mit Genuß; andere fristen ihre Existenz mit Fisch, Schlangen und Spinnen, und an verschiedenen Orten verzehrt man – wie selbst Kaiser Montezuma – Menschenfleisch entweder gebraten oder roh. An einigen Küstenstrichen liefert derselbe Baum durch seine Kokosnüsse Speis und Trank, Feuermaterial, Öl, Essig und mit seinen Blättern Kleidung und ein Dach über dem Kopf. Und obwohl dort die Menschen nackt herumlaufen und sich einfach ernähren, leben sie hundert Jahre und sind trotz eines Speiseplans, über den unsere Ärzte nur den Kopf schütteln könnten, selten oder nie krank. Die Westfalen essen hauptsächlich fettes Fleisch und einen Kohl, der enkelhoch wächst und den sie cerebrum Jovis, also Jupiterkopf, nennen. In den Niederlanden ißt man dazu Knollenfrüchte, in Italien Frösche und Schlangen. Die Türken lieben nach Busbequius alles Gebratene sehr. In Rußland sind Knoblauch und Zwiebeln gängige Speise, die dem Ungewohnten zum Verhängnis werden müßte, denen aber, die damit aufgewachsen sind, ganz köstlich vorkommt. Bauern und andere Schwerarbeiter können ständig fetten Schinken, Pökelfleisch, harten Käse, Schrotbrot essen und mit vollem Magen zu Bett gehen oder arbeiten, ein Verhalten, das dem körperlich Untätigen das Leben kosten würde und gegen die ärztlichen Regeln verstößt. Gewöhnung ist also auch in dieser Beziehung entscheidend. Reisende können das gemeinhin bestätigen; wenn sie fremde Länder betreten und sich ernährungsmäßig umstellen müssen, werden sie plötzlich krank wie unsere Holländer und Engländer, die sich, sobald sie in Afrika oder im indischen Raum an Land gehen, aufgrund der ungewohnten Früchte Fieber, Ruhr und andere Erkrankungen zuziehen. Fremde Nahrung beeinträchtigt, so wohlschmeckend sie sein mag, das körperliche Wohlbefinden. Auf der anderen Seite schwinden die Symptome, sobald die Gewöhnung einsetzt. Zur Verwunderung des Plinius konnte Mithridates, nachdem er immer höhere Dosen zu sich genommen hatte, schließlich Gift trinken, und ein Mädchen, das nach dem Bericht des Curtius zu Alexander geschickt wurde, war von Jugend auf an Gift gewöhnt. Die Türken nehmen, wie Bellonius schreibt, Opium gewöhnlich gleich drachmenweise, während wir uns kaum ein Gran davon zutrauen. Garcias ab Horto berichtet von einem Mann, den er in Goa traf und der zehn Drachmen Opium in drei Tagen konsumierte und trotzdem noch mit Verstand redete. Das alles vermag die Gewöhnung. Bei Theophrast ist die Rede von einem Schäfer, der Nieswurz in konzentrierter Form verzehren konnte. Und deshalb schließt Cardano unter Rückgriff auf Galen, daß man von Gewohnheiten nicht abrücken solle, es sei denn, sie erwiesen sich als außerordentlich schädlich; er rät jedem, bei der Ernährung, beim Baden, der Körperertüchtigung und in allen anderen Dingen so fortzufahren, wie er es von Kindesbeinen an kennt, und kann sich dabei auf keine geringere Autorität als die des Hippokrates berufen.

Auch Appetit auf oder ein besonderes Vergnügen an gewissen Speisen sorgt für Ausnahmen von der Regel. Obwohl sie schwer verdaulich und schwarzgallig sind, wird der Magen nach Fuchsius doch mit solchen Nahrungsmitteln leicht fertig, die uns schmecken und für die wir eine Vorliebe haben. Was uns aber nicht mundet, bekommt andererseits auch dem Magen schlecht, wie schon Hippokrates bestätigt. Manche haben eine geheime Abneigung gegen Käse oder Bratente und bezahlen da mit Verdauungsstörungen, wo andere ohne Probleme herzhaft zulangen.

Für die letzte Ausnahme sorgen Bedürftigkeit, Armut, Not und Hunger, Umstände also, die Menschen oft zum dankbaren Verzehr dessen treiben, was ihnen normalerweise widerwärtig und nicht bekömmlich ist. Das gilt für Seeleute, die der Durst plagt, ebenso wie bei der Belagerung großer Städte, in denen die Einwohner schließlich Hunde, Katzen, Ratten, ja selbst ihresgleichen verspeisen. Und Hector Boethius berichtet von drei Geächteten auf einer der Hebriden, die sich notgedrungen einige Monate lang mit dem rohen Fleisch jener Vögel am Leben hielten, deren sie habhaft werden konnten. Solche Bedingungen mildern oder annullieren das, was oben über schwarzgallige Speise ausgeführt wurde, und machen sie bekömmlicher. Die Wohlhabenden allerdings, die im Überfluß und ohne körperliche Anstrengung leben, haben sehr wohl eine Wahl zu treffen und sollten auf die genannten Nahrungsmittel verzichten, wenn sie zur Melancholie neigen und ihnen ihre Gesundheit lieb ist. Andernfalls müssen sie selbst die Folgen ihrer Unmäßigkeit und unausgewogenen Ernährung tragen.

Verhaltung und Ausscheidung als Ursachen

Auch hier gibt es unterschiedliche Spielarten, die entweder als Begleitursachen auftreten oder selbständige Auslöser darstellen. Galen verhandelt jeden Mangel oder Überfluß unter diesen Stichworten, andere verstehen alles darunter, was der Körper aus sich entläßt oder bei sich behält.

Von großer Bedeutung ist in diesem Zusammenhang die Verstopfung, d. h. jenes Nichtausscheiden unserer gewöhnlichen Exkremente, das viele Krankheiten verursachen kann, darunter insbesondere die Melancholie. Nach Celsus sind Kopfentzündungen, Mattigkeit, Verdüsterung und Kopfschmerzen die Folge; und Prosper Calenus lehrt, daß nicht nur das Hirn als Organ, sondern der Geist selbst angegriffen wird. Bisweilen läßt sich eine Geisteskrankheit allein darauf zurückführen, wie man im ersten Buch der medizinischen Beobachtungen des Sckenkius nachlesen kann. Als ein junger Kaufmann einmal die Messe im deutschen Nördlingen besuchte, hatte er zehn Tage lang keinen Stuhlgang. Bei seiner Rückkehr litt er an schwerer Melancholie, meinte, er wäre beraubt worden, und ließ sich nicht davon überzeugen, daß sein Geld noch vorhanden war. Seine Freunde vermuteten Gift; aber der Arzt Cnelinus, den man konsultierte, diagnostizierte Verstopfung als alleinige Ursache und gab dem Patienten ein Klistier, wodurch er sich schnellstens wieder erholte. Trincavellius verweist als weiteres Beispiel auf einen melancholischen Juristen, den er behandelte, und Rodericus à Fonseca hatte einen Patienten, der acht Tage hartleibig war und ebenfalls melancholisch wurde. Es gibt aber auch andere Ausscheidungsprozesse, die wie der Stuhlgang in regelmäßigen Abständen erfolgen müssen und nicht unterdrückt werden dürfen; Fernelius zählt die Monatsblutung bei Frauen dazu, Nasenbluten, Geschlechtsverkehr und manch andere normale Absonderungen.

Nichtauftreten der Regel gilt nach Villanovanus, Arculanus, Rhazes, Victorius Faventinus als melancholieauslösend, und Fuchsius geht noch weiter und erklärt, daß viele Männer, die zur Unzeit von ihren Hämorrhoiden geheilt worden seien, von Melancholie befallen wurden und so bei ihrem Versuch, Skylla zu meiden, an Charybdis scheiterten. Galen führt hier das Beispiel des Lucius Martius an, den er von seiner so verursachten Geisteskrankheit heilte, und Sckenkius verweist auf zwei melancholische und verrückte Frauen, deren Zustand er auf das Unterdrücken der Monatsblutung zurückführt. Ähnliche Konsequenzen hat nach Villanovanus Nasenbluten, wenn man es gegen die sonstige Gepflogenheit plötzlich unterbindet. Und auch Fuchsius betont nachdrücklich, daß dieser Ausfluß ohne Gesundheitsgefährdung nicht zu stillen ist.

Für geschlechtliche Enthaltsamkeit gilt dasselbe. Matthiolus weiß uns mitzuteilen, daß einige, die sich aus Schüchternheit der Fleischeslust entschlugen, anschließend schwermütig und trübsinnig wurden und andere überängstlich, melancholisch und über alle Maßen traurig waren. Oreibasios erwähnt Patienten, die ohne Geschlechtsverkehr ständig über Niedergeschlagenheit und Kopfschmerzen klagten, und bei manchen traten diese Symptome schon auf, sobald sie sich nur zeitweilig enthielten. Der Nichtvollzug macht viele krank, weil er nach Arculanus, Rhazes und Magninus giftige Dämpfe zum Herzen und Hirn aufsteigen läßt. Und Galen selbst lehrt, der zu lange aufbewahrte männliche Samen verwandle sich bei manchen Betroffenen in Gift. Hieronymus Mercurialis sieht in seinem Kapitel über die Melancholie hierin einen Hauptauslöser. Villanovanus berichtet, daß er viele Mönche und Witwen gekannt habe, die allein aus diesem Grunde schwer an Melancholie gelitten hätten. Ludovicus Mercatus und Rodericus à Castro handeln ausführlich davon und sprechen bei alten Jungfern, Nonnen und Witwen von einer eigenen Abart der Melancholie, die daher rühre, daß diese Personen keinen Ehemann hätten. Aelianus Montaltus wie Wierus legen Galen entsprechend aus, und Christopherus à Vega verdanken wir die Erwähnung zahlreicher weiterer Fälle. Felix Platter berichtet im ersten Buch seiner Beobachtungen von einem hochbejahrten Elsässer, der sich ein junges Weib nahm und wegen seiner zahlreichen Gebrechen den ehelichen Pflichten gegenüber seiner Gattin lange Zeit nicht nachkommen konnte. Aufgrund dieser geschlechtlichen Hemmung aber wurde seine Frau wie toll und machte jedem, der sie besuchte, mit Worten, Blicken und Gesten eindeutige Angebote. Der Arzt Bernadus Paternus kannte einen guten, ehrbaren und frommen Seelsorger, der, weil er weder freiwillig heiraten noch sich in einem Bordell Erleichterung verschaffen wollte, unter schweren melancholischen Anfällen litt. Und Hildesheim wurde im Jahre 1580 von einem italienischen Priester konsultiert, mit dem es ganz ähnlich stand. Jason Pratensis führt das Beispiel eines Ehemanns an, der nach dem Tod seiner Frau enthaltsam lebte und der Schwermut zum Opfer fiel, Rodericus à Fonseca erwähnt einen Jüngling, dem gleiches widerfuhr. Solchen Fällen kann man, wenn man will, noch jene hübsche Geschichte von der Heilung jenes unbeweibten und melancholischen Juden hinzufügen, die sich bei Poggius Florentinus findet.

Aber auch das andere Extrem, sexuelle Maßlosigkeit also, ist verhängnisvoll. Galen rechnet die Melancholie unter die Krankheiten, die durch Fleischeslust verschlimmert werden, und Avicenna, Oreibasios und andere geben ihm darin recht. Als Grund gibt Magninus an, sie kühle und trockne den Körper aus und verzehre die Lebensgeister. Deshalb sollten sich alle, deren Naturell kalt und trocken ist, davor in acht nehmen und den Verkehr wie einen Todfeind meiden. Jacchinus beruft sich in diesem Zusammenhang auf den Fall eines Mannes, der in einem heißen Sommer ein junges Weib geehelicht hatte und sich bei seinen Schlafzimmerwerkeleien so ausdörrte, daß er über ein Kurzes melancholisch wurde. Er heilte ihn mit Feuchtkuren. Analoges weiß Laelius à Fonte Eugubinus von einem Venezianer zu berichten, der aus nämlicher Ursache zuerst in Melancholie, dann in Irrsinn verfiel. Interessierte mögen die Geschichte dort nachlesen.

Auch jede andere unterbundene Entleerung, sei es bei der Galle, einem Geschwür oder Eiterbeulen, löst wie die sexuelle Hemmung Melancholie aus. Hercules de Saxonia und Gordonius bestätigen das aufgrund einschlägiger Erfahrungen und berichten von einem am Kopf verletzten Mann, dem es gut ging, solange die Wunde offen war, der aber wieder melancholisch wurde, als sie sich schloß.

Auch künstliche Entleerungs- und Entschlackungsarten wie Schwitzkuren, Bäder, Aderlaß, Abführmittel sind bei übermäßiger Anwendung nicht unbedenklich. Dann nämlich trocknen Bäder entweder durch extreme Hitze aus oder unterkühlen im gegenteiligen Fall. Nach Montanus wird die Leber zu heiß, nach Joh. Struthius verderben die Körpersäfte, wenn jemand zu oft, zu lange oder zu ungeeigneten

Zeiten ins Bad geht. Und Guianerius verbietet allen, die an verbrannter schwarzer Galle laborieren, kategorisch heiße Bäder. Er erwähnt in diesem Zusammenhang einen Gichtbrüchigen, der eine Badekur machte, um von seiner Krankheit geheilt zu werden, und der auch prompt genas, allerdings um den Preis eines noch schlimmeren Leidens, das er sich dabei zuzog, des Wahnsinns nämlich. Aber man muß auch hier differenziert argumentieren, weil die Körpersäfte heiß oder kalt sein können, so daß Bäder für den einen Melancholiker wohltuend, für den anderen schädlich sein werden. Was diesen heilt, macht jenen erst recht krank.

Wenn die Adern nicht zur rechten Zeit geöffnet werden, kann das der Gesundheit aufgrund des Übermaßes an schlechten Säften und schwarzgalligem Blut sehr abträglich sein. Wird nicht geschröpft, erhitzen sich die Säfte bis zum Kochen, und die an solchen Entzündungen Leidenden stehen in großer Gefahr, den Verstand zu verlieren. Andererseits kann der Aderlaß aber auch so häufig, unbedacht und ohne Gespür für den rechten Zeitpunkt vorgenommen werden, daß der Körper unterkühlt wird, die Lebensgeister ermatten und dahinschwinden. Eine derartige Behandlung schadet, wie Joh. Curio zu bedenken gibt, eher, als sie nützt, denn die Säfte geraten nur noch mehr in Wallung, und die Melancholie wird gefördert statt bekämpft. Prosper Calenus weitet diese Kritik auf jede Form des Schröpfens aus, sofern sie nicht von einer kräftigenden Diät begleitet ist, und Leonartus Jacchinus weiß aus eigener Erfahrung zu berichten, daß das Blut vieler Menschen nach dem Aderlaß dunkler ist als vorher. Vielleicht ist das der Grund, weshalb Sallust. Salvinianus bei melancholischen Erkrankungen gar nichts von dieser Behandlung wissen will, es sei denn, es ist zweifelsfrei erwiesen, daß die Ursache im Blut liegt. Er war, wie aus seinen Ausführungen hervorgeht, selbst Leiter eines Irrenhauses, und jahrelange Erfahrung lehrte ihn, daß bei jeder Form des Aderlasses, gleich ob am Kopf, Arm oder einem anderen Körperteil, die Nachteile überwiegen. Allerdings vertritt Felix Platter den genau entgegengesetzten Standpunkt und schreibt, daß er, wenngleich einige die Phlebotomie bei der Behandlung von Melancholikern ignorierten, verböten und verurteilten, doch selbst Zeuge zahlloser Heilungen nach zwanzig, nein, nach bis zu sechzig Aderlässen geworden sei. Die Patienten führten jetzt ein glückliches Leben, und überhaupt sei es zu Galens Zeiten üblich gewesen, da sechs Pfund Blut abzuzapfen, wo wir heute nur noch ein paar Unzen zu schröpfen wagen. Aber solche Streitfragen sind Sache der Mediziner, und es mangelt nicht an gelehrten Abhandlungen.

Das Verschreiben von Brech- und Abführmitteln kann schlimme Folgen haben, wenn nicht ein Übermaß verdorbener Körpersäfte diese Maßnahme rechtfertigt. Wird zu häufig, zu heftig, zu maßlos purgiert, schwächt das nach Fuchsius die Patienten, oder die künstliche Entleerung wird – wenn sie eine starke Konstitution besitzen – zur schlechten Gewohnheit und die Betroffenen zu einer Art Apotheke, wobei aus dem Arzneimittelmißbrauch notwendig neue Beschwerden entstehen.

Schlechte Luft als Melancholieauslöser

Die Luft spielt bei dem Entstehen von Krankheiten eine große Rolle, denn wir atmen sie ständig ein, und sie erreicht so selbst die inneren Teile des Körpers. Wenn sie unsauber und dunstig ist, trübt sie die Lebensgeister, schlägt aufs Herz und verursacht so manches Leiden, schreibt Paulus in Übereinstimmung mit Avicenna, Mercurialis und Montaltus. Nach Fernelius macht dicke Luft das Blut und die Säfte zähflüssig. Und Lemnius nennt Luft und Ernährung die beiden Dinge, die unserer körperlichen Gesundheit am zuträglichsten und abträglichsten sein können. Die Melancholie jedenfalls wird nach dem Zeugnis des Jobertus durch nichts leichter ausgelöst als durch die Luft, die wir atmen und in der wir leben. Wie die Luft, so unsere Lebensgeister, und wie die Lebensgeister, so unsere Säfte. Schädlich wirkt sie durchweg, wenn sie zu heiß oder zu trocken, dick, rußig, trübe oder stürmisch ist. Bodin beweist, daß Länder mit einem heißen Klima am meisten von der Melancholie geplagt werden und sich folglich in Spanien, Afrika und Kleinasien so viele geistig Verwirrte finden, daß man sich in allen bedeutenden Städten gezwungen sah, gesonderte Hospitäler für sie einzurichten. Die Menschen sind dort gemeinhin Choleriker, bringen in ihrer normalen Unterhaltung keine zwei Wörter ohne Schimpfen und Fluchen über die Lippen und streiten sich häufig in aller Öffentlichkeit. Nach Gordonius ist die Melancholie in südlichen Ländern ein verbreiteteres Leiden als in nördlichen, obwohl wir auch hier Einschränkungen machen müssen, denn unter dem Äquator liegt, wie Acosta richtig bemerkt, eine klimatisch gemäßigte Zone, ein Paradies der Wonnen, mit immergrünen Pflanzen und erfrischenden Schauern. Allerdings gilt das Gesagte uneingeschränkt für unmäßig heiße Landstriche wie Zypern, Malta, Apulien und das Heilige Land, wo zu gewissen Jahreszeiten nichts als Staub anzutreffen ist, die Flüsse austrocknen, die Luft kocht und die Erde verbrannt ist. Viele Pilger, die den Weg von Jaffa nach Jerusalem aus Frömmigkeit barfuß auf dem glühenden Sand zurücklegen, haben darüber schon den Verstand verloren oder sind von den Sandstürmen begraben worden, die bei Westwind weite Teile Afrikas, die arabischen Wüsten und Baktrien, das heute Khorasan heißt, heimsuchen. Den Grund der Melancholie so vieler venezianischer Frauen sieht Hercules de Saxonia, Professor ebendort, darin, daß sie sich zu lange in der Sonne aufhalten. Und Montanus führte die Geistesverwirrung seines jüdischen Patienten zumindest teilweise auf die Unvorsichtigkeit zurück, mit der er sich der Hitze und Kälte aussetzte. Wegen der hohen Temperaturen sind die gepflasterten Straßen in Venedig im Sommer um die Mittagszeit wie ausgestorben, und die Einwohner schlafen dort zumeist ebenso wie im Reich des Großmoguls oder im gesamten Ostindien. Im arabischen Aden halten sie nach dem Reisebericht des Ludovicus Vertomannus ihre Märkte nachts ab, um die Temperaturspitzen zu umgehen, und in Hormus liegt die Bevölkerung wie eine Kuhherde auf der Weide den ganzen Tag über bis zum Kinn im Wasser. Im portugiesischen Braga, sizilianischen Messina, in Burgos in Kastilien und allerorts in Spanien und Italien sind die Gassen schmal angelegt, um die Sonne abzuhalten.

Die Türken tragen große Turbane, die die Strahlen brechen, und unsere Kaufleute, die sich in Geschäften in Bantam auf Java aufhalten müssen, haben unter der Hitze viel zu leiden. Dort ist es so heiß, daß die Pockenkranken in der Sonne bleichen, um ihre Geschwüre austrocknen zu lassen. Und die Kapverdischen Inseln, die nur vierzehn Breitengrade vom Äquator entfernt liegen, haben, wie ich lese, einen besonders schlechten Ruf. Einer nennt ihr Klima das ungesundeste der ganzen Welt, das die anlandenden Seeleute mit Ruhr, Delirien, Tropenfieber schlage, die sämtlich von der übermäßigen Hitze ausgelöst würden. Die zähesten Burschen und abgebrühtesten Kerle erkranken, wie Constantinus versichert, und es gibt klimatische Extreme, die nicht einmal die Eingeborenen aushalten. Niger erwähnt in diesem Zusammenhang jenen Teil Mesopotamiens, der heute Diarbecha genannt wird; dort können an bestimmten Stellen Temperaturen erreicht werden, die selbst die Eingeborenen und ihr Vieh töten, und in Adricomius in Südarabien ist die Luft von Myrrhe, Weihrauch und anderen dort wachsenden scharfen Gewürzen derart geschwängert, daß sie nicht einmal den Einheimischen, geschweige denn Fremden und Geschwächten, erträglich ist. Amatus Lusitanus berichtet schließlich von einer dreizehnjährigen Gerberstochter, die einmal im Juli ihr Haar waschen und an der Sonne trocknen lassen wollte, um es flachsfarben werden zu lassen, sich aber zu lange in der Hitze aufhielt, so daß sich ihr Kopf entzündete und sie wahnsinnig wurde.

Auf der anderen Seite gilt nach Montaltus ein kaltes Klima als kaum weniger abträglich, insbesondere wenn es obendrein noch trokken ist. Deshalb sind die Bewohner der nördlichen Regionen normalerweise träge, schwerfällig und nicht selten der Hexerei verfallen – alles Folgen, die Saxo Grammaticus, Olaus und Baptista Porta der Melancholie zuschreiben. Allerdings dominiert hier die Spielart der Melancholie, die kalt und trocken ist, und aus diesem Grunde siedelt Joseph Hall in seiner Satire *Mundus Alter et Idem* die Melancholiker wohl auch in der Nähe des Pols an. Die schlechteste Luft jedoch ist die dicke, dunstige, schwadengesättigte, wie sie aus Mooren, Sümpfen, Teichen, von Misthaufen, Aborten und aus Senkgruben aufsteigt, in die man Aas und Kadaver geworfen hat und die einen ekelhaften Gestank verströmen. Galen, Avicenna, Mercurialis und viele alte und neue Autoritäten erklären diese Luft für ungesund und zur Ursache der Melancholie, Pest und vieler anderer Übel. Alexandretta, eine Hafenstadt am Mittelmeer, und San Juan de Ulloa, ein Hafen in Neuspanien, sind wegen ihrer schlechten Luft ebenso in Verruf geraten wie das albanische Durazzo, wie Litauen, Dithmarschen und die Pontinischen Sümpfe in Italien, die Region um Pisa und Ferrara, wie die Romney Marsch bei uns, Hunderte von Mooren in Essex und die Fenngebiete in Lincolnshire. Cardano hat manches an der Lage so wohlhabender und volksreicher niederländischer Städte wie Brügge, Gent, Amsterdam, Leiden, Utrecht usw. auszusetzen, deren Klima schlecht sei, und ähnliches gelte für Stockholm in Schweden, Rhegium in Italien und in England für Salisbury, Hull und Lynn. Für die Schiffahrt sind sie bequem erreichbar, militärisch leicht zu sichern und auch für andere Zwecke gut geeignet; aber sind sie auch gesund? Das alte Rom wuchs von den Hügeln in die Täler hinab, und entsprechend liegen auch die meisten modernen Städte in den Ebenen, um die Flüsse nutzen zu können. Leander Albertus bricht eine Lanze für Klima und Lage von Venedig, obwohl dort bei Niedrigwasser mooriger Schlick zutage tritt. Aber nach seiner Meinung verbessern das Meer, Feuer und Rauch die Luft, und andere vermuten, daß eine dicke nebelige Atmosphäre wie im italienischen Pisa das Erinnerungsvermögen fördere. Entsprechend lobt Camden unter Verweis auf Platon die Lage Cambridges, weil die Marschen nicht weit entfernt seien. Aber lassen wir das alles auf sich beruhen, und fragen wir uns lieber, wie das Verhalten von Leuten zu entschuldigen ist, die in angenehmer Lage, einem herrlichen Klima und inmitten der Reichtümer der Natur siedeln und doch durch ihre eigene Unsauberkeit und Schlamperei, durch ihren schmutzstarrenden Lebensstil die Luft verpesten und sich selbst in Erstickungsgefahr bringen. Viele türkische Städte sind entsprechend übel beleumdet, und selbst Konstantinopel, wo das Aas in den Straßen fault, macht keine Ausnahme. Auch die spanischen Zustände sind auf Kritik gestoßen, und obwohl Madrid Königssitz ist und über ein hervorragendes Klima und eine angenehme Lage verfügt, sind seine Einwohner solche Schluderjane, daß sie die Straßen nicht in Ordnung halten können.

Ein stürmisches Wetter mit Böen und dunklen, wolkenverhangenen Tagen, wie es bei uns in England häufig vorkommt, ist ebenso gesundheitsgefährdend wie rauhe, unreine und faulige Lüfte. Polydore Virgil nennt unseren Himmel schmutzig, und wie Ciceros Bruder Quintus als Quaestor in Britannien schrieb, bildet sich leicht eine Wolkendecke. Nach Lemnius macht eine solche trübe Atmosphäre die Betroffenen finster, mürrisch und verdrießlich; wenn aber bei Westwind einmal ein ruhiger, sonniger Tag anbricht, löst das bei Menschen eine Art geistiger Aufheiterung aus und läßt selbst die Tiere munterer werden. Treten dagegen rauhe, stürmische und düstere Witterungsbedingungen ein, grassiert der Trübsinn und die Niedergeschlagenheit, und die Leute erscheinen mal reizbar und ärgerlich, mal teilnahmslos und melancholisch:

Ändern Wetter und schwankende Luftfeuchte ihre
Richtung und ballt, vom Südwind noch triefend, Jupiter machtvoll
eben noch lockere Lüfte und lockert zugleich die geballten,

wandeln sich auch die Geschöpfe und leihen ganz anderen
Gefühlen
Ausdruck als dann, wenn der Wind die lastenden Wolken
heranfegt. (Vergil)

Wer ist schon gegen die Gestirne immun und nicht wetterfühlig? Wem verdüstert sich nicht das Gemüt, wenn es draußen gießt und stürmt? Aquarius trübt den Winter ein, und schon der Herbst brütet die Atmosphäre aus, die der vierten Jahreszeit besonders entspricht. Das schlechte und schmutzige Wetter macht allen Menschen zu schaffen, wirkt sich aber besonders negativ auf diejenigen aus, die melancholisch sind oder zur Melancholie neigen. Nach Lemnius reagieren sie am stärksten, und die bereits Erkrankten rasen entweder mit dem oder gegen den Sturm. Außerdem nutzt der Teufel solche Unwetter, bei denen unsere Säfte aufgewühlt werden, um mit den wildbewegten Lüften auch unsere Lebensgeister durcheinanderzuwirbeln und die Seele zu quälen, und wie die Wellen, so werden auch die Säfte und Lebensgeister in unserem Körper vom Sturm aufgepeitscht. Deshalb rät Montanus den Melancholikern, sich keinen stürmischen und rauhen Lüften auszusetzen, auch die Nachtluft zu meiden und sich nur an schönen Tagen im Freien zu ergehen. Lemnius warnt vor dem Süd- und Ostwind und empfiehlt die nördliche Brise. Montanus verbietet, bei Dunkelheit die Fenster zu öffnen, hält Südwind neben der Nachtluft für besonders gefährlich, und Plutarch gibt ihm darin recht. Nacht und Dunkelheit betrüben die Menschen ebenso wie unterirdische Gewölbe und düstere Behausungen im Fels oder in Höhlen. Einöden machen augenblicklich melancholisch, insbesondere den Neuling und Ungeübten. Mehr davon bei Hippokrates, Aëtios, Oreibasios und Avicenna.

Maßlose Ertüchtigung als Ursache. Einsamkeit und Müßiggang

Nichts ist so gut, daß es nicht zu mißbrauchen wäre. Und entsprechend gibt es kein besseres Mittel, um seinen Körper gesund zu erhalten, als regelmäßige Übung, aber auch nichts Schädlicheres als Überanstrengung oder einen falsch gewählten Zeitpunkt. Das Übermaß und die Erschöpfung zehren nach der Galen-Auslegung des Fernelius an der Substanz und entziehen dem Körper seine Wärme; die Säfte, die der Organismus sonst verbraucht und deren Schlacken er ausgeschieden hätte, geraten in Wallung und bringen so Leib und Seele aus dem Lot. Auch Körperertüchtigung zur Unzeit oder auf vollen Magen ist gleichermaßen schädlich, weshalb Fuchsius unermüdlich dagegen zu Felde zieht. Nach seiner Meinung sind deutsche Schuljungen so oft schorfig, weil sie unmittelbar nach den Mahlzeiten Sport treiben. Bayerus hat ähnliche Vorbehalte, weil die Bewegung die Nahrung im Magen verderbe und der noch unverdaute Saft in die Venen gelange, wo er nach Lemnius verfault und die Lebensgeister zerrüttet. Auch Crato erklärt körperliche Anstrengung nach der Nahrungsaufnahme zum größten Feind gesunder Verdauung und eines gesunden Säftegleichgewichts, und folglich haben Sallust. Salvianus, Leonartus Jacchinus, Mercurialis, Arculanus und viele andere allen Grund, maßlose Ertüchtigung als starken Melancholieauslöser zu behandeln.

Das Gegenteil der Übung ist der Müßiggang, das Kennzeichen des Adels, oder die Untätigkeit, ein körperlicher und seelischer Fluch, die Amme jeder Unart, Stiefmutter der Zucht, Hauptursache allen Unheils, eine der Todsünden und einziger Grund dieser und zahlloser anderer Krankheiten, Kissen des Teufels, wie Gualter sie nennt, und seine liebste Ruhestatt. Denn der Geist ist immer in Bewegung und denkt über das eine oder andere nach, und wenn er keiner ehrbaren Beschäftigung nachgehen kann, stürzt er sich aus eigenem Antrieb in die Melancholie. So wie auf der einen Seite übermäßige Aktivität und Anstrengung schaden, so ist auf der anderen auch ein untätiges Leben vom Übel; es belastet den Körper mit Schleim, verdickten Säften, allen möglichen Verstopfungen, mit Rheumatismus und Katarrhen, weshalb Rhazes hier die Hauptursache melancholischer Erkrankungen sieht. Müßiggang erzeugt Schwarzgalligkeit seiner Meinung nach häufiger als alles andere, und Montaltus führt gleichfalls aufgrund eigener Erfahrung an, daß die Untätigen häufiger der Schwermut anheimfallen als diejenigen, die mit einem Amte betraut sind oder Geschäften nachgehen. Plutarch hält Müßiggang für die alleinige Ursache seelischer Erkrankungen, Homer berichtet, daß Achill in seiner Untätigkeit sich vor Kummer verzehrte, weil er nicht in den Kampf ziehen sollte, und Mercurialis verweist bei einem jungen Patienten auf die nämliche Ursache. Denn nichts erzeugt leichter Melancholie, nichts nährt und verschlimmert sie mehr als Inaktivität, ein Gebrechen, das allen Müßiggängern vertraut ist und das süße Leben wie ein unzertrennlicher Weggefährte begleitet. Wer sich allen geregelten Tätigkeiten fernhält und sich den Anforderungen eines Berufs oder einer Beschäftigung verschließt, hat naturgemäß wenig Gelegenheit, sich zu regen; und wenn sie sich einmal ergibt, sind die Betroffenen noch zu faul und zu träge, um sich zu einer Tat aufzuraffen. Arbeit und Anstrengung können sie nicht ertragen, auch wenn es sich um so notwendige und unstrapaziöse Unternehmungen handelt wie sich anzukleiden, einen Brief zu schreiben oder ähnliches. Jemand, der vor Kälte starr ist, zittert immerhin noch unwillkürlich, um sich durch diese körperliche Restaktivität Linderung zu verschaffen, oder er bewegt sich, aber Müßiggänger geraten nur ins Lamentieren, ohne sich auf die einfachen und auf der Hand liegenden Mittel zu besinnen, die ihnen helfen würden, und leiden also weiter unter der Schwermut. Das gilt insbesondere für diejenigen, die für ein geschäftiges Leben bestimmt waren, sich ständig in Gesellschaft bewegten und plötzlich zu einer wenig abwechslungsreichen Lebensweise übergehen. Im Nu leidet ihre Seele Höllenqualen, denn solange sie handeln, verhandeln oder sich in angenehmer Gesellschaft mit allerlei Kurzweil unterhalten, geht es ihnen blendend, wenn sie aber allein oder unbeschäftigt zurückbleiben, setzt die Folter augenblicklich wieder ein. Ein einsamer Tag, ja manchmal eine einsame Stunde richten mehr Schaden an, als eine arbeitsame und gesellige Woche wiedergutmachen kann. Die Melancholie springt sie an, sobald Ablenkung fehlt, und peinigt sie derart, daß der weise Seneca treffend bemerkt, er wäre lieber krank als müßig. Wir unterscheiden zwischen körperlicher und geistiger Untätigkeit. Die erstere ist nichts als eine Art betäubender Faulheit, die alle Anstrengung blockiert. Sie erzeugt nach Fernelius Verdauungsstörungen, Verstopfung, verschlackte Säfte, erstickt die natürliche Wärme und dämpft und lähmt die Lebensgeister.

Denn aus den versäumten
Äckern sprießet hervor durch Feuer zu tilgendes Farnkraut.
(Horaz)

Wie Farne und alle Arten von Unkraut unbestellten Boden überwuchern, so nehmen auch die verdickten Säfte in einem untätigen Körper überhand. Ein Pferd, das ohne Auslauf im Stall eingesperrt ist, ein Falke im Mauserkäfig, der ganz selten fliegt, werden beide anfällig für Krankheiten, die kaum auftreten, solange man diese Tiere ihrem Bewegungstrieb überläßt. Ein Hund ohne Beschäftigung wird räudig, und warum soll es einem menschlichen Faulpelz anders ergehen? Geistige Untätigkeit ist ungleich schlimmer als körperliche, denn der unbeschäftigte Geist, der die Seele Rost ansetzen läßt, ist eine Krankheit, eine Plage, ja die Hölle selbst, wie Galen ihn nennt. Wie in einem stehenden Gewässer die Würmer und Kriechtiere zunehmen, wie das Wasser und die Luft verderben, wenn sie nicht ständig durch den Wind bewegt und belüftet werden, so vergiften böse und unreine Gedanken die Seele des Müßiggängers. Gibt es in einem Gemeinwesen keinen äußeren Feind, bricht wahrscheinlich ein Bürgerkrieg aus, und die Landsleute fallen übereinander her; analog verzehrt sich unser Körper, wenn er untätig ist und sich keiner Aufgabe zu widmen weiß, selbst mit Sorgen, Kummer, Verdruß, falschen Befürchtungen und Verdächtigungen; er quält sich, zernagt das eigene Herz und gibt keine Ruhe. Ich gehe sogar so weit zu behaupten, daß ein Müßiggänger niemals echtes körperliches und seelisches Wohlbefinden spüren wird, solange er untätig bleibt. Er oder sie mögen so wohlsituiert, so reich, hochgestellt und glücklich sein, wie sie wollen, sie mögen im Überfluß schwimmen und alles besitzen, was das Herz begehrt, unbeschäftigt reagieren sie doch immer nur mit Überdruß, Unwohlsein, Ärger, Abscheu, mit Tränen, Seufzern, Kummer, Argwohn, Überempfindlichkeit; sie wünschen, sie wären tot, oder geben sich ganz närrischen Phantastereien hin. Das ist der Grund, weshalb so viele Männer von Stand und adelige Damen in Stadt und Land an dieser Krankheit leiden. Denn der Müßiggang hängt dem Adel von jeher an, weil seine Mitglieder sich durch Arbeit entehrt fühlen und ihre Tage mit Kurzweil und Unterhaltung verbringen. Alle Anstrengung und jede berufliche Tätigkeit ist ihnen zuwider; gleichzeitig leben sie gut, essen üppig, leiden aber an Bewegungsmangel, sind untätig und ohne Beschäftigung, weil das unter ihrer Würde wäre. Folglich sammeln sich im Körper zähflüssige Säfte und Blähungen verursachende Verdauungsreste an, ihr Geist wird träge und findet doch keine Ruhe; Sorgen, Eifersucht, Angst vor Krankheiten und Weinkrämpfe machen ihnen nur allzu häufig zu schaffen. Denn was können Furcht und Einbildung in einem untätigen Körper nicht alles bewirken, welche Krankheiten können sie nicht verursachen. Als die Kinder Israels in Ägypten gegen Pharao murrten, befahl er seinen Hauptleuten, die Fron zu verdoppeln und sie auch noch das Stroh für die Ziegel selbst sammeln zu lassen. Denn den einzigen Grund für ihre Meuterei und ihr Aufbegehren sah er in ihrem Müßiggang. Überall, wo man geht und steht, begegnet man auch heute Unzufriedenen und hört unnötige Klagen, Befürchtungen, Verdächtigungen, Beschwerden, die sich am leichtesten abstellen ließen, wenn man die Betreffenden zur Arbeit anhielte, damit sie nicht auf dumme Gedanken kommen, denn das Unbeschäftigtsein ist ihr eigentliches Problem. Sie mögen dabei eine Zeitlang Luftschlösser bauen, sich mit phantastischen Grillen und angenehmen Spielereien ablenken, am Ende steht immer das bittere Erwachen, die alte Unzufriedenheit und ängstliche, argwöhnische, eifersüchtige, trübsinnige, aufreibende Selbstquälerei. Solange sie die Hände in den Schoß legen, bereitet ihnen nichts Freude. Wer nicht weiß, wie er seine Zeit verbringen soll, der hat, wie Gellius bemerkt, mehr mit sich selbst zu tun, mehr Sorgen, Kummer, Seelenpein auszustehen als jemand, den seine beruflichen Aufgaben ganz in Anspruch nehmen. Ein Müßiggänger, schreibt er weiter, weiß nicht, wann es ihm gut geht, was er will oder wohin es ihn zieht. Alles erschöpft ihn, alles mißfällt, er wird des Lebens überdrüssig, irrt rastlos umher und bleibt doch stets mit sich selbst zerfallen. Diese üblichen Folgen der Faulheit und des Müßiggangs finden sich nirgendwo prägnanter und genauer zusammengefaßt als in den Versen des Philolaches aus Plautus' *Mostellaria.* Ein junger Mann, meint er, gleicht einem schönen neuen Haus. Der Zimmermann hinterläßt es festgefügt, solide und in bestem Zustand; aber ein schlechter Mieter führt die notwendigen Reparaturen nicht aus, läßt es hereinregnen, und alles verfällt. Ganz ähnlich scheuen auch unsere Eltern, Lehrer, Freunde keine Mühen und Kosten, um uns in der Jugend eine anständige Erziehung angedeihen zu lassen, aber wenn wir anschließend für uns selbst sorgen müssen, fegt der Müßiggang wie ein Sturm alle tugendhaften Gedanken aus unseren Köpfen, und Faulheit und ähnliche Laster ruinieren wie im Handumdrehen unsere Existenz.

Gleichsam eine leibliche Base des Müßiggangs und eine seiner Begleitursachen ist übermäßige Einsamkeit, die nach dem Zeugnis aller Ärzte sowohl als Auslöser wie als Symptom zu gelten hat, hier aber nur im ersten Sinn behandelt wird, wobei man zwischen der erzwungenen und freiwilligen Einsamkeit unterscheidet. Die erzwungene tritt bei Mönchen und Einsiedlern auf, die durch ihren Orden und seine Lebensregeln die Gesellschaft anderer Menschen meiden müssen und sich in ihre Zelle zurückziehen. Ein Beispiel für solche abergläubische Absonderung liefern etwa heute die Kartäuser, denen der Fleischgenuß ebenso wie das Reden untersagt ist und die niemals auf Reisen gehen.

Betroffen sind auch Eingekerkerte oder Menschen, die abgelegen oder in Einöden wohnen; so liegen die Sitze des Landadels oftmals so einsam, daß die Betroffenen entweder ohne Gesellschaft auskommen müssen oder dadurch über ihre Verhältnisse leben, daß sie alle des Weges Kommenden als ihre Gäste empfangen und bewirten, weil sie nicht mit den Bediensteten und Landarbeitern Umgang pflegen wollen, die nicht ihresgleichen sind und sozial unter ihnen stehen. Manche verbringen ihre Tage auch mit sittenlosen Gesellen in Tavernen und Schenken, um der Einsamkeit zu entfliehen, und widmen sich Ausschweifungen und verbotenen Lustbarkeiten. Viele werden durch Armut und Mittellosigkeit auf diesen Felsen der Einsamkeit geworfen, andere durch das überdeutliche Bewußtsein einer Schmach oder eines Gebrechens oder wegen jener Schüchternheit, Einfalt und Unwissenheit, die sie zur Geselligkeit untüchtig macht. Für solche Unglücklichen gibt es keinen teureren Ort als die Einsamkeit, wo ihnen niemand ihr Elend vorwirft. Die erzwungene Einsamkeit mündet am schnellsten bei denen in Melancholie, die bisher heiter und in harmlosen Freuden gelebt haben und ihre Zeit vielleicht in guter Gesellschaft, im großen Familienkreis, in einer volksreichen Stadt verbrachten. Wenn sie sich plötzlich in einem abgelegenen kleinen Landhaus wiederfinden, eingeschränkt in ihrer Bewegungsfreiheit und abgeschnitten von den vertrauten Freunden, wird ihnen die Einsamkeit zur schweren Last und zur Ursache großen Unbehagens.

Freiwillige Einsamkeit ist eine vertraute Begleiterscheinung der Schwermut und lockt uns sanft wie eine Sirene, eine Sphinx – oder wie ein Schuhanzieher – in den Abgrund ohne Wiederkehr. Piso nennt sie einen der Hauptauslöser, denn zuerst ist es dem melancholisch Veranlagten höchst angenehm, ganze Tage im Bett und auf seinem Zimmer zu verbringen, in einem einsamen Hain an einem Bächlein entlangzuwandern und vergnüglichen Gedanken nachzuhängen. Es scheint ihm eine unvergleichliche Lust, sich der melancholischen Stimmung hinzugeben, in sich hineinlächelnd Luftschlösser zu bauen und sich in eine Unzahl von Rollen hineinzuversetzen und hineinzusteigern, mit denen er sich identifiziert oder in denen er andere hat agieren sehen. So vergnüglich sind solche spielerischen Streifzüge durch Gegenwart, Vergangenheit und Zukunft, wie Rhazes formuliert, zu Beginn der Erkrankung, daß die Betroffenen meinen, sie könnten tage- und nächtelang auf Schlaf verzichten und ganze Jahre in solch phantastischen Meditationen zubringen, die auch darin den Träumen gleichen, daß sie nicht aus ihnen erwachen oder sie unterbrechen möchten. So verlockend wirkt der eitle Wahn, daß sie die Aufgaben des täglichen Lebens und die notwendigen Geschäfte vernachlässigen und sich auf keine andere Beschäftigung mehr zu konzentrieren vermögen. Ihre Hirngespinste belauern, beschleichen, verhexen und überwältigen sie auf derart unmerkliche, gefühlsbetonte und zwanghafte Art und Weise, daß sie, wie gesagt, ihren Alltagsgeschäften kaum noch die gebotene Aufmerksamkeit widmen. Unfähig, der Verlockung zu widerstehen oder sich aus dem Sog ihrer melancholischen Träumereien zu befreien, ergeht es ihnen wie jemandem, der nachts auf der Heide von einem Kobold genarrt wird. Sie folgen ohne Bedenken und verlieren sich im Labyrinth ihrer eifrigen melancholischen Meditationen, von denen sie sich nicht abbringen lassen. Ablaufend wie ein aufgedrehtes Uhrwerk und ihrer Neigung endlos nachgebend, erreichen sie schließlich einen Punkt, an dem sich das Blatt wendet, sich die Phantasien in Alpträume verkehren und sie doch von ihren verfestigten Gewohnheiten, der fiebernden Einbildungskraft und der Vorliebe für einsame Orte, nicht mehr loskommen. Sie können nun überhaupt keine Gesellschaft mehr ertragen und beschäftigen sich nur noch mit abstoßenden und widerwärtigen Gegenständen. Furcht, Angst, Argwohn, Scham, Mißmut, Sorgen, Lebensüberdruß überfallen sie von einer Minute auf die andere, und sie können an nichts anderes mehr denken. Vielmehr bricht die teuflische Pest der Melancholie über die nun ständig Mißtrauischen herein und versetzt ihre Seele durch schreckliche Spukbilder in Angst und Schrecken, welche sie durch keine Mühe, keine Überredungskunst wieder loswerden können und denen sie nicht zu widerstehen vermögen, so tief steckt der tödliche Pfeil in ihrer Seite. Ich leugne in diesem Zusammenhang keineswegs, daß es eine gewinnbringende Art der Meditation und Kontemplation gibt, eine Einsamkeit, die man willkommen heißen soll, die die Kirchenväter uns nachdrücklich anempfehlen, über die Hieronymus, Chrysostomos, Cyprian und Augustinus ausführlich gehandelt haben und die auch Schriftsteller wie Petrarca, Erasmus und Stella in ihren Büchern rühmen und preisen. Sie ist, wenn man von ihr den rechten Gebrauch macht, ein Paradies, der Himmel auf Erden, gut für den Körper und noch besser für die Seele. Die Mönche nutzen sie zur Gottesschau, und auch Simulus, ein Höfling zu Zeiten Hadrians, und Kaiser Diokletian zogen sich zu diesem Behufe zurück. Vatia lebt allein, pflegten die Römer zu sagen, wenn sie das Landleben loben wollten, und nicht anders als viele hervorragende Philosophen vor ihnen zogen sich auch Demokrit und Kleanthes vom Trubel der Welt zurück, um ihr Wissen zu vertiefen und wie Plinius in seiner Villa Laurentana und Cicero in Tusculanum Gott zu dienen und ihren Studien zu obliegen. Deshalb bin ich der Meinung, daß unsere übereifrigen Neuerer nicht allzugut beraten waren, als sie sämtliche Abteien und Klöster unterschiedslos auflösten und abrissen. Besser hätten sie sie reformieren und jene argen Mißstände abstellen sollen, die sich eingeschlichen hatten, statt so gegen die ansehnlichen Gebäude und ewigen Denkmäler der Frömmigkeit unserer Vorwäter, die dem Gottesdienst geweiht waren, zu wüten und zu toben. Zumindest einige Klöster und Kollegiatskapitel in größeren Städten hätten ausgenommen werden müssen und, nachdem man ihre Einkünfte einem sinnvollen Verwendungszweck zugeführt hätte, als Heimstätten für jene Männer und Frauen aus allen Ständen und Schichten dienen können, die sich aus den Kümmernissen und dem Lärm der Welt zurückziehen möchten, nicht heiraten können oder wollen und den Alltagsgeschäften zu entfliehen trachten. Hier hätten sie zweckmäßig untergebracht werden und für sich leben können, hier hätten sie die gute Erziehung und bessere Gesellschaft gefunden, die sie suchten, hier sich zum allgemeinen Besten in den Künsten und Wissenschaften vervollkommnen oder nach dem Vorbild jener wahrhaft frommen Mönche früherer Zeiten offen und ehrlich Gott dienen können. Solche Menschen sind nämlich weder Einzel- noch Müßiggänger, wie denn auch bei Äsop der Dichter dem Bauern, der ihm seine Untätigkeit vorhält, antwortet, er habe noch nie Zeit vertrödelt, außer bei diesem Gespräch. Entsprechend fühlte sich nach Ciceros Aussage auch Scipio Africanus am wenigsten einsam, wenn er allein war, und war gerade dann äußerst beschäftigt, wenn er die größte Muße zu haben schien. Platon berichtet in seinem Dialog über die Liebe, jener großartigen Lobrede auf Sokrates, wie diesen zufällig ein tiefer Gedanke ankam und er ganz versunken von morgens bis abends dastand und nachsann. Weil er mit seinen Überlegungen aber noch nicht zu Ende gekommen war, setzte er sie nicht nur bis zum Abend, sondern die ganze Nacht lang fort, während ihn die Soldaten, die er damals auf ihrem Feldzug begleitete, bewundernd beobachteten. Ohne eine Bewegung stand er so in Gedanken versunken da, bis es abermals Tag wurde. Dann grüßte er die aufgehende Sonne und ging seiner Wege. Über die besondere Gemütsverfassung, die ihm soviel Standhaftigkeit gewährte, weiß ich ebensowenig wie über die Folgen seines Tuns, außer der Tatsache, daß ein gewöhnlicher Sterblicher sicher Schaden genommen hätte, und auch über das diffizile Problem, das ihn so gänzlich in Anspruch genommen hat, kann ich nur Vermutungen anstellen. Aber uns geht es hier ja auch um etwas anderes, nämlich um jene verbreitete Vereinsamung und innere Öde, die uns nach Seneca zum Verhängnis wird, weil sie uns den Mitmenschen und der Gesellschaft entfremdet. Wenn es heißt, ein einsamer Mensch sei entweder ein Heiliger oder ein Teufel, so gehören die hier Gemeinten allesamt ins diabolische Lager derer, deren Geist überdreht oder erschlafft ist, weshalb der Prediger Salomo ausruft: Wehe dem, der allein ist! Diese Elenden sinken oft von der Stufe des Gesellschaftswesens Mensch auf die von Tieren und unmenschlichen Ungeheuern herab, die schrecklich anzusehen sind, werden zu Misanthropen, die nicht nur die Gesellschaft anderer Menschen, sondern auch sich selbst verabscheuen, zu Nachfolgern Timons von Athen und Nebukadnezars, die für ihren Zustand selbst verantwortlich sind, weil sie der melancholischen Verlockung zur Absonderung nur zu bereitwillig nachgegeben haben. Was Mercurilis bisweilen seinem schwermütigen Patienten vorhielt, läßt sich so mit vollem Recht auf jeden sich abkapselnden Müßiggänger anwenden: Die Natur hat allen Grund, sich über dich zu beklagen, weil sie dir einen gesunden Körper und eine gute Konstitution mitgegeben hat, und Gott nicht minder, der dir eine unsterbliche Seele verlieh und dich mit vielen Talenten und nützlichen Gaben ausstattete. Alles das nämlich hast du nicht nur verachtet und zurückgewiesen, sondern du hast es verdorben und vergiftet, das körperliche Gleichgewicht zerrüttet und mit den guten Gaben durch Ausschweifung, Müßiggang, Absonderung und andere Verfehlungen Schindluder getrieben. An Gott und der Natur bist du so zum Verräter geworden, hast dich selbst aus freien Stücken verloren und weggeworfen. Du selbst bist die Ursache deines Elends, weil du den eitlen Hirngespinsten nicht widerstanden, sondern ihnen nachgegeben hast.

Schlafen und Wachen als Auslöser

Was ich oben über die körperliche Bewegung ausgeführt habe, kann ich hier nur wiederholen. Nichts ist besser als maßvolle Nachtruhe, nichts schlimmer, als zu kurz, zu lang oder zur Unzeit zu schlafen. Es ist eine zutreffende Lehrmeinung, daß ein Melancholiker gar nicht zuviel ruhen kann, daß ihm zusätzlicher Schlaf wohltut, weil er ein einzigartiges Gegenmittel ist, und nichts die Krankheit leichter auslöst und verschlimmert als übermäßiges Wachen. Trotzdem gibt es Fälle, in denen der Schlaf mehr Schaden anrichtet, als er nützt, bei jener phlegmatischen, schweinischen, kalten und trägen Form der Melancholie nämlich, von der Melanchthon spricht und die sich durch häufiges Seufzen und eine Art Wassersucht verrät. Ist sie im Übermaß vorhanden, schläfert sie die Lebensgeister ein und stumpft die Sinne ab. Sie füllt den Kopf mit dickflüssigen Säften und verursacht nach Fuchsius bei allen denen, die wie die Murmeltiere schlafen, Erkältung, Katarrhe, Rheuma und krankhafte Absonderungen im Hirn und den übrigen Organen. Wer am Tage, wenn der Körper nicht darauf eingestellt ist, womöglich noch mit vollem Magen und nach einem schwerverdaulichen Mahl, ruht, bei dem können zunehmend Angstträume, Alpdruck, Somnambulismus auftreten, er redet im Schlaf und erwacht wie zerschlagen. Solche Gewohnheiten machen den Körper anfällig für viele gefährliche Erkrankungen. Allerdings ist, wie erwähnt, übermäßiges Wachen weit häufiger Symptom und Ursache der Melancholie. Es trocknet das Gehirn aus, das in Wahnsinn und Umnachtung verfällt, und läßt nach Lemnius auch den Körper trocken, mager, knochig und unansehnlich werden. Der Geist verwirrt sich, die Säfte verkochen, die Augen sinken in den Kopf, die Galle nimmt überhand, und der ganze Körper entzündet sich. Nach Galen und Avicenna treten zusätzlich Verdauungsstörungen und Verschlackungen auf, weil der Körper die Nahrung nicht mehr normal verbrennt. Deshalb zählen Crato, Hildesheim, Jacchinus, Arculanus, Guianerius und Mercurialis übermäßiges Wachen und Schlafmangel nicht von ungefähr zu den Hauptursachen.

Wie Leidenschaft und Gefühlsaufwallungen melancholisch machen

Als Alexander fragte, welcher Redner der beste war, antwortete ihm nach Plutarch ein Gymnosophist, jeder habe seine Sache besser gemacht als der andere. Ebenso reagiere ich auf die Frage, welche Ursache der Melancholie die bedeutendste sei. Jede ist schmerzlicher als der Rest, und die Leidenschaft kommt an erster Stelle. Sie ist eine ebenso häufige wie verbreitete Ursache melancholischer Erkrankungen, dieser Blitzschlag der Erregung, wie Piccolomineus formuliert, der solche gewaltsamen und geschwinden Veränderungen in unserem Mikrokosmos auslöst und oft sein gesundes Gleichgwicht untergräbt. Denn einerseits wirkt der Körper auf den Geist ein und beeinträchtigt mit schlechten Säften die Lebensgeister oder zieht durch zum Hirn aufsteigende schädliche Dämpfe die Seele und alle ihre Fähigkeiten in Mitleidenschaft und löst Furcht und Kummer sowie die anderen geläufigen Krankheitssymptome aus:

Heftig beschwert der Leib, von
gestrigen Unmaßsünden beladen, die Seele zugleich.

(Horaz)

Andererseits beeinflußt auch der Geist ganz nachhaltig den Körper, indem er durch seine Leidenschaften erstaunliche Verwandlungen wie Melancholie, Verzweiflung, grausame Erkrankungen und bisweilen selbst den Tod zu bewirken vermag. Deshalb sagt Platon die Wahrheit, wenn er im *Charmides* formuliert: Alle körperlichen Gebrechen haben seelische Ursachen. Und nach dem Bericht des Plutarch beharrte Demokrit darauf, daß der Körper, wenn er deshalb einen Prozeß gegen die Seele anstrengte, mit Sicherheit obsiegte. Die Seele würde der Gleichgültigkeit und Nachlässigkeit überführt werden, die solche körperlichen Leiden im Gefolge haben, denn schließlich beherrscht sie den Leib und benutzt ihn, wie der Schmied seinen Hammer, als Werkzeug, weshalb Cyprian alle Laster und Krankheiten dem Geist zur Last legt. Auch Philostrat hält dafür, daß der Körper allein von der Seele verdorben wird. Und nach Ludovicus Vives entspringen alle Leidenschaften und Aufwallungen dem Unwissen und der Unvernunft. Alle Philosophen argumentieren analog, indem sie dem Erkrankten vorhalten, er hätte seinen Körper einem vernünftigeren Regiment unterwerfen sollen und leide nun aufgrund seiner Unterlassungssünden. Nach einhelliger Ansicht der Stoa, wie sie Lipsius und Piccolomineus überliefern, sollte der Weise gänzlich leidenschaftslos sein, wie Seneca von Cato, die Griechen von Sokrates und Jo. Aubanus von einem afrikanischen Volksstamm zu berichten weiß, der so schwer erregbar oder vielmehr so gefühllos war, daß seine Angehörigen, wenn sie durch einen Schwerthieb verletzt wurden, nur mit einem Blick zurückschlugen. Nach Lactantius kennt der Weise keine Furcht, und andere verbieten ihm alle oder die größten Leidenschaften. Aber sie mögen nach Herzenslust disputieren, Thesen anschlagen und gegenläufige Verhaltensregeln aufstellen, die alltägliche Erfahrung bestätigt die Ansicht des Lemnius, kein Sterblicher sei frei von diesen Gefühlsaufwallungen, es sei denn, er ist ein Gott oder ein Klotz. Die Leidenschaften werden mit uns geboren und aufgezogen, wir erben sie von unseren Eltern, wie Pelezius sagt, und schon Adam hat sie fortgepflanzt. Kain war nach dem Zeugnis des Augustinus melancholisch, und wer ist es heute nicht auch? Selbstbeherrschung, eine gute Erziehung, die Philosophie und Theologie mögen die Leidenschaften bei manchem fraglos mildern und zügeln, aber meistenteils beherrschen sie die Menschen und sind so übermächtig wie ein reißender Strom, der über seine Ufer tritt, alles zerstört und mitreißt, den Verstand und das Urteilsvermögen überflutet und das körperliche Gleichgewicht zerstört:

Vergeblich sucht der Fahrer zu lenken,
wird von den Rossen entführt; das Gespann gehorcht nicht dem
Zügel. (Vergil)

Ein Mensch, der so seinen Leidenschaften ausgeliefert ist, gilt dem Weisen nach Augustinus soviel wie einer, der kopfsteht. Manche sind sich im Zweifel, ob die Säfte oder die Leidenschaften die schlimmeren Krankheiten auslösen. Wir aber halten uns an das Wort unseres Erlösers: Der Geist ist willig, aber das Fleisch ist schwach, denn wir können ihnen nicht widerstehen, sowie an die Lehrmeinung des Philo Judäus, nach der die Leidenschaften häufig körperlich krank machen und Melancholie erzeugen, indem sie den Leib gleichsam aus den Gelenken seiner Gesundheit auskugeln. Vives vergleicht sie mit Seewinden, wobei Stürme das Schiff oft nur schnell vorantreiben, Turbulenzen und Böen es aber fast zum Kentern bringen. Auf schwache und seltene Gefühlsaufwallungen geben wir wenig, weil wir glauben, sie könnten uns nicht gefährlich werden. Aber steter Tropfen höhlt den Stein, und wenn sie wiederholt auftreten, so durchdringen nach Augustinus auch diese unscheinbaren Leidenschaften den Geist und erzeugen endlich eine melancholische Verfassung, die, wenn sie erst unsere Seele in Besitz genommen hat, wohl eine Krankheit genannt werden darf.

Wie dieser Prozeß abläuft, hat Agrippa ausführlich beschrieben, und ich verweise auch auf die einschlägigen Arbeiten des Cardano, Lemnius, Suarez, T. Bright und des Jesuiten Wright und schildere den Vorgang hier nur in aller Kürze. Über die Sinneswahrnehmung oder Erinnerung gelangt ein zu erkennendes Objekt in unsere Imagination, die im Vorderteil des Gehirns angesiedelt ist. Es wird vom Melancholiker aber falsch verstanden und oft überzeichnet und die Vorstellung so an das Herz, den Sitz der Gefühle, weitergeleitet. Über geheime Kanäle fließen die Lebensgeister vom Hirn zum Herzen und signalisieren ihm die gute oder schlechte Qualität der Vorstellung, woraufhin es sich sofort anschickt, das entsprechende Objekt zu verfolgen oder ihm aus dem Wege zu gehen. Zu diesem Zweck aktiviert es hilfreiche Säfte. Bei Gefallen laufen die Lebensgeister in großen Mengen zusammen, bei Mißfallen und Traurigkeit melancholisches Blut, bei Zorn gelbe Galle. Wenn das Imaginierte angstgetönt oder besonders eindrücklich und ungestüm ist, mobilisiert es mehr Lebensgeister, macht einen tieferen Eindruck und löst größeren Aufruhr aus. Da die Säfte sich entsprechend verhalten und ihr Mischungsverhältnis nicht minder zum Guten oder Schlechten tendiert, werden die Leidenschaften stärker und dauern länger an, so daß die Quelle allen Übels hier in einer geschädigten Imagination zu suchen ist, die über die Fehlunterrichtung des Herzens alles Ungleichgewicht und alle Unordnung der Körpersäfte und Lebensgeister bedingt. Die Konsequenz wiederum ist eine gestörte Verdauung, die die wichtigsten Teile des Körpers schwächt und entkräftet, wie Dr. Navarra, der von Montanus im Fall eines melancholischen Juden konsultiert wurde, ausführt. Wo die Lebensgeister so in Mitleidenschaft gezogen werden, wird der Körper nicht mehr ausreichend ernährt, die schlechten Säfte nehmen zu, Schlacken und verdicktes, schwarzgalliges Blut entstehen. Die Sinnesorgane können ihre Aufgabe nicht mehr erfüllen, weil ihnen die Lebensgeister durch die aufwallende Leidenschaft entzogen wurden, und unterliegen Täuschungen. Also sehen wir etwas an und nehmen es doch nicht wahr, hören etwas, ohne darauf zu achten, und lassen das links liegen, was uns bei voller Gesundheit sehr beschäftigt hätte. Ich folgere mit Arnoldus aus dem Gesagten, daß die Imagination großen Einfluß ausübt und weit häufiger für den Ausbruch der Melancholie verantwortlich ist als körperliche Ursachen. Aufgrund ihres außergewöhnlichen Stellenwerts gestattete ich mir sogar einen kurzen Exkurs über ihre Macht und Wirkweise, der mir auch im Rahmen meines Unternehmens nicht unschicklich scheint. Denn im Gegensatz zu Stimmen, die jede Abschweifung als Zeichen von Oberflächlichkeit und Konfusion anprangern, halte ich es mit Beroaldus, der meinte, solche Exkurse erfreuten und erfrischten den ermüdeten Leser und täten ihm gut wie die schmackhafte Soße einem verdorbenen Magen. Deshalb zögere ich nicht, von diesem Mittel Gebrauch zu machen.

Über die Kraft der Imagination

Die Imagination besitzt erstaunliche Kräfte und bringt wundersame Wirkungen hervor. Das gilt generell, wenngleich sie in Melancholikern besonders wütet und ihre Wahrnehmungen durch beständiges und heftiges Brüten so verfälscht, verzerrt und überzeichnet, daß sich endlich handgreifliche Folgen einstellen und zahlreiche Krankheiten entstehen. Obwohl die Phantasie ein untergeordnetes Verstandesvermögen darstellt und von der Vernunft beherrscht werden sollte, ist sie bei vielen Menschen, die innerlich oder äußerlich an Gesundheitsstörungen leiden und deren Organe geschädigt sind, selbst in Mitleidenschaft gezogen und nicht voll funktionsfähig. Das finden wir schon bei Schlafenden bestätigt, die sich, bedingt durch ihre Körpersäfte und sich zusammenbrauende Dämpfe, die die Phantasie in Unordnung bringen, oft widersinnige und unheilvolle Dinge einbilden, unter Alpträumen leiden und von Nachtmahren heimgesucht werden. Wenn sie auf dem Rücken liegen, kommt es ihnen so vor, als sitze eine alte Frau rittlings auf ihnen und schnüre ihnen den Atem ab; dabei fließen in Wahrheit nur schlechte Säfte zusammen, die diese Phantastereien auslösen. Ein weiteres Beispiel sind die Schlafwandler und ihre seltsamen Kunststücke. Bei ihnen reizen Dämpfe die Einbildungskraft, diese wirkt auf das Begehren, das wiederum auf die Lebensgeister, die ihrerseits den Körper in Bewegung setzen und so herumgehen lassen, als sei sein Besitzer bei Bewußtsein. Fracastoro führt alle Formen der Ekstase auf die Kraft der Einbildung zurück, und zwar sowohl bei denjenigen, die Tage hintereinander in Trance zu verbringen vermögen, als auch bei jenem Priester, der nach dem Bericht des Celsus jederzeit besinnungslos werden konnte und dann wie tot, ohne Reaktionsvermögen und ohne ein Lebenszeichen dalag. Cardano rühmt sich entsprechender Fähigkeiten, die ihm nach Belieben zu Gebot stünden. Oftmals erzählen diese Menschen, wenn sie wieder zu Bewußtsein kommen, seltsame Geschichten über Himmel und Hölle und andere Gesichte, wie etwa der heilige Owen, der nach Matthew Paris in das Purgatorium des heiligen Patrick gelangte, oder der Mönch von Evesham, über den der nämliche Autor berichtet. Die ständigen Erscheinungen bei Beda und Gregor und die Offenbarung der heiligen Birgitta führt Caesar Vaninus in seinen schon erwähnten Dialogen ebenso wie alle Geschichten vom Hexensabbat, Besenreiten, Verzaubern und Verwünschen auf die Kraft überschäumender Imagination und auf teuflisches Blendwerk zurück. Ganz ähnliche Phänomene lassen sich aber auch im wachen Zustand beobachten, denn wie viele Chimären, Narreteien und goldene Berge begegnen uns hier, welche Luftschlösser werden errichtet. Die Maler, Maschinenbauer, Mathematiker sind meine Zeugen. Manche führen alle Laster auf eine schlechte und verderbte Phantasie zurück, die mittels Zorn, Rachsucht, Wollust, Ehrgeiz und Habsucht das Falsche dem Richtigen und Guten vorzieht und die Seele mit Vorspiegelungen und Trugbildern täuscht. Nach Bernadus Penottus entspringen auch Ketzerei und Aberglaube dieser Quelle, weil der, dessen Vorstellungen nicht zutreffen, notwendig vom rechten Glauben abweicht. So wie sich ihm die Sache darstellt, so muß sie sein und so soll sie nach seinem Willen auch bleiben, selbst wenn er die ganze Welt gegen sich hat. Aber insbesondere auf dem Feld der Leidenschaften und Gefühle erzeugt die Imagination ebenso befremdliche wie augenfällige Wirkungen. Denn was gewahrt ein ängstlicher Mensch nicht alles im Dunkeln – Schreckgespenster, Teufel, Hexen, Kobolde. Lavater hält die Furcht für die entscheidende Ursache des Geistersehens, weil sie als stärkste aller Gefühlsregungen auch die Einbildungskraft am meisten beflügelt, und ganz ähnliches gilt von der Liebe, vom Kummer und der Freude. Manche sterben sogar plötzlich an einer Gefühlsaufwallung wie jene Frau, die ihren Sohn gesund aus der Schlacht bei Cannae zurückkehren sah. Der Patriarch Jakob nutzte die Einbildungskraft, indem er halb geschälte Zweige vor die Tränke seiner Schafe legte, die daraufhin gesprenkelte und scheckige Lämmer warfen (1. Mose 30, 37ff.). Nachdem die äthiopische Königin Persina das Bild von Perseus und Andromeda gesehen hatte, brachte sie, wie Heliodorus vermeldet, kein schwarzes, sondern ein weißes Kind zur Welt. Ein Grieche, der das harte Schicksal hatte, mißgebildet zu sein und auch eine verkrüppelte Frau sein eigen zu nennen, nahm sich daran ein Beispiel und hing die schönsten Bilder, die er erwerben konnte, in seiner Kammer auf, in der Hoffnung, daß seine Frau durch den häufigen Anblick ebenso wohlgestalte Kinder empfangen und gebären möge. Und wenn wir Bale glauben dürfen, wurde eine der Konkubinen Papst Nikolaus' des Dritten nach dem Anblick eines Bären von einem monströsen Wesen entbunden. Wenn eine Frau, so Lemnius, in dem Moment der Empfängnis an einen anderen Mann denkt, wird ihm das Kind gleichen. Bei Hochschwangeren erzeugt ein ungestilltes Verlangen, wie uns zahlreiche erstaunliche Beispiele beweisen, Leberflecken, Warzen, Narben, Hasenscharten und Mißgeburten, die alle auf die verderbten Phantasien der Mutter zurückzuführen sind. Sie nämlich drückt dem Kind den Stempel dessen auf, womit sie sich in ihrer Vorstellung beschäftigt. Deshalb warnt Ludovicus Vives alle Schwangeren im fortgeschrittenen Stadium, sich ja nicht mit aberwitzigen Überlegungen und Einbildungen abzugeben, sondern alles Schreckliche – selbst wenn es nur erzählt wird – zu meiden und widerwärtigen Schauspielen aus dem Wege zu gehen. Manche lachen, weinen, seufzen, stöhnen, erröten, zittern und schwitzen bei dem, was ihnen die Imagination vorspiegelt. Avicenna erwähnt einen Menschen, der jederzeit bei sich eine Lähmung auslösen konnte, und manche machen Vogel- und Tierstimmen so gut nach, daß man das Original von der Imitation kaum mehr unterscheiden kann. Auch die Wundmale des Dagobert und des heiligen Franziskus sind nach Ansicht Agrippas, wenn sie überhaupt vorhanden waren, durch die Kraft der Einbildung entstanden. Daß einige sich in Wölfe verwandeln, aus Männern Frauen werden und umgekehrt und Menschen Esels-, Hunde- oder manch andere Tiergestalt annehmen, ist ein weitverbreiteter Glaube; Wierus aber führt solche berühmten Metamorphosen ebenfalls auf eine überhitzte Phantasie zurück. Wasserscheue, denen ein Hund aus jedem Wasserspiegel entgegenstarrt, die phantastischen Visionen und Erscheinungen bei Melancholikern und Kranken, die sich in ihrem Wahn für Könige, Adlige, Hähne, Bären, Affen, Eulen halten und sich schwer oder leicht, durchsichtig, groß oder klein, empfindungslos oder tot fühlen, das alles muß einer verdorbenen, überreizten und hitzigen Imagination zur Last gelegt werden. Aber sie ist nicht nur in Siechen und Schwermütigen am Werk, sondern bisweilen gerade bei Gesunden von besonderer Virulenz; dann macht sie sie plötzlich krank und ändert im Handumdrehen ihre gesamte körperliche Konstitution. Andererseits kann eine besonders intensive bzw. angstgetönte Vorstellung, wie Valesius nachweist, auch Krankheiten heilen. In beiden Fällen bringt die Einbildung jedenfalls handgreifliche Wirkungen hervor. Wenn sie einen anderen zittern, schwanken oder an einer schrecklichen Krankheit leiden sehen, ist die Frucht dieser Personengruppe so groß, daß sie sich ansteckt. Oder wenn ihnen ein Wahrsager oder Arzt ein bestimmtes Leiden ankündigt, bricht es sofort bei ihnen aus, weil sie sich so in das Gefürchtete hineinsteigern. Der Jesuit Riccius berichtet, es sei in China alles andere als ungewöhnlich, daß Leute, denen man vorhergesagt hat, sie würden an einem bestimmten Tag erkranken, es auch wirklich tun, und zwar bisweilen mit solcher Heftigkeit, daß sie darüber ihren Geist aufgeben. Dr. Cotta führt in seiner Bloßstellung des ärztlichen Dilettantismus zwei seltsame Geschichten an, die verdeutlichen, was die Einbildung vermag. Die eine handelt von einer Pfarrersfrau in Northamptonshire, die 1607 einen Arzt aufsuchte, der bei ihr fälschlich Ischias diagnostizierte. Obwohl sie nicht an dieser Krankheit litt, hatte sie in der Nacht nach ihrer Rückkehr einen heftigen Ischiasanfall. Die zweite Geschichte betrifft eine andere Frau, die von schweren Krämpfen heimgesucht wurde, und zwar bloß deshalb, weil der Arzt ihr gegenüber den Namen dieser Krankheit erwähnt hatte. Bisweilen kann eine starke Einbildungskraft sogar den Tod zur Folge haben. Ich habe von einer Person gehört, die zufällig in die Gesellschaft eines nur angeblich Pestkranken geriet und daraufhin tot umfiel. Ein anderer zog sich die Pest dadurch zu, daß er sich einbildete, er sei schon krank. Ein dritter wurde vom Zusehen ohnmächtig, als er seinen Gefährten bluten sah. Von einem vierten berichtet Cardano unter Verweis auf Aristoteles, er sei beim Anblick eines Gehenkten nach Art mancher Frauen leblos zusammengebrochen. Ludovicus Vives erzählt von einem französischen Juden, der nachts auf einem gefährlichen Steg oder einem Brett heil ein reißendes Wasser überquerte und bei seiner Rückkehr am nächsten Tag, als er die Gefahr erkannte, in der er geschwebt hatte, vor Schreck verschied. Viele schenken solchen Geschichten keinen Glauben und lachen spöttisch, wenn sie sie hören. Aber sie sollten einmal darüber nachdenken, warum sie selbst – um das Beispiel des Peter Byarus aufzunehmen – in luftiger Höhe beim Betreten einer Planke von Schwindel erfaßt werden, obwohl sie dasselbe Brett zu ebener Erde sicheren Fußes überqueren. Nach Agrippa kommt viele ansonsten beherzte Männer, wenn sie von einem hohen Standort herabsehen, Schwindel und Übelkeit an, und ihre Knie zittern, weil ihnen ihre Einbildungskraft übel mitspielt. Wie den einen ihre Phantasie zu schaffen macht, so ist die Einbildung und eine angenehme Vorstellung für andere die beste Medizin. Normalerweise werden Zahnschmerzen, Gicht, Fallsucht, Tollwut und viele ähnliche Erkrankungen durch Zauberworte, Zauberformeln, magische Zeichen und Amulette geheilt, und bei frischen Wunden findet zunehmend die wie magnetisch schließende Waffensalbe Anwendung, die von Crollius und Goclenius kürzlich in einer Abhandlung verteidigt, von Libavius ebenso kompromißlos abgelehnt wurde und bei den meisten umstritten ist. Alle Welt weiß, daß solche Zauberkuren im eigentlichen Sinne keine Heilkraft besitzen, aber die Einbildung und der starke Glaube allein erzwingen nach Pomponatius einen Zustrom der Säfte, der Lebensgeister und des Blutes, der die Krankheitsursache in den befallenen Organen beseitigt. Ähnliches gilt für Wunderkuren und die magischen Praktiken, auf die Quacksalber und Hexenmeister setzen. Wie Menschen durch gefährlichen Aberglauben zu Schaden kommen können, so schreibt Wierus über Zaubersprüche und Amulette, so bringen dieselben Mittel andererseits doch auch vielen Linderung, wie die Erfahrung beweist. Ein Quacksalber und ein unfähiger Chirurg haben oft mehr überraschende Heilungserfolge vorzuweisen als ein verständiger Arzt, was Nymannus damit erklärt, daß jene das Vertrauen ihrer Patienten besaßen. Deshalb auch schätzt Avicenna die Fähigkeit, Vertrauen einzuflößen, höher als alle ärztliche Kunst, alles Regelwissen und alle Medikamente. Nur die gute Meinung macht oder ruiniert den Arzt nach Cardano, und der behandelt am besten, so Hippokrates, dem die meisten vertrauen. Unsere Einbildungskraft kann so vielfältige und umwegige Konsequenzen zeitigen und unseren Körper so souverän beherrschen, daß wir sie mit Ficino als neuen Proteus und als ein Chamäleon bezeichnen dürfen, dem alle Gestalten zur Verfügung stehen; außerdem besitzt sie eine solche Macht, daß sie nicht nur uns selbst, sondern auch andere in ihren Bann zieht. Wie könnte Triefäugigkeit sonst gleichsam überspringen? Wie Gähnen anstecken und Wasserlassen einen unwiderstehlichen Zwang auf andere ausüben? Warum sollte das Abkratzen von Tranchierbrettern oder das Feilenkerben ansonsten für einen Unbeteiligten unerträglich sein? Warum eine Leiche von neuem bluten, wenn der Mörder vielleicht erst Wochen nach der Tat mit ihr konfrontiert wird? Warum faszinieren und verzaubern alte Frauen und Hexen kleine Kinder? In allen Fällen ist nach Wierus, Paracelsus, Cardano, Mizaldus, Valleriola, Caesar Vanius, Campanella und vielen Philosophen die kraftvolle Imagination des einen Teils der Grund dafür, daß sich die innere Beschaffenheit seines Gegenübers verändert. Auf diese Weise können, wie Avicenna vermutet, nicht nur bei Abwesenden Krankheiten und Gebrechen verursacht oder geheilt werden, sondern es kann auch dazu kommen, daß Gegenstände sich von selbst bewegen und Donner, Blitz und Sturm auftreten, eine Annahme, die sich auf Alkindus, Paracelsus und andere berufen kann. Aus dem Gesagten kann man fraglos folgern, daß die Einbildungskraft das Leitgestirn des Menschen und das Ruder unseres Lebensschiffes ist, das von der Vernunft geführt werden sollte. Wird diese aber von der Phantasie überwältigt, ist sie ihrer Aufgabe nicht mehr gewachsen, das ganze Fahrzeug gerät außer Kontrolle und kentert am Ende nicht selten. Zur weiterführenden Lektüre empfehle ich in diesem Zusammenhang besonders den berühmten Antwerpener Arzt Fienus, der alle anderen Autoritäten aufwiegt und drei Bücher über die Kraft der Imagination geschrieben hat. Ich habe diesen Exkurs zwischengeschaltet, weil die Imagination das Instrument der Leidenschaften darstellt, dessen sie sich bedienen und mit dem sie oft erstaunliche Wirkungen erzielen. Und je nachdem, wieweit die Phantasie gezügelt oder freigesetzt wird und die Körpersäfte beschaffen sind, gewinnt oder verliert auch die Leidenschaft an Intensität und Eindrücklichkeit.

Einteilung der Leidenschaften

Die Leidenschaften, die die Phantasie verwirren, sind im Grenzgebiet zwischen Vernunft und Sinnlichkeit angesiedelt, folgen allerdings den Sinnen eher als dem Verstand, weil sie in den körperlichen Sinnesorganen gleichsam von Eindrücken überflutet werden. Normalerweise werden sie auf zwei Vermögen zurückgeführt, die potentia concupiscibilis und die potentia irascibilis. Aristoteles leitet alles aus Lust und Schmerz ab, Platon aus Liebe und Haß, Vives aus Gut und Böse. Auf die Gegenwart des Guten reagieren wir mit höchster Freude und Liebe, liegt es in der Zukunft, begehren und erhoffen wir es; das Böse hassen wir aus tiefster Seele, ist es gegenwärtig, verursacht es Kummer, ist es zukünftig, Furcht. Diese vier Leidenschaften vergleicht Bernhard mit den Rädern einer Kutsche, auf denen wir durch die Welt fahren. Alle anderen Affekte sind diesen vier oder, wie manche meinen, sechs Leidenschaften untertan, nämlich der Liebe und Freude, dem Begehren und dem Haß, dem Kummer sowie der Furcht. Die übrigen wie Ärger, Neid, Stolz, Eifersucht, Angst, Mitleid, Scham, Mißmut, Verzweiflung, Habsucht lassen sich auf die Uraffekte zurückführen. Sind sie schrankenlos, verzehren sie die Lebensgeister und verursachen insbesondere Melancholie. Es gibt einige wenige Besonnene, die sich zu beherrschen wissen und die unmäßigen Leidenschaften durch Religion, Philosophie und die göttlichen Gebote der Demut und Geduld im Zaum zu halten vermögen, aber der Mehrheit mangelt es an Selbstbeherrschung, und sie überlassen sich aus Unvernunft und Unwissen ganz den Verlockungen der Sinne. Weit davon entfernt, ihre aufrührerischen Neigungen zu unterdrücken, fördern sie sie nach Kräften, lassen ihnen die Zügel schießen und stacheln sie an, wo immer es geht. Von Natur aus schlecht, machen sie die menschliche Kunst, die Sitten und Gebräuche, die Erziehung sowie ihre eigene perverse Halsstarrigkeit nur noch schlimmer; sie lassen sich von ihren durchgehenden Affekten hinreißen und handeln eher aus Gewohnheit und Eigensinn denn aus Überlegung. Diese Trotzköpfigkeit vergiftet unser Urteilsvermögen, das genau weiß, was zu tun wäre, und doch nicht entsprechend handelt. Als Sklaven ihrer Begierden und Triebe stürzen sie sich, geblendet von Wollust und Ehrgeiz, in ein Labyrinth der Sorgen. Aus Gottes Hand wollen sie das erhalten, was sie sich selbst verdanken könnten, ließen sie nur von den Leidenschaften ab, mit denen sie ihren Geist zerrütten. Indem sie den heftigen Affekten der Furcht, des Grams, der Scham, Rache, des Hasses und der Bosheit nachgeben, werden sie von ihnen in Stücke gerissen wie Aktaion von seinen Hunden und martern ihre Seele.

Betrübnis und Kummer als Melancholieauslöser

In dem Katalog der Leidenschaften, die die menschliche Seele heftig bedrängen – und ich werde sie alle der Reihe nach kurz behandeln –, in dieser Liste also könnte der Gram sehr wohl den ersten Platz beanspruchen, denn er ist der unzertrennliche Gefährte, die Mutter und Tochter der Melancholie, ihr Inbegriff, Symptom und Auslöser. Nach Hippokrates erzeugen sie sich gegenseitig und kreisen umeinander. Über die Symptomfunktion werde ich an gegebener Stelle handeln, und die Ursächlichkeit wird ohnehin nirgendwo angezweifelt. Trübsal ist, wie Plutarch gegenüber Apollonios formuliert, ein möglicher Grund der Geisteskrankheit und vieler anderer unheilbarer Erkrankungen, und Lemnius nennt sie wie Rhazes einen Hauptauslöser der Melancholie. Bei wem sie einmal Wurzeln schlägt, der endet nach Ansicht Felix Platters in der Verzweiflung, die man wie in der Darstellung des Cebes folglich dem Gram beigesellen kann. Chrysostomos beschreibt ihn im siebzehnten Brief an Olympia als grausame Seelenpein, unergründlichen Schmerz, als giftigen Wurm, der Körper und Seele verzehrt und am Herzen nagt, als unermüdlichen Scharfrichter, ewige Nacht, undurchdringliche Finsternis, Wirbelwind und Sturm, als ein unsichtbares Fieber, eine Glut, schlimmer als Feuer, und als eine Schlacht ohne Ende. Kein Gewaltherrscher kann schlimmere Martern erdenken, und keine Tortur, keine Folterwippe, keine körperliche Strafe reicht an ihn heran. Fraglos ist der Gram jener Adler, den die Poeten am Herzen des Prometheus zehren ließen, und keine Betrübnis kommt nach Jesus Sirach der Betrübnis des Herzens gleich, denn Trübsinn bricht die Kraft. Jede Leidenschaft bedeutet ein Unglück, aber der Kummer ist eine grausame Pein und ein tyrannischer Affekt. Wie im alten Rom alle nachgeordneten Magistrate suspendiert wurden, sobald ein Diktator ernannt war, so verschwinden alle anderen Leidenschaften, sobald sich Trübsal breitmacht. Sie vertrocknet das Gebein, wie es bei Salomo (17. Spr. 22) heißt, macht hohläugig, blaß, mager, faltig; das Gesicht wird bleich, die Brauen ziehen sich zusammen, die Wangen fallen ein, der Leib verdorrt, und das körperliche Gleichgewicht der Betroffenen gerät ganz aus den Fugen. Nach Fernelius leidet insbesondere die Verdauung, das Herz erkaltet, Appetit- und Schlaflosigkeit treten auf, das Blut dickt sich ein, die Lebensgeister werden vergiftet. So kommt es zu einer körperlichen und geistigen Zerrüttung, die die Betroffenen lebensmüde werden und sie vor Seelenpein in Geschrei und Geheul ausbrechen läßt. David gesteht im 38. Psalm: Ich heule vor Unruhe meines Herzens, und im Psalm 119 heißt es: Ich gräme mich, daß mir das Herz verschmachtet, und: Ich bin wie ein Schlauch im Rauch. Antiochos beklagt sich über seine Schlaflosigkeit und darüber, daß sein Herz vor Kummer matt werde. Und selbst Christus, der Schmerzensmann, schwitzte Blut aus Angst vor dem Leiden, das ihn erwartete. Nach Markus war seine Seele betrübt bis an den Tod, und keine Not war der seinen gleich. Crato führt das Beispiel eines Menschen an, der aus Kummer melancholisch geworden war, und Montanus erwähnt eine ehrwürdige Matrone, deren Krankheit ebenfalls auf keine andere Ursache zurückgeführt werden konnte. I. S. D. (aus Hildesheim) heilte einen Patienten, um den es genauso stand und der viele Jahre lang schwer an Melancholie gelitten hatte; aber bei einem nichtigen Anlaß zur Sorge brach das alte Leiden wieder aus und peinigte ihn wie zuvor. Die Beispiele dafür, wie leicht Trübsal Melancholie, Verzweiflung und manchmal sogar den Tod im Gefolge hat, sind Legion. Nach 2. Korinther 7. 10 wirkt die Traurigkeit der Welt den Tod, und im 31. Psalm heißt es: Mein Leben hat abgenommen vor Betrübnis und meine Zeit vor Seufzen. Warum soll Hekuba in einen Hund, Niobe in einen Stein verwandelt worden sein? Doch wohl, weil sie vor Gram wie betäubt und ganz empfindungslos waren. Kaiser Severus starb vor Kummer, und wie vielen anderen ging es nicht ebenso! Melanchthon gibt dafür folgende Begründung: Wenn viel melancholisches Blut in der Herzgegend zusammenläuft, erlöschen die guten Lebensgeister oder verdumpfen zumindest; dann nistet sich der Gram im Herzen ein, läßt es zittern und unter großen Schmerzen dahinsiechen. Schwarzes Blut aus der Milz breitet sich dabei linksseitig unter den Rippen aus und verursacht jene gefährlichen hypochondrischen Konvulsionen, die alle die heimsuchen, die bekümmert sind.

Furcht als Ursache

Eine Base des Kummers ist die Furcht oder vielmehr seine Schwester und ständige Begleiterin; ebenso wie jener muß sie als Ursache und Symptom zugleich angesprochen werden, weil sie melancholische Erkrankungen sowohl befördert wie auch auslöst. Und was Vergil von den Harpyien sagt, gilt fraglos auch von diesem Paar:

> Niemals erstand aus den Fluten des Styx ein schlimmeres Untier,
> niemals ein wilderes Scheusal, ein roherer Rachegeist der Götter.

Die teuflische Furcht wurde früher bei den Lakedämoniern als Göttin verehrt, und zwar zusammen mit fast allen anderen quälenden Affekten unter Einschluß der Trübsal. Wie Augustinus unter Berufung auf Varro feststellt, begegneten sie der sogenannten Angerona Dea mit heiliger Scheu. Die Furcht werde allgemein angebetet und in ihren Tempeln als löwenhäuptig dargestellt. Macrobius schreibt dazu in seinem *Saturnalium:* Im Januar hat die Göttin Angerona ihren Feiertag; ihre Auguren und Priester opferten ihr jährlich im Tempel Volupias, der Göttin der Freude, um sie günstig zu stimmen und sie für das kommende Jahr dazu zu bewegen, alle Sorgen, Ängste, Ärgernisse zu vertreiben und fernzuhalten. Die Furcht löst im Menschen viele beklagenswerte Reaktionen aus, wie Erröten und Erblassen, Zittern und Schweißausbrüche. Ihren Opfern wird abwechselnd heiß und kalt, ihr Herz klopft im Halse, oder sie werden ohnmächtig. Oft überfällt sie Menschen, die etwa bei einer Volksversammlung auftreten und eine Rede halten sollen oder die vor bedeutende Persönlichkeiten zitiert worden sind, und selbst Cicero gestand ein, daß er vor Redebeginn immer noch ins Zittern gerate, was übrigens auch für den großen griechischen Redner Demosthenes galt. Die Furcht verschlägt die Stimme und raubt das Gedächtnis. Also läßt Lukian seinen Jupiter Tragoedus bei einer Ansprache sinnigerweise so viel Angst vor seiner göttlichen Zuhörerschaft haben, daß er kein vernünftiges Wort mehr hervorbringt, sondern sich notgedrungen von Merkur soufflieren lassen muß. Vielen Menschen setzt die Furcht dermaßen zu, daß sie nicht mehr wissen, wo sie sich befinden, was sie sagen und was sie tun. Noch schlimmer aber ist die Tatsache, daß sie sie schon viele Tage vor dem Ereignis auf die Folter ihrer Ängste und bösen Vorahnungen spannt. Furcht verhindert die ehrenwertesten Unternehmungen, läßt das Herz schwer werden und macht traurig und niedergeschlagen. Die Furchtsamen sind nicht frei, entschlossen, sicher, nie fröhlich, nie ohne Schmerz; deshalb trifft Vives' Bemerkung zu, es gebe kein größeres Elend, keine schlimmere Marter. Ewig argwöhnisch, ängstlich, besorgt neigen die Betroffenen zu grundloser und kindischer Kopfhängerei und büßen nach Plutarch angesichts des Schrecklichen ihr Urteilsvermögen ein. Oft ist plötzlicher Irrsinn die Folge und eine Palette von Krankheiten, die ich in meinem Exkurs über die Einbildungskraft bereits skizziert habe und auf die ich in einem späteren Kapitel über den Schrecken ausführlicher zu sprechen kommen werde. Die Furcht läßt unsere Imagination unkontrolliert arbeiten, öffnet dem Teufel Tür und Tor, wie Agrippa und Cardano versichern, und tyrannisiert unsere Phantasie mehr als alle anderen Affekte, besonders im Dunkeln. Diese Erfahrung machen wir, wie Lavater ausführt, bei den meisten Menschen, denn sie bilden sich ein, was sie fürchten, und meinen, sie sähen Kobolde, Hexen, Dämonen, und werden darüber oft schwermütig. Cardano führt das Beispiel einer solchen Person an, die nach der Begegnung mit einem Schreckgespenst ihr ganzes restliches Leben an Melancholie litt. Kaiser Augustus wagte es nach Sueton nicht, sich ohne Begleitung im Dunkeln aufzuhalten. Und es ist sonderbar, was sich Frauen und Kinder nicht alles vorstellen, wenn sie nachts über einen Friedhof gehen oder allein in einer dunklen

Kammer liegen, und wie sie plötzlich schwitzen und zittern. Vielen macht die Zukunft zu schaffen, und manche haben das zweite Gesicht und sehen ihr Schicksal voraus wie die Kaiser Severus und Hadrian. Domitian kannte seinen Todestag, wie Sueton schreibt, und litt deshalb große Seelenpein. So ergeht es nicht wenigen, wovon ich aber an passender Stelle handeln will. Angst, Mitleid, Erbarmen, Abscheu usw. sind die Affekte, in die sich die beiden Stämme von Furcht und Kummer verzweigen. Allerdings will ich sie jetzt nicht weiter behandeln. Ich verweise den Leser statt dessen auf Carolus Pascalius und Dandinus.

Scham und Schande als Ursachen

Scham und Schande lösen die heftigsten Gefühlsregungen und bittere Qualen aus. Edle Geister werden nach Felix Platter oft in die Verzweiflung getrieben, weil sie eine öffentliche Schmach nicht verwinden können. Und Philo stellt fest, daß der, der sich der Furcht, dem Kummer, dem Ehrgeiz und dem Schamgefühl ausliefert, nicht glücklich, sondern ganz und gar elend ist und unaufhörlich von Mühen, Sorgen und Not gepeinigt wird. Scham ist ein ebenso starker Sturmbock wie alle anderen Affekte. Viele Menschen halten sich dem Lärm der Welt fern und streben nicht nach Ruhm, und doch fürchten sie sich, wie Cicero schreibt, vor Ehrverlust, Zurückweisung und Schande. Sie verachten die Genüsse und tragen ihren Kummer ohne Murren, werden aber von Vorwürfen und Schmähungen ins Mark getroffen und zerbrechen daran. Wegen einer öffentlichen Beleidigung oder Schmähung sind sie oft ganz niedergeschlagen, und weil sie ein Geringerer geohrfeigt hat, ihr Widersacher triumphierte, sie im Feld unterlegen sind, sie etwas Unredliches getan haben oder eine frühere Unregelmäßigkeit ans Licht kam, wagen sie es ihr Leben lang nicht mehr, sich in der Öffentlichkeit zu zeigen, sondern verkriechen sich in Winkeln und Löchern, wo sie Trübsal blasen. Die edelsten Geister sind besonders anfällig. Aristoteles ertränkte sich vor Kummer und Scham in der Meerenge von Euripus, weil er die Natur der Wasserbewegung nicht zu ergründen vermochte. Homer schämte sich zu Tode, weil er das Rätsel des Fischers nicht lösen konnte. Sophokles beging Selbstmord, weil eine seiner Tragödien ausgezischt und abgesetzt wurde. Lukretia erdolchte sich wie auch Kleopatra, um der Schande zu entgehen, als Gefangene im Triumphzug mitgeführt zu werden. Als Antonius geschlagen war, saß er drei Tage lang auf dem Vorderschiff, ohne mit Kleopatra oder einem anderen Menschen zu sprechen, und legte dann wegen der Schmach Hand an sich. Apollonios Rhodios ging freiwillig in die Verbannung, verließ sein Land und seine teuren Freunde, weil er beim Rezitieren seiner Gedichte steckenblieb. Aias verlor den Verstand, als seine Beutewaffen dem Odysseus zugesprochen wurden. In China ist es gang und gäbe, daß diejenigen, die bei den berühmten Mandarinenexamen durchfallen, vor Kummer und Scham wahnsinnig werden, wie Matthäus Riccius berichtet. Und der Mönch Hostratus nahm sich das Buch, das Reuchlin unter dem Titel *Dunkelmännerbriefe* gegen ihn geschrieben hatte, so zu Herzen, daß er seinem Leben ein Ende setzte. Ein würdevoller und gebildeter Geistlicher, Pfarrer im holländischen Alkmaar, machte eines Tages einen Spaziergang durch die Felder, um sich zu entspannen, als er plötzlich Durchfall bekam. Er zog sich also notgedrungen in den nächsten Graben zurück, wurde aber bei seinem Geschäft von einigen Damen aus seiner Pfarrei überrascht, die ebenfalls des Weges kamen. Das beschämte ihn so, daß er sich nie wieder in der Öffentlichkeit sehen ließ und auf die Kanzel stieg, sondern, melancholisch geworden, dahinsiechte. Auf solche Weise kann das Schamgefühl wie die anderen Leidenschaften allerhand Unheil anrichten.

Selbstverständlich entschuldige ich aber damit jene gemeinen, unverschämten und frechen Gauner keineswegs, die nichts aus der Ruhe bringt, die sich weder Schimpf noch Schande zu Herzen nehmen und alles verlachen. Man mag sie des Meineids überführen, sie als Spitzbuben, Diebe, Verräter verurteilen und brandmarken, ihnen die Ohren abschneiden, sie auspeitschen, durch die Straßen karren, sie schmähen, verspotten, auspfeifen wie den Kuppler Ballio bei Plautus, es macht ihnen auch noch Spaß und kümmert sie keinen Deut. Von dieser Sorte haben wir heutzutage mehr als genug. Aber ein bescheidener Mensch, der über Anstand und Edelmut verfügt und um seinen guten Ruf besorgt ist, wird von der Scham so tief verletzt und leidet so heftig darunter, daß er lieber Tausende von Kronen bezahlte und sogar eher sein Leben verlöre, als seine Ehre oder seinen guten Namen zu beflekken. Wenn sich das aber nicht vermeiden läßt, ergeht es ihm wie der Nachtigall, die nach Mizaldus vor Scham stirbt, wenn ein anderer Vogel besser singt als sie, und er härmt sich und siecht dahin.

Neid und Arglist sind zwei weitere Glieder in dieser Kette und verursachen, wie Guianerius unter Rückgriff auf Galen beweist, von sich aus melancholische Erkrankungen, insbesondere wenn der Körper schon eine entsprechende Veranlagung aufweist. Valescus de Taranta und Felix Platter stellen übereinstimmend fest, der Neid nage so an den Herzen der Menschen, daß sie ganz schwermütig würden. Und deshalb nennt ihn Salomo Eiter in den Gebeinen (14. Spr. 30), Cyprian eine verborgene Wunde, und Horaz schreibt:

> Neid ist Foltergewalt, wie sie nicht Siculer Tyrannen quälender
> haben erdacht.

Der Neid martert die Seele, läßt den Körper verdorren, macht hohläugig, blaß, dürr und verleiht ein gespenstisches Aussehen. Wie die Motte ein Kleidungsstück zerfrißt, so verzehrt der Neid nach Chrysostomos den Menschen. Nach Hall verwandelt er sich in ein lebendiges Skelett, einen bleichen und ausgezehrten Leichnam, den ein Dämon beseelt. Denn sobald ein Neider sieht, daß es einem anderen wohlergeht, er vermögend wird, Erfolg hat, in der Welt vorankommt und Ehrenämter bekleidet, wird er mißmutig und unzufrieden:

> Die Mißgunst schaut, und vergeht vor Unlust über den Anblick
> lästigen Menschenglücks und nagt an sich und an andern.
>
> (Ovid)

Es quält den Neidischen, wenn er zusehen muß, wie sein Standesgenosse, sein Freund, sein Nachbar ihm vorgezogen und gelobt wird, hört er von seiner Rechtschaffenheit, steigt ihm erneut die Galle hoch, denn nichts verursacht ihm größeren Schmerz als solche Nachricht, und sie durchbohrt sein Herz wie ein Dolch. Er sieht solche Menschen so scheeläugig an wie die, die bei Lukian bereit sind, sich vom Fels der Ehre zu stürzen, wenn sie nur auf einen Feind fallen, und schadet sich selbst, sofern er damit anderen Unheil zufügen kann. Er gleicht dem Invidus bei Äsop, der freiwillig ein Auge hingab, damit sein Genosse alle beide verlöre, oder dem Reichen bei Quintilian, der die Blumen in seinem Garten vergiftete, damit die Bienen des Nachbarn keinen Honig mehr sammeln könnten. Sein ganzes Leben ist trübselig, jedes Wort Hohn und Spott, und an nichts weidet er sich mehr als am Verderben seiner Mitmenschen. Mit einem Wort, Neid ist der Kummer über die Güter der anderen, gleich ob sie gegenwärtig, vergangen oder zukünftig sind, und die Freude an ihrem Unglück. Damit steht er im Gegensatz zum Mitleid, das sich über fremdes Mißgeschick grämt und das körperliche Gleichgewicht auf eine andere Weise stört. So jedenfalls definieren Damaskios, Thomas von Aquin, Aristoteles, Platon, Philebon, Cicero, und sie haben recht. Neid ist eine weitverbreitete Krankheit, und es ist fast selbstverständlich für uns, wie Tacitus schreibt, dem Mitmenschen sein Glück nicht zu gönnen. Die meisten sind davon nicht zu heilen. Ich habe griechische, hebräische, chaldäische Schriften studiert und mich mit vielen Weisen beraten, schreibt Mark Aurel, aber ein Mittel gegen den Neid konnte ich nicht entdecken, außer dem, aller Zufriedenheit Lebewohl zu sagen und sich auf immer in sein Elend zu schicken. Neid ist ein Vorgeschmack der Hölle im Diesseits und eine Leidenschaft, für die es keine Entschuldigung gibt. Jede andere Sünde geht mit einer Lustempfindung einher und kann mildernde Umstände für sich geltend machen, nur der Neid nicht. Andere Untugenden sind von vorübergehender Dauer, der Bauch wird satt, der Ärger verraucht, der Haß legt sich, nur der Neid hat kein Ende. An Beispielen aus der Bibel und der Weltgeschichte herrscht kein Mangel, sie sind uns allen vertraut, und jeder kann nachlesen, wie es sich bei Saul und David, Abel und Kain verhielt, den nach Theodoret das Glück seines Bruders ärgerte. David war, wie er im 73. Psalm bekennt, dieses Laster nicht ganz fremd, und Jeremia und Habakuk gelüstete es nach fremdem Gut, bevor sie sich am Ende bekehrten. Domitian spielte dem Agricola übel mit, weil er als Privatmann in so hohem Ansehen stand, und Caecina setzte sich dem Neid seiner Mitbürger aus, weil er reicheren Schmuck trug als sie. Das schwache Geschlecht ist für dieses Laster besonders empfänglich, weil Frauen entweder lieben oder hassen und es für sie kein Mittelding gibt. Wenn man sie verletzt, sind sie nicht zu besänftigen und gleichen der Agrippina bei Tacitus, die in Wut geriet, wenn ihre Nachbarin eleganter und feiner gekleidet war als sie und mehr Schmuck und Juwelen trug; dann stürzte sie sich wie eine Löwin auf sie und beschimpfte und verspottete die ihr unausstehliche Rivalin. Nicht anders sprang die römische Damenwelt auch mit Salonina, der Gemahlin Caecinas, um, weil sie ein besseres Pferd und schönere Möbel ihr eigen nannte. Alle fühlten sich gekränkt, als hätte sie ihnen mit diesen Dingen ein Leid angetan. Ähnlich benehmen sich auch unsere adligen Damen bei ihren Zusammenkünften. Die eine neidet der anderen ihren Putz und ihr Glück und zieht darüber her. Myrsine wurde sogar von ihren attischen

Konkurrentinnen ermordet, weil sie sie an Schönheit überragte, und jedes Dorf liefert weitere Beispiele.

Rivalität, Haß, Parteisucht und Rachedurst als Gründe

Der Wurzel des Neides entspringen die wilden Triebe des Haders, Hasses, der Bosheit und der Rivalität, die dieselben üblen Folgen zeitigen und die Seele zerschneiden. Es sind Affekte voll verzweifelten inneren Aufruhrs, und Cyprian beschreibt die Mißgunst als eine gefräßige Motte der Seele, wobei das Opfer das Glück des anderen in eigenes Unglück verwandelt, um sich damit zu foltern und hinzurichten und auf diese Weise sein eigenes Herz zu verzehren. Essen und Trinken hilft solchen Menschen nicht auf, denn sie grämen sich, seufzen und stöhnen ohne Unterlaß Tag und Nacht, und vor Neid will ihnen das Herz zerspringen. Und wenig später heißt es: Dein Rivale, mit dem du im Wettstreit liegst, mag dich meiden, aber du kannst weder ihm noch dir selbst aus dem Wege gehen. Wo du dich auch befindest, ist er bei dir, dein Feind wohnt auf ewig in deiner Brust, deine Vernichtung liegt in dir selbst beschlossen, du bist gefangen und an Händen und Füßen gefesselt, solange du neidisch und gehässig bleibst, und keinem Trost zugänglich. Es war der Triumph des Teufels, und wenn du dich dieser Leidenschaft ganz überantwortest, ist es dein Untergang. Und dennoch ist keine Leidenschaft und Seelenverwirrung so häufig, so verbreitet:

> Und der Töpfer grollet dem Töpfer, dem Zimmrer der Zimmrer,
> und es neidet der Bettler den Bettler, der Sänger den Sänger.
>
> (Hesiod)

Jede Gesellschaft, Zunft, Familie ist davon durchsetzt, und das Konkurrenzverhalten findet sich bei Menschen aller Stände vom Fürsten bis zum Pflüger und ist selbst bei harmlosen Plaudereien nicht fern. Kaum stehen drei zusammen und reden, kommt es zum Kräftemessen, zu Parteiungen und Allianzen, und flugs entsteht Streit, Mißgunst, Hader in ihrer Mitte. Sind zwei Landedelmänner Nachbarn und nicht miteinander verwandt oder durch Heirat versippt, brechen zwischen ihnen und ihren Bediensteten fast immer Rivalitäten aus, Zank und Mißgunst herrschen zwischen den Frauen und Kindern, den jeweiligen Freunden und Gefolgsleuten, und die Parteien befehden sich, weil jeder der Wohlhabendere, Edlere sein will und den besseren Stammbaum beansprucht. Wie der Frosch bei Äsop, der sich aufblies, bis er Ochsengröße erreichte und schließlich platzte, leben sie über ihre Verhältnisse und überstrapazieren ihre Möglichkeiten, um sich gegenseitig auszustechen. Sie verschwenden ihr Vermögen in Prozessen oder werfen es für Einladungen und Feste, für feine Kleidung oder ein paar bombastische Titel aus dem Fenster, schinden ihren Körper und zermartern ihre Seele, um sich, sei es durch gegenseitige Einladungen, sei es durch Streitereien, an den Bettelstab zu bringen. Es gibt kaum zwei große Gelehrte einer Epoche, die nicht mit Gift und Galle übereinander und über die Schüler des Rivalen hergezogen wären: Scotisten gegen Thomisten, Realisten gegen Nominalisten, Platoniker gegen Aristoteliker, Anhänger Galens gegen die des Paracelsus. In allen Berufsständen ergibt sich das gleiche Bild.

Gegen redlichen Wetteifer ist beim Studium und in der Berufspraxis nichts zu sagen, vielmehr ist er, wie einmal jemand formuliert hat, der Schleifstein des Geistes, die Amme der Erfindungsgabe und der Tapferkeit, und die von diesem Geist beseelten Römer haben manche Heldentat vollbracht. Es gibt einen maßvollen Ehrgeiz – wie etwa bei Themistokles, den der Ruhm des Miltiades anspornte, oder bei Alexander, den die Trophäen des Achill beflügelten. Also zeugt es von übermäßiger Trägheit, jedem Wettstreit, jeder Herausforderung aus dem Weg zu gehen, sich auf sich selbst zurückzuziehen und wegen der eigenen Faulheit, Knickrigkeit, Angst oder Schüchternheit jene Positionen, Ehren und Ämter nicht wahrzunehmen und auszufüllen, für die man durch Geburt, Stand, Erziehung und Vermögen qualifiziert ist. Nur der zügellose Wetteifer ist also eine Geißel und jämmerliche Qual. Man denke nur an die Unsummen, die Heinrich der Achte und der französische König Franz der Erste bei ihrem berühmten Treffen verschleuderten, oder daran, wie viele Höflinge sich und ihr Vermögen ruinieren, um ihre Konkurrenten zu übertrumpfen, und schließlich als Bettler sterben. Kaiser Hadrian wurde so von der Angst vor Rivalen umgetrieben, daß er wie Nero jeden umbringen ließ, der ihm hätte gefährlich werden können. Und der Tyrann Dionysios verbannte Platon und den Dichter Philoxenos entsprechend, weil sie ihn angeblich übertrafen und seinen Ruhm verdunkelten. Aus keinem anderen Grund schickten die Römer Coriolanus ins Exil, setzten Camillus gefangen, ermordeten Scipio; die Griechen verbannten Aristides, Nikias, Alkibiades durch ein Scherbengericht, kerkerten Theseus ein, beseitigten Phokion. Als Richard der Erste und Philipp von Frankreich zusammen bei der Belagerung von Akko im Heiligen Land kämpften und Richard sich als der tapferere erwies, so daß alle Augen auf ihn gerichtet waren, verbitterte das nach dem Bericht des Johannes Heraldus den französischen König so, daß er alles, was jener tat, bekrittelte und sich schließlich offen mit ihm verfeindete. Er konnte sich nicht länger beherrschen, sondern eilte nach Hause zurück, fiel in Richards Ländereien ein und erklärte ihm den Krieg. Haß erregt Hader (10. Spr. 12), und schließlich bricht tödliche Feindschaft aus. Sie verfolgen sich gegenseitig samt Freunden, Gefolgsleuten und Nachkommen mit bitterem Hohn, Kriegsgeschrei, unflätigen Schmähungen, Anklagen, Verleumdungen, mit Feuer und Schwert und denken nicht an Versöhnung. Man erinnere sich nur an die Welfen und Ghibellinen in Italien, an die Adurni und Frigosi in Genua, an Cnaeus Papirius und Quintus Fabius in Rom, an Caesar und Pompeius, Orléans und Burgund in Frankreich, York und Lancaster in England. Oft wütet diese Leidenschaft dermaßen, daß nicht nur Menschen und Familien, sondern volksreiche Städte zugrunde gehen, wovon Karthago und Korinth Zeugnis ablegen, oder sogar blühende Königreiche verwüstet werden. Diesem Haß, dieser Bosheit, Zwietracht und Rachsucht verdanken wir die Erfindung der teuflischen Folterwerkzeuge, des Rades, der Wippe, des spanischen Bocks, der Inquisition, unmenschlicher Gesetze und vieler anderer Mittel, mit deren Hilfe wir uns gegenseitig quälen und zerfleischen. Wie glücklich könnten wir leben und unsere Tage in gesegneter und süßer Zufriedenheit beschließen, wenn wir uns nur beherrschen könnten, Beleidigungen einstecken lernten, uns der Demut, Bescheidenheit und Geduld befleißigten, vergäben und vergäßen, wie uns Gottes Wort befiehlt, das kleinliche Gezänk zwischen uns beilegten und unsere Leidenschaften auf diese Weise mäßigten. Trachtet nicht nach hohen Dingen, heißt es im 12. Kapitel des Römerbriefes, sondern haltet euch herunter zu den Niedrigen. Habt mit allen Menschen Frieden und rächet euch selber nicht! Aber weil wir so verstockt und widernatürlich, anmaßend und stolz, streitsüchtig und aufrührerisch sind, quälen, mißhandeln und beunruhigen wir einander, stürzen uns gegenseitig in einen Abgrund von Kummer und Sorgen, verschlimmern täglich unser Elend und unsere Melancholie und arbeiten so der Hölle und der ewigen Verdammnis in die Hände.

Zorn ist eine Leidenschaft, die nach außenhin agiert und den Körper anfällig für Melancholie und Wahnsinn macht; er sei eine vorübergehende Raserei, heißt es bei Horaz, und Piccolomineus rechnet ihn zu den drei stärksten Affekten. Aretaios und Seneca behandeln ihn als eigenständigen Melancholieauslöser, und Magninus gibt als Erklärung an, Zorn überhitze den Körper, und trete dieser Zustand zu häufig auf, führe er zu offenkundigem Irresein. Es ist allgemein bekannt, daß der langmütigste Geist, wenn er oft genug gereizt wird, zum Wahnsinn getrieben und so ein Heiliger in einen Teufel verwandelt werden kann. Und deshalb nennt Basil in seiner Homilie über den Zorn diesen Affekt die Nacht unseres Verstandes und einen bösen Engel. Lukian sieht diese Leidenschaft mit den geschilderten Konsequenzen vor allem bei älteren Menschen beiderlei Geschlechts am Werk. Zorn und Verleumdung, sagt er, setzen ihnen zunächst zu und führen nach einer Weile zum offenen Ausbruch des Wahns. Vieles löst bei Frauen Zorn aus, besonders übermäßige Liebe oder übermäßiger Haß oder Neid, großer Kummer und Ärger, und Schritt für Schritt geraten sie in den Sog der Melancholie. Was zunächst nur Disposition war, verfestigt sich so zum Naturell, denn es gibt keinen prinzipiellen Unterschied zwischen einem Verrückten und einem Zornigen, der gerade seinen Wutanfall hat. Zorn, so die Beschreibung des Lactantius, ist ein schrecklicher Seelensturm, der die Augen Funken sprühen und stieren läßt, von Zähneknirschen und Stottern begleitet wird, das Gesicht puterrot oder kalkweiß einfärbt und auch sonst die Erscheinung eines Irren auf das abstoßendste nachahmt:

> Seht, wie das Antlitz schwillt durch den Zorn, schwarz werden die Adern;
> wilder funkelt das Aug', als in Gorgonischer Glut. (Ovid)

Erzürnte sind ohne Vernunft, unerbittlich, mit Blindheit geschlagen, sie benehmen sich zeitweilig wie Tiere und Ungeheuer, wissen nicht, was sie tun, fluchen, schwören, lästern, werden gewalttätig und vieles mehr. Kein Verrückter kann sie übertreffen, und in einer Komödie des Terenz gesteht ein Charakter: Im Zorn bin ich nicht ich selbst. Wenn diese Anfälle häufig auftreten, lange andauern und jeder Kontrolle entgleiten, münden sie fraglos in den Wahnsinn ein. Montanus behandelte einen melancholischen Juden, dessen Erkrankung er entsprechend hauptsächlich darauf zurückführte, daß er leicht reizbar war. Auch die Raserei des Aias begann nicht anders, und Karl der Sechste von Frankreich wurde irrsinnig wegen seiner äußersten Leidenschaft, Rachsucht und Tücke. Erzürnt gegen den Herzog der Bretagne konnte der tagelang weder essen noch trinken noch schlafen, und Anfang Juli 1392 übermannte ihn schließlich der Wahnsinn bei einem Ausritt. Hoch zu Roß zog er das Schwert, hieb wahllos auf alle ein, die sich ihm näherten, und kam sein Leben lang nicht wieder zur Vernunft. Hegesippus erzählt eine ähnliche Geschichte über Herodes, der aus Jähzorn den Verstand verlor, aus dem Bett sprang, Josippus umbrachte und sich lange Zeit wie ein Tollhäusler aufführte, ohne daß der Hof ihn bändigen konnte. Manchmal bedauerte und bereute er seine Taten und war untröstlich, wenn sein Zorn verraucht war. Dann aber geriet er Schritt für Schritt wieder in das alte Wüten. Bei der Heißblütigkeit der Choleriker verursacht der Zorn nach Pelezius am leichtesten Wahnsinn und andere Gebrechen. Er läßt die Blutmenge ab- und die Galle zunehmen, was möglicherweise für den Betroffenen tödlich ausgehen kann. Beschränkte sich die Gefährlichkeit auf einzelne, wäre das vielleicht noch hinzunehmen, aber der Zorn ruiniert und zerrüttet ganze Städte, Sippen und Königreiche. Keine Plage hat der Menschheit soviel Schaden zugefügt, schreibt Seneca. Und wer auch nur einen Blick in die Geschichtsbücher wirft, wird kaum auf ein anderes Thema stoßen als auf das Unheil, das eine Bande von Strohköpfen in ihrem Jähzorn angerichtet hat. Deshalb tun wir gut daran, ihn in unsere Litanei aufzunehmen: Von aller Blindheit des Herzens, von Stolz, Dünkel und Heuchelei, von Neid, Haß, Bosheit, Zorn und allen anderen verderblichen Leidenschaften, Herr, erlöse uns!

Verdruß, Sorgen und Not als Ursachen

Verdruß, Sorgen, Leiden, Not oder was immer den Geist belastet und Kummer, Angst und Verwirrung auslöst, soll hier der Kategorie der potentia irascibilis zugerechnet werden. Daran wird mancher Gebildete Anstoß nehmen, und doch definiert Aristoteles in seiner Rhetorik diese Sorgen wie den Neid und die Mißgunst über den Kummer, so daß ich mich berechtigt fühle, die oben genannte Einordnung vorzunehmen.

Denn auch hier geht es gleichermaßen um Ursachen wie auch um Symptome der Melancholie, die die bekannten Beschwerden im Gefolge haben und häufig von Angst und Schmerz begleitet sind, wie schon die übliche Redeweise von «brennender» Sorge und «nagendem» Kummer verdeutlicht. Diese Affekte sind so zahlreich wie der Sand am Meer. Galen, Fernelius, Felix Platter und Valescus de Taranta rechnen Kümmernisse, Sorgen und andere Formen seelischer Unruhe und Zerrissenheit zu den Hauptauslösern der Melancholie, weil sie den Schlaf rauben, die Verdauung lahmlegen, den Körper austrocknen und seine Substanz aufzehren. Aber nicht nur die Zahl dieser Affekte ist Legion, ihre Gründe sind nicht weniger vielfältig, und kaum einer von tausend ist frei davon oder kann von sich behaupten, die Unheilsgöttin Ate habe ihn nicht in das Heer der Mißmutigen eingereiht oder mit dem einen oder anderen Unglück geschlagen. Hyginus erzählt zur Verdeutlichung eine hübsche Geschichte. Frau Sorge überquerte einst zufällig einen Bach, sammelte etwas von seinem Schlamm und formte eine Gestalt daraus. Jupiter, der kurz darauf des Weges kam, hauchte ihr Leben ein, aber beide konnten sich nicht einigen, wie das Wesen heißen und wem es gehören sollte. Man legte die Sache dem Saturn vor, der folgenden Schiedsspruch verkündete: Sein Name sei Erdenkloß, und Frau Sorge soll er gehören, solange er lebt; nach seinem Tode aber hat Jupiter Anspruch auf seine Seele und die Erde Anspruch auf seinen Körper. Aber lassen wir das Geschichtenerzählen. Sorge, Elend, Enttäuschung sind allgegenwärtig, und niemand kann sich ihnen entziehen; gäbe es keine andere Heimsuchung im Leben, so reichte schon das Nachdenken über dieses gewöhnliche Übel aus, um einen Menschen zu peinigen und ihn seiner Existenz überdrüssig werden zu lassen, denn niemals ist er wirklich in Sicherheit, sondern immer Gefahren, Kummer, Sorgen und Drangsalen ausgesetzt. Wenn der Mensch auf die Welt kommt, wird er, wie es Plinius in wohlgesetzten Worten ausdrückt, nackt geboren und weint vom ersten Atemzug an; gewickelt und geschnürt wie ein Gefangener ist er hilflos und bleibt es bis ans Ende seiner Tage. Er fällt nach Seneca wilden Tieren zum Opfer, erträgt Hitze und Kälte nicht, weder die Arbeit noch der Müßiggang bekommt ihm, und gegen das hohnlachende Schicksal weiß er kein Mittel. Lukrez vergleicht ihn mit einem nackten Schiffbrüchigen, der halberfroren und verlassen an eine fremde Küste geworfen wird. Kein Stand, kein Alter, kein Geschlecht, das nicht an diesem Menschenlos teilhätte. Der Mensch, vom Weibe geboren, lebt kurze Zeit und ist voll Unruhe, heißt es bei Hiob, und: Sein eigen Fleisch macht ihm Schmerzen, und seine Seele ist ihm voll Leides. Und der Prediger Salomo setzt hinzu: Alle seine Lebtage hat er Schmerzen mit Grämen und Leid, daß auch sein Herz des Nachts nicht ruht. Es ist alles eitel und Haschen nach Wind. Eingang, Fortgang, Rückgang, Ausgang, die Lebensphasen sind alle gleich. Mit Blindheit geschlagen sind wir in der Jugend, in der Mitte unseres Lebens mühen wir uns ab, am Ende steht der Kummer, und nur der Irrtum bleibt uns treu. Welcher Tag dämmert uns herauf ohne Gram, Sorge oder Schmerz? Und welche unbeschwerte und erquickende Morgenstunde hätten wir erlebt, der nicht ein düsterer und wolkenverhangener Abend gefolgt wäre? Einer ist nichtswürdig, der andere lächerlich, ein dritter hassenswert. Der klagt über diese Beschwerden, sein Nachbar über jene: jetzt schmerzt der Kopf, dann die Füße, nun die Lunge, darauf die Leber. Einer ist reich, aber von niederer Herkunft, ein anderer blaublütig, doch mittellos, ein dritter wohlhabend, doch fehlt ihm die Gesundheit oder auch der Verstand, um sein Vermögen zusammenzuhalten. Seine Kinder machen diesem das Leben sauer, seine Frau vergiftet es jenem. Niemand ist nach Boethius mit seinem Geschick zufrieden, und einem Pfund Kummer ist gewöhnlich ein Gran Zufriedenheit beigemischt. Selten oder niemals Freude und Trost, überall Gefahr, Zank und Unruhe. Wohin man auch kommt, man trifft auf Mißmut, Sorgen, Leid, Klagen, Krankheit, Gebrechen, Beschwerden und Vorwürfe. Sieht man sich auf dem Markt um, schreibt Chrysostomos, findet man nichts als Streit und Rauferei, am Hof tummeln sich Schurken und Schmeichler, und im Haus des Privatmanns drücken schwere Sorgen. Wie heißt es doch bei Homer:

> Denn kein anderes Wesen ist jammervoller auf Erden
> als der Mensch, von allem, was Leben haucht und sich reget.

Keine Kreatur ist so elend wie der Mensch, keine wird so von körperlichen, geistigen und seelischen Nöten heimgesucht; ob er schläft oder wacht und wohin er sich auch wendet, er entkommt dem Jammer nicht. Unser Leben ist nach Augustinus eine einzige Versuchung, eine Kette beständiger Übel. Wer könnte seine Unseligkeit ertragen? Geht es uns gut, werden wir unverschämt und überheblich, das Unglück dagegen macht uns niedergeschlagen, und so benehmen wir uns unter allen Umständen töricht und jämmerlich. In einer Notlage ersehnen wir gedeihliche Umstände, und treten sie ein, fürchten wir uns vor der Not.

Wo findet man einen Mittelweg? Wie entkommen wir der Versuchung? In welcher Lebenslage sind wir wirklich frei? Die Weisheit geht mit Anstrengung einher, der Ruhm mit Neid; Reichtum und Sorgen, Kinder und Belastungen, Freuden und Krankheit, Ruhe und bittere Armut sind untrennbar, und deshalb behaupten die Platoniker, der Mensch trete ins Leben, als solle er damit für vormalige Sünden bestraft werden. Nach Plinius behandelt uns die Natur, wenn wir es recht bedenken, eher stiefmütterlich; denn das Leben keines ihrer Geschöpfe ist so gefährdet, so furchterfüllt, ungestüm und ohne Verstand, und nur der Mensch wird von Neid, Unzufriedenheit, Kummer, Gier, Ehrgeiz und Aberglauben geplagt. Unsere ganze Existenz gleicht der Irischen See, bei der nichts zu erwarten steht als endlose Stürme und aufgewühltes Meer:

Ein solches Leidensmeer umringt mir mein Gemüt,
daß nimmer ich mein Haupt daraus erheben kann,
noch siegreich dringen durch die Wogen dieser Not.

(Euripides)

Windstille Zeiten, in denen sich ein Mensch in Sicherheit wiegen und innere Ruhe und Zufriedenheit finden könnte, gibt es nicht. Vielmehr steckt, wie Boethius schließt, in jedem von uns etwas, nach dem wir streben, bevor wir über einschlägige Erfahrungen verfügen, und das uns anekelt, sobald wir es ausprobiert haben. Wir begehren mit jeder Faser unseres Herzens und werden doch einer Sache überdrüssig, kaum daß wir sie besitzen. So zerflattern uns die besten Tage, indem wir zwischen Hoffnung und Furcht, Argwohn und Ärger, Begeisterung und Enttäuschung hin- und herpendeln, und wir verschwenden unsere Zeit. Ein streitsüchtiges, mißmutiges, unordentliches, melancholisches und elendes Leben führen wir, und könnten wir das Kommende vorhersehen und hätten wir die Wahl, so würden wir diese leidvolle Existenz eher zurückweisen, als sie zu akzeptieren. Kurz und gut, die Welt selbst ist ein Irrgarten, ein Labyrinth der Irrtümer, eine Wüste, Wildnis und Räuberhöhle, übersät mit dreckigen Tümpeln und schrecklichen Felsen, voll von Abgründen, ein schweres Joch, ein Ozean der Not, in dem Gebrechen und Unheil übereinanderschwappen oder sich wie Wellen jagen. Wer Skylla umschifft, der scheitert an Charybdis, und so geraten wir trotz unserer ständigen Plackerei und Angst von einem Unheil in das andere und kommen aus den Drangsalen und Knechtungen nicht heraus. Eher könnte man das Gewicht vom Blei, die Hitze vom Feuer, die Nässe vom Wasser und die Leuchtkraft von der Sonne trennen als das Elend, den Mißmut, die Sorge, Not und das Gefährdetsein vom Menschen. Unsere Siedlungen und Städte sind Behausungen menschlichen Elends, wo die Sterblichen, zusammengepfercht mit unzähligen Nöten und Mühen und allen möglichen Lastern, ihr jammervolles Dasein fristen. Die Dörfer gleichen Maulwurfshügeln, und ihre Bewohner rennen geschäftig wie die Ameisen hin und her, hinein und hinaus und durchkreuzen gegenseitig ihre Pläne, wie sich die Rumbenlinien auf einer Portolankarte schneiden. Heute sind sie frohgemut und lustig, demnächst besorgt und bedrückt, jetzt hoffnungsvoll, morgen mißtrauisch, heute geduldig, dann empört, mal blaß, mal rot, mal rennen und schwitzen, dann wieder hocken und zittern sie und können sich nicht entscheiden. In den Augen der Welt sitzen einige wenige, vielleicht einer unter tausend, in Abrahams Schoß und gelten als beneidenswerte Glückspilze, weil sie reich und stattlich sind, beste Verbindungen haben und ehrenvolle Ämter bekleiden. Doch fragt man zufällig den Betreffenden, wird er erklären, er sei der elendeste und unglücklichste der Menschen. Ein hübscher Schuh, wie es bei Graecinus heißt, aber du weißt nicht, wo er überall drückt. Die Meinung der anderen kann niemanden glücklich machen, sondern jeder, der sich selbst nicht für glücklich hält, bleibt ein armer Kerl, wie Seneca treffend formuliert. Auch wenn er die ganze Welt beherrschte, wäre er nicht glücklich, glaubte er es nicht von sich selbst. Deshalb spielt der eigene Besitz und das fremde Urteil darüber gar keine Rolle, solange man selbst nicht schätzt, was man ist oder hat. Es liegt in der Natur der Menschen, andere zu beneiden und schlecht vom eigenen Geschick zu denken, aber wie kommt das und was ist der Grund dafür? Viele sind so verderbt, daß sie nach Theodoret an nichts mehr Gefallen finden können; weder Reichtum noch Armut befriedigen sie, sie beklagen sich, wenn es ihnen gut geht und wenn sie krank sind, und finden an jedem Geschick, bringe es Wohlstand oder bringe es Not, etwas auszusetzen. In einem Jahr der Teuerung machen sie sich Sorgen und in einem guten nicht minder, Fülle oder Mangel, Krieg oder Frieden, Kinderlosigkeit oder Kindersegen, alles löst bei ihnen Unzufriedenheit aus. Aber nicht nur sie, wir alle besitzen dieses Naturell und sind nur allzu häufig mißmutig, elend und unglücklich oder halten uns doch dafür. Man sehe sich die angeblichen Ausnahmen von der Regel nur einmal genauer an. Quintus Metellus war unter den Römern Gegenstand maßloser Bewunderung, und Paterculus erwähnt, daß man in keinem anderen Volk, Stand, Alter oder

Geschlecht einen ähnlich vom Glück Begünstigsten finden könne. Er besaß alle geistigen und körperlichen Vorzüge und war wie P. Mutianus Crassus außerdem noch mit einem großen Vermögen gesegnet. Auch Lampito, jene lakedämonische Dame, gehörte nach Plinius' Vorstellung in den Kreis der Glücklichen, denn sie war die Gattin, die Mutter und die Tochter eines Königs. Polykrates von Samos stand in den Augen der Welt nicht anders da, und die Griechen rühmen sich des Sokrates, Phokion, Aristeides, die Psophidianer insbesondere ihres lebenslang glückseligen und vor allen Gefahren sicheren Aglaus, die Römer ihres Cato, Curius, Fabricius, weil sie in wohlgeordneten Verhältnissen zurückgezogen gelebt, ihre Leidenschaften beherrscht und die Welt verachtet hätten. Und doch war niemand der Erwähnten wirklich glücklich und frei von Unzufriedenheit. Weder Metellus und Crassus noch Polykrates, denn er starb wie Cato eines gewaltsamen Todes; und wieviel Übles wissen Lactantius und Theodoret von Sokrates, einem schwachen Menschen, zu berichten – ein Befund, der ähnlich auch für alle übrigen gilt. In diesem Leben gibt es keine Zufriedenheit, denn es ist, wie es im Prediger Salomo heißt, alles eitel und Haschen nach Wind, alles lahm, krumm und unvollkommen. Hättest du Samsons Haar, Milos Kraft, Skanderbegs Arm, Salomos Weisheit, Absaloms Schönheit, den Reichtum des Krösus, Caesars Tapferkeit, Alexanders Unternehmungsgeist, die Beredsamkeit des Cicero oder Demosthenes, den Ring des Gyges, Perseus' Pegasus und Gorgonenhaupt und Nestors Lebensspanne, so würde doch alles dies dich nicht vollkommen machen und dir weder hienieden noch im Jenseits Seelenfrieden und wahres Glück verleihen. Im Herzen allen Frohsinns, aller Heiterkeit und allen Lachens nisten Sorgen und Kummer, und wenn das wahre Glück einmal unter uns weilt, ist es für kurze Zeit, und der schöne Morgen verwandelt sich in einen düsteren Nachmittag. Brutus und Cassius waren einst berühmt und vom Glück verwöhnt, und doch findet man nach Paterculus kaum zwei andere Menschen, die das Unheil schneller einholte. Hannibal fand am Ende seines siegesgewohnten Lebens doch noch seinen Meister und wurde überwunden. Manch einem richtete man einen Triumphzug aus wie dem Caesar in Rom und dem Alkibiades in Athen, krönte, ehrte und bewunderte ihn und zerschlug doch später seine Statuen, zischte ihn aus und brachte ihn um. So erfreute sich der berühmte Spanier Magnus Gonsalvo zunächst hoher Wertschätzung bei König und Volk, die er aber bald gegen Gefangenschaft und

Verbannung eintauschen mußte. Und Polybios bemerkt, daß ruhmvolle Taten gemeinhin erbitterte Feindschaften und böse Verleumdungen im Gefolge haben. Der reich Geborene stirbt als Bettler, heute ist man gesund, morgen krank, jetzt steht geschäftlich alles zum besten, man hat eine glückliche Hand und ist zufrieden, dann plötzlich wird einem alles durch Kriegseinwirkung genommen oder von Dieben geraubt, und man endet verarmt, gefangen und ausgeplündert wie die Einwohner Rabbas unter eisernen Sägen, Zacken und Keilen und wird im Ziegelofen verbrannt. Der einst wie Xerxes an der Spitze eines unübersehbaren Heeres marschierte und die Reichtümer des Krösus sein eigen nannte, muß sich nun mit einem winzigen Boot als Schauermann über Wasser halten, liegt wie Bajazet der Türke in eisernen Ketten oder dient wie bei Aurelian als Schemel, auf den ein tyrannischer Eroberer seine Füße setzt. So viele Wechselfälle des Lebens gibt es, daß zwischen einer Stadt und rauchenden Trümmern, wie Seneca nach einer Feuersbrunst bemerkte, oft nur ein Tag liegt; so viele Dinge, die uns durch äußeres Unglück oder durch uns selbst, unsere Unvernunft, Gier und Unbeherrschtheit zustoßen können, daß auch der Zeitabstand zwischen einem Menschen und bloßen sterblichen Überresten nicht größer sein muß. Aber was noch viel schlimmer ist, es gilt der Satz: homo homini daemon, der Mensch ist dem Menschen ein Teufel. Als kämen das Elend und die Heimsuchungen noch nicht schnell genug über uns, mißhandeln und verfolgen wir uns gegenseitig und studieren eifrig, wie man den anderen mit Haß, Kränkungen und Unrechttun ärgert, verletzt und quält. Wir sind auf Beute aus, verschlingen einander, wie Vögel über Aas herfallen, und betrügen uns wie Schwindler, Zuhälter und Kuppler oder streifen als Wölfe, Tiger, Teufel umher, wobei wir daran Gefallen finden, uns gegenseitig Leid zuzufügen. Die Menschen sind böse, verderbt, arglistig und heimtückisch, ihren Nächsten lieben sie nicht, sondern allein sich selbst, Gastfreundschaft, Barmherzigkeit und Umgänglichkeit haben für diese Betrüger und doppelzüngigen Heuchler längst allen Wert verloren, hartherzig und erbarmungslos verfolgen sie nur ihre eigenen Zwecke und sichern sich ihren Vorteil ohne Rücksicht darauf, in welches Unheil sie andere damit stürzen. Als Praxinoa und Gorgo bei Theokrit all die Kostbarkeiten zu Gesicht bekamen, riefen sie aus: Schön, jetzt geht es uns gut! und wollten alle anderen aussperren. Nicht anders benehmen sich auch unsere Reichen; sind sie erst zu Ansehen und Ehren gelangt und auch sonst am

Ziel ihrer Wünsche, schließen sie andere von jenen Freuden aus, die ein Vorrecht der Jugend sind und die sie selbst früher genossen haben. Ein solcher Mensch macht es sich bei Tisch in seinem Sessel bequem und verschwendet keinen Gedanken an den erschöpften Bediensteten, der hinter ihm steht. Ein Hungriger legt ihm vor, ein Durstiger schenkt ihm ein, der schweigt, wenn sein Herr seine Wünsche äußert, und nachdenklich und traurig ist, wenn jener lacht. Er trinkt aus goldenen Kelchen, veranstaltet Feste und Gelage, wirft das Geld zum Fenster hinaus, hat eine reichhaltige Garderobe, liebliche Musik, genießt allen Luxus und alle Freuden der Welt, während viele elende Geschöpfe auf der Straße verschmachten, keine Kleidung haben, um ihre Blöße zu bedekken, und sich den ganzen Tag für einen Hungerlohn abrackern, umherhasten und -reiten oder vielleicht von Sonnenaufgang bis Sonnenaufgang im Kampf stehen, krank und erschöpft, voll Kummer und Schmerz und gepeinigt von Not und Herzeleid. Solch ein Mensch verachtet und verabscheut diejenigen, die unter ihm stehen, haßt die Gleichrangigen, die er als Rivalen auszustechen sucht, und beneidet die Höhergestellten. Bei den Untergebenen dagegen kehrt er den Herren heraus, als gehöre er einer anderen Art an, und benimmt sich wie ein Halbgott, der gegen Fehltritte und menschliche Gebrechen gefeit ist. In der Regel lieben sie nicht und werden also auch nicht wiedergeliebt. Vielmehr lassen sie es sich wohlsein, wobei es sie in keiner Weise berührt, daß sich andere dafür abarbeiten müssen und ihre Gesundheit ruinieren. Nichts liegt ihnen ferner, als Bedürftigen unter die Arme zu greifen; eher schon setzen sie alles daran, auch noch diejenigen ins Elend zu bringen, die besser sind als sie und jede Unterstützung verdient hätten. Die Gesetze der Natur schreiben ihnen vor, in solchen Fällen einzugreifen und nach Kräften Abhilfe zu schaffen, und doch rühren sie, obwohl es in ihrer Macht stünde, keinen Finger und lassen die Betroffenen jammern, betteln, hungern und am Galgen enden. So verderbt sind sie, so rücksichtslos, hartherzig, geizig, stolz, unverschämt, verbissen und von so üblem Charakter. Und weil wir uns so viehisch aufführen und einander die Hölle heiß machen, ist es kein Wunder, daß von allen Seiten Mißmut, Sorge, Kummer und Elend auf uns einstürzen.

Wem das zum Beweis unserer Verdrießlichkeiten und unseres Jammers noch nicht genügt, der untersuche jeden Stand und jeden Beruf für sich. Könige, Fürsten, Monarchen und Magistratsherren scheinen die glücklichsten Menschen zu sein, aber sieht man sich diese Gruppe genauer an, muß man erkennen, daß sie die Sorgen am schwersten drücken und ihre Mitglieder von ständiger Angst, von Seelenpein, Argwohn und Eifersucht geplagt werden. Juvenal sagte von einer Krone, keiner, der den Verdruß kennt, den sie mit sich bringt, würde sich nach ihr bücken. Wo finde ich einen König, fragt Chrysostomos, den nicht die Sorgen drücken? Laß dich nicht von seiner Krone blenden, sondern führe dir seine Bedrängnisse vor Augen, achte nicht auf die Zahl seiner Diener, sondern die der Kreuze, die er zu tragen hat. Und Gregor setzt hinzu, auf dem Gipfel der Macht tobt der Seelensturm. Wie Sylla tragen sie wackere Titel und haben doch Schreckliches durchzumachen. Deshalb schwor Demosthenes, hätte er zwischen Richteramt und Verurteilung zu wählen, so zöge er das zweite vor. Die Reichen befinden sich in der gleichen mißlichen Lage. Nur Narren bemerken nicht, was sie leiden; denn sie spüren nur zu genau, daß ihr Reichtum so zerbrechlich ist wie eine Kinderrassel. Sie sind unbeständig, mal hier, mal dort, und es ist kein Verlaß auf sie. Denjenigen, den sie eben noch protegiert haben, lassen sie plötzlich fallen und stürzen ihn so in ein Jammertal. Die Menschen mittlerer Stellung haben Lasten zu schleppen wie die Esel. Wenn sie aber unabhängig sind und angenehm leben könnten, verprassen sie ihr Vermögen in Luxus und Ausschweifung, Streit und Rivalität und verausgaben sich dabei auch seelisch und körperlich. Über die Nöte der Armut an anderer Stelle mehr.

Für die einzelnen Berufsstände gilt, wie ich denke, derselbe Befund: Nirgendwo gibt es echte Sicherheit und Zufriedenheit. Welche Wahl soll man treffen, welche Karriere ansteuern? Die eines Theologen? Die Welt blickt verächtlich darauf herab. Eines Juristen? Er gilt als Streithansel. Eines Arztes? Man verabscheut den Urinschnüffler. Die des Philosophen? Ein Verrückter! Des Alchimisten? Ein Bettler! Des Dichters? Ein Hungerleider! Des Musikers? Ein Spielkind! Des Schulmeisters? Eine Plackerei! Des Landmanns? Eine Ameise! Der Gewinn des Kaufmanns ist immer unsicher, das Handwerk gilt als gemein, die Chirurgie als ekelhaft, den Händler schimpft man Lügner, den Schneider Dieb, den Dienstmann Sklave, den Soldaten Schlächter, den Höfling Schmarotzer und den Schmied einen, der nicht mehr über den Rand seiner Töpfe hinwegsehen kann. Wie der, der im ganzen Wald keinen geeigneten Baum finden konnte, um sich daran aufzuknüpfen, so kann ich keine Existenzweise ausmachen, die Zufriedenheit gewährte.

Das gleiche trifft auf die Lebensalter zu. Kinder leben in ständiger Knechtschaft, weil sie der Tyrannei ihrer Erzieher ausgeliefert sind; junge und auch reifere Männer sind eingespannt ins Joch des Brotverdienens, der tausend irdischen Sorgen, und Verrat, Betrug und Lügen ausgeliefert:

Und gehst durch Gluten
unter betrüglicher Asche glimmend. (Horaz)

Dem Alter schließlich schmerzen die Knochen, Krämpfe und Konvulsionen machen ihm ebenso zu schaffen wie Schwerhörigkeit und nachlassende Sehkraft. Der Mensch wird grau, faltig, unansehnlich, verändert sich so, daß er sein eigenes Gesicht im Spiegel nicht wiedererkennt und fällt sich selbst und seinen Mitmenschen zur Last. Nach Siebzig ist alles jammervoll; man lebt nicht mehr, sondern hält sich am Leben. Wer noch gesund ist, fürchtet die kommenden Gebrechen, wer krank liegt, wird seines Daseins überdrüssig, denn bloßes Vegetieren kann nach Martial nicht Leben heißen. Einer beklagt sich, daß es ihm am Nötigsten mangelt, einen zweiten drückt die Knechtschaft, den dritten eine verborgene oder unheilbare Krankheit, körperliche Mißbildung, ein unwiderbringlicher Verlust, eine Gefahr, der Tod der Freunde, Schiffbruch, Verfolgung, Einkerkerung, Schmach, Zurückweisung, Schimpf, Schande, Verleumdung, Beleidigung, Verachtung, Undankbarkeit, Unfreundlichkeit, Hohn, Spott, eine unglückliche Ehe, das Ledigbleiben, Kinderreichtum, Kinderlosigkeit, aus der Art geschlagene Nachkommen, Unfruchtbarkeit, betrügerische Bedienstete, Verbannung, Unterdrückung, gescheiterte Hoffnung, Erfolglosigkeit usw.:

Andres von solcherlei Art – so viel ist's – könnte den Schwätzer
Fabius selbst abmüden. (Horaz)

Sogar er würde erschöpft innehalten, bevor er auch nur die Hälfte der Kümmernisse aufgeführt hätte. Sie füllen ganze Bände, und ich werde auf einige an geeigneter Stelle zurückkommen. Hier nur so viel: sie alle martern die Seele und lassen den Körper, der austrocknet, verdorrt und schrumpelt wie ein alter Apfel, zum Skelett abmagern. Beschwerliche Tage haben sie im Gefolge und freudlose Zeiten, die uns niederdrücken und kein Ende nehmen wollen. Dann heulen und brüllen wir, raufen uns die Haare wie die Figur des Kummers in Cebes' Bildbeschreibung und stöhnen vor Seelenpein. Unser Herz will brechen wie das Davids im 40. Psalm, weil uns Leiden umgeben ohne Zahl, und wir sind soweit, mit Hiskia zu gestehen: Siehe, um Trost war mir sehr bange, mit Heraklit zu weinen, den Tag unserer Geburt mit Jeremia zu verfluchen und mit Hiob unseren Unstern zu verwünschen. Dann machen wir uns den Lehrsatz des Silenus zu eigen, nach dem es das Beste ist, nie geboren zu sein, und am zweitbesten, schnell wieder zu sterben, oder ziehen uns, wenn wir denn am Leben bleiben müssen, wie Timon von der Welt zurück, verkriechen uns in Höhlen und Löchern wie die Einsiedler, werfen all unseren Besitz mit Krates Thebanus ins Meer oder stürzen uns in den Tod wie die vierhundert Zuhörer des Kleombrotos Ambrakiotes, die es in dem von ihm geschilderten Jammertal nicht mehr aushielten.

Begierden und Ehrgeiz als Ursachen

Diese Triebe gleichen zwei in sich verschlungenen Fasern eines Seils, die sich um das Herz winden. In Grenzen hält Augustinus beide für gut, aber sobald sie das rechte Maß überschreiten, werden sie verhängnisvoll. Obwohl das Begehren immer den Schein des Vergnügens und der Freude mit sich führt, uns Zufriedenheit verspricht und einen reizenden Gegenstand vorspiegelt, spannt es uns auf der anderen Seite doch auf die Folter und quält uns, sobald es in übersteigerter Form auftritt. Das Sprichwort, daß die Begierde ruhelos sei, ist nur allzu wahr, sie ist unbegrenzt und ohne Ende, eine ewige Folterbank und Tretmühle, aus der es für Augustinus kein Entrinnen gibt. Nach Bernhard von Clairvaux sind die einzelnen Strebungen allerdings wenig beständig, vielmehr so vielfältig und wechselhaft, daß man eher die Sonnenstäubchen zählen könnte als sie. Auf alles können sie nach Guianerius abzielen, was man überflüssigerweise besitzen möchte; und dieses fieberhafte Verlangen, wie Fernelius es deutet, quält uns in jeder seiner zahllosen Erscheinungsformen und erzeugt nach Platter und anderen Melancholie. Augustinus wurde, wie er gesteht, von seinen Begierden zerrissen, und Bernhard klagt entsprechend darüber, daß er keine Minute Ruhe vor ihnen gefunden habe; nach allem Möglichen verzehrte er sich und wünschte, mal dieser, mal jener zu sein. Folglich ist es sehr schwer, seine Gelüste und Wünsche zu zügeln, denn sie sind Legion und hier gar nicht im einzelnen auszubreiten. Ich werde nur auf die wichtigsten und schädlichsten eingehen wie etwa auf jenes übermäßige Verlangen nach Ehre, das wir gemeinhin Ehrgeiz nennen, auf die Liebe zum Geld, die Habsucht heißt, das Aussein auf den eigenen Vorteil, Stolz, Eigenliebe oder Egoismus genannt, sowie auf die Aufgeblasenheit und Beifallsucht, auf übertriebenen Forschungsdrang und die Liebe zu den Frauen, deren Behandlung allerdings einen gesonderten Band verlangt. Alles übrige handle ich hier kurz und der Reihe nach ab.

Ehrgeiz, dieses stolze Gelüst oder trockene Dürsten nach Auszeichnung, ist eine große Seelenpein, die sich aus Neid, Stolz und Begehrlichkeit zusammensetzt, eine ritterliche Verrücktheit, wie jemand gesagt hat, ein schmackhaftes Gift; Ambrosius redet von einem seelischen Krebsschaden und einer verborgenen Pest und Bernhard von schleichender Vergiftung. Ehrgeiz gilt ihm als Vater des Neids und Mutter der Heuchelei, als Mottenfraß des Heiligen und Ursache des Wahnsinns, der alles quält und in Unruhe versetzt, dessen er habhaft werden kann. Seneca nennt ihn eine wetterwendische, eitle, ängstliche und übereifrige Gemütsverfassung. Denn diejenigen, die wie Sisyphus den Stein des Ehrgeizes ruhelos vor sich herrollen, schinden sich unentwegt ab, ohne jemals aus den Schwierigkeiten herauszukommen. Sie sind ständig im Zweifel, furchtsam, mißtrauisch, peinlich darauf bedacht, niemanden in Wort oder Tat zu verletzen. Vielmehr tun sie vertraulich, selbst wenn sie jemanden hintergehen, und das Umarmen, Hutziehen, Katzbuckeln, Beklatschen, Schmeicheln, über Abwesende Herziehen und Besuchemachen will kein Ende nehmen. Vor allen Türen warten diese leutseligen Gesellen und heucheln Aufrichtigkeit und Demut; und wenn das nichts nutzt, dann gelangen die nach Anerkennung Dürstenden und vom Ehrgeiz Besessenen eben auf krummen Wegen ans Ziel ihrer Wünsche. Aus ihren Löchern winden sie sich nach Cyprian zu allen Ämtern und Ehrentiteln empor, wenn man sie nur läßt; dem einen schmeicheln, den anderen bestechen sie und lassen nichts unversucht, um sich des Wohlwollens aller zu versichern. Es grenzt ans Wunderbare, wie sich solche Leute selbst noch vor Geringeren erniedrigen können, wenn sie ein Anliegen haben, welche Mühen sie auf sich nehmen, wie sie rennen, hasten, lavieren, Komplotte schmieden, Gegenmaßnahmen einleiten, beteuern, schwören, Versprechungen machen und sich vom Morgengrauen bis spät in die Nacht abplagen. Servil sind sie und die Freundlichkeit in Person, höflich und allgemein beliebt, haben für jeden, der ihnen über den Weg läuft, ein falsches Lächeln und übernehmen sich noch mit Einladungen und Festlichkeiten. Das alles aber tun sie nur, um etwas zu erlangen, was sie im Leben gut entbehren könnten, wie Kineas dem Pyrrhus vorhielt, und um mit durchwachten Nächten, qualvollen Stunden, angstvollen und bitteren Gedanken dafür zu zahlen. Denn sie pendeln ständig zwischen Furcht und Hoffen, Erregtheit und Erschöpfung und vergeuden damit auch noch die restliche Zeit. Die Gegenwart rinnt ihnen durch die Finger, und es gibt keine größere Pest als ihren Ehrgeiz. Denn wenn sie ihr Ziel unter hohen Kosten und Mühen endlich erreicht haben, können sie nicht befreit aufatmen, sondern das Sich-Ängstigen beginnt von neuem, weil sie nie zufrieden sind. Alle ihre Gedanken, Taten und Bemühungen sind auf Ehre und Macht ausgerichtet wie bei Lues Sforza, dem aufbrausenden Herzog von Mailand, der ein Mensch von einzigartiger Klugheit, aber auch von abgründigem Ehrgeiz war und dessen Schicksal darin bestand, sich selbst und Italien zu vernichten. Solche Leute kapitulieren nicht, auch wenn das ihren eigenen Untergang und das Verderben ihrer Freunde nach sich zieht. Vielmehr kämpfen sie sich empor wie ein Eichhörnchen oder ein Vogel an den Käfigstangen, ein Hund im Laufrad und kommen doch nie zu Ende oder oben an. Ein Ritter möchte Baron werden, dann Lord, Vicomte, Graf; ein Doktor der Theologie erst Dekan, später Bischof; der Tribun wäre lieber Prätor, der Stadtrat Bürgermeister; erst dieses Amt, dann jenes; wie den Pyrrhus bei Plutarch gelüstet es sie zuvörderst nach Griechenland, später nach Afrika, endlich nach Asien, und sie schwellen mit Äsops Frosch, bis sie platzen, sich den Hals brechen oder wie Lukians Flötenspieler Evangelus, der sein Instrument nicht mehr absetzen wollte, tot umfallen. Wenn sie aber umständehalber scheitern oder sich wie in einem Netz verfangen, geraten sie nur in eine andere Hölle; dann sind sie nämlich so niedergeschlagen, daß sie bereitwillig den Strick nehmen oder augenblicklich zu Ketzern, Ungläubigen und Verrätern werden. Ergrimmt gegen ihre Feinde lästern, fluchen, verleumden, schmähen sie, greifen zu den Waffen und werden aus Mißgunst zu Mördern. Weil sie nicht ans Ziel ihrer Wünsche gelangen, steht am Ende, so Bodin, der Wahnsinn. Gleich also, ob der Ehrgeizige Erfolg hat oder nicht, quält ihn seine Begierde, und solange sie dauert, hat er nichts als Angst und Sorge, Unzufriedenheit und Kummer zu gewärtigen, die ihrerseits Geisteskrankheit oder sogar einen gewaltsamen Tod nach sich ziehen. Ein derartiger Ausgang ist in großen Städten oder am Hof alles andere als selten, denn das Leben eines Höflings ist mit den Worten des Budäus ein Durcheinander von Ehrgeiz, Sinnenlust, Schwindel, Betrug, Heuchelei, Verleumdung, Neid und Stolz, und der Hof erscheint ihm als

Konventikel von Schmeichlern, Opportunisten, Ränkeschmieden oder mit Antonio Perez als Vorort der Hölle selbst. Wer Mißmutige und Unzufriedene sucht, wird dort ebenso fündig werden wie auf den Märkten des alten Rom, von denen es heißt, meineidige Schurken, Ritter des Schandpfahls, Lügner, Aufschneider und verschwenderische Ehemänner hätten sich dort ein Stelldichein gegeben, was im übrigen bis auf den heutigen Tag auch andernorts so geblieben ist.

Habsucht als Ursache

In seiner Abhandlung über die Frage, ob körperliche Krankheiten schlimmer seien als seelische, vertritt Plutarch die Meinung, wer die Gründe unseres irdischen Elends untersuche, werde bald bemerken, daß der Keim normalerweise in zornigem Eigensinn, wütender Streitsucht oder einem ungerechten und unmäßigen Affekt wie etwa der Habsucht zu finden sei. Woher rühren die Kriege und der Streit unter euch, fragt der heilige Johannes. Und ich ergänze: Woher stammen Wucher, Betrug, Raub, Simonie, Unterdrückung, Lügen, Fluchen, falsch Zeugnis Ablegen, wenn nicht aus dieser Quelle der Geldgier, des zähen Hortens und geizigen Nichtausgebenwollens. Daß sie so böse sind und ungerecht gegen Gott, ihren Nächsten und sich selbst, rührt allein daher. Denn Geiz ist eine Wurzel allen Übels; das hat etliche gelüstet und sind vom Glauben irregegangen und machen sich selbst viel Schmerzen (1. Tim. 6. 10). In seinem Brief an Krateva, einen Kräuterkundigen, gibt ihm Hippokrates den guten Rat, unter den Kräutern das Unkraut der Habsucht mit Stumpf und Stiel auszurotten, wenn das nur möglich wäre. Dann nämlich könnte man ganz gewiß mit einem Streich nicht nur die körperlichen Gebrechen, sondern auch die Krankheiten der Seele kurieren. Die Habgier ist in der Tat das Muster, Abbild und der Inbegriff der Melancholie, die Quelle des Elends, der Unzufriedenheit, der Sorgen und des Kummers. Bonaventura definiert sie als übertriebenes oder maßloses Verlangen nach Gewinn, also danach, Geld zu verdienen und es zu behalten; Augustinus nennt sie Wahnsinn der Seele, Gregor eine Marter, Chrysostomos unersättliche Trunkenheit, Cyprian Blindheit, goldene Qual, unheilbare Krankheit und eine Pest, die Königreiche und Familien zerrüttet, Budäus eine schlimme Veranlagung, gegen die es kein Heilmittel gibt und bei der sowohl Äskulaps wie Plutus' Künste versagten, Salomo eine ständige Plage und Seelenqual, eine zweite Hölle. Natürlich ist auch die gegenteilige Ansicht anzutreffen, nach der die Habgierigen glücklich und weltweise sind, das Geldverdienen mehr Spaß macht als das Geldausgeben und es überhaupt kein größeres Vergnügen auf der Welt gibt als zu raffen. Das war schon damals das Problem des Bias: Wessen bist du nicht überdrüssig? Des Geldverdienens. Was gewährt den höchsten Genuß? Reichtümer zu erwerben. Was sonst, glaubst du, brächte den Armen dazu, sich sein Leben lang abzuschuften, schwere Lasten zu schleppen, sich so mühsam durchzuschlagen, zu schinden, das ganze Elend zu ertragen, die niedrigsten Arbeiten mit großer Geduld auszuführen, sich in aller Herrgottsfrühe zu erheben und spät zur Ruhe zu legen, wenn nicht das außerordentliche Vergnügen, das darin bestehen muß, Geld zu verdienen und Geld zu haben. Was veranlaßte einen Kaufmann, der keine Not leidet und zu Haus alles im Überfluß besitzt, dazu, die Welt zu durchstreifen, sich in den Zonen unmäßiger Hitze und Kälte aufzuhalten, freiwillig sein Leben zu riskieren und sich mit schlechtester Verpflegung, rüdester Behandlung und einem stinkenden Schiff zufriedenzugeben, wenn nicht der Profit, der ihm winkt, seine unermüdlichen Anstrengungen leicht werden läßt und alles übrige versüßt. Was treibt die Menschen mehr als hundert Klafter tief in die Eingeweide der Erde, läßt sie ihr liebes Leben einsetzen, feuchte Dünste und üble Gerüche ertragen, obwohl sie nichts dazu zwingt und sie mit dem, was sie schon besitzen, ihr gutes Auskommen haben und zufrieden sein könnten? Sind es nicht wiederum die Wonnen des Reichseins? Solche Argumentation mag auf den ersten Blick überzeugend erscheinen; doch der ihr anhängt, möge sich die Sache noch einmal genauer durch den Kopf gehen lassen, und er wird bald einsehen, daß es sich in Wirklichkeit ganz anders verhält. Denn das Glücksgefühl ist unecht wie bei allen Melancholieauslösern und verfliegt rasch, was den Betroffenen in den klaren Momenten ihres Goldrausches auch nicht entgeht. Außerdem muß man den Satz des Chrysostomos beachten: Reich sein ist eine Sache, geizig sein eine andere. Jedenfalls sind die Habgierigen normalerweise Narren, Schwachköpfe, Verrückte, arme Teufel, die sich selbst verloren haben, keine echte Freude mehr kennen, sondern in ewiger Sklaverei, Furcht, in Argwohn, Kummer und Mißmut dahinvegetieren und mehr Bitterkeit als Honig schmecken. Sie besitzen ihr Geld weniger, als es sie besitzt, schreibt Cyprian; sie gehen in die Lehre bei ihren Besitztümern, heißt es bei Plinius; Chrysostomos nennt sie Sklaven und Packesel ihrer Schätze, und wir können zusammenfassend das von ihnen sagen, was Valerius über Ptolemaios, den König Zyperns, verlauten läßt: Seinem Titel nach war er Herrscher der Insel, aber innerlich vom Mammon geknechtet, das ihn seiner Freiheit beraubt hatte, die mehr wert ist als alles Gold. Bei Horaz führt der Stoiker Damasippus den Beweis, daß alle Sterblichen in der einen oder anderen Weise Anfälle geistiger Umnachtung haben, wovon aber die Geizhälse am schwersten betroffen sind. Sieht man sich ihren Zustand und die Symptome genauer an, muß man sie alle zu Narren erklären. Denn welche größere Narrheit und Verrücktheit kann es geben, als sich ohne alle Notwendigkeit abzuschinden? Sie aber könnten nach Cyprian die Last längst abgeworfen, sich ihrer Mühen überhoben haben, und machen doch immer weiter, sind unersättlich und ihr ganzes Leben wie außer sich. Ihre Seele lassen sie verkümmern, Frau und Kinder halten sie kurz und erlauben weder ihnen noch ihren Freunden den Genuß dessen, was ihnen rechtmäßig zustände und was sie vielleicht bitter nötig hätten. Wie ein Neidhammel bewacht der Geizige sein Vermögen, damit es niemand anderem nützt, schadet damit aber nur sich selbst und seinen Nächsten und verschachert sein Seelenheil. Gemeinhin haben die Betroffenen das trübsinnige und finstere Wesen Ahabs, dessen Geist sich verdüsterte, als er den Weinberg Naboths nicht in seinen Besitz bringen konnte. Und wenn sie ihr Geld ausgeben müssen, und sei es für notwendige Dinge und zum Nutzen ihrer Kinder, dann keifen und schimpfen sie, ihr Herz wird ihnen schwer, sie sorgen sich und können sich nur unter Schmerzen davon trennen. Der Habgierige erscheint blaß und trocken und macht einen leidenden Eindruck, die Sorgen und Geschäfte rauben ihm die Nachtruhe, und seine Reichtümer und die unnötigen Aktivitäten, die er sich aufbürdet, halten ihn ständig wach, wie Salomo erklärt. Übermannt ihn aber der Schlaf, so bringt er doch keine Erfrischung, vielmehr wälzt sich ein solcher Mensch – seine Geldsäcke in den Armen – unruhig auf seinem Lager und schreckt ständig auf:

Du schläfst auf rings zusammengerafften
Säcken mit schnappender Gier. (Horaz)

Obwohl er sich bei einem Festschmaus oder auf einer lustigen Feier befindet, seufzt er nach Cyprian vor Herzeleid und vermag auch in einem Daunenbett keinen Schlaf zu finden. Sein entkräfteter Körper kann sich nicht entspannen, er grämt sich im Überfluß und sorgt sich in der Fülle, in diesem Leben ist er unglücklich, und noch größeres Unheil erwartet ihn im Jenseits. Er schindet sich ohne Unterlaß, läßt seinen Geist nie zur Ruhe kommen, ist nie zufrieden: ein Sklave, armer Teufel und im Staub kriechender Wurm, immer auf der Suche nach einem neuen Opfer, das er seinem goldenen Götzen bringen kann, wie immer er es auch anstellen müßte. Sein Kummer hat kein Ende, und je reicher er wird, desto mehr will er haben wie jene mageren Kühe Pharaos, die die fetten verschlangen und immer noch nicht genug hatten. Deshalb definiert Augustinus die Habsucht als ehrloses und unersättliches Verlangen nach Gewinn und vergleicht sie in einem seiner Briefe mit der Hölle, die als bodenloser Pfuhl alles verschlingt, nie genug bekommt und ihre Opfer in ein Elend ohne Ende stürzen läßt. Am meisten aber zerfrißt den Geizigen sein ständiger Argwohn, seine Furcht und sein Mißtrauen. Er hält Frau und Kinder für Diebe, die nur darauf aus sind, ihn zu betrügen, und alle Bediensteten für treulos. Timidus Plutus ist eine alte Redensart, so angsterfüllt wie Plutus, der Gott des Reichtums; und entsprechend zeichnen Aristophanes und Lukian den Raffer: in ständiger Furcht, blaß, argwöhnisch und keinem Menschen vertrauend. Geldgierige fürchten sich vor Unwettern, die die Ernte vernichten könnten, vor ihren Freunden, die vielleicht etwas von ihnen erbitten oder leihen wollen, vor ihren Feinden, die ihnen Schaden zufügen, und vor Dieben, die sie berauben könnten, sie haben Angst vor dem Krieg und vor dem Frieden, vor den Reichen und den Armen, kurzum, vor aller Welt. Nicht zuletzt schreckt sie der Mangel und die Vorstellung, sie würden als Bettler sterben. Deshalb horten und horten sie und wagen es nicht, ihr Vermögen anzugreifen. (Was wäre schließlich, wenn eine Teuerung käme oder Dürre oder Verluste einträten?) Scheuten sie nicht die Auslage für ein Seil, hätten sie sich schon aufgeknüpft, und manchmal sterben sie, nur um Aufwendungen und Kosten zu sparen. Wenn das Vieh nicht gedeiht und die Ernte schlecht ist, bringen sie sich nach Aulus Gellius um, obwohl sie überreiche Vorräte besitzen. Und Valerius erwähnt jemanden, der während einer Hungersnot eine Maus für 200 Pfennig verkaufte und anschließend selbst Hungers starb. So entstehen ihre Sorgen, Nöte und endlosen Befürchtungen. Theophrast beschreibt in seinen *Charakteren* den Geizhals mit bewundernswertem Geschick: Als er schon im Bett liegt, fragt er seine Frau, ob sie die Truhen und Kisten zugeschlossen, die Geldkassette plombiert und die Eingangstür verriegelt habe. Und obwohl sie das alles bejaht, steht er doch in seinem Nachthemd auf und leuchtet barfüßig mit einer Blendlaterne in alle Ecken und findet die ganze Nacht kaum Ruhe. In dem geistreichen und amüsanten Dialog *Gallus* läßt Lukian den Schuster Mikyllus mit seinem Hahn, in dem die Seele des Pythagoras reinkarniert ist, über das Unglück des Reichen und die Zufriedenheit des wenig Begüterten disputieren. Nach vielem Hin und Her führt ihn sein Hahn, um seine Argumentation mit Beispielen zu belegen, schließlich um Mitternacht zum Haus des Wucherers Gnipho und anschließend zu dem des Eukrates. Beide Bewohner sitzen bei der Abrechnung und zählen ihr Geld – dürr, trocken, blaß, ängstlich, sich ständig vergewissernd, daß nicht etwa jemand ein Loch in die Wand bricht und eindringt. Wenn eine Maus oder Ratte auch nur raschelt, fahren sie augenblicklich hoch und stürzen zur Tür, um sich zu überzeugen, ob sie auch verschlossen ist. In Plautus' Komödie *Aulularia* befiehlt der alte Euklio seinem Weib Staphyla, die Türen zu verriegeln und das Feuer zu löschen, damit niemand einen Vorwand finde, ihn zu besuchen. Wenn er sich seine Hände wäscht, tut es ihm leid um das schmutzige Wasser, das er wegschütten soll, und er lamentiert, er sei ruiniert, weil sich der Rauch durch seinen Kamin davonstiehlt. Als er einmal sein Haus verläßt, sieht er eine Krähe auf einem Abfallhaufen scharren; er hält das für ein böses Omen und kehrt eilends um, weil er meint, jemand grabe seine Schätze aus. Solche Leute sind kein Einzelfall. Und wer die Augen offenhält, wird die zahlreichen Schilderungen ähnlicher Verschrobenheiten nicht länger für Märchen halten, die sich ein Autor zum Spaß hat einfallen lassen, sondern erkennen, wie sehr sie den Tatsachen und dem faktischen Verhalten jämmerlicher Geizkragen entsprechen, von deren Geistesverfassung Juvenal bemerkt:

> Und warum rafft die Schätze nur der Mann
> mit soviel Qual zusammen?
> Da's offenbarer Wahnsinn ist, daß man
> armselig lebt, um reich zu sterben.

Spielleidenschaft und Vergnügungssucht als Ursachen

Es grenzt ans Wunderbare, wie vielen armen, elenden und notleidenden Menschen man auf Schritt und Tritt begegnet, die einen um Almosen anbetteln und doch viel bessere Zeiten gesehen haben. Inzwischen gehen die Wohlgeborenen in Lumpen, nagen am Hungertuch und fristen ihre armselige Existenz in körperlicher und seelischer Zerrüttung, die sie ihrer unmäßigen Sinnenlust, Spielleidenschaft und Vergnügungsgier zu verdanken haben. Und so enden gewöhnlich alle Epikureer und halbvertierten Verschwender, die sich von ihren Lastern und Begierden betäuben und hinreißen lassen. Cebes handelt in seiner Bilddeutung, der heilige Ambrosius im zweiten Buch von *Kain und Abel* davon; und Lukian hat den Lebensweg solcher Menschen in seinem Traktat *De mercede conductis* anhand der Figur der Opulentia beispielhaft verdeutlicht und offengelegt. In seiner Geschichte sitzt sie auf dem Gipfel eines hohen Berges und wird von zahlreichen Bewerbern umlagert und bestürmt, die unterdessen alle von ihren Gespielinnen Vergnügen und Tändelei unterhalten werden. Solange das Geld reicht, werden sie auf jede denkbare Art zufriedengestellt, aber sobald sie zahlungsunfähig sind, straft man sie mit Verachtung und wirft sie kopfüber zur Hintertür hinaus, wo sie in die Hände von Schmach, Schande und Verzweiflung fallen. Und der, der früher über so viele Bedienstete, Schmeichler und Gefolgsleute verfügte, jung und gesund war, die beste Garderobe besaß und vom Feinsten auftragen ließ, hat plötzlich alles verloren und findet sich bleich, nackt, alt, krank und verlassen wieder. Er verflucht seinen Unstern und ist bereit, sich aufzuknüpfen, während ihm allein noch Reue, Gram, Kummer, Hohn, Verachtung und Bettelei tagtäglich aufwarten, und zwar bis an sein Lebensende. Wie der verlorene Sohn die herrliche Musik, fröhliche Gesellschaft und köstlichen Speisen später teuer bezahlte, so folgt auch bei den eitlen Vergnügungen seiner Nachfolger mit Sicherheit das böse Erwachen. Es ist bitter wie Galle und Wermut, foltert die Seele und schürt den Wahnsinn. Die üblichen Klippen, auf die solche Menschen auflaufen und an denen sie scheitern, sind Karten, Würfel, Jagdfalken und Hunde. Das ist das irrwitzige Fundament ihrer Existenz: Spiele und Vergnügungen, denen sie sich gedankenlos oder zur Unzeit hingeben und die ihre Finanzen überfordern. Einige werden auch von der Bauwut ruiniert, die sie zwingt, alles in phantastische Konstruktionen wie Galerien, Kreuzgänge, Terrassen oder in die Anlage von Spazierwegen, Obstgärten, Teichen, Bächlein, Lauben und ähnlichen Vergnügungsstätten zu stecken. Nutzlose Architektur nennt Xenophon solche Produkte, die zwar an sich hübsch und schmuck jedem Betrachter angenehm sind, sich aber eigentlich nur für die Großen ziemen. Alle anderen haben keinen Nutzen davon, sondern verschwenden im Gegenteil nur ihr Vermögen. Forestus führt als Beispiel einen Menschen an, der seine gesamten Mittel in ein nutzloses Gebäude investierte, von dem er anschließend nicht das mindeste hatte, und aus diesem Anlaß melancholisch wurde. Andere richten sich, wie erwähnt, durch ein fanatisches Interesse an der Falknerei und der Jagd zugrunde, Sportarten, die bei einer kleinen Oberschicht sicher als ehrbarer und erholsamer Zeitvertreib gelten müssen, aber sich nicht für Hinz und Kunz eignen. Weil er Falkner, Hunde und Jagdpferde unterhalten muß, rennt manchem sein Vermögen nach Salmuth mit den Hunden davon, und sein Geld entschwebt auf Falkenschwingen. So lange hetzen sie hinter Tieren her, bis sie selbst zu den Bestien geworden sind, für die sie Agrippa hält; und wie die Jagdhunde Aktaion, ihren Herrn, zerrissen, so verschlingen sie sich selbst und ihr Erbteil dank eitler und unnützer Vergnügungen, die sie von ihrem Beruf und anderen Pflichten abhalten. Aber auch unsere Oberschicht verliert manchmal den klaren Kopf, so daß Pferde und Falken mit ihnen durchgehen. Dann werden, wogegen sich etwa Sarisburiensis wendet, arme Bauern von ihrem Land vertrieben und Höfe, ja ganze Dörfer dem Erdboden gleichgemacht, nur um Parks und Forste anzulegen. Menschen verhungern, um Tiere zu ernähren, und ein Wilderer wird schwerer bestraft als sonst ein gemeiner Halsabschneider oder notorischer Dieb. Aber was man bei den Großen vielleicht noch in gewisser Weise entschuldigen muß, dafür gibt es bei der gemeineren Sorte Mensch keine Ausrede; sie sind schlicht und einfach verrückt. Der Florentiner Poggius erzählt in diesem Zusammenhang einen lustigen Schwank, der die Torheit und Überheblichkeit solcher Leute aufdeckt. Ein Mailänder Arzt, beginnt er, heilte Verrückte mit Hilfe eines Wasserbassins, das sich im Haus befand und in das seine Patienten je nach Schwere des Falles bis zu den Knien, zur Hüfte oder zum Kinn steigen mußten. Einmal stand einer von ihnen, der schon ganz wiederhergestellt war, in der Tür und sah einen aufgeputzten Gecken vorbeireiten, den Falken auf der Faust und seine Hundemeute hinter sich. Er wollte wissen, wozu diese ganze Ausrüstung diene, und erhielt die Antwort, dazu, bestimmte Vögel zu töten. Der Patient erkundigte sich daraufhin, wieviel die Beute eines Jahres wohl wert sei. Fünf bis zehn Kronen, hieß es, wohingegen Hunde, Pferde und Falken, wie der Reiter dem Wißbegierigen auf eine weitere Frage hin beschied, wohl vierhundert Kronen verschlängen. Daraufhin riet ihm der Patient, schnellstens zu verschwinden, wenn ihm sein Leben lieb sei, denn sobald ihn der Arzt zu Gesicht bekäme, werde er im Bassin landen, und zwar an der tiefsten Stelle unter den Allerverrücktesten. So schätzte er die Torheit und Unvernunft jener eitlen Protzer ein, die ihre Zeit mit nutzlosen Aktivitäten vergeuden und ihre beruflichen Aufgaben und andere gewichtige Angelegenheiten hintanstellen. Entsprechend tadelt Jovius Leo den Zehnten in seiner Lebensbeschreibung wegen der maßlosen Leidenschaft für die Jagd und Falknerei. Nur deshalb nämlich lebte dieser Papst manchmal wochen- und monatelang in Ostia, kümmerte sich nicht um Bittsteller, unterzeichnete weder Bullen noch Begnadigungen und schadete damit sich selbst und seinen Mitmenschen. Wenn die Jagd zufällig erfolglos endete oder die Strecke zu wünschen übrigließ, wurde er ganz unbeherrscht, überschüttete auch die Verdienstvollsten in seinem Gefolge mit Schmähungen und bitterem Spott und reagierte so sauertöpfisch, verärgert, giftig, betrübt und gereizt, daß man es nicht für möglich halten sollte. Wenn er andererseits viel erlegt hatte und entsprechend guter Laune war, konnte er von einer unerhörten Generosität und Freigebigkeit sein; er belohnte in dieser Stimmung alle Jagdgenossen und schlug niemandem eine Bitte ab. Eben das aber ist, um die Wahrheit zu sagen, das Naturell aller Vergnügungssüchtigen und Spielernaturen; gewinnen sie, gibt es keine fröhlicheren und leutseligeren Menschen, verlieren sie aber, und sei es nur zwei oder drei Partien oder einen Einsatz von ein paar Pfennigen beim Kartenspiel, werden sie so aufbrausend und gereizt, daß niemand sie anzusprechen wagt; sie bekommen Wutanfälle, stoßen Verwünschungen aus und führen anzügliche Reden, so daß ihr Verhalten von dem der Verrückten kaum mehr zu unterscheiden ist. Generell also gilt von allen Spielern und ihren Exzessen, was der weise Seneca folgert: Selbst ihre Gewinne sind keine Geschenke Fortunas, sondern Köder, und das schlimme Ende heißt Bettelei. Wie die Pest das Leben raubt, so der Spielteufel den Besitz, denn alle von ihm Besessenen sind eines Tages abgebrannt, arm und notleidend. Für das bißchen Vergnügen und Gewinne, die nicht der Rede wert sind, lassen sie Frau und Kinder von Gläubigern quälen und bezahlen selbst mit körperlichem und seelischem Ruin und verspäteter Reue. Ich schweige von jenen Großverschwendern, die nur dazu geboren scheinen, ihr Geld zu verschleudern, und den sybaritischen Prassern und Schwelgern, die beim Frühstück oder Abendmahl alles durchbringen, sich inmitten von Kupplern, Parasiten und Schauspielern im Handumdrehen verausgaben, als hätten sie ihr Geld in den Tiber geworfen, oder sich mit hohen Wetten und unsinnigem Luxuskonsum nicht nur selbst ins Verderben stürzen, sondern auch noch alle ihre Freunde mitreißen, so wie ein Ertrinkender den herunterzieht, der ihm zur Hilfe kommt. Übernommene Bürgschaften und Darlehen treiben nämlich Verwandte und Gefährten mit in den Bankrott, und der Schuldige nimmt das alles billigend in Kauf. Solche Leute sind, wie Seneca formuliert, allem Anschein nach zornig auf ihr Geld und bringen es mit flinken Kartenfingern, trockener Kehle und lüsternem Augenspiel unter das Volk. Und nachdem sie sich gedankenlos an den Bettelstab gebracht, ihre Ländereien und das letzte Fünkchen Verstand verpfändet und die Besitztümer ihrer Vorfahren in ihren Mägen und Eingeweiden begraben haben, verbringen sie den Rest ihres Lebens im Gefängnis, wo sie in aller Ruhe bereuen können und oftmals sparsam werden, wenn alles durchgebracht ist. Aber jetzt ist es zu spät, um sich vorzusehen, und sie enden im Elend, in Kummer, Schande und Freudlosigkeit. Dabei verdienen sie es, in Schimpf und Schande zu geraten und, wie es einst das Edikt Kaiser Hadrians befahl, im Amphitheater ausgepeitscht und als närrische Verschwender zur Schau gestellt zu werden. Man soll sie anprangern und gesellschaftlich ächten und nicht auch noch bedauern oder ihnen zu helfen suchen. Die Böotier transportierten ihre Bankrotteure mit einer Totenbahre auf das Forum, wobei ihnen eine leere Geldbörse vorangetragen wurde und ein Zug von Jugendlichen folgte, und dort saßen sie einen Tag lang entehrt und verspottet von dem sie umlagernden Volk. Im italienischen Padua gibt es in der Nähe des Senatsgebäudes den sogenannten Stein der Schändlichkeit, auf dem Verschwender und zahlungsunfähige Schuldner mit entblößtem Hinterteil sitzen müssen, damit andere durch diese Schmach abgeschreckt werden, sie ihr Geld zusammenhalten oder sich nicht mehr leihen, als sie zurückzahlen können. Früher wurden in solchen Fällen von Rechts wegen Vormünder bestellt, die die geisteskranken Verschwender wie andere Irre auch überwachten und ihre Ausgaben so kürzten, daß sie ihr Vermögen nicht mehr verprassen und ihre Familien ins Unglück stürzen konnten.

Ich kann in diesem Zusammenhang natürlich auch die beiden Hauptplagen und -narrheiten der Menschheit nicht unerwähnt lassen, nämlich Wein und Weib, die Unzählige betört und trunken gemacht haben und normalerweise zusammen auftreten:

Der will lieber gesättigt in rieselndem Schlaf sich mästen;
den nach dem Marsfeld zieht's; den bringet der Würfel herab;
dort
schmilzet in Wollust einer. (Persius)

Wo ist Weh? Wo ist Leid? heißt es in den Sprüchen Salomos, und er antwortet: Wo man beim Wein liegt und kommt auszusaufen, was eingeschenkt ist. Die Trunkenheit hat Qual und Bitterkeit im Gefolge, und Jeremia redet vom Wein voll Zorns und hat allen Grund dazu, denn er macht die Gesunden krank und trübsinnig und die Weisen so verrückt, daß sie nicht mehr wissen, was sie sagen oder tun. Augustinus erzählt von einem solchen unseligen Vorkommnis, bei dem der betrunkene Sohn des Cyrillus gegenüber seiner schwangeren Mutter zudringlich wurde, seiner Schwester Gewalt antun wollte, den Vater fast umbrachte und zwei andere Schwestern tödlich verletzte. Das Sprichwort hat recht, das da lautet, Trinken bringt Frohsinn, Trinken bringt Kummer; und in der Bibel heißt es: Wer gern in Freuden lebt, dem wird's mangeln; und wer Wein und Öl liebt, wird nicht reich. Nach Augustinus haben viele so finanziell Schiffbruch erlitten und ihr Kapital als flüssiges Gold durch die Kehle rinnen lassen. Die angesehen und glücklich hätten leben können, laufen jetzt wie Lumpen und Bettler herum, weil sie alles für ein paar vergnügliche Momente, die kurze Frist ausgelassener Heiterkeit und den Rausch einer Stunde, von dem Seneca spricht, verschwendet und sich damit ewige Ernüchterung und endlosen Kummer eingehandelt haben.

Die andere Narrheit sind die Frauen. Sie lassen unser Herz abtrünnig werden und schädigen nach Menander unser Gehirn. Angenehm ist dem Auge das Weib wie eine schöne Pflanze, die sich als giftig erweist, wenn man von ihr kostet. Hernach ist sie bitter wie Wermut und scharf wie ein zweischneidiges Schwert; ihre Füße laufen zum Tod hinunter, ihre Gänge führen ins Grab (5. Spr. 4, 5). Ließe sich etwas Betrüblicheres denken? Die Liebestollen führen hienieden ein elendes, verrücktes, animalisches Leben, lassen sich wie Ochsen zur Schlachtbank führen und werden, was noch schlimmer ist, als Hurenböcke und Trunkenbolde dem göttlichen Gericht anheimfallen. Sie gehen der Gnade und der himmlischen Herrlichkeit verlustig und gewinnen die Hölle und ewige Verdammnis.

Eigenliebe, Aufgeblasenheit, Lob, Ehre, grenzenloser Beifall, Stolz und übermäßige Freude als Ursachen

Eigenliebe, Stolz und Aufgeblasenheit, die Chrysostomos eines der drei großen Fangnetze des Teufels heißt und Bernhard einen verschlagenen, unsichtbaren Feind nennt und als Pfeil bezeichnet, der die Seele durchbohrt und tötet, sind wichtige Auslöser der Melancholie. Wo weder Zorn, Wollust, Habgier, Angst, Kummer noch andere Leidenschaften Fuß fassen können, da ereilt uns dieses heimliche und unmerkliche Verderben. Wen die Völlerei nicht übermannte, schreibt Cyprian, den hat endlich die Eigenliebe doch besiegt. Der alles Geld, alle Bestechungsversuche und Geschenke mit Verachtung von sich wies, aufrecht und ehrlich blieb, nicht in verführerischen Tagträumen schwelgte und sich allen tyrannischen Begierden des Leibes gewachsen zeigte, hat doch seine Ehre verloren und sich von der Aufgeblasenheit gefangennehmen lassen. Ständig belagert und bestürmt uns die Krankheit auf diese Weise, was wir aber für gewöhnlich gar nicht wahrnehmen oder wahrhaben wollen. Gleichwohl ist die Eigenliebe ein gewaltiger Sturmbock und Auslöser von Melancholie und Narretei. Diese angenehme Stimmung, die sanfte Einflüsterung, der liebliche Wahn allgemeiner Beliebtheit, diese unbelehrbarste Leidenschaft und willkommenste Krankheit umgarnt uns auf denkbar süße Weise, entzückt unsere Sinne, lullt unsere Seele ein und läßt unsere Herzen schwellen wie Tierblasen, wobei wir zu allem Überfluß gar nichts davon merken, und die Betroffenen sich weder unwohl fühlen noch Heilung suchen. Wenn wir an dieser Krankheit leiden, lieben wir normalerweise den am innigsten, der uns am meisten schadet, und können von seinen verhängnisvollen Schmeicheleien gar nicht genug bekommen. Wir sind denen von Herzen zugetan, die uns Beifall spenden, und es klingt uns süß in den Ohren. Plinius gesteht seinem lieben Freund Augurinus entsprechend offenherzig: Alle deine Schriften sind mir sehr willkommen, besonders aber die, die von uns beiden handeln. Und etwas später heißt es gegenüber Maximus: Ich finde keine Worte dafür, wie angenehm es mir ist, gerühmt zu werden. Und obwohl wir ironisch in uns hineinlächeln, wenn Parasiten mit falschen Lobreden Süßholz raspeln – und manchem Fürsten bleibt wenig anderes übrig, obwohl er weiß, daß er hinter der ihm unterstellten hehren Tugendhaftigkeit so weit zurückbleibt wie eine Maus hinter einem Elefanten –, so tut es uns trotzdem insgeheim wohl. Wir schützen Ärger vor und erröten bei Belobigungen, aber unser Herz hüpft vor Freude, und wir blasen uns auf und vergessen unsere Grenzen. Die beiden Töchter der Eigenliebe sind Leichtsinn sowie übermäßige Freude und exzessiver Stolz, was allerdings auch jene anderen lasterhaften Begleiterscheinungen nicht ausschließt, die Jodocus Lorichius aufzählt, nämlich Prahlerei, Heuchelei, Verdrießlichkeit und Neugier.

Die Ursache dieses Übels nun liegt in uns selbst oder in anderen, wobei wir uns entweder aktiv oder passiv verhalten. Im ersten Fall, wenn wir also eigenaktiv sind, entspringt es der maßlosen Überschätzung unserer guten Seiten, unseres Wertes, unserer Freigebigkeit, Beliebtheit, Anmut, Tapferkeit, Kraft, unseres Wohlstandes, unserer Geduld, Bescheidenheit, Gastfreundschaft, Schönheit, Mäßigkeit, des Adels, der Bildung, des Witzes, der Wissenschaft, Kunst und Gelehrsamkeit, der hervorragenden Talente und Mittel, zu denen wir uns selbst beglückwünschen, und uns schmeicheln, die Welt müßte ebenso große Stücke darauf halten. So wie häßliche Frauen denjenigen, die von ihrer Ansehnlichkeit reden, nur zu bereitwillig Glauben schenken, so lassen wir uns allzu gern von einem geschönten Selbstbild täuschen und verführen. Wir prahlen mit unseren eigenen Leistungen und machen alles andere herunter. Aufgeblasen von angeblicher Weisheit und Gelehrsamkeit, sagt Paulus dazu. Alle unsere Gänse sind Schwäne, und wie wir die geistigen Gaben der anderen geringschätzen und verunglimpfen, so überbewerten und überschätzen wir die eigenen. Wir dulden nicht, daß Konkurrenten auch nur im zweiten und dritten Glied erscheinen. Wie bitte? Man will mich an Odysseus messen? Alle übrigen sind Lauseier und Fliegen, wenn man sie mit Seiner arroganten Gnaden und hochnäsigen Eminenz vergleicht, die nicht wahrhaben will, wie weit ihr die anderen in Wirklichkeit voraus sind. Also hält sich ein solcher Mensch für den einzig weisen, reichen, glücklichen, tapferen und stattlichen Sterblichen und treibt auf unter der Blähsucht seiner Einbildung. Wie der stolze Pharisäer glauben sie, nicht wie andere Leute zu sein, sondern aus reinerem und edlerem Material. Erasmus erzählt von einem Bekannten, der so eingebildet war, daß er sich allen Zeitgenossen überlegen fühlte und also dem Philosophen Kallisthenes glich, dem in seiner Anmaßung weder das Heldentum Alexanders noch irgendein anderer Gegenstand seiner Feder wert zu sein schien, oder dem syrischen Herrscher Seleucus, der allein die Römer als würdige Gegner akzeptierte. Was Cicero dem Atticus vor langer Zeit schrieb, besitzt nach wie vor Gültigkeit: Noch nie gab es einen echten Dichter oder Rhetor, der einen Konkurrenten für besser gehalten hätte. Und unsere Fürsten, Potentaten, großen Philosophen, Historiographen, Sektengründer und Gelehrten weisen dieselbe Geistesverfassung auf; ein Naturphilosoph ist nach Hieronymus eine ruhmsüchtige Kreatur und ein Sklave des Gerüchts, der öffentlichen Meinung und Schätzung. Und obwohl sie über die Verachtung des Ruhms schreiben, setzen sie doch ihren Namen vor ihre Bücher. Ganz dir und dem Ruhm habe ich mich geweiht, gesteht Trebellius Pollio, und mit all meinem Streben und Forschen ziele ich Tag und Nacht darauf ab, mir einen Namen zu machen. Der stolze Plinius tut es ihm gleich, und auch der prahlerische Cicero schämt sich nicht, in seinem Brief an Marcus Lucceius einzugestehen: Ich brenne vor Verlangen, meinen Namen in deinem Buch verzeichnet zu sehen. Eben dieser eitlen Quelle entströmt all die Prahlerei, all das Eigenlob. So heißt es bei Horaz:

> Ein Sänger schweb' ich nicht auf gewöhnlichem
> noch schwachem Fittich doppelgestaltet durch
> des Äthers Lichtreich, nicht verweil' ich
> länger auf Erden,

und an anderer Stelle:

> Mich lobpreist man, wo wild brauset der Aufidus;
> mehr ausdauernd als Erz führt' ich ein Denkmal aus.

Und Ovid beschließt die *Metamorphosen* mit den Zeilen:

> Und nun hab' ich ein Werk vollbracht, das Feuer und Eisen
> nimmer zerstört, noch Jupiters Zorn, noch zehrendes Alter.
> Trotz wird bieten der Zeit und über die hohen Gestirne
> schweben mein besserer Teil und nie mein Name getilgt sein.

Ennius stößt mit seinen Zeilen:

> Niemand knie und netze mit Tränen mein Grab. Wozu auch?
> Lebe ich ewig doch auf der Sterblichen Lippen,

in dasselbe Horn des Stolzes und der Gleisnerei, das sich bei allen Schriftstellern großer Beliebtheit erfreut. Kaum hat einer wie Demochares ein paar Kleinigkeiten zur Topik veröffentlicht, will er schon unsterblich sein. Typotius' Buch über den Ruhm sollte ihn gleichfalls berühmt machen, und jeder platte Verseschmied will seinen Namen in aller Munde wissen. Solche Windbeutelei hat zahllose Bände hervorgebracht und berühmte Monumente, Burgen und Mausoleen errichtet, die sämtlich ihre Urheber verewigen sollten:

Denn süß ist, mit dem Finger gezeigt zu vernehmen: Das ist er.
(Persius)

Diesen Dingen schreiben sie ihren Namen ein, wie einst Phryne in die Mauern Thebens meißeln ließ: Phryne fecit. Ungenannte blutige Schlachten gehen auf das Konto dieses Triebs,

der zwingt, zu wachen in heiteren Nächten, (Lukrez)

und lange Reisen, die alle dazu dienten, Ruhm und Beifall zu erwerben und damit dem Stolz, der Eigenliebe und Aufgeblasenheit zu schmeicheln. Folglich werden größte Anstrengungen unternommen, wenn sie es den Betreffenden nur erlauben, ihre lächerlichen Arien in eigener Sache anzustimmen und in maßloser Eitelkeit auf alle übrigen herabzusehen. Palämon der Grammatiker verachtete Varro auf diese Weise und rühmte sich, die Literatur sei mit ihm auf die Welt gekommen und werde mit ihm sterben; und nicht wenige versteigen sich zu einem solchen Grad des Dünkels, daß sie Widerspruch oder das Lob eines Konkurrenten nicht mehr ertragen können. Augustinus bestätigt diese Beobachtung des Hieronymus mit der Feststellung: Tag und Nacht sind sie darauf aus, Anerkennung und Beifall einzuheimsen; dabei ist es allen, die ihre gesunde Vernunft bewahrt haben, klar, daß solche Menschen verrückt sein müssen. Sie sind hohlschädelig, strohköpfig, nicht ganz bei sich und machen sich zum Gespött wie das sprichwörtliche Kamel, das Hörner verlangte und darüber auch noch seine Ohren verlor. Ihre Werke sind Kinkerlitzchen, veraltet wie der Almanach vom letzten Jahr; sie suchen Ruhm und Unsterblichkeit und ernten Schmach und Schande. In Verruf geraten, wie sie sind, bleiben sie weit hinter ihrem Selbstbild und ihren Hoffnungen zurück:

O Knabe, ich fürchte,
daß nicht lange du lebst. (Horaz)

Von den zahllosen Poeten, Rhetorikern, Philosophen und Sophisten, die in der Vergangenheit geschrieben haben, ist uns nach der treffenden Beobachtung des Eusebios kaum eines von tausend Werken überliefert, und ihre Bücher sind zu Staub zerfallen wie ihre Körper. Ihrem eitlen Glauben, sie würden von der Nachwelt als Unsterbliche bewundert werden, ist es ergangen wie Philipp von Mazedonien, dem jemand nach einem Sieg respektlos vorhielt, sein Schatten sei trotzdem nicht länger als vorher. Deshalb staunen wir solche Menschen nicht an wie das gemeine Volk, sondern verwundern uns, als hätten wir Gorgonen, Harpyien und Furien vor uns. Aber selbst wenn manchem Beifall, Ehre und Bewunderung zuteil wird, bleibt es doch immer nur ein winziger Teil der Welt, in dem sein Name bekannt ist. Wie wenige nehmen uns zur Kenntnis! Wie schmalbrüstig ist ein Traktat – so leicht zu übersehen wie das Territorium des Alkibiades auf der Landkarte. Und doch will und muß jeder unsterblich werden und hofft, daß sein Ruhm bis zu den Antipoden dringe, obwohl nicht die Hälfte, nicht ein Viertel seiner Provinz oder Stadt ihn kennt oder von ihm gehört hat. Und selbst wenn das anders wäre, was ist eine Stadt, verglichen mit einem Königreich, ein Königreich verglichen mit Europa, Europa verglichen mit der Erde, die Erde, die eines Tages untergeht, verglichen mit dem blassesten Stern des Firmaments, der achtzehn Mal größer ist als sie? Und in welchem Verhältnis stehen wir, wenn jene Sterne unzählig und jeder eine Sonne ist, die wie unsere von bewohnten Planeten umkreist wird, wie manche behaupten, und wo bleibt unser Ruhm in einem solchen Kosmos? Petronius prahlt, der ganze Erdkreis sei dem Augustus untertan, und zu Zeiten Konstantins rühmt ihn sein Biograph Eusebios als Herrscher der Welt. Dasselbe wurde von Alexander behauptet und den vier Reichen, obwohl die Römer und Griechen niemals mehr als den fünfzehnten Teil des jetzt erforschten Globus unterworfen hatten bzw. die Hälfte der ihnen bekannten Welt. Was für Prahlhänse waren sie und sind wir noch heute. Wie kurz währt unser aller Ruhm. Jede Provinz, jeder winzige Landstrich, jede Stadt wird nach unserem Ableben ebenso edelmütige Geister und tapfere Vorbilder vorweisen können, die in jeder Beziehung unseren Bekanntheitsgrad erreichen. Cadwallader gilt in Wales, Rollo in der Normandie, Robin Hood und Little John in Sherwood ebensoviel wie Caesar in Rom, Alexander in Griechenland. Jeder Flecken, jede Stadt, jedes Buch ist voll von glänzenden Soldaten, Senatoren, Gelehrten. Und obwohl Brasidas ein mannhafter und wackerer Heerführer war, der in ganz Lakedämonien seinesgleichen suchte, hatte seine Mutter recht, als sie feststellte, Sparta habe schon viele bessere Männer hervorgebracht. Wie immer du dich selbst und deinen Freund auch bewundern magst, viele Unbekannte, an die die Welt keine Erinnerung bewahrt, hätten sich an deiner Stelle oder der deiner Freunde viel besser geschlagen.

Nun gibt es aber noch eine andere, der geschilderten Art des

Wahnsinns, die gleichsam bewußtlos ist, ganz entgegengesetzte Verrücktheit. Sie findet sich bei denen, die alles Lob und allen Ruhm geringschätzen und sich noch für ganz unangefochten halten, wenn sie schon allen Verstand verloren haben. Sie treten ihre Mitmenschen mit den Füßen eines anderen Stolzes. Diese zynische Gesellschaft von Mönchen, Einsiedlern und Anachoreten gibt nichts auf die eigene Person, auf alle Ehrentitel und Ämter und ist doch in dieser Weltverachtung eingebildeter als alle Zeitgenossen. Sie schwelgen in ihrer Demut und sind stolz darauf, nicht stolz zu sein. Sie prahlen innerlich, wie Diogenes formuliert, und fressen sich fett an ihrer dünkelhaften Heiligkeit, die keinen Deut besser ist als Heuchelei. Viele große Männer, die sich in Goldbrokat kleiden könnten, laufen so in grober Schafwolle herum und scheinen nach außen hin demütig und bescheiden, obwohl sie innerlich vor Stolz, Dünkel und Anmaßung fast platzen. Deshalb rät Seneca seinem Freund Lucilius, in seiner Kleidung und seinen Verhaltensweisen alles das zu meiden, was besonders hervorsticht, wie abgerissene Gewänder, struppige Haare, einen verwilderten Bart, Verachtung des Geldes, eine schäbige Wohnung und alles andere, was zu dieser Art kopfstehenden Ruhms führt.

Alle soeben erwähnten Verrücktheiten entspringen uns selbst; aber der mächtigste Rammbock sind die anderen, jene Parasiten und Schmeichler nämlich, denen gegenüber wir uns passiv verhalten. Mit maßlosen Lobreden, bombastischen Beinamen, schönfärberischen Titeln und verlogenen Hymnen schmieren sie uns Honig um den Mund, heben manchen Dummkopf in den Himmel, der das Gegenteil verdient hätte, und klatschen ihn um den Verstand. Allgemeiner Beifall hat eine gewaltige Kraft, bemerkt Hieronymus, Trommel, Flöte und Trompete beflügeln nicht so; er mästet die Menschen, erhöht und erniedrigt sie im Handumdrehen:

Fahr hin solch tändelndes Spiel, wenn
hager verweigerte Palm' und fett die verliehne mich heimführt.
(Horaz)

Öffentliche Zustimmung macht den Menschen fett oder mager, wie der Frost die Kaninchen. Und welcher Sterbliche hätte sich so in der Gewalt, daß er durch unmäßiges Lob nicht beeinflußt würde. Wer er auch sei, die Parasiten entstellen ihn bis zur Unkenntlichkeit: aus einem König wird eine der neun Berühmtheiten, ein Übermensch und Gott, dem sie Opfer bringen. Ist er ein Soldat, dann bleiben Themistokles,

Epameinondas, ja die beiden großen Kriegshelden Hektor und Achill hinter ihm zurück, und die Tapferkeit beider Scipio zusammen erreicht die seine nicht. Er ist die Unbesiegbarkeit selbst, gekrönt mit zahlreichen Trophäen, und Herr über alle Natur, auch wenn der Betreffende in Wirklichkeit ein Muttersöhnchen, behelmter Hasenfuß und großer Feigling ist, von dem gilt, was Justinian von Xerxes behauptete, daß er nämlich der letzte in der Schlacht und der erste auf der Flucht gewesen sei und es nie gewagt habe, seinem Feind ins Gesicht zu sehen. Wer kräftig gebaut ist, den nennen die Schmeichler einen zweiten Samson und Herkules; wer eine Rede hält, wird flugs ein Cicero oder Demosthenes, wer ein paar Verse schmieden kann, gilt als neuer Homer und Vergil. Und der dumme und schwache Kranke nimmt sich alle diese Bauchpinseleien zu Herzen. Der wegen seiner Bildung, seines Stils und seiner Methodik gepriesene Gelehrte entleert sich daraufhin wie eine Spinne und studiert sich zu Tode, weil er wie ein Pfau alle seine Federn zeigen möchte. Der aufgrund seiner Tapferkeit gerühmte Soldat läßt sich auf so ungleiche Zweikämpfe ein wie den zwischen Achill und Troilus, nimmt es mit einem Riesen auf, stürzt sich als erster in die Bresche und galoppiert wie Philipp mitten unter die Feinde. Man lobe die generöse Haushaltsführung eines Menschen, und er bringt sich darüber an den Bettelstab, man preise sein Maßhalten, und er hungert sich zu Tode:

Gelobet
wächst das Talent, und im Ruhm lieget ein mächtiger Sporn.
(Ovid)

Solche Leute sind ganz und gar von Sinnen und kennen kein Halten mehr. Sie dulden niemanden neben sich und überqueren die Alpen, um von sich reden zu machen oder weil sie es ihrem Ruf schuldig sind. Man schmeichle einem Ehrgeizigen, einem stolzen Fürsten oder Potentaten, und schon schwillt ihm der Kamm, und er will nicht länger ein Mensch, sondern ein Gott sein:

Denn nichts ist, was
von sich zu glauben, ihm nicht möglich wäre,
wenn man die göttergleiche Macht erhebt. (Juvenal)

Die Folgen kann man bei Alexander studieren, der unbedingt für Jupiters Sohn gelten wollte und wie Herkules ein Löwenfell trug. Domitian ließ sich als Gott verehren und tat es damit den persischen Königen gleich, deren Bildnis alle Besucher der Stadt Babylon anzubeten hatten. Kaiser Commodus wurde von seinen Schmeichlern und Parasiten so an der Nase herumgeführt, daß er sich mit Herkules anreden ließ. Der Römer Antonius ließ sich mit Efeu bekränzen, in einem Triumphwagen umherfahren und als Bacchus verehren. Der thrakische König Cotys vermählte sich der Minerva und sandte dreimal Boten aus, die erkunden sollten, ob die Göttin schon sein Schlafgemach aufgesucht habe. Weitere Beispiele liefern Jupiter Menekrates, Maximmus Jovianus, Dioclesianus Herculeus, der persische König Sapor, Bruder der Sonne und des Mondes, sowie die modernen türkischen Herrscher, die sich für Götter auf Erden, Könige der Könige, Gottes Schatten, Allgewaltige halten, und die gegenwärtigen Machthaber Chinas und des Tartarenreiches. Auch Xerxes, der das Meer auspeitschen und Neptun in Fesseln schlagen ließ und in seiner närrischen Prahlerei die Götter auf dem Berg Athos herausforderte, war so ein Fall wie auch jene törichten Fürsten, die sich von ihren Parasiten in ein Wolkenkuckucksheim locken ließen. Das ist ein Geisteszustand, der bei allen auftreten kann, die sich in hohen Positionen befinden oder im Zenit ihres Ansehens stehen. Mögen sie auch gut gehandelt und eine Belohnung verdient haben, so tendieren sie doch zu Selbstlob und Selbstüberschätzung. Sogar die Handelsleute prahlen und brüsten sich nach Platter, sobald die Geschäfte gut gehen, und demonstrieren damit ihre Narrheit zur Genüge. Fraglos haben solche Leute ihre guten Seiten, aber man braucht sie darauf gar nicht anzusprechen, denn sie sind schon bestens im Bilde; angesichts ihrer eingebildeten Verdienste lächeln sie sich ständig selbst zu, denken ununterbrochen an ihre Trophäen und den öffentlichen Beifall und bringen sich darüber endlich ganz um den Verstand. Petrarca rechnete sich in *Über die Weltverachtung* selbst zu dieser Gruppe, und Cardano führt im fünften Buch seiner Abhandlung über die Weisheit das Beispiel seines Milaneser Mitbürgers Galeus de Rubeis an, der als Schmied ein Instrument des Archimedes vervollkommnet hatte, dafür belobigt wurde und aus Freude über diese Auszeichnung den Verstand verlor. Plutarch erzählt in seiner Lebensbeschreibung des Artaxerxes eine ähnliche Geschichte von dem Soldaten Carius, der König Cyrus in der Schlacht verwundete und daraufhin so dünkelhaft wurde, daß er nach kurzer Zeit dem Wahnsinn anheimfiel. Ähnlich ergeht es vielen Menschen die vor maßlosem Glück nicht mehr schlafen können und die Selbstkontrolle verlieren, wenn ihnen unerwartet eine neue Ehre, ein Amt, eine Beförderung zuteil wird oder ihnen Kriegsbeute, ein Erbe oder andere Besitztümer in den Schoß fallen. Sie können dann an nichts anderes mehr denken und sind so hingerissen und vom Dünkel geblendet, daß sie allen Realitätssinn verlieren. Am Tag nach seinem Sieg in der leuktrischen Schlacht trat Epameinondas deshalb ganz abgerissen und unterwürfig auf und gab dafür gegenüber seinen Freunden als einzigen Grund an, daß er sich am Vortag aufgrund seines Schlachtenglücks zu sehr gefreut und sich zu anmaßend benommen habe. Die weise und tugendsame Königinwitwe Katharina gestand bei einem ähnlichen Anlaß im privaten Gespräch, daß sie sich freiwillig keinem der beiden Extreme menschlichen Geschicks aussetzen würde. Aber sollte sie gezwungenermaßen eines wählen müssen, würde sie sich für das Unglück entscheiden, denn darin fände man immer Trost und Zuspruch, während im entgegengesetzten Fall weder auf Ratschläge noch auf das eigene Urteil Verlaß sei.

Wissensdurst und maßloser Lerneifer als Ursachen. Mit einem Exkurs über das Elend der Gelehrsamkeit und die Melancholie der Musen

Leonartus Fuchsius, Felix Platter und Hercules de Saxonia handeln von einer besonderen Raserei, die von ungezügeltem Forschungsdrang ausgelöst wird. Fernelius bezeichnet das Studium, die Kontemplation und das ununterbrochene Nachdenken als eigenständige Krankheitsursache, und Johannes Arculanus und Levinus Lemnius pflichten ihm bei. Viele Menschen, schreibt letzterer, werden dadurch krank, daß sie nächtelang über ihren Büchern sitzen, und die Gelehrten und diejenigen, die den schärfsten Verstand haben, sind am anfälligsten. Marsilio Ficino rechnet die Melancholie zu den fünf Hauptleiden der Wissenschaftler. Sie ist die Geißel der Gelehrten und bis zu einem gewissen Grad ihr unzertrennlicher Begleiter. Varro nennt die Philosophen wohl aus diesem Grund düster und ernst; und trübsinnig, trocken und freudlos sind die üblichen Attribute, die man Männern der Wissenschaft zuweist. Patricius warnt folglich in seinem Fürstenspiegel davor, Regenten zu großen Gelehrten auszubilden. Denn das Studium schwächt, wie auch Machiavelli behauptet, ihren Körper, stumpft die Lebensgeister ab und läßt Kraft und Mut schwinden. Gute Gelehrte werden niemals gute Soldaten. Und das hatte jener Gote genau begriffen, der sich nach dem Einfall in Griechenland entschieden gegen die

Absicht seiner Landsleute verwahrte, alle Bücher der Unterworfenen zu verbrennen. Laßt ihnen diese Pest, argumentierte er, die im Laufe der Zeit all ihre Kraft und ihren Kampfgeist aufzehren wird. Die Türken setzten den rechtmäßigen Thronfolger Corcutus ab, weil er sich zu intensiv seinen Büchern widmete, und es ist eine weitverbreitete Ansicht, daß Gelehrsamkeit die Lebensgeister in Mitleidenschaft zieht und folglich Melancholie hervorruft.

Es gibt zwei Hauptgründe, weshalb Gelehrte dieser Krankheit öfter zum Opfer fallen als andere Menschen. Der eine besteht darin, daß sie eine stubenhockerische und einsame Existenz führen, nur sich selbst und den Musen leben, sich keinen körperlichen Anstrengungen aussetzen und sich auch den üblichen Lustbarkeiten verschließen. Wenn dann noch Mißmut und Müßiggang hinzutreten, was nur allzu häufig der Fall ist, dann werden sie plötzlich in diesen Abgrund geschleudert. Aber das grundlegende Problem ist ihr ruinöser Wissensdurst. Ein Übermaß an Gelehrtheit hat dich verrückt gemacht, diagnostiziert der stellvertretende römische Landpfleger Festus bei Paulus, und ist in das andere Extrem umgeschlagen. Trincavellius bestätigt das aus eigener Erfahrung, denn er hatte zwei Patienten – einer davon ein junger Baron –, die aufgrund zügelloser Wißbegier melancholisch wurden. Forestus berichtet von einem jungen Theologen aus Löwen, der so den Verstand verlor und behauptete, er habe eine Bibel in seinem Kopf. Und Marsilio Ficino liefert zahlreiche Erklärungen, weshalb Gelehrte häufiger geisteskrank sind als Angehörige anderer Berufsstände. Die erste bezieht sich auf ihre Nachlässigkeit. Andere Menschen pflegen ihre Werkzeuge; ein Maler wäscht seine Pinsel aus, ein Schmied kümmert sich um Hammer, Amboß, Esse, ein Bauer repariert seine Pflugschar und schleift eine stumpfe Axt, ein Falkner oder Jäger sorgt für seine Falken, Hunde und Pferde, ein Musiker besaitet und stimmt seine Laute, nur die Gelehrten haben nicht acht auf das Instrument, das sie täglich benutzen und mit dessen Hilfe sie sich in der ganzen Welt umtun, ihr Gehirn und ihren Geist nämlich, sondern mißbrauchen und ruinieren es. Paß auf, sagt Lukian, damit du das Seil nicht so stark verzwirnst, daß es reißt. Ficino nennt einige weitere Ursachen. Saturn und Merkur, die Leitgestirne der Gelehrsamkeit, sind nämlich beides trockene Planeten, und Origanus führt die große Bedürftigkeit aller Merkurianer darauf zurück, daß es dem Schirmherrn Merkur selbst nicht besser erging. Die alten Schicksalsgöttinnen legten ihm Armut als Strafe auf, und seither sind Poesie und Bettelei ein Zwillingspaar und unzertrennliche Weggefährten:

Und heute noch ist der gelehrte Beutel leer,
das feiste Gold sucht nur mit Bauernschlaun Verkehr.

Merkur verhilft zu Wissen, aber nicht zu Geld. Den zweiten Grund für die Melancholieanfälligkeit liefert die Kontemplation, die das Hirn ausdörrt und die natürliche Wärme raubt, denn während die Lebensgeister oben im Kopf aktiv sind, werden Magen und Leber unterversorgt, und also entsteht schwarzes und verdicktes Blut, weil die Verdauung gestört ist und die überschüssigen Dämpfe aufgrund des Bewegungsmangels nicht ausdünsten können. Gomesius wiederholt diese Argumentation ebenso wie Nymannus; beide fügen aber hinzu, daß harte Kopfarbeit gemeinhin mit Gicht, Katarrhen, Rheuma, körperlicher Erschöpfung und Erschlaffung, Sehschwäche, Steinleiden, Koliken, Verdauungsstörungen, Verstopfung, Schwindel, Blähungen, Auszehrung und all den anderen Gebrechen einhergeht, die aus der sitzenden Lebensweise resultieren. Solche Menschen sind meistenteils mager, trocken, von ungesunder Gesichtsfarbe; sie vergeuden ihr Vermögen, verlieren den Verstand und oft auch noch ihr Leben durch ihre maßlose und außerordentliche Wißbegier. Wer daran zweifelt, werfe einen Blick auf die Werke des Thomas von Aquin, Augustinus und Hieronymus und sage mir, ob sie nicht von unerhörten Anstrengungen zeugen:

Wer das ersehnte Ziel im Lauf zu erreichen erstrebt, hat
viel als Knabe getan und geduldet, geschwitzt und gefroren.

(Horaz)

Auch Seneca bekennt: Ich gehe keinen Tag müßig, sondern halte meine Augen auch nächtens offen, und obwohl sie mir vor Müdigkeit fast zufallen, verliere ich doch meine Aufgabe nicht aus dem Blick. Und Cicero schreibt an einer Stelle: Während andere sich amüsierten und herumtrödelten, habe ich ohne Unterlaß an diesem Buch gearbeitet. So verhalten sich alle, die sich den Wissenschaften verschrieben haben, und bringen ihre Gesundheit, ihr Vermögen, ihren Verstand und ihr Leben in Gefahr. Wieviel Geld wandten Aristoteles und Ptolemaios für ihre Forschungen auf! Eine Riesensumme, mehr als das Lösegeld für einen König, heißt es, und in der Tat flossen immense Beträge in Aristoteles' Naturgeschichte der Tiere und den *Almagest* des Ptolemaios. Wieviel Zeit wandte Thebet Benchorat auf, um die Bewegung der achten Sphäre zu erkunden! Manche sprechen von über vierzig Jahren. Und wie viele arme Gelehrte haben nicht mit ihrer Vernunft bezahlt und sind dem Wahn verfallen, nachdem sie alle ihre Geschäfte vernachlässigt und Geld und Gesundheit hingegeben hatten, um Wissen zu erwerben. Aber selbst wenn sie ihre Forschungen erfolgreich zum Abschluß bringen, stehen sie in den Augen der Welt als lächerliche Trottel, Idioten, Esel da und werden gemieden, verachtet und als Verrückte ausgelacht. Unsere Irrenhäuser liefern Beispiele genug. Denn selbst diejenigen, die bei Verstand bleiben, werden wegen ihres Benehmens zu Narren und Nullen erklärt:

Siehe ein Geist,
welcher den Studien sieben der Jahr' oblag und ergraut' in
Büchern und Grübelung, geht schweigsamer hervor denn ein
Standbild,
meistens erschütternd durch Lachen das Volk. (Horaz)

Weil sie nicht wissen, wie man reitet, was jeder Bauernlümmel kann, oder wie man einer Dame den Hof macht, den Braten tranchiert, katzbuckelt, schwadroniert und sich zum Abschied verbeugt, lächeln unsere Galane verächtlich auf sie herab und halten sie für Dummköpfe. Und oft sind sie tatsächlich so elend und unbeholfen, daß sie es verdienen, ein Kopf zwischen Eselsohren genannt zu werden:

Steifaufragenden Haupts, an den Blick anspießend die Erde,
wenn ihr Gemurmel für sich voll wütigen Starrens sie schroten,
und abwägen die Worte mit weitvorhangener Lefze,
über den Traum nachgrübelnd des fiebernden Alten: Es werde
Nichts aus Nichts, auch könne zum Nichts Nichts wieder werden.
(Persius)

Ständig hängen sie ihren Gedanken nach, sitzen geistesabwesend herum und handeln und benehmen sich auch so. Fulgosus erwähnt, daß Thomas von Aquin, als er an der Tafel Ludwigs von Frankreich speiste, plötzlich mit der Faust auf den Tisch schlug und ausrief: Damit sind die Manichäer widerlegt. So zerstreut war er und in seinem Kopf mit ganz anderen Dingen beschäftigt. Als er seinen Fehler bemerkte, wurde er sehr verlegen. Eine ganz ähnliche Geschichte erzählt Vitruv von Archimedes, der, als er entdeckt hatte, wie man das Mischungsverhältnis von Gold und Silber in der Krone des Hieron feststellen konnte, nackt aus dem Bad stürmte und heureka, also: ich hab's gefunden, rief. Normalerweise war er so in seine Forschungsarbeit versunken, daß er nicht wahrnahm, was um ihn herum vorging. Als seine Heimatstadt erobert wurde und die feindlichen Soldaten im Begriff standen, sein Haus zu plündern, drang das alles nicht in sein Bewußtsein. Der heilige Bernhard ritt den ganzen Tag am See von Lemnos entlang, bevor er sich endlich danach erkundigte, wo er sich befinde. Allein das Benehmen Demokrits veranlaßte die Abderiten, ihn für verrückt zu halten und nach Hippokrates zu senden, denn auch wenn es um ernste Dinge ging, lachte er bei jeder Gelegenheit. Theophrast führt Ähnliches von Heraklit an, der ständig weinte, und Laertius von Menedemus, dem Schüler des Kolotes von Lampsakos, der wie ein Wahnsinniger umherrannte und verkündete, er käme als Spion aus der Hölle, um den Dämonen über die Taten der Sterblichen zu berichten. Unsere größten Gelehrten sind im allgemeinen nicht besser. Ihrem Verhalten nach sind sie tollpatschig und leicht beeinflußbar, und weil sie keinerlei Erfahrung mit der rauhen Wirklichkeit haben, wirken sie auf andere lächerlich und albern. Sie vermessen den Himmel, durchstreifen in Gedanken die Welt, wollen andere Weisheit lehren und lassen sich doch von jeder hergelaufenen Krämerseele bei Käufen und Vertragsabschlüssen übers Ohr hauen. Sind solche Menschen nicht töricht? Und wie sollten sie auch anders sein, wenn sie in ihrem Gelehrtenghetto von dem, was draußen gang und gäbe ist, weder etwas hören noch sehen? Ich kannte zu meiner Zeit viele Gelehrte, schreibt Aeneas Silvius in einem Brief an den kaiserlichen Kanzler Kaspar Schlick, die hochgebildet, aber so derb und ungeschliffen waren, daß ihnen gute Manieren ebenso abgingen wie die Fähigkeit, ihre privaten und öffentlichen Angelegenheiten zu regeln. Paglarensis war erstaunt und davon überzeugt, daß ihn sein Pächter hintergangen habe, als dieser ihm erzählte, die Sau habe elf Ferkel geworfen, der Esel aber nur ein Fohlen. Das beste, was man von diesem Berufsstand sagen kann, entspricht dem Urteil des Plinius über Isäus: Er ist schließlich ein Gelehrter, und es gibt nichts Schlichteres, Aufrichtigeres, Besseres als solche Menschen; denn im allgemeinen sind sie harmlos, ehrlich, rechtschaffen, unschuldig und geradeheraus.

Weil sie nun solchen Risiken und Spätfolgen wie Geistesverwirrung, Wahn und Irrsinn ausgesetzt sind, schlägt Jo. Voschius vor, gute Gelehrte reich zu belohnen, sie in hohem Ansehen zu halten und ihnen größere Privilegien einzuräumen als anderen, denn schließlich setzen sie ihre Gesundheit aufs Spiel und verkürzen ihre Lebenserwartung für das öffentliche Wohl. Aber unsere Mäzene und Schutzherren der Gelehrsamkeit sind heutzutage weit davon entfernt, die Musen zu respektieren, den Gelehrten die gebührende Ehre zu erweisen und ihre Leistungen in klingender Münze zu entgelten, so wie es die großherzigen Privilegien vieler Landesväter vorsehen. Statt dessen werden diejenigen, die sich auf der Universität abgemüht, die Kosten und Gebühren vom Munde abgespart und trotz aller Risiken und Gefahren endlose Tage über den schwierigsten Aufgaben gebrütet haben, sich aller Vergnügungen entschlugen und wie ein Falke ein Leben in Gefangenschaft auf sich nahmen, am Ende abgewiesen und verachtet; und die unter der akademischen Plackerei nicht zerbrochen sind, nagen am Hungertuch und sind gezwungen, sich auf das jämmerlichste durchzuschlagen. Zu ihrem vertrauten Gefolge zählen dabei:

die bleichen Krankheiten, das traurige Alter,
Furcht, der zum Unheil ratende Hunger, die schmachvolle Armut,
schreckliche Elendsgestalten. (Vergil)

Die bloße Vorstellung solcher Heimsuchungen reichte aus, um die Betroffenen melancholisch werden zu lassen, und dabei ist die Liste ganz unvollständig. Die meisten anderen Berufe ernähren nach den üblichen sieben Jahren Lehrzeit ihren Mann. Ein Kaufmann riskiert sein Vermögen auf See, und obwohl das Wagnis groß ist, bringt die Reise doch schon Profit, wenn nur eins von vier Schiffen heil zurückkommt. In der Landwirtschaft ist der Gewinn fast sicher, nicht einmal Jupiter, so Catos etwas schönfärberische Aussage, kann den Landmännern schaden. Nur die Gelehrten sind, wie mir scheint, ganz dem Zufall ausgeliefert und der allgemeinen Verachtung. Und das, obwohl sich nur einer von vielen zum Wissenschaftler entwickelt und keineswegs alle aufnahme- und lernfähig genug oder aus dem richtigen Holz sind. Neue Bürgermeister und Amtsträger kann man jedes Jahr haben, aber bedeutende Gelehrte fallen nicht so einfach vom Himmel. Könige können nach Belieben zum Ritter schlagen und Barone ernennen, wie Kaiser Sigismund verlauten ließ, und Universitäten Diplome in Hülle und Fülle verleihen, wahre Gelehrsamkeit ist auf diese Weise nicht machbar, und echte Philosophen, Künstler, Rhetoren und Dichter sind es ebensowenig. Wir können, wie Seneca richtig bemerkt, ohne Schwierigkeiten einen reichen, guten, glücklichen oder anständigen, einen prächtig gekleideten und gepflegten Menschen identifizieren, aber der wahre Gelehrte ist viel schwieriger ausfindig zu machen. Denn Wissen, das diesen Namen verdient, ist nicht im Handumdrehen zu erwerben. Wenige vermögen es sich zu eigen zu machen, auch wenn sie bereit sind, die Mühen auf sich zu nehmen, richtig unterwiesen werden und von ihren Gönnern und Eltern großzügige Unterstützung erfahren. Aber auch denjenigen, denen das Lernen leichtfällt, fehlt es nicht selten an der entsprechenden Willensstärke; sie begreifen wohl, wollen sich aber nicht anstrengen. Andere geraten in schlechte Gesellschaft, werden von Wein und Weib zugrunde gerichtet und vertun ihre Zeit zum Kummer ihrer Freunde und zum eigenen Verderben. Die wenigen, die lerneifrig, fleißig, geistig reif und talentiert zugleich sind, bekommen es dann noch mit vielfältigen körperlichen und geistigen Leiden zu tun. Keine andere Plackerei kann es in dieser Beziehung mit dem Studium der Wissenschaften aufnehmen. Bei manchem ist schon die Konstitution den Anforderungen nicht gewachsen, und der nach Wissen und Auszeichnung Strebende bezahlt mit Gesundheit, Vermögen, Geist und Leben. Gesetzt den Fall nun, jemand entgeht all diesen Fallgruben, besitzt eine eiserne Gesundheit, zieht Gewinn aus seinen Studien, die er mit bestem Erfolg absolviert, reift zum Meister seines Fachs heran und ist nach all den Aufwendungen und Ausgaben bestens für ein höheres Amt qualifiziert – wo, um alles in der Welt, soll er es finden? Er ist nach zwanzig Studienjahren noch ebensoweit davon entfernt wie am Tag seiner Immatrikulation. Denn wie soll er die erworbenen Fähigkeiten nutzen, um seinen Lebensunterhalt zu sichern? Der einfachste und leichteste Weg, der sich anbietet, ist der Unterricht in einer Schule oder die Tätigkeit als Hilfsgeistlicher oder Seelsorger; dafür aber bekommt man den Lohn eines Falkners, nämlich zehn Pfund im Jahr bei freier Verpflegung oder ein kärgliches Gehalt, aber auch das nur, solange es dem Patronatsherrn oder der Gemeinde gefällt. Da solche Leute aber wetterwendisch sind, heute Hosianna! und morgen Kreuziget ihn! rufen und ihnen nach ein oder zwei Jahren ein Gesicht nicht mehr gefällt, muß sich der Betreffende wie ein Tagelöhner fortschicken lassen und sich eine neue Anstellung suchen. Wozu also dann die ganze Mühe?

Dies auch harret noch dein, daß die Anfangsgründe den Knaben
lehrend am Ende der Stadt dich befällt ein stammelndes Alter.

(Horaz)

Wie ein Esel muß er sich die ganze Zeit abrackern, nur um sich am Leben zu erhalten, und kann nur einen zerdroschenen Rohrstock und ein schäbiges und abgetragenes Gewand als Zeichen seines Unglücks vorweisen. Für dieses Nichts plagt er sich ab, solange er lebt, und das ist sein einziger Gewinn. Kein Schulmeister ist glücklich, heißt es deshalb bei Juvenal. Wer wie Euphormio sieben Jahre lang als Hausgeistlicher bei einer vornehmen Familie tätig war, darf vielleicht auf eine Pfründe hoffen, deren Ertrag er aber sogleich wieder zur Hälfte an den Patronatsherrn abführen muß, oder er bekommt, nachdem er glücklich mit der Haushälterin, einer armen Anverwandten oder übergeschnappten Kammerzofe verheiratet worden ist, eine kleine Pfarre, in der er seine Tage beschließen kann. Aber wehe er erregt den Unwillen seines Gönners oder der Dame des Hauses:

> Beim Fuße schleift man dich hinaus,
> wie Herkules dem Riesen Kakus tat,
> wenn einen Mucks du tust,
> dich denen gleich zu stellen, die
> drei Namen führen. (Juvenal)

Wenn einer bei seiner universitären Ausbildung aber den Aufgabenbereich eines Sekretärs bei einem Adligen oder Botschafter im Auge hat, wird er feststellen müssen, daß es hier eine so ausgeprägte Hierarchie gibt wie unter dem Personal eines Handelskontors, wo der Prokurist nachrückt, wenn der Inhaber gestorben ist. Was Poeten, Rhetoren, Historiker, Philosophen, Mathematiker und andere Gelehrte angeht, so gleichen sie Grillen, die sommers zirpen und winters Not leiden, denn für sie alle gibt es kein Vorwärtskommen. Wenn man der amüsanten Geschichte glauben darf, die Sokrates dem anmutigen Phaidros unter einer Platane am Ufer des Ilissos erzählte, waren diese Tiere ursprünglich sogar Männer des Geistes. Angeregt durch das Gezirpe in der Mittagshitze berichtete er, vor der Geburt der Musen seien die Grillen Gelehrte, Musiker und Dichter gewesen, die ohne Nahrung und Getränk auskamen und deshalb von Jupiter in diese Insektenart verwandelt worden seien. Eigentlich sollte er das wiederholen, denn eine andere Belohnung steht meines Wissens für solche Menschen auch heute nicht in Aussicht. Bis dahin müßten sie, wenn es nach mir ginge, ohne Reiseproviant auskommen wie jene Paradiesvögel, die von Luft und Himmelstau leben und keine andere Nahrung benötigen, denn so wie es ist, können sie ihre Rhetorik nur dazu verwenden, ihr Unglück zu verfluchen. Viele sind mittellos und in einer so verzweifelten Lage, daß sie sich aus Grillen in Hummeln und Wespen verwandeln, d. h. Parasiten werden und die Musen Eselsdienste leisten lassen, um ihre knurrenden Mägen zu füllen und sich eine warme Mahlzeit zu verdienen. Das Schicksal beschert den meisten Gelehrten Armut und Abhängigkeit, das ist wahr, und sie sind gezwungen, jämmerlich Klage zu führen und ihren herablassenden Gönnern wie Cardano, Xylander und manch anderen ihre Not immer wieder vor Augen zu führen. In der Hoffnung auf eine Zuwendung wird in den Vorreden und Widmungen gewöhnlich schamlos gelogen und geschmeichelt, und ein analphabetischer und würdeloser Idiot sieht sich wegen seiner angeblich höchsten Tugenden über den grünen Klee gelobt, wo die Literatur ihn doch eigentlich, wie Machiavelli bedeutet, wegen seiner notorischen Niedertracht und Lasterhaftigkeit an den Pranger stellen sollte. So prostituieren sie sich wie Fiedelspieler und gewinnsüchtige Kaufleute, um den Großen für einen geringen Lohn zu Diensten zu sein. Sie sind wie die Indianer, die Gold in Hülle und Fülle besitzen, aber seinen Wert nicht kennen. Denn ich bin mit Synesius der Meinung, daß König Hieron von seiner Bekanntschaft mit Simonides mehr profitierte als umgekehrt. Die Herrschenden verdanken ihre Erziehung, Ausbildung und alleinige Qualifikation uns Männern des Geistes, und wenn sie gut regieren, noch dazu ihre Ehre und Unsterblichkeit. Wir sind ihr lebendes Grabmal, ihre Annalen und die Trompeter ihres Ruhms. Was wäre Achill ohne Homer, Alexander ohne Arrian und Curtius? Wer hätte den Namen Caesars gekannt, wären nicht Sueton und Dion gewesen?

> Vor Agamemnon lebten der Tapferen viel;
> doch unbeweint hält alle und unbekannt
> des langen Nachtgrauns Druck umfangen,
> weil sie des heiligen Sängers mangeln. (Horaz)

Sie sind den Intellektuellen zu größerem Dank verpflichtet als umgekehrt; aber der Geist unterschätzt sich und wird deshalb von der Macht geknechtet. Auch wenn sie ein enzyklopädisches Wissen ihr eigen nennen, bleiben sie darauf sitzen und leben verachtet und dem Hunger preisgegeben, wenn sie sich mit ihren Talenten, Auszeichnungen und wissenschaftlichen Qualifikationen nicht, wie Budäus formuliert, einem ungebildeten Potentaten unterwerfen, sich zum Sklaven erniedrigen und als Parasiten dieser anmaßenden Respektsperson ihr Leben fristen. Denn die Künste machen sich wahrhaftig nicht bezahlt, wie Guido Bonat, der große Astrologe, schon vorhersah, sondern überantworten ihre Anhänger dem Hunger und der Armut:

> Der reiche Arzt und ruhmbedeckte Advokatus reiten,
> der Mann des Geistes weiß armselig auszuschreiten.
> (Buchanan)

Bedürftigkeit ist die Mitgift der Musen, denn als Jupiters Töchter mit den Göttern verheiratet wurden, blieben sie allein ledig, und der Berg Helikon wurde meiner Meinung nach von allen Freiern verlassen, weil seine Bewohnerinnen keine Aussteuer besaßen. Seither sind alle Musenjünger arm, verlassen und auf sich selbst angewiesen. Deshalb erkennt man sie nach Petronius normalerweise schon an ihrer Kleidung. Ich geriet, berichtet er, ganz zufällig in die Gesellschaft eines nicht sehr gepflegt aussehenden Mannes, woraus ich bereits schließen konnte, daß es sich um einen jener Gebildeten handeln mußte, die den Reichen ein Dorn im Auge sind. Ich erkundigte mich nach seinem Beruf; er antwortete, er sei Dichter, und auf meine Frage, weshalb er so abgerissen herumlaufe, erklärte er mir, seine Profession habe noch niemanden reich werden lassen:

> Wer dem Meere vertraut, erhebt sich durch reiche Gewinne;
> wer nach Schlachten und Lagern sich sehnt, erringt
> goldene Kränze.
> Trunken lieget der elende Schmeichler auf kostbarem Purpur;
> wer Matronen verführt, dem lohnen sich oft seine Laster;
> einzig der Redebegabte erstarret in frostigem Kittel,
> bittet mit machtloser Rede verachteter Künste um Beistand.
>
> (Petronius)

Unsere Durchschnittsstudenten wissen nur zu genau, daß sich poetische, mathematische und philosophische Studien nicht auszahlen, daß man damit kein Ansehen erwerben und sich kaum einen Mäzen sichern kann. Deshalb werfen sie sich eiligst auf jene drei einträglichen Disziplinen Jura, Medizin und Theologie, zwischen denen sie ihre Zeit aufteilen, während sie von den anderen Künsten wie Geschichte, Philosophie und Philologie gar keine Notiz nehmen und sie als Spielereien betrachten, die allenfalls bei Tisch für Gesprächsstoff sorgen. Sonst bringen sie wenig praktischen Nutzen. Wer sein Geld zählen kann, hat genug Arithmetik gelernt, der wahre Geometer steckt seine Karriere ab, der vollkommene Astrologe ist der, der Aufstieg und Untergang seiner Zeitgenossen vorherzusagen weiß und ihre Bewegungen zu seinem eigenen Nutzen durchkalkuliert. Der beste Optiker bündelt die Strahlen der Gunst und Huld eines Mächtigen und lenkt sie auf sich. Und der erweist sich als guter Konstrukteur, der Mittel und Wege des eigenen Fortkommens zu ersinnen weiß. Wie Chromerus vor kurzem im ersten Band seines Geschichtswerks feststellte, war das auch die übliche Praxis in

Polen. Hier hatten die Universitäten gemeinhin ein niedriges Niveau und brachten keine bedeutenden Philosophen, Mathematiker und Altertumsforscher hervor, weil in diesem Bereich keine Stipendien vergeben oder Preise verliehen wurden. Jeder widmete sich vielmehr der Theologie, um sich eine gute Pfarrstelle zu sichern. Auch bei einigen unserer nächsten Nachbarn war das akademischer Brauch, wogegen Lipsius mit den Worten zu Felde zieht: Sie treiben ihre Kinder in die Theologie und Jurisprudenz, bevor sie wissen, was sie dort erwartet, und sie überhaupt studierfähig sind. Die Gewinnsucht verdunkelt die Wissenschaft, und ein Haufen Gold kommt ihnen schöner vor als alles das, was die griechischen und lateinischen Wirrköpfe zu Papier gebracht haben. Solche Materialisten stehen dann am Ruder des Staatsschiffes und durchsetzen und beherrschen den Kronrat. O Herr! O Vaterland! So klagt er und mit ihm viele andere. Und trotzdem zielen wir alle darauf ab, im Dienst eines großen Herrn zu stehen, am Hof eines Bischofs ein Amt zu bekleiden, in einer größeren Stadt eine lukrative Praxis zu betreiben oder eine Pfründe zu erhalten, denn das bringt viele Vorteile und ist der Königsweg zum Erfolg.

Gleichwohl müssen die Mitglieder dieser Berufsstände, wenn ich es richtig sehe, ebensoviele Fehl- und Rückschläge hinnehmen wie alle anderen, und ihre Hoffnungen werden nicht weniger häufig enttäuscht. Nehmen wir etwa einen promovierten Juristen und hervorragenden Zivilrechtler. Wo soll er praktizieren und plädieren? Bei uns ist das Zivilrecht so von Prohibitionen eingeengt und von den allesverschlingenden Munizipalordnungen außer Kraft gesetzt, daß es für einen solchen Menschen kaum ein Betätigungsfeld gibt. Die Beschäftigung mit den willkürlichen Stadtrechten andererseits nennt Erasmus ungehobelt und barbarisch, und ich würde keinem, so bewandert er in dieser Beziehung auch sein mag, den Titel eines Gelehrten zubilligen, es sei denn, er verfügte über zusätzliche Qualifikationen. Dem Zivilrechtler aber stehen aus den genannten Gründen nur wenige Gerichtshöfe und magere Ämter offen, und auch diese werden so teuer gehandelt, daß es mir unerfindlich ist, wie ein kluger Mensch damit sein Glück machen will. Was die Ärzte angeht, so gibt es in jedem Kaff Scharlatane, Quacksalber und Paracelsusjünger, wie sie sich nennen, Totkurierer, wie Clenard sagt, und Blender zuhauf. Und ein solches Aufgebot von Zauberern, Alchimisten, armen Vikaren, gescheiterten Apothekern, Arztgehilfen, Barbieren und Hebammen rühmt sich seiner großen Künste, daß ich nicht weiß, wie sie alle damit ihren Lebensunterhalt verdienen und woher sie ihre Patienten nehmen wollen. Außerdem gibt es nicht nur ein Überangebot, sondern in beiden Lagern derartige Harpyien, geldgierige Schreihälse und unverschämte Querulanten, daß das Zusammenleben zum Problem werden muß. Wie ein Komödienschreiber scherzhaft formulierte, sind sie so zahlreich und zum großen Teil so ausgehungert, daß sie bereit wären, ihre Mitmenschen zu verschlingen. Eine ehrliche Haut weiß sich keinen Rat, wie sie sich in dieser Masse der Winkeladvokaten und Quacksalber aufführen und benehmen, wie sie unter diesem abscheulichen Gesindel ihren Anstand wahren soll, und schämt sich jener Gelehrsamkeit, die sie mit solchen Kosten und Mühen erworben hat.

Endlich komme ich zu unseren Theologen, die den edelsten Beruf gewählt haben und also doppelte Ehre verdienten, sich aber in Wahrheit der größten Not und dem bittersten Elend von allen ausgesetzt sehen. Für den, der das nicht glauben will, zitiere ich hier die kurze Bestandsaufnahme aus einer Predigt, die unser jetziger Bischof vor Jahren als Pfarrer von Paul's Cross hielt: Wir, die wir zu Gelehrten erzogen und von unseren Eltern dazu bestimmt wurden, müssen in unserer Kindheit einen Schulunterricht über uns ergehen lassen, den Augustinus eine große Tyrannei und ein schweres Übel nennt und mit den Martern der Märtyrer vergleicht. Wenn wir dann an die Universität überwechseln und von einem Stipendium leben müssen, leiden wir an allem Not außer an Hunger und Angst. Unterstützen uns unsere Eltern zumindest teilweise, müssen wir fünfhundert Pfund oder tausend Mark für überflüssige Zuschüsse, Bücher und Prüfungsgebühren aufbringen, bevor wir einen Abschluß erlangen können. Aber diese Summe, der zeitliche Aufwand und der Einsatz von Körper und Geist wie unseres Vermögens und Erbteils reicht noch nicht aus, um uns jener uns nach dem Buchstaben des Gesetzes zustehenden kleinen Kompensation, einer armen Pfarre oder eines Vikariats, zu versichern. Vielmehr haben wir für das lebenslange Nutzungsrecht eine jährliche Pacht zu entrichten, die noch über den Abgaben für ein Zinslehen liegt, mit dem Erfolg, daß wir unser Seelenheil durch Simonie und Meineid in Gefahr bringen und unsere jetzigen und künftigen geistlichen Ämter aufs Spiel setzen. Welcher Vater wird auf Dauer so kurzsichtig sein, seinen Sohn unter beträchtlichen Kosten zum Bettler ausbilden zu lassen? Welcher Christ so gottlos, sein eigen Fleisch und Blut zu einem Leben anzuhalten, das fast notwendig zur Sünde verleitet und die Betroffenen in Simonie und Meineid verstrickt, wo doch, wie Juvenal sagt, selbst ein Bettlerbalg, den man von seinem Platz auf der Brücke fortzieht – wüßte er nur um die üblen Folgen –, allen Grund hätte, abzuwinken. Haben wir, die wir zu Priestern bestellt sind und uns trotz dieser Umstände nichts Böses zuschulden kommen ließen, nicht Anspruch darauf, daß unsere Mühen andere und bessere Früchte tragen? Sollen wir uns für nichts und wieder nichts schinden? Dafür das ganze Jahr in aller Herrgottsfrühe aufstehen und beim ersten Glockenschlag aus dem Bett springen, als sei ein Donnerschlag dreingefahren? Wenn das alles ist, was wir an Lohn, Ehre und Achtung zu erwarten haben, sollten wir unsere Federn zerbrechen, unsere Bücher zerreißen und uns einer anderen Karriere widmen. Weshalb studieren? Was haben sich unsere Eltern dabei gedacht, als sie uns die Gelehrtenlaufbahn einschlagen ließen? Schließlich sind wir nach zwanzig Jahren unermüdlichen Forschens von einem einträglichen Posten noch genausoweit entfernt wie am Anfang. Weshalb mühen wir uns ab? Ich wiederhole, wenn es keine Hoffnung auf gerechten Lohn und keinen größeren Ansporn gibt, dann können wir besser Landsknechte werden, vom Erlös unserer Bücher Schwerter, Pistolen und Piken kaufen oder mit den zerknüllten Seiten Flaschen zustöpseln. Nach dem Vorbild des Kleanthes sollten wir unsere Philosophenmäntel zu Müllerkitteln machen, unser Glück woanders versuchen und alles eher stehen und liegen lassen, als diese miserablen Lebensumstände weiter zu ertragen. Besser man stellt Zahnstocher her und unterläßt den Versuch, sich durch Schriftstellerei die Gunst der Mächtigen zu erwerben.

Nun mag jemand kommen und einwenden, was ich über die Lebensumstände der Gelehrten im allgemeinen und der Theologen im besonderen ausgeführt habe, sei schon richtig. Sie lebten in der Tat in Not und Elend und hätten allen Grund zur Klage, denn die ehedem begüterte Kirche habe Schiffbruch erlitten. Man müsse sich aber fragen, wo die Ursachen und Verantwortlichen dafür zu suchen seien. Und bei unparteiischer Prüfung werde sich herausstellen, daß die Anklage auf die Ankläger zurückfalle und sie vor dem Richterstuhl der Wahrheit trotz aller Ausreden selbst für schuldig befunden werden müßten. Auf solchen Einwand hin gestehe ich selbstverständlich zu, daß wir nicht makellos sind, denn wenn es keine Ämterkäufer gäbe, würde sie auch niemand feilbieten. Aber bei genauerem Hinsehen muß doch offenkundig werden, daß die Quelle allen Übels bei den geldgierigen Patronatsherren zu suchen ist. Indem ich sie anklage, wasche ich uns keineswegs rein, beide Parteien sind schuldig, aber nach meinem Ermessen tragen sie als Hauptverursacher auch die Hauptverantwortung, und ihr Handeln ist entsprechend verwerflich. Wenn es bei mir nicht so steht, wie es sollte oder wie ich es gern hätte, so suche ich, wie Cardano im nämlichen Fall, die Ursache eher bei mir und meinem Unglück als in fremdem Fehlverhalten; gleichwohl haben auch mich einige Patronatsherren vor den Kopf gestoßen, und ich hätte guten Grund, in das Klagelied der anderen einzustimmen. Vielleicht sollte ich genauer sagen, verantwortlich für meine Situation ist eine gewisse Ambitionslosigkeit, denn ich habe immer jenem Alexander geglichen, der nach Plutarch den Crassus in der Philosophie unterwies und der, obwohl er jahrelang mit seinem reichen Schüler vertrauten Umgang pflegte, dessen Haus zur allgemeinen Verwunderung so arm wieder verließ, wie er gekommen war. Niemals erbat er etwas, niemals erhielt er von Crassus ein Geschenk, und wenn sie auf Reisen gingen, borgte er sich von seinem Schüler einen Hut, den er ihm nach der Rückkehr wieder aushändigte. Auch ich hatte mit edlen Freunden Umgang, aber in der Regel trennten wir uns – mit Ausnahme der ausgetauschten Höflichkeiten – so, wie wir uns getroffen hatten. Sie gaben mir alles, was ich verlangte, nämlich nichts. Dem Hieronymus Massianus, der sich darüber verwunderte, daß Alexander in der Welt nicht wie andere vorankam, obwohl er nicht weniger Verdienste besaß, gab dieser zur Antwort, daß er nicht ehrgeizig und mit seinen gegenwärtigen Lebensumständen zufrieden sei. Und obwohl ihn Hieronymus wegen seines Zurückbleibens schalt, blieb er doch der alte. Ich, der ich vielleicht nicht würdig bin, die Bücher Alexanders zu tragen, habe von einigen wohlmeinenden und mich überschätzenden Freunden etwas Ähnliches zu hören bekommen, und ich habe darauf wie Alexander erwidert, ich besäße genug und möglicherweise mehr, als mir zustünde. Ich halte es mit Libanius Sophista, der, als ihm der Kaiser Ehrenämter anbot, lieber der Weisheitslehrer bleiben wollte, der er war, als ein Magistratsherr zu werden wie die anderen Amtsträger. Am wohlsten ist mir als Demokrit Junior und in meiner Haut als Privatmann, und hätte ich die Wahl, würde ich mit keinem Doktor der Theologie oder Bischof tauschen. Aber warum erzähle ich das alles?

Um das Thema abzuschließen, es ist gleichermaßen verwerflich, Pfründen zu kaufen und zu verkaufen und der Kirche das zu rauben, was ihr nach Gottes und der Menschen Gesetz zusteht. Aber die Hauptverantwortung liegt bei den Patronatsherren, und die herrschenden Mißstände resultieren aus der Geldgier und Unwissenheit derer, die an solchen Geschäften Interesse haben. Ich nenne Geldgier an erster Stelle als Wurzel all dieser Übel, denn sie zwingt die Habsüchtigen zu Kirchenraub, eigennützigem Pfründenschacher und allen möglichen anderen Vergehen, die Gottes Zorn erregen und Pest, Rache und schwere Heimsuchungen über sie selbst und andere bringen. Einige, die von dem unstillbaren Verlangen nach dem schnöden Mammon besessen sind, fragen bei ihren Bereicherungsversuchen nicht nach Recht oder Unrecht, für sie zählt nur die Endsumme. Wieder andere verprassen, verschwenden, vergeuden ihre Güter und überfallen und berauben anschließend wie Julian der Abtrünnige die Kirche, um sich zu sanieren. Sie plündern die Einkünfte der Geistlichen, indem sie die Hälfte dessen einbehalten, wovon ihr Opfer seinen Lebensunterhalt bestreitet. Dadurch leisten sie der Barbarei Vorschub und dem Niveauverlust christlicher Lehre, denn wer wird sich dem Theologiestudium widmen oder seinen Sohn oder Freund dazu anhalten, wenn nach den mühevollen Vorbereitungen nur eine Hungerleiderexistenz zu erwarten steht? Aber welchen Erfolg haben diese Praktiken? Sie raffen, rackern und schinden, doch was ernten sie? Normalerweise sind die Familien solcher Kirchenräuber vom Unglück verfolgt, und ein Fluch lastet auf ihrer Nachkommenschaft, wie die Alltagserfahrung bestätigt. Wie kann der die Stirn haben, den Segen Christi und ein himmlisches Erbteil zu erwarten, der ihn hienieden um seinen Besitz betrogen hat? Allen Patronatsherren, die mit Pfründen schachern und den Zehnten zurückhalten, empfehle ich die Lektüre der durchdachten und gelehrten Traktate von Spelman, Sempill, Tillesley und Montague. Aber selbst wenn sie diesem Rat folgten, würde sich wohl wenig bessern. Man kann ihnen mit Blitz und Donner ins Gewissen reden und Hölle und Verdammnis predigen, sie werden nicht klug. Man kann die Mißstände anprangern und die schrecklichen Folgen beschwören, sie haben ein abgestumpftes Gewissen und hören nicht hin wie die verzauberte Natter, sondern stopfen sich die Ohren zu. Man schimpfe sie gemein, gottlos, lästerlich, barbarisch, Heiden, Atheisten, Epikureer, was etliche von ihnen fraglos sind, und sie werden doch wie der Kuppler bei Plautus Bravo! Hervorragend! rufen und sich selbst wie der Geizige Beifall spenden, sobald das Geld im Kasten klingt. Man kann vorbringen, was man will, für sie zählt nur dieses eine. Auf Mahnungen und gute Worte geben sie soviel wie auf einen Hund, der den Mond anbellt. Diesem gemeinen, gottlosen, heuchlerischen und genußsüchtigen Haufen kann das Himmelreich gestohlen bleiben, Geld ist ihr Einundalles. Meinethalben können sie so viel Glaubenseifer vorschützen, wie sie wollen, der Welt Sand in die Augen streuen, sich aufblasen, durch Kirchenraub mästen und prächtige Pfauenräder schlagen. In ihrem Fall ist meine Nächstenliebe so erkaltet und unzulänglich, daß ich nie Besseres von ihnen werde denken können, als daß sie die epikureische Heuchelei und das Mark der Gottlosigkeit in den Knochen haben, bis ins Innerste verrottet und schlimmer als Heiden sind. Denn nach Dionysios von Halikarnassos beachteten Griechen und Barbaren die religiösen Riten und wagten aus Angst, sich gegen die Götter zu versündigen, nicht, mit den alten Bräuchen zu brechen, nur unsere Pfründenhändler und abgebrühten Patronatsherren fürchten weder Tod noch Teufel und haben alle möglichen Ausreden bereit: Es ist keine Sünde, nach göttlichem Recht nicht zurechenbar, oder wenn schon eine Sünde, dann eine läßliche usw. Und obwohl sie täglich heimgesucht werden und die Wahrheit des Sprichworts «Frost und Betrug verdirbt im Flug» am eigenen Leib zu spüren bekommen, macht die Bestrafung sie nicht besser, sondern schlechter, und je härter sie zur Rechenschaft gezogen werden, desto mehr lassen sie sich zuschulden kommen. Sollen sie fortfahren, wie sie begonnen haben, und sich mit ihrem «Es ist keine Sünde» in Sicherheit wiegen, die Rache Gottes wird sie schließlich doch ereilen, und die Güter, die sie wider geltendes Recht an sich gebracht haben, werden ihren übrigen Besitz vergiften; es ist geraubtes Gold, das Unheil bringt. Sie mögen es an einem sicheren Ort verstecken und hinter Schloß und Riegel aufbewahren, schreibt Chrysostomos, aber Betrug und Habgier, die zwei gewalttätigen Diebe, lassen sich nicht aussperren; und schon ein kleiner unrechtmäßig angeeigneter Besitz verdirbt alle anderen Güter. Bei Äsop raubt ein Adler das Fleisch vom Opferaltar und trägt es in seinen Klauen zum Nest. Weil aber zufällig noch eine glühende Kohle daran haftet, wird der Horst und die Brut ganz unversehens ein Raub der Flammen. Auch unsere simonistischen und kirchenräuberischen Patronatsherren und frevlerischen Harpyien sollten sich auf solche Folgen gefaßt machen.

Die zweite Wurzel des Übels ist Unwissen, und aus der Ignoranz entspringt, wie Junius richtig bemerkt, der Haß und die Verachtung der Bildung. Weil sie selbst barbarische, geistlose und stolze Analphabeten sind, halten sie auch alle anderen dafür. Wo es großzügige Mäzene gibt, erblühen alle Wissenschaften und bringen die fleißigsten Köpfe hervor. Aber wo die Gelehrsamkeit verachtet wird und jeder sich für ausreichend qualifiziert hält, der lesen und schreiben, vor Gericht Beweise zusammenzimmern oder wie ein gewisser Kaiser die lateinische Platitüde Qui nescit dissimulare, nescit vivere (Heuchelei ist das halbe Leben) nachplappern kann, da vermag niemand seinem Land wirklich zu dienen und Leistungen und Taten zu vollbringen, die dem Gemeinwesen nutzen. Nur die Waffen schwingen und mit ihrem bißchen Bauernschläue auf dem Land Recht sprechen wie jeder hergelaufene Freisasse, das bringen solche Leute fertig. Und entsprechend erziehen sie ihre Kinder zu ungebildeten, ungehobelten, ungeschickten und unzivilisierten Ebenbildern ihrer selbst. Welcher von unseren Jugendlichen ist ausreichend in der Literatur bewandert? Wer kennt die alten Rhetoren und Philosophen? Wer beschäftigt sich mit der Geschichte, der großen Anregerin allen politischen Handelns? Die engstirnigen Eltern haben es zu eilig. Mit diesen Worten beklagt sich Lipsius über seine ungebildeten Landsleute, und wir könnten uns jeden seiner Sätze zu eigen machen. Wie sollen Menschen die Verdienste eines Gelehrten beurteilen, die selbst nichtswürdig sind, keine Ahnung von den Voraussetzungen und Mühen des Wissenserwerbs haben und zwischen einem wahren Wissenschaftler und einer Drohne nicht unterscheiden können? Wie sollen sie dem nicht auf den Leim gehen, der mit seiner Zungenfertigkeit und seiner wohltönenden und kräftigen Stimme ein paar Ähren von fremden Feldern aufklaubt und mit Hilfe einiger rhetorischer Tricks seinen wahrhaft gelehrten Widerpart aussticht? Solche Banausen halten das Predigen für ebenso leicht wie das sich Unterhalten oder das Karreschieben, verunglimpfen auf diese Weise uns und unsere Anstrengungen und haben für die Gelehrten nur Hohn und Spott. Weil sie reich sind und sich um ihren Lebensunterhalt keine Sorgen machen müssen, halten sie sich für zu fein für geistige Anstrengungen. Studieren, das ist gerade gut genug für die jüngeren Brüder und die Söhne der Armen, aber ein edler Herr bekleckst sich die Finger nicht mit Tinte wie diese Pedanten und Leibeigenen ihrer Bücher. Wie die Franzosen und Deutschen vernachlässigen solche Menschen ihre Bildung und wollen nichts mit den Wissenschaften zu tun haben. Sollen die Seeleute Astronomie studieren, Kaufmannsgehilfen Arithmetik, Landmesser Geometrie, Brillenschleifer Optik, Herumtreiber und Vagabunden Geographie und Stadtverordnete Rhetorik. Was soll der mit einem Spaten anfangen, der nichts umzugraben hat? Was hilft Gelehrsamkeit dem, der dafür ebensowenig Verwendung besitzt? So räsonieren sie und finden nichts dabei, wenn Seeleute, Lehrlinge und ihre untersten Chargen besser ausgebildet sind als sie selbst. Früher dagegen waren Könige, Fürsten und Kaiser die einzigen Gelehrten und in allen Wissenschaften zu Hause.

Julius Caesar reformierte den Kalender und kommentierte seine Feldzüge; Antonius, Hadrian, Nero, Severus, Julian, Kaiser Michael und Isacius widmeten sich ihren Studien mit einem Eifer, den kein Angehöriger eines niederen Standes hätte aufbringen können; Orion, Perseus, Alphonsus, Ptolemaios waren berühmte Astronomen; Sabor, Mithridates, Lysimachos bewunderte Ärzte; Platon thront über allen; der arabische Prinz Evax galt als hervorragender Edelsteinkenner und Philosoph, und die Könige Ägyptens gingen früher aus den Reihen der Priester hervor. Aber diese heroischen Zeiten kehren nicht wieder. In unserer entarteten Epoche sind die Musen nicht mehr in Königspalästen anzutreffen, sondern in jämmerliche Behausungen verbannt, und die höhere Kultur ist fast ausschließlich auf den universitären Bereich begrenzt. Früher waren die Gelehrten beliebt, und sie wurden wie Ennius durch Scipio Africanus, Vergil durch Augustus und Horaz durch Maecenas mit Ehren überhäuft. Den Fürsten waren sie teure Gefährten wie Anakreon dem Polykrates und Philoxenos dem Dionysios und trugen reichen Lohn davon. Alexander schickte dem Xenokrates fünfzig Talente, weil er arm war, und weitsichtige und gelehrte Männer saßen ehedem an königlicher Tafel, wie Philostrat von Hadrian und Lampridius von Alexander Severus zu berichten weiß. Berühmte Wissenschaftler hielten sich an solchen Höfen auf wie heute an den Universitäten, bekamen einen Ehrenplatz zugewiesen und wurden bewirtet, als seien sie bei den Göttern zu Gast. Der mazedonische König Archelaos dinierte nur höchst ungern ohne Euripides, dem er eines Abends sogar zuprostete und einen goldenen Becher schenkte, weil ihn seine geistvolle Konversation so entzückte. Und solche Behandlung ist sehr wohl angebracht, denn ein guter Philosoph überragt, wie Platon im *Protagoras* ausführt, alle anderen ebenso wie ein großer König das gemeine

Volk. Weil die bescheidenen Bedürfnisse der Gelehrten bereitwillig befriedigt wurden, konnten sie ihren Künsten das gebührende öffentliche Ansehen erhalten. Sie mußten vor ihren Gönnern nicht auf den Knien liegen wie heutzutage, ihre Armut herausjammern oder vor einem reichen Bauerntölpel um einer warmen Mahlzeit willen im Staub kriechen, sondern waren sich ihres eigenen Wertes und der Bedeutung der Künste, auf die sie sich verstanden, wohl bewußt. Immer noch möchten wir es genauso halten, können es aber nicht. Denn manche Förderer der Wissenschaften sind felsenfest davon überzeugt, daß nur die Armut die Gelehrten zur Arbeit anhält. Man muß sie kurzhalten wie Pferde vor dem Rennen und darf sie nicht verhätscheln. Wer sie vollstopft, erstickt damit den genialen Funken. Ein fetter Vogel singt nicht, ein fetter Hund taugt nicht für die Jagd, heißt es. Und weil sie uns so verelenden lassen, gebricht es dem einen an den notwendigen Mitteln, dem anderen an Durchhaltevermögen, und alle müssen wir ohne Anerkennung und Ermutigung auskommen und ernten statt dessen Nichtbeachtung und geringschätziges Abwinken. Ein alter Spruch sagt: Wo es Förderer wie Maecenas gibt, finden sich auch Dichter wie Vergil, und er ist immer noch wahr. Oft allerdings müssen wir, wie ich zugebe, die Schuld für unsere mißliche Lage bei uns selbst suchen. Wir Akademiker entfremden uns unsere Gönner nicht selten, indem wir sie zu wenig beachten, wie schon Erasmus zu bedenken gibt, oder indem wir eine schlechte Wahl treffen. Wenn wir dagegen Glück gehabt haben, mangelt es uns nicht selten an Anpassungsfähigkeit und Gefolgschaftstreue. Eben das ist mir in meiner Jugend passiert, schreibt Erasmus, und gesteht seinen schweren Fehler ein, und auch mir erging es nicht anders. Ich habe mich früher falsch verhalten und bin in dieser Beziehung wohl kaum ein Einzelfall. Wir haben auf die Gunstbezeugungen hochgestellter Persönlichkeiten entweder gar nicht oder doch nicht mit der gebührenden Bereitwilligkeit reagiert und durch Müßiggang, Freiheitsliebe und kompromißloses Unabhängigkeitsstreben, aber auch durch Melancholie, Schüchternheit und übermäßige Zurückhaltung manche Chance vertan und uns selbst am Vorwärtskommen gehindert. Aber obwohl einige in diesen Fehler verfallen, ist das gegenteilige Verhaltensextrem sehr viel häufiger. Denn in der Regel sind wir viel zu aufdringlich, eifrig, ehrgeizig und unverschämt. Gemeinhin lamentieren wir über das Fehlen mäzenatischer Förderung und Ermutigung, doch in Wahrheit ist mangelndes Können und die eigene Charakterlosigkeit schuld an der Misere. Hat Maecenas Horaz oder Vergil zur Kenntnis genommen, bevor sie sich hervorgetan hatten, oder besaßen Bavius und Maevius überhaupt Förderer? Erst sollen sie sich würdig erweisen, schreibt Erasmus, und zeigen, daß sie über die notwendige Vorbildung und entsprechende gesellschaftliche Umgangsformen verfügen, bevor sie sich etwas herausnehmen, bedeutenden Persönlichkeiten die Tür einrennen und sich bei ihnen einzuschmeicheln suchen, wobei viele auch noch mit so dick aufgetragenen Komplimenten, plumper Vertraulichkeit und solch maßlosem Lobesgehudel arbeiten, daß es beschämend ist, sie auch nur zu beobachten. Maßloses Lob erzeugt Neid, nicht Bewunderung, und eitles Schönrednertum tut der Wahrheit Abbruch, so daß wir am Ende schlecht von beiden, nämlich dem Lobenden und dem Gelobten, denken. Das sind unsere Fehler, aber das Grundproblem bleibt die Härte und Unzugänglichkeit der Förderer selbst. Wie liebte und achtete vormals Dionysios den Platon? Wie teuer war Aristoteles dem Alexander, Demaratos dem Philipp, Solon dem Krösus, Anaxarchos dem Alexander, Trebatius dem Augustus, Cassius dem Vespasian, Plutarch dem Trajan, Seneca dem Nero, Simonides dem Hieron! Welche Ehren wurden ihnen zuteil!

> Doch überstanden ist das jetzt, nun altert er,
> in tiefer Ruh gelagert hin. (Catull)

Die Zeiten sind vorüber:

> Nur Caesar noch erhält und lohnt
> Gelehrsamkeit.

Diesen Satz des Juvenal können wir aus voller Seele nachsprechen. Unser König ist unser Amulett, unsere Sonne, unser einziger Trost, die letzte Zuflucht, unser Ptolemaios, gemeinsamer Maecenas, Jakob der Freigebige, Jakob der Friedfertige, der Musenjünger und platonische Herrscher, die Krone unseres Ruhms, selbst ein berühmter Gelehrter und der alleinige Schutzpatron, der Pfosten und die Stütze aller Gelehrsamkeit. Aber seine Verdienste in dieser Beziehung sind so bekannt, daß auch auf ihn der Satz des Paterculus über Cato zutrifft: Ihn zu loben wäre Frevel. Er ist nicht mehr, unsere Sonne ging unter – und doch wurde es nicht Nacht; denn uns scheint ein neues Himmelslicht:

> Sobald man ihn pflückte, beginnt schon ein zweiter
> Goldzweig zu wachsen, bedeckt sich genauso mit goldenen
> Blättern. (Vergil)

Lange möge unser neuer König regieren in der Fülle seiner Macht!

Aber ich will nicht böswillig und gegen besseres Wissen Schwarzmalerei betreiben. Es gibt bei unseren Adligen nämlich hier und da Ausnahmen und hochgebildete Standesvertreter wie die Fugger in Deutschland, Du Bartas, Du Plessis, Sadael in Frankreich und Pico della Mirandola, Schottus und Barocius in Italien:

Über dem brodelnden Abgrund sah man nur wenige Menschen schwimmen. (Vergil)

Aber sie verlieren sich geradezu in der Masse derer, die, von einigen gänzlich Gleichgültigen einmal abgesehen, nichts anderes im Sinn haben als Falken und Hunde und sich nur zu oft der Wollust, dem Spielteufel und dem Trunke ergeben. Wenn sie zwischen solchen Vergnügungen überhaupt einmal dazu kommen, ein Buch in die Hand zu nehmen, sind es Ritterromanzen über Huon von Bordeaux oder Amadis von Gallien, Theaterstücke oder Gazetten mit Neuigkeiten. Und das auch nur, um sich Kurzweil zu verschaffen, solange die Jahreszeit sie ans Haus fesselt. Sie reden dabei ausschließlich über Hunde, Falken, Pferde und hungern nach den neuesten Nachrichten. Wer einmal in Italien gewesen oder bis an den Kaiserhof vorgedrungen ist, in Orléans überwintert hat, seine Dame in gebrochenem Französisch umwerben kann, sich nach der neuesten Mode zu kleiden, ein paar ausgefallene ausländische Weisen zu trällern und über die feine Gesellschaft, über Städte und Paläste zu parlieren weiß, der hat den letzten Schliff und will bewundert sein. Ansonsten unterscheidet sich der Herr nur durch seine Titel vom Dienstpersonal, und wäre da nicht die Kleidung, könnte man den, der serviert, leicht mit dem verwechseln, der sich vorlegen läßt. Und doch sind wir auf die Kunstsinnigkeit solcher Menschen angewiesen, und aus den Reihen der vermöge ihres ererbten Titels Großen, Edlen und Weisen gehen nicht nur unsere Mäzene, sondern auch die Gouverneure, Staatsmänner und Magistratsherren hervor.

Ich wiederhole, um Mißverständnisse auszuräumen, daß ich alle verdienstvollen Senatoren und Edelleute hochachte, mich ihrem Urteil unterwerfe und ihnen stets zu Diensten sein werde. Ich gestehe gern zu, daß ich viele wohlmeinende und verdiente Patronatsherren und wahre Patrioten kennengelernt habe und daß es daneben fraglos noch Hunderte mehr gibt, denen ich nie begegnet bin, von denen ich nie gehört habe und die doch gewißlich als Stützen des Gemeinwesens gelten müssen und deren Ansehen, Großzügigkeit, Bildung, Entgegenkommen, religiöser Eifer und Wertschätzung der Wissenschaften es verdienen, von der Nachwelt in heiligem Andenken gehalten zu werden. Aber es gibt in diesen Reihen auch viele verkommene, korrupte, habgierige und rohe Subjekte, die nicht besser sind als das Vieh und der Bezeichnung Menschen nicht würdig, barbarische Thrakier, eine schmutzige, gottlose und bösartige Gesellschaft ohne Glauben, Anstand und einen Funken Verstand (mir fehlen schlicht und einfach die Worte), Feinde der Gelehrsamkeit, Zerstörer der Kirche und Totengräber jedes Gemeinwesens. Das Amt des Patronatsherrn haben sie geerbt und sind vertrauensvoll eingesetzt worden, um über das Kirchenvermögen den Unterhalt des Klerus zu sichern. Sie erweisen sich aber als Sklaventreiber, die ihren Schutzbefohlenen das Stroh fortnehmen, wie die ägyptischen Aufseher den Israeliten, und doch dieselbe Zahl Ziegel verlangen. Nur ihre eigenen Zwecke sind ihnen heilig, und das Gewinnstreben lenkt ihr ganzes Verhalten. Der gilt ihnen als der talentierteste, der am meisten bezahlt, wie das Sprichwort: Ohne Gabe kein Gebet! beweist. Wer seinem Anliegen nicht mit Gold Nachdruck verleiht, ist ein lästiger Störenfried, und auch die Bediensteten und Verwalter wollen bestochen werden und verlangen einen Obolus, wie ihn Zerberus von denen eintreibt, die zur Hölle fahren. Alles in Rom ist käuflich, lautet ein alter Spruch, und die Korruption ist ein schändlicher Überrest des Papsttums, dem nicht beizukommen ist. Ohne Geld gibt es nichts zu hoffen, ist nichts Gutes ins Werk zu setzen. Ein Gelehrter mag sich anbieten und seine Verdienste, seine Bildung, Ehrlichkeit sowie seinen religiösen Eifer unter Beweis stellen, er wird Empfehlungen und Lob ernten, aber keine Anstellung. Wenn er außergewöhnliche Talente besitzt, kommen die Leute von weit her, um ihn zu hören, wie sie es auch bei Apuleius tun, um Psyche zu bewundern. Viele Sterbliche kamen, heißt es dort, um die schöne Psyche, die Zierde jenes Zeitalters, zu sehen. Sie bewunderten, lobten und begehrten sie ob ihrer göttlichen Schönheit und weideten sich an ihrer Erscheinung wie an einem Bild, aber niemand wollte sie heiraten, weil die schöne Psyche keine Mitgift besaß. Und genauso behandeln sie auch die Gelehrten:

> Der reiche Geizhals lobt,
> bewundert die Schriftstellerkunst
> wie Kinder Junos Pfauen. (Juvenal)

Der Gelehrte wird überhäuft – mit guten Wünschen und Worten. Ein fähiger Mensch, wie schade, daß ihm kein Amt zuteil wird – so tönt es aus dem Mund der Einflußreichen, die ihn fördern könnten, aber sich als hart und unerbittlich erweisen und keine Hand rühren, weil er mittellos ist. Wenn sie ihm aber doch eine Anstellung geben, muß er ungeachtet seiner Qualifikationen, seiner Loyalität und hohen Eignung sieben Jahre lang dienen wie Jakob um Rahel, bevor er seine Pfründe bekommt. Ein kürzerer Weg führt allein durch die Pforte der Simonie, an der man heftig zur Kasse gebeten wird und für den Fall der Vertragsverletzung Pfänder hinterlegen muß; sonst wird gar nicht erst verhandelt. Aus den Reihen der mittellosen Gelehrten und hergelaufenen Pfaffen haben nur solche Hauskapläne eine Chance, die mit den Brosamen unter dem Tisch und der Hälfte oder einem Drittel der regulären Dotierung zufrieden sind. Wenn sie nicht aufmucken und auch noch so predigen, wie ihr Herr es gerne hört, sind sie willkommen und unter Tausenden der einzig Richtige. Denn das Beste ist immer das Billigste, und – wie der Herr, so's Gescherr – die Pfarrstelle ist gut besetzt, und alle Parteien sind es zufrieden. Worüber sich weiland Chrysostomos beklagte, das ist auch in der Gegenwart immer noch aktuell: Die Reichen halten sich diese Prediger und Speichellecker wie Hunde, werfen ihnen von ihrer Tafel ein paar Bissen zu, mißhandeln sie nach Gutdünken und lassen sich nach dem Munde reden. Wie Kinder einen Schmetterling oder Vogel an einem Faden mal aufsteigen lassen, mal zu sich herunterziehen, so mutwillig behandeln sie auch ihre Hauskapläne, die nach ihrer Pfeife tanzen und denken, auf- und niederfahren müssen. Wenn der Herr Puritaner ist, muß es auch sein Geistlicher sein, hat er papistische Neigungen, will er sich nicht weniger wiedererkennen, sonst wird die Entlassung ausgesprochen. So kommen immer nur Angepaßte und Opportunisten zu einer Anstellung und zu Pfründen, während wir Theologen an der Universität wie abgemagerte Kälber auf der Weide unsere Zeit vertrödeln, wie Gartenblumen, die niemand pflückt, dahinwelken und vergeblich darauf harren, daß man von unseren Gaben den rechten Gebrauch macht. Zu viele Kerzen nehmen sich gegenseitig den Schein und leuchten nur noch sich selbst; nicht anders ergeht es manch einem von uns, der im Lichtermeer der Hochschule gar nicht wahrgenommen wird, aber isoliert in einem dunklen Raum oder einer Landpfarre einen schönen und weithin sichtbaren Glanz verströmen würde. Während wir hier wie die Kranken am Teich von Bethesda darauf warten, daß ein Engel das Wasser bewegt, drängen sich die anderen vor und betrügen uns um unser Fortkommen. Aber ich bin noch nicht fertig. Wenn wir nämlich nach geduldigem Ausharren, großen Aufwendungen und äußerster Anstrengung, nach flehentlichen Bitten und der Fürsprache unserer Freunde endlich eine kleine Pfründe zugesprochen bekommen, beginnt unser Elend nur wieder von vorn. Denn plötzlich unternehmen das Fleisch, die Welt und der Teufel einen neuen Angriff auf unser Seelenheil. Das ruhige Gelehrtenleben tauschen wir ein gegen ein Meer von Sorgen. Wir ziehen in ein verwahrlostes Haus, das wir erst mit horrenden Kosten bewohnbar machen müssen. Also müssen wir notgedrungen wegen Baufälligkeit auf Schadensersatz klagen oder später unsererseits mit der Anschuldigung rechnen, wir hätten alles verkommen lassen. Kaum haben wir uns eingerichtet, sollen wir für die Zahlungsrückstände unseres Amtsvorgängers aufkommen. Erstlinge, der Zehnte, Subsidien, Zwangsanleihen und Visitationsgebühren, alles soll auf der Stelle bezahlt werden. Und schlimmstenfalls ist auch noch der eigene Rechtstitel anfechtbar, wie es Clenard von Brabant bei seinem Kirchspiel erleben mußte. Kaum war er nämlich eingeführt, sah er sich schon in einen langwierigen Prozeß verwickelt. Er dauerte zehn Jahre wie die Belagerung Trojas, verschlang sein Geld und erschöpfte ihn derart, daß er schon aufgeben und seine Pfründe seinem Widersacher überlassen wollte, nur um endlich Ruhe zu haben. Oder es malträtieren uns herrschsüchtige Verwalter, die uns mit Füßen treten, und gierige Harpyien ziehen uns das Fell über die Ohren, um ihre Einkünfte zu erhöhen. Wir fürchten uns ständig vor irgendwelchen Stichtagen und fallen unter verstockte und aufrührerische Sektierer, verdrießliche Puritaner, abartige Papisten, eine geile Rotte gottloser Epikureer, die von Umkehr nichts wissen wollen, oder unter ein streitsüchtiges Völkchen (mit den wilden Tieren zu Ephesos muß gefochten werden), das auch die regulären Abgaben nie ohne Murren bezahlt und auf dem endlosen Rechtsweg dazu gezwungen werden muß. Daß die Laien den Klerus hassen, ist eine alte Regel, und alle halten das für wohlerworben, was sie der Kirche wegnehmen können. Durch ein derart unzivilisiertes und grobes Gebaren werden die Geistlichen ihrer Pfarre, wenn nicht ihres Lebens überdrüssig. Gesetzt den Fall, es handelt sich um ruhige und anständige Menschen, die, wie so häufig, das Beste aus ihrer Situation zu machen suchen, so müssen diese ehemals so kultivierten und geschliffenen Akademiker doch unter solchen Umständen notwendig verbauern und verrohen, allein Trübsal blasen und Vergessen lernen.

Die andere Möglichkeit, die viele wählen, besteht darin, Mälzer, Viehzüchter oder Krämer zu werden (ausgeschlossen von der Akademie und allem Verkehr mit den Musen und wie Ovid in ein Nest auf dem Lande verbannt) und tagtäglich Umgang mit einer Schar von Idioten und Bauerntrotteln zu pflegen.

Aber auch wir selbst sind keine Unschuldslämmer, müssen uns ganz ähnliche Vorwürfe gefallen lassen und sitzen möglicherweise noch weiter vorn auf der Anklagebank. Denn durch unsere Schuld, unsere Laxheit und Gier hat die schändliche Schacherei in der Kirche – der Tempel steht zum Kauf und auch sein Gott – so überhand genommen, daß Korruption, Frevel und Ruchlosigkeit in diesem verrückten Durcheinander des Elends und unheiligen Gebrodel an der Tagesordnung sind. Ich wiederhole, es ist unsere Schuld und insbesondere die derjenigen, die an der Universität lehren. Wir sind die letzte Ursache aller Übel, an denen der Staat laboriert. Wir haben ihnen selbst den Weg gebahnt und verdienen jeden Vorwurf, jede Strafe, weil wir nicht alles in unserer Macht Liegende getan haben, um das Verhängnis aufzuhalten. Steht denn etwas anderes als die heutigen Zustände zu erwarten, wenn wir täglich untereinander darum wetteifern, jeden mittellosen Studiosus aus der Gosse zu einem akademischen Titel zu verhelfen? Dazu braucht er nur ein oder zwei Definitionen und Unterscheidungen auswendig zu lernen und die vorgeschriebene Zahl von Jahren an Disputationen teilzunehmen. Nach den Fortschritten fragt niemand, nach dem Charakter der Kandidaten auch nicht, und selbst Idioten, Verschwender, Müßiggänger, Spieler und Zechbrüder, verworfene, wertlose und rettungslos verkommene Kreaturen finden, wenn sie nur soundsolange eingeschrieben waren, einen Dozenten, der sie aus Gefälligkeit oder gegen gute Bezahlung prüft und, was noch schlimmer ist, ihnen die vollmundigsten Empfehlungsschreiben ausstellt. Solche Gefälligkeitsgutachten über Charakter und Bildungsgrad verschaffen sie sich beim Verlassen der Universität von Lehrenden, die damit ihren guten Ruf aufs Spiel setzen. Aber die Dozenten und Professoren, und insbesondere die außerplanmäßigen Fachvertreter, denken nur an ihren eigenen Vorteil und daran, wie sie sich auf Kosten des Staates bereichern können. Unsere auf ein Jahr gewählten Rektoren hoffen in der Regel auf eine möglichst große Zahl von zahlungskräftigen Studienanfängern, die man zur Kasse bitten kann, und fragen nicht nach ihrer Vorbildung. Hauptsache ein gepflegtes Äußeres und manierliches Aussehen oder, mit anderen Worten, eine betuchte Klientel. Unwissenden, die sich im Stand philosophischer Unschuld befinden, wird der Grad eines Magister Artium verliehen, und ohne ein Fünkchen Weisheit bekommt man einen akademischen Titel, wobei der Wunsch danach offenbar als Qualifikation ausreicht. Wenn sie nur zahlungsfähig sind, bescheinigt man theologischen Stümpern ein stupendes Wissen und verleiht ihnen die höchsten Auszeichnungen. Das ist der Grund, weshalb dieses Pack widerwärtiger Hanswurste, umnachteter Ignoranten, talarbehängter Phantome, herumziehender Quacksalber, Strohköpfe, Tölpel, Rindviecher und Esel seine ungewaschenen Füße in die heiligen Hallen der Theologie setzen kann, wobei sie nichts mitbringen außer schamloser Frechheit, einigen ausgelaugten Spitzfindigkeiten und scholastischen Lappalien, mit denen man nicht einmal mehr den Pöbel an der Straßenecke unterhalten kann. Das ist der gemeine und ausgehungerte Stand jener elenden Vagabunden und Bauchvergötzer, die das Theologiestudium auf den Hund gebracht haben, eher für den Schweinestall als für den Altar taugen und allesamt wieder hinter den Pflug gehören. Solche Leute aber besetzen die Kanzeln und schleichen sich in die Häuser des Adels ein. Weil sie ihren Lebensunterhalt nur so bestreiten können und aufgrund ihrer geistigen und körperlichen Unfähigkeit für nichts anderes taugen, gehen sie hier vor Anker und klammern sich an das Priestertum – nicht aus religiösen Motiven, sondern, wie Paulus sagt, indem sie Gottes Wort verfälschen.

Nichts aber liegt mir ferner, als alle in Bausch und Bogen zu verdammen und also jene vielen hervorragenden Persönlichkeiten herabzusetzen, die die englische Kirche vorweisen kann, Männer, deren Gelehrsamkeit und makelloser Ruf über jeden Zweifel erhaben sind und die vielleicht kein anderes europäisches Land in dieser Zahl hervorgebracht hat. Auch unsere vortrefflichen Universitäten möchte ich mit meinen Ausführungen nicht in Verruf bringen, aus denen eine Fülle bedeutender Gelehrter, denen es an keiner Tugend gebricht, hervorgegangen ist und hervorgeht. Aber jede von ihnen könnte noch mehr solcher Absolventen haben und sich eines noch besseren Rufes erfreuen, hätte ihr Glanz nicht die erwähnten dunklen Stellen und befleckten die schachernden Harpyien und Bettler, die diese Errungenschaften mit Neid erfüllen, nicht ihre Reinheit. Niemand kann so blind sein, das nicht zu sehen, niemand so dumm, es nicht wahrhaben zu wollen, niemand so verbohrt, abzustreiten, daß diese unwissenden Scharlatane die heilige Theologie entweihen und die himmlischen Musen schänden. Es sind verkommene und schamlose Seelen, wie Luther an einer Stelle sagt, die es in ihrer Geldgier an die Tische des Adels zieht wie Fliegen zum Melkeimer. In der Hoffnung auf eine Kirchenpfründe, einen anderen einträglichen Posten oder ein Ehrenamt belagern sie alle Städte und Adelssitze und nehmen jede Beschäftigung an. Sie sind gefügig wie Marionetten, immer auf der richtigen Fährte und wie Papageien bereit, für einen Krümel alles Gewünschte nachzuplappern. Willfährige Parasiten nennt sie Erasmus, die alles lehren, schreiben, sagen, empfehlen und billigen, auch wenn sie es mit ihrem Gewissen nicht vereinbaren können, und denen es nicht auf die Erbauung ihrer Gemeinde, sondern nur auf den eigenen Geldbeutel ankommt. Sie machen sich Lehrmeinungen zu eigen, die mit Gottes Wort nicht zu vereinbaren sind, nur um sich die Gunst ihrer adligen Herren zu erhalten oder den Beifall der Menge zu sichern und darüber zu Reichtum zu gelangen. Sie studieren Theologie, nicht um Gott, sondern um ihren eigenen Interessen zu dienen, nicht um die Ziele der Kirche zu verfolgen, sondern um sie auszuplündern. Nicht die Schätze des Herrn liegen ihnen am Herzen, sondern irdische Güter für sich selbst und ihre Familien. Und nicht nur in den unteren Rängen der Kirchenhierarchie findet sich dieses Verhalten, sondern auch bei Amtsinhabern in mittlerer und hoher Stellung bis hinauf zum Bischof. Sagt uns, ihr Hohenpriester, was hat das Gold unter den Sakramenten zu suchen? Die Habsucht führt selbst die höchsten Würdenträger, deren Tugend doch die aller anderen überstrahlen sollte, nur allzu häufig auf Abwege. Die Kirchenfürsten sind es, die auf dem Pfad zur Simonie vorangehen und die, nachdem sie durch diesen Stolperstein zu Fall gekommen sind, die Herde nicht nur scheren, sondern ihr das Fell über die Ohren ziehen. Überall plündern, rauben, schröpfen sie und ruinieren ihren guten Ruf, wenn nicht ihr Seelenheil, so daß das Übel sich nicht von unten nach oben, sondern von oben nach unten auszubreiten scheint. Ihr Verhalten illustriert die alte Stichelei: Was einer gekauft hat, kann er doch wohl mit gutem Recht wieder veräußern. Aber der Pfründenschacherer hat keine göttlichen Gnadengaben gekauft, und weil er sie nicht erstanden hat, besitzt er sie nicht, und wenn er sie nicht besitzt, kann er sie seinerseits auch nicht auf einen Dritten übertragen. Manche, die am Ruder sitzen, aber sind darüber hinaus nicht nur nicht willens, andere zu fördern, sondern setzen alles daran, sie am Vorwärtskommen zu hindern, weil sie sich der Künste nur zu genau erinnern, denen sie ihren eigenen Erfolg verdanken. Denn der, der meint, ihre Gelehrsamkeit hätte ihnen ihre hohe Stellung eingebracht, ist ein Einfaltspinsel, und der, der dem Glauben anhängt, sie seien wegen ihres Talents, ihrer Bildung, Erfahrung, Tugend, Frömmigkeit und wissenschaftlichen Passion mit der entsprechenden Position belohnt worden, ein völlig Verrückter. Das war früher tatsächlich der Fall, aber heute handelt man sich mit diesen Qualifikationen nur leere Versprechungen ein. Wie und wo dieses Übel in die Welt kam, will ich hier nicht weiter untersuchen; die erwähnten Tatsachen sind jedenfalls der Ursprung jener Kloake der Laster und Übelstände, die die Kirche überschwemmt hat. Die Häufigkeit simonistischer Praktiken erklärt sich so, und hier liegt die Quelle aller Klagen, Betrügereien, Täuschungsmanöver und Schurkenstreiche. Ich schweige von ihrem Ehrgeiz und ihrer Schmeichelei, die die Verlogenheiten des Hofes noch übertreffen und mit deren Hilfe sie ihrer freudlosen Existenz zu entkommen trachten, von ihrem Luxus, der skandalösen Lebensführung und ihren sybaritischen Saufgelagen. So erklärt sich auch der Niedergang unserer Universitäten, der Trübsinn der Musen, denn jeder nichtswürdige Ignorant kann durch solche unlauteren Methoden aufsteigen, es zu Ansehen und Wohlstand bringen und imposante Titel und Auszeichnungen erwerben. Damit blendet er die Masse, tut vornehm, stolziert pompös und würdevoll daher, widmet sich ganz dem Ich-Kult, pflegt seinen wallenden Bart, trägt eine purpurbesetzte Robe und weiß mit dem Prunk seiner Möbel und der Zahl seiner Bediensteten zusätzlich Aufmerksamkeit zu erregen und Eindruck zu schinden. Wie die Statuen oben auf jenen Säulen, die die Deckenlast eines Tempels tragen, zu schwitzen und beinahe zusammenzubrechen scheinen, obwohl sie unbeseelt sind und zur Stabilität des Gebäudes nichts beitragen, so will auch jeder dieser Menschen für einen Atlas gehalten werden, wenngleich er nur eine jämmerliche Figur, ein verweichlichtes Männchen ist und vielleicht ein Schwachkopf und Tölpel dazu mit versteinerten Hirnwindungen. Unterdessen zwingt ein hartes Schicksal die wahren Gelehrten, die ein gottgefälliges Leben führen und die Hitze des Tages ertragen, dazu, bei solchen Menschen in Diensten zu stehen, sich mit einem mageren Gehalt zufrieden zu geben und ohne Titel eine bescheidene und zurückgezogene Existenz zu fristen. Trotz höchster Verdienste bleiben sie zeitlebens bedürftig und verkannt und siechen, sei es begraben in einer armen Pfarre oder eingekerkert in ihrem Studierzimmer, ohne öffentliche Anteilnahme dahin. Aber ich will diese trübe Flut nicht länger aufrühren. Jedenfalls macht das alles unsere Tränen verständlich und erklärt, warum die Musen Trauer tragen, warum sich die Religion, wie Sesellius formuliert, der Lächerlichkeit und Verachtung überantwortet sieht und der geistliche Stand nichts gilt. Angesichts der Tatsachen bleibt mir nur übrig, die Schimpfworte zu wiederholen, mit denen ein ordinärer Mensch den Klerus bedacht hat: ein verkommener Haufen, zerlumpt, ungehobelt, dreckig, schwermütig, elend, jämmerlich und verachtenswert. [...]

Wie der Verlust der Freiheit, Knechtung und Gefangenschaft melancholisch machen

In den Katalog der Ursachen kann man guten Gewissens auch den Verlust der Freiheit, Knechtung und Gefangenschaft aufnehmen, die für manchen nicht weniger qualvoll sind als die übrigen Auslöser. Obwohl sie komfortabel leben, ihnen prächtige Häuser, Gärten, Spazierwege, herrliche Lauben und Galerien zur Verfügung stehen, obwohl sie gut essen und auch alles andere seine Ordnung hat, sind sie doch nicht zufrieden, weil ihr Freiheitsraum eingeengt ist und sie nicht nach Gutdünken kommen und gehen dürfen oder tun und lassen können, was sie wollen. Vielmehr sitzen sie am Tisch eines anderen Menschen, der das Sagen hat und auch ihnen Befehle erteilt. Wie wir den Geschmack an gewissen Speisen verlieren, so ergeht es uns auch mit allen anderen Dingen, mit Örtlichkeiten, Freundeskreisen, Vergnügungen; sie mögen noch so angenehm, zuträglich, nützlich und gut gewesen sein, eines Tages begegnen wir ihnen doch mit Übersättigung und Widerwillen, so wie die Kinder Israels des himmlischen Manna über wurden. Die Betroffenen verdrießt dann ihre Lebensweise, und gleich einem Vogel im Käfig oder einem Hund in seiner Hütte wird sie ihnen sauer. Es ist wahr, in den Augen ihrer Umwelt sind sie glücklich und haben alles, was ihr Herz begehrt, aber da sie die Segnungen nicht mehr zu schätzen wissen, ekelt sie das Vorhandene an. Die menschliche Natur verlangt ständig nach Neuigkeiten, Abwechslung, freudigen Überraschungen, und unsere unsteten Gefühle sind so beschaffen, daß sie sich ändern und umschlagen müssen, und sei es zum Schlimmsten hin. Junggesellen wollen partout heiraten und Ehemänner wieder Junggesellen werden.

Ihre Frauen, die schön, klug, tugendsam und tüchtig sein mögen, lieben sie allein aus dem Grunde nicht, weil sie ihnen ja schon gehören, und die gegenwärtigen Lebensumstände werden immer als die unerträglichsten erlebt. Wir hassen, worum wir eben noch Gott angefleht haben, und können eine bestimmte Lebensweise, Beschäftigung, Lokalität nicht lange ertragen. Allein schon die Monotonie seiner Existenz vermag nach Seneca einen Menschen umzubringen. Wie ein Pferd in der Mühle oder ein Hund im Laufrad bewegt er sich ohne Abwechslung und Neuigkeiten im Kreis. Sein Leben wird ihm hassenswert, die Welt zur Last und das «Wozu das ewige Einerlei?» durchkreuzt alle Vergnügungswut. Mark Aurel und Salomo, die alle Genüsse der Welt ausgekostet hatten, mußten sich entsprechend eingestehen, daß auch das sehnlichst Gewünschte am Ende schal wird und die Begierde doch niemals Befriedigung findet. Alles war eitel und brachte nichts als Seelenpein.

Wenn aber nun schon die Übersättigung mit einer Form des Vergnügens, eintönige Speise und Ortsgebundenheit von denen, denen es sonst an nichts mangelt und die in den Augen ihrer Mitmenschen wie im Paradies leben, als Tod und zweite Hölle erlebt wird, kann man sich das Elend und den Kummer derjenigen ausmalen, die versklavt oder eingekerkert sind. Die Knechtschaft ist schlimmer als der Tod, hielt Hermolaos dem Alexander entgegen, und nach Cicero denken alle tapferen Krieger ebenso. Ich für meinen Teil, schreibt Boterus, halte die Sklaverei für das äußerste Unglück. Und welches unsägliche Elend haben diejenigen zu erdulden, die wie jene 30 000 Eingeborenen im peruanischen Potosi von erbarmungslosen Sklaventreibern in die Gold-, Zinn-, Bleiminen, in Steinbrüche und Kohlegruben geschickt werden, die wie Maulwürfe unter der Erde leben oder auf den Galeeren hungern und dürsten und sich unter Peitschenhieben ohne jede Hoffnung auf Erlösung abschinden müssen! Wie schlecht ergeht es jenen türkischen Frauen, die sich fast das ganze Jahr über nicht in der Öffentlichkeit zeigen dürfen, und jenen italienischen und spanischen Damen, die ihre eifersüchtigen Ehemänner zu Hause einsperren und wie Falken im Käfig halten! Wie beschwerlich muß es sein, ein halbes Jahr lang in Höhlen und engen beheizten Zimmern zu verbringen wie auf Island und in Rußland oder am Pol, wo sechs Monate lang ewige Nacht herrscht! Ja, und wie schlimm steht es um die, die ins Gefängnis geworfen werden! Sie müssen auf sämtliche sechs nicht natürlichen Dinge, also gute Luft, gesunde Ernährung, körperliche Bewegung, Gesellschaft, Schlaf, Ruhe und Erholung, Verzicht tun, liegen alle Tage schmachtend in Ketten und haben – mit den Worten Lukians – den ekelhaften Gestank, das Kettenrasseln, Geheule und die jämmerlichen Schreie zu ertragen, die die Mitgefangenen gewöhnlich ausstoßen. Solche Umstände sind nicht nur beschwerlich, sie sind schlechterdings unerträglich. Ekelige Frösche und Kröten leisten ihnen in den dunklen Verliesen Gesellschaft, wo sie unter körperlichen und seelischen Qualen in ihren eigenen Exkrementen liegen und Joseph gleichen, von dem es im 105. Psalm heißt: Sie zwangen seine Füße in den Stock und das Eisen legte sich um seine Seele. Sie sind einsam und allein und mit Ausnahme der Melancholie, die ihnen am Herzen nagt, von aller Gesellschaft abgeschnitten. Aus Mangel an Nahrung müssen sie ihr Elend an Brotes Statt essen und verzehren sich also selbst. Im Anschluß an Arculanus können wir lange Gefangenschaft mit gutem Grund zu den Ursachen der Melancholie zählen, besonders bei denjenigen, die bisher sinnenfroh und lustig gelebt haben und sich plötzlich von all diesen Vergnügungen ausgeschlossen finden wie etwa Huniades, Eduard der Zweite, Richard der Zweite, Kaiser Valerian und Bajazet der Türke. Wenn es uns schon schwer ankommt, auf unsere vertrauten Gefährten und gewohnten Mahlzeiten für einen Tag oder auch nur eine Stunde zu verzichten, wie muß dann erst jenen zumute sein, die alles das für immer verlieren! Wenn es eine so große Wonne ist, in Freiheit zu leben und alles zu genießen, was die Welt in solcher Vielfalt zu bieten hat, welcher Gram und welches Elend wird dann notwendig denjenigen beschleichen, der plötzlich der spanischen Inquisition in die Hände fällt, aus dem Himmel in die Hölle stürzt und sich in einer Zelle eingepfercht findet! Wie fassungslos wird er sein und sich um sein Schicksal sorgen. Als Robert, Herzog der Normandie, von seinem jüngsten Bruder Heinrich dem Ersten eingekerkert wurde, siechte er, wie Matthew Paris zu berichten weiß, von Stund an vor Kummer dahin. Und Jugurtha, der edelmütige Feldherr, starb an gebrochenem Herzen und Schwermut, nachdem man ihn im Triumph nach Rom gebracht und dort eingekerkert hatte. Roger, der Bischof von Salisbury und zweitmächtigste Mann nach König Stephan, wurde im Gefängnis von Hunger und all den Drangsalen der Kerkerhaft so gepeinigt, daß er nicht leben und nicht sterben konnte und zwischen der Angst vor dem Tod und der Angst vor dem qualvollen Weitervegetieren hin- und hergerissen wurde. Und der französische König Franz wurde nach seiner Gefangennahme durch

Karl den Fünften augenblicklich von einer fast tödlichen Melancholie ergriffen. Aber solche Zusammenhänge sind ohnehin sonnenklar und bedürfen keiner weiteren Illustrationen.

Armut und Not als Ursachen

Armut und Not sind so ungestüme Widersacher, so unwillkommene Gäste und werden von jedermann so verabscheut, daß ich nicht umhin kann, ihnen ein Kapitel einzuräumen. Obwohl die Armut – richtig betrachtet und aus dem Blickwinkel eines weisen, verständigen, in Christo wiedergeborenen und zufriedenen Menschen – eine Gottesgabe, ein gesegneter Stand und Himmelspfad ist, wie Chrysostomos sie nennt, und als Mutter der Demut allem Reichtum vorzuziehen wäre, erscheint sie aus weltlichem Blickwinkel als verhaßtes Los, als gemein und schändlich, als schwere Folter und ganz unerträgliche Last. Wir machen einen größeren Bogen um sie als um einen Hund oder eine Schlange, verabscheuen ihren bloßen Namen und halten sie für den Quellgrund allen anderen Unglücks, aller Sorgen, Kümmernisse, Mühen und Übelstände. Um ihr aus dem Weg zu gehen, scheuen wir keine Anstrengung, sondern durchstöbern jeden Hafen, jeden Küstenstrich, jede Bucht, selbst wenn wir dabei in Lebensgefahr geraten. Wir tauchen zum Meeresgrund, wühlen uns sieben-, acht-, neunhundert Klafter tief in die Eingeweide der Erde, durchqueren alle fünf Klimazonen und setzen uns äußerster Hitze oder Kälte aus. Wir verwandeln uns in Schmarotzer und Sklaven, prostituieren uns, schwören und lügen, ruinieren Körper und Seele, wenden uns von Gott ab, verleugnen unseren Glauben, stehlen, rauben, morden, nur um dem unerträglichen Joch der Armut zu entrinnen, das uns so unsäglich drückt, quält und peinigt.

Denn wer sich auch nur flüchtig in der Welt umsieht, der wird feststellen, daß der Reichtum der Maßstab der Wertschätzung ist und man Vermögen und Glück gleichsetzt. Wer sonst soll glücklich sein, wenn nicht der, dem es wirtschaftlich gut geht und der sich hoher und höchster Protektion erfreut! Landläufig zählt nur der Betuchte, gleich, wie er zu seinem Wohlstand gekommen und welcher Abstammung er ist; Eignung, ein tugendhafter Lebenswandel oder schändliche Neigungen, alles das spielt keine Rolle; er mag ein Kuppler sein, ein Raffer,

Wucherer, Bösewicht, Heide, Barbar, Schuft, er mag Lukians Tyrann gleichen, zu dem aufzublicken noch gefährlicher war, als in die Sonne zu sehen, wenn er nur reich und freigebig ist, wird er geehrt, bewundert, verherrlicht, mit tiefer Ehrerbietung behandelt und in den höchsten Tönen gelobt. Es gibt Leute, die sind geehrt wegen ihres Reichtums, heißt es bei Jesus Sirach, und in den Sprüchen Salomos steht zu lesen: Gut macht viel Freunde. Alles ebbt und flutet mit dem Gelde. Der gilt für einen gnädigen Herrn, einen Maecenas, Wohltäter, weisen, besonnenen, tapferen, anständigen und vom Glück begünstigten Mann, für großmütig, vielversprechend, edel, ehrbar, gut, für einen Sproß Jupiters und das Küken einer weißen Henne, der hat. Wann werde ich dich sehen, mein junonischer Knabe und deiner Mutter goldenes Kind? sagt Cicero von Octavian, als er von Caesar adoptiert und damit zum Erben eines so großen Imperiums eingesetzt wurde. Der Reiche wird mit Ehren, Ämtern, Beifall, pompösen Titel und geschwollenen Beinamen überhäuft, alle sind voll des Lobes, aller Augen auf ihn gerichtet – Gott segne Euer Gnaden, Euer Ehren –, jedermann weiß von ihm nur das Beste zu vermelden, macht ihm Geschenke, sucht seine Gunst und Zuneigung, wirbt um seine Protektion, will ihm zu Diensten sein und seinem Gefolge angehören; alles erhebt sich vor ihm wie bei den Olympischen Spielen vor Themistokles, und wenn er spricht, heißt es wie von Herodes: Das ist keines Menschen Stimme, sondern die Gottes. Alle Anmut, aller Liebreiz, alle Freuden und alle Schönheit warten ihm auf, die güldene Glücksgöttin Fortuna weicht nicht von seiner Seite, und ihre Statue steht wie bei den römischen Kaisern in seinen Gemächern:

> Wer Geld in seinem Beutel hat, der fährt mit sichrem Winde,
> und wird sein Schicksal stets genau nach seinem Willen lenken.
>
> (Petronius)

Er kann reisen, wohin er will, und mit seinem Besitz nach Gutdünken schalten und walten. Tage des Frohsinns, Pracht und Herrlichkeit, süße Musik, ausgesuchte Speisen, was das Land nur an Gutem und Köstlichem zu bieten hat, feine Kleider und kostbare Gewänder, weiche Betten und Daunenkissen, alles das steht ihm zu Gebote. Die ganze Welt arbeitet für ihn; Tausende von Handwerkern sind seine Sklaven, schuften sich ab, rennen, reiten und sputen sich für sein Vergnügen. Theologen, Juristen, Ärzte, Philosophen und Gelehrte sind ihm ergeben und stehen zu Diensten. Jeder sucht seine Bekanntschaft und will verwandtschaftliche Bande knüpfen. Er mag ein Hornochse sein, ein Gimpel,

Monstrum, Dummerjan, und kann doch Diana zur Frau haben, wenn er will. Der hohe Adel begehrt ihn zum Schwiegersohn – für meine Tochter, meine Nichte ist er eine hervorragende Partie. Worauf er seinen Fuß setzt, das erblüht zur Rose. Wohin er sich auch wendet, Trompeten erschallen, Glocken läuten, Heil und Segen begleiten ihn. Jeder will ihm gern aufwarten, und allerorten diniert er in prächtigen Sälen. Ihn zu beköstigen treibt man den größten Aufwand und trägt Fisch, Geflügel, Spezereien und alles, was Land und Meer hervorbringen, auf. Welche Kochkünste und Maskenspiele werden aufgeboten, wieviel vergnügliche Kurzweil wird veranstaltet, um ihn bei Laune zu halten:

> Gib Trebius! Setz das vor Trebius!
> Herr Bruder, wollen Sie nicht von den Lenden? (Juvenal)

Von welcher Speise möchten Euer Ehren kosten?

> Liebliche Baumfrucht
> und was Preisliches dir einträgt das gepflegte Grundstück,
> koste dem Schutzgeist zuvor, ehrenwerter als er ist der Reiche.
> (Horaz)

Welche Unterhaltung ist Euer Gnaden genehm? Die Falkenbeize, Jagd, Fischen, Vogelfang, Bärenhatz, Karten, Würfel, Hahnenkampf, Schauspieler, Akrobaten, Musikanten, Possenreißer – Euer Wunsch ist uns Befehl. Schöne Häuser, Gärten, Obsthaine, Terrassen, Galerien, Kabinette, Spazierwege, liebliche Fleckchen, alles steht ebenso zur Verfügung wie Milch aus goldenen, Wein aus silbernen Bechern und schöne Frauen, kurz, der siebente Himmel der Türken und ein Paradies auf Erden harren des Reichen. Er mag ein Schwachkopf sein und kaum über ein Fünkchen gesunden Menschenverstandes verfügen, wenn er als Erbe eines bedeutenden Vermögens auf die Welt kommt, kann er Ehrungen und Ehrenämtern gar nicht aus dem Wege gehen. Niemand erscheint würdiger als er, und schon wird er ausgezeichnet. Wer Geld genug hat, ist Herr über Königreiche, Provinzen, Armeen, Herzen, Hände und Gefühle; Päpste und Patriarchen sind seine Kapläne und Schranzen, wie Tamerlan kann er seine Kutsche von Königen ziehen lassen, Königinnen zu Waschfrauen und Kaiser zu Fußschemeln erniedrigen, mehr Städte gründen als Alexander der Große, babylonische Turmbauten, Pyramiden und Mausoleen errichten, über Himmel und Erde gebieten und sich die Welt zum Vasallen machen. Mit Gold läßt sich eine Krone kaufen, Silber schließt das Himmelstor auf, für ein paar Pfennige kann man sich einen Philosophen mieten, Geld spricht

Recht, ein Obolus macht den Literaten satt und fügsam, Geld erhält die Gesundheit und bindet die Freunde. Deshalb hatte Giovanni Medici guten Grund, seinen Söhnen Cosimo und Lorenzo vom Totenbett aus neben anderen nüchternen Lebensregeln auch einzuschärfen, wie tröstlich es in seinem letzten Stündlein für ihn sei, seine Kinder gesund und reich zu wissen, denn Geld regiert die Welt. Uns nämlich ist der Brauch der Lakedämonier fremd, von dem Plutarch berichtet: Zum Senator wählte man den Verdienstvollsten, Tugendhaftesten und Würdigsten; nicht Behendigkeit, Kraft, Wohlstand, einflußreiche Freunde gaben also den Ausschlag, sondern Selbstbeherrschung und Rechtschaffenheit. Bei uns existieren solche Aristokratien nur in der Theorie, die Realität bestimmt das oligarchische Prinzip, d. h. eine Clique von Reichen hat das Sagen, die tun, was sie wollen, und die Vorrechte ihrer Stellung genießen. Sie übertreten die Gesetze in aller Öffentlichkeit, handeln willkürlich, und doch wagt niemand, sie anzuklagen oder auch nur zu murren. Vielmehr sieht man einfach weg, und sie können gefahrlos Unrecht tun und nach ihren eigenen Gesetzen leben. Ihr Geld kauft Ablässe und Vergebung, erlöst die Seelen aus dem Fegefeuer, ja selbst aus der Hölle, denn Jupiter steckt in der Geldtruhe. Ob sie Epikureer, Gottlose, Libertins oder skrupellose Machiavellisten waren,

> mag meineidig derselbe auch sein, ahnlos, mit des
> Bruders Blute befleckt, (Horaz)

sie kommen doch durch ein Nadelöhr in den Himmel, und wenn sie es darauf anlegen, sogar als kanonisierte Heilige. Sie werden mit allen Ehren in Mausoleen beigesetzt, von Dichtern besungen, gehen in die Annalen der Geschichtsschreibung ein, sehen sich durch Statuen und nach ihnen benannte Tempel verewigt – und aus ihrer Asche sprießen Veilchen. Wer zu Lebzeiten freigebig und in der Todesstunde großzügig war, findet garantiert jemanden, der – wie nach dem Hinscheiden des Kaisers Claudius – behauptet, er habe seine Seele zum Himmel auffahren sehen, und wird bei seinem Begräbnis auf das heftigste beweint. Bei Petronius kommt Trimalchios Frau Fortunata direkt in den Himmel, obwohl kein noch so Elender auch nur ein Stück Brot aus der Hand dieses gemeinen Weibsbilds entgegengenommen hätte; und warum – bloß weil sie ihr Geld nach Scheffeln zählte. Solche Vorrechte aber werden gemeinhin nicht den wirklich Begüterten eingeräumt, sondern eher denen, die den Eindruck großen Reichtums vorzutäuschen verstehen. Ein prachtvolles Gewand und beeindruckendes Äußeres, und schon hat der Betreffende gewonnen und wird wie Cyrus von den Persern als Gott angebetet. Kleider machen Leute, und sie werden nach ihrer Garderobe beurteilt. In unseren leichtgläubigen Zeiten überläßt man vielleicht bescheiden einem Menschen seinen Platz, den man, vom äußeren Erscheinungsbild getäuscht, für eine bedeutende Persönlichkeit hält, obwohl sich bei genauerem Hinsehen herausstellt, daß er ein kleiner Bediensteter ist, der Schneider einer adligen Damen etwa, der Barbier seiner Lordschaft oder was solche Gecken und Blender sonst treiben mögen. Und trotzdem schlägt ihm zunächst eine solche Ehrerbietung entgegen, daß er alles vorgesetzt bekommt, was er wünscht, und aufgrund seiner eindrucksvollen Erscheinung allgemein willkommen ist.

Wer aber im Gegensatz dazu arm ist, der hat nimmer einen guten Tag (15. Spr. 15); er verbringt sein Leben gleichsam unter Deck, niedergedrückt, zurückgewiesen, verlassen, arm am Beutel, arm am Geiste und kommt aus der Misere nicht heraus, denn nur Geld spendet Leben und haucht eine Seele ein. Wer ehrbar ist, klug, gelehrt, verdienstvoll, von edler Abkunft und über ausgezeichnete Gaben verfügt, hat gleichwohl als mittelloser Mensch kaum Chancen, voranzukommen, zu Ehren und einem Amt zu gelangen oder sein gutes Auskommen zu finden. Vielmehr wird er verachtet und übersehen, ist umsonst klug, hungert trotz seines Wissens und gilt als lästiger Freund. Wenn er einmal den Mund auftut, nennt man ihn prompt einen Schwätzer, sein Adelstitel ist ohne das entsprechende Vermögen weniger wert als angeschwemmter Seetang, und sein Träger wird verachtet. Wir Geringere sind schwarzer Eier Brut, wie Juvenal schreibt, und einmal mittellos, verwandeln wir uns augenblicklich in Sklavengesindel, Bösewichter und ungewaschene Packesel. Denn bedürftig sein ist gleichbedeutend damit, ein Schuft, Narr, Schurke, ein übler und widerlicher Kerl, ein Schandfleck zu sein. Wer das Wort arm ausspricht, der hat schon alles gesagt; die so Bezeichneten sind zur Arbeit geboren und haben ihre elende Existenz dadurch zu erhalten, daß sie Lasten schleppen wie Ochsen, Kot essen wie die Gefährten des Odysseus, Salz lecken wie Rinder, Nachttöpfe ausleeren, die Gosse reinigen, Abfall und Mist transportieren oder Kamine fegen. Ganz zu schweigen von jenen türkischen Galeerensklaven, die wie Vieh gekauft und verkauft werden, oder jenen Neger- und Eingeborenenkulis, die in Westindien täglich unter Lasten zusammenbrechen, die bei uns nur Ochsen und Eseln zugemutet werden, und zu einem menschenunwürdigen Dasein verurteilt sind. Alle

Armen sehen häßlich aus, weil sie durch ihre Lebensumstände die Frische der Jugend eingebüßt haben und nun schäbig und verdreckt erscheinen, denn ein Leben im Unglück und ein Leben im Unrat gehen gewöhnlich zusammen. Andere essen, um sich am Leben zu erhalten, sie aber leben, um sich abzuschinden, ein geknechtetes Geschlecht, das keine Arbeit auszuschlagen wagt: Los, Kerl, fächle uns Luft zu, während wir baden, und sorge dafür, daß dein Genosse morgen in aller Herrgottsfrühe auf den Beinen ist, um – gleich welches Wetter – fünfzig Meilen zu marschieren und meiner Frau einen Brief zu überbringen; Sosia bleibt derweil zu Hause und mahlt Malz, Tristan soll dreschen. So werden sie herumkommandiert und dienen den Reichen als Fußschemel, als Trittbänke, um sich aufs Pferd zu schwingen, oder als Wände, die man anpinkelt. Dabei gelten sie als ungehobelt, dumm, abergläubisch, geistig zurückgeblieben, niederträchtig, unsauber, verlaust, arm, trübsinnig, unterwürfig und, wie Leo Afer von den afrikanischen Stämmen behauptet, als von Natur aus gemein und nicht wertvoller als Hunde. Unter ihnen existiere keine Gelehrsamkeit, kein Wissen, kein Anstand, kaum gesunder Menschenverstand, sondern die Barbarei regiere unumschränkt. Wie Spitzbuben und Landstreicher laufen sie barfuß und ohne Beinkleider herum, ihre Fußsohlen sind, wie Radzivilius im ägyptischen Damietta beobachten konnte, so hart wie Pferdehufe, und sie führen ein beschwerliches, elendes und unglückliches Leben, das vielleicht schlimmer ist als das der Lasttiere und weniger wert, denn in Yukatan verkaufte ein Spanier drei Indianerjungen für einen Käse und hundert Negersklaven für ein Pferd. Ihre Unterhaltung besteht aus Zoten, und das höchste Gut ist ein Krug Bier. Es gibt keine Schinderei, die sie nicht auf sich nehmen wie jene Alpenbewohner, die sich als Schornsteinfeger, Latrinenreiniger, Lehmschmierer, Küchengehilfen, Stallknechte und Wanderarbeiter verdingen. Manche leisten Schwerstarbeit und können sich doch nicht satt essen und ordentlich kleiden. Denn der Lohn des Armen und Abgerissenen heißt nun einmal Bettlertum, Erbärmlichkeit, starrender Schmutz, Verachtung, Plackerei, Häßlichkeit, Hunger und Durst samt Läusen und Flöhen. Lumpen sind die Kleidung, ein Stein ist das Kopfkissen des Mittellosen, zum Stuhl dient ihm ein zerbrochener Krug oder ein Holzklotz, er trinkt Wasser, ernährt sich von Krautblättern und Hülsenfrüchten wie ein Schwein oder von Speiseresten wie ein Hund. So wie wir Mittellosen heutzutage leben müssen, beendet

Chremylos seine Rede, wird jeder uns zu Recht für unglücklich, elend und verrückt halten.

Diejenigen, denen es ein wenig besser geht als diesen Ärmsten der Armen, ausgehungerten Bettlern und umherziehenden Gelegenheitsarbeitern, die Kötter und seßhaften Tagelöhner nämlich, werden von blutsaugerischen Amtmännern so oft wegen angeblicher Gesetzesübertretungen zur Rechenschaft gezogen und von den Grundherren durch die ewigen Abgaben und Eintreibungen so ausgepreßt, daß sie in manchen Ländern ihren Lebensunterhalt nicht verdienen können, obwohl sie sich die Seele aus dem Leib arbeiten und sich aufs kärglichste ernähren. Kaum geraten sie in Zahlungsverzug, wird ihnen ihr Besitz genommen, und die ständige Angst und Sorge um ihre armen Familien raubt ihnen den Schlaf und läßt sie lebensüberdrüssig werden. Sie mögen sich abgemüht und ihr Äußerstes gegeben haben – wenn sie durch Krankheit oder Alter ins Hintertreffen geraten, bedauert sie niemand, sondern ihre hartherzigen und erbarmungslosen Herren überlassen sie ihrem Schicksal, und wenn die Betroffenen nicht verhungern wollen, dann müssen sie betteln und stehlen oder aber aufbegehren und rebellieren. Die Furcht vor der Verelendung veranlaßte die römischen Plebejer, die Menenius Agrippa schließlich wieder besänftigte, sich gegen die Patrizier aufzulehnen. Und was ist der Grund für Revolten und bewaffnete Aufstände und dafür, daß es in fast jedem Gemeinwesen und zu allen Zeiten zu Aufruhr, Empörung, Aufwiegelei, Rebellion, Diebstahl, Mord, Meuterei, Zank und Streit gekommen ist? Es ist der Groll, die Klage und die in jeder Familie zu spürende Unzufriedenheit darüber, daß die Mittel für ein standesgemäßes Leben und die entsprechende Ausbildung der Kinder nicht ausreichen. Das aber bricht dem Familienoberhaupt das Herz. Für einen Lord gibt es kein größeres Elend, als das Leben eines Edelmanns führen zu müssen, für einen Freiherrn ist die Freisassenexistenz ein unerträglicher Abstieg, weil sie seiner Geburt und seiner gesellschaftlichen Stellung nicht entspricht. So nagen Armut und Bedürftigkeit an allen Ständen, und besonders hart trifft es diejenigen, die vorher in gedeihlichen Umständen lebten, von edler Abkunft sind, eine gute Erziehung genossen haben und sich plötzlich durch ein Unglück oder Mißgeschick in armseligen Verhältnissen wiederfinden. Die Menschen niederer Herkunft haben im allgemeinen auch einen entsprechend beschränkteren geistigen Horizont und werden von solchen Schicksalsschlägen weniger hart getroffen, vielmehr ergeht es ihnen wie

Käfern, die im Mist geboren werden und aufwachsen und deshalb auch gern im Mist leben:

Kleinere Seelen wohnen in engerer Brust. (Vergil)

Dazu kommt, und das trägt nicht unwesentlich zu ihrer Pein bei, daß sie von ihren Gefährten gemieden und im Stich gelassen werden, sobald sie in Not geraten, wie denn auch in Rom Scipio, Laelius, Furius und alle seine übrigen großen, edlen Freunde den verarmten Terenz nicht mehr kennen wollen. Wenn sich dein Schicksalshimmel verdüstert, stehst du allein; niemand tröstet den, der seinen Reichtum verloren hat, vielmehr fliehen ihn seine Vertrauten wie eine baufällige Wand, die jeden Augenblick zusammenstürzen kann. Gut macht viele Freunde, aber der Arme wird von seinen Freunden verlassen, heißt es in den Sprüchen Salomos, und Petronius schreibt:

Erweist das Glück sich treu, so macht ihr, Freunde, gute Mien',
doch wenn es weicht, so kehrt auch ihr euch schmählich ab.

Was aber alles noch verschlimmert, ist die Tatsache, daß jeder einem Verarmten mit Herablassung begegnet, sein Mütchen an ihm kühlt, ihn schikaniert und verhöhnt und so sein Unglück vergrößert:

Wenn ein erschüttertes Haus sich herabzusenken beginnet,
legt sich die ganze Last auf den gewichenen Teil. (Ovid)

Ihren eigenen Brüdern und teuersten Vertrauten werden diese Unglücklichen verhaßt, die Nachbarn verhalten sich nicht weniger abweisend, und Freunde wie Fremde lassen sie im Stich. Und die schmerzlichste Erfahrung von allen: Armut macht lächerlich, denn der Mittellose muß sich Witze, Sticheleien, Hohn, Spott, ja die Schläge der Höhergestellten gefallen lassen und gute Miene zum bösen Spiel machen, wenn er sich eine warme Mahlzeit verdienen will. Der Armut entspringt viel Schändliches, und sie bringt einen Menschen dazu, alles zu tun und zu erdulden. Um zu überleben, wird der Mittellose zum Parasiten, Narren und Possenreißer, Sklaven, Schurken, Packesel, unterwirft sich jeder Laune seiner Mitmenschen, um ihnen zu gefallen und sie für sich einzunehmen, und wird doch anschließend von ihnen herumgestoßen, geschmäht, getäuscht, malträtiert, denn er muß all ihre Narrheiten über sich ergehen lassen und darf sich nicht einmal mucksen. Er verwandelt sich in einen Gauner und Spitzbuben, denn die Armut erzeugt, wie das Sprichwort sagt, Diebe, Verräter, Aufrührer und Meuchelmörder. Sie schwören tausend falsche Eide, lügen, heucheln und sind zu allem bereit, um ihre Not zu mildern und sich einen

Vorteil zu verschaffen. Das Elend gebiert Verbrechen und Schuld, und wenn ein Mensch sich so in die Enge getrieben sieht, ist er zu allem fähig:

> Hat schon das Schicksal den Sinon gestürzt in bitteres Elend,
> wird es ihm auch noch Charakter und Liebe zur Wahrheit
> verderben. (Vergil)

Er wird seinen Vater, seinen Fürsten, sein Land verraten, seiner Religion und seinem Gott abschwören, und um eines schnöden Gewinns willen ist er nach Leo Afer zu jeder Schandtat bereit. Platon nennt die Armut deshalb nicht ohne Recht diebisch, frevlerisch, dreckig, verderbt und böswillig, denn sie bringt manchen aufrechten Menschen, der sich sonst anders verhalten hätte, dazu, Bestechungsgelder anzunehmen, gegen sein Gewissen zu handeln, seine Zunge, sein Herz und seine Hand zu verkaufen, sich unanständig, unbarmherzig und grob zu verhalten und seiner Not auf krummen Wegen abzuhelfen. Fürsten pressen aus diesem Grund ihre Untertanen aus, die Großen werden zu Tyrannen, Grundherren schikanieren ihre Pächter, das Recht wird käuflich, die Juristen verwandeln sich in Geier, die Ärzte in Harpyien, Freunde in zudringliche Bittsteller, Kaufleute in Lügner, ehrliche Menschen in Diebe, Fromme in Meuchelmörder, Männer von Rang und Namen prostituieren ihre Frauen, Töchter und sich selbst, die Mittelklasse murrt, der dritte Stand rebelliert, und alles nährt seinen Groll und beklagt sich. Manche geben in ihrer Verelendung auch der Versuchung nach, Krankheiten vorzutäuschen, oder verstümmeln, blenden und lähmen sich selbst, damit sie einen besseren Grund zum Betteln haben; die Not zwingt sie, ihre Gliedmaßen zu opfern, um sich am Leben zu erhalten. Jodocus Damhoderius, ein Jurist aus Brügge, führt einige bemerkenswerte Beispiele solcher falschen Krüppel an, und bei uns gibt es in fast jeder Ortschaft Anschauungsmaterial zuhauf. Manche aber treibt das äußerste Elend auch in solche Verzweiflung und solchen Lebensekel, daß sie sich aufgeben und Selbstmord begehen. Die Schlinge oder das Ertrinken ist immer noch anziehender für sie als eine mittellose Existenz:

> Viel besser ein gebrochener Hals,
> ein Grab in Wasserfluten,
> als vom Elend auszubluten,
> so schreite frisch zur Tat. (Theognis)

Nach dem Bericht des Athenaios nahm ein Schlemmer einmal an der

Volksspeisung in Sparta teil, und als ihm die karge Kost vorgesetzt wurde, bemerkte er, die Tapferkeit der Spartaner sei kein Wunder. Er für seinen Teil würde sich wie jeder vernünftige Mensch jedenfalls eher in ein Schwert stürzen, als mit einer solchen Ernährung und einem so jämmerlichen Leben vorlieb zu nehmen. In Japan ist es üblich, die Kinder der Armen zu ersticken oder, wie Aristoteles empfiehlt, eine Abtreibung vorzunehmen. Im hochzivilisierten China erwürgt die Mutter ihr Kind, wenn sie es nicht aufziehen kann, und verliert es lieber, als es zu verkaufen oder dem Elend zu überantworten, das die Armen zu erdulden haben. Arnobius und Lactantius wenden sich gegen den bei den Griechen und Römern in ähnlichen Fällen gepflegten Brauch, Kleinkinder in der Wildnis auszusetzen, sie zu ersticken oder ihren Schädel an einem Stein zu zertrümmern. Wenn wir Munster Glauben schenken dürfen, verkaufen sich in Litauen Christenmenschen samt Weib und Kind an die Reichen, um dem Hunger und Bettelstab zu entgehen, viele aber legen in solcher Notlage Hand an sich selbst. Als der Römer Apicius Bilanz zog und feststellen mußte, daß ihm nur 100 000 Kronen verblieben waren, beging er Selbstmord, weil er zu verhungern fürchtete. P. Forestus führt in seinen medizinischen Schriften das denkwürdige Beispiel zweier Brüder aus Löwen an, die aufgrund ihrer Mittellosigkeit melancholisch wurden und sich in einem Anfall von Mißmut umbrachten. Er berichtet des weiteren von einem Kaufmann, der im allgemeinen gebildet, klug und besonnen, aber von der Angst besessen war, seine Handelsware könnte auf See verlorengehen; deshalb ließ er sich nicht von der Überzeugung abbringen, er werde eines Tages als Bettler sterben. Zusammenfassend kann man über die Armen sagen, daß sie zwar Talente und gute Gaben besitzen, sie aber nicht ausbilden oder nutzen können. Die Armut verhindert den sozialen Aufstieg, und dem Mittellosen wird das Vorankommen nahezu unmöglich gemacht. Des Armen Weisheit wird verachtet und seinen Worten nicht gehorcht, heißt es beim Prediger Salomo; seine Leistungen werden geringgeschätzt und zurückgewiesen, weil der Urheber von niederer Herkunft und unbekannt ist; und obwohl die Hervorbringungen lobenswert und von guter Qualität sein mögen, finden sie in der Regel keinen Anklang:

> Es kann nicht lange gefallen, noch fristen das Leben die
> Dichtung,
> welcher ein Trinker des Wassers verfaßt. (Horaz)

Die Armen wissen nicht zu gefallen; ihre Taten, Empfehlungen, Vorschläge werden öffentlich herabgesetzt; und ihr guter Rat versickert nach Gnatho ebenso wie ihr Geld. Ein Weiser hat noch nie Schuhe geflickt, schrieb früher einmal jemand, aber beweisen kann er das nicht. Vielmehr steht es heutzutage meiner Überzeugung nach ganz anders, denn die Beredsamkeit zittert im Lumpengewand. Heute müßte selbst Homer betteln, wenn er nichts mehr zu beißen hätte, aber wie Herodot berichtet, war das ja schon damals nicht anders, und er ging manchmal, umringt von einer Knabenschar, von Tür zu Tür, um Balladen vorzutragen. Solches nicht eben selten anzutreffende Elend belastet und quält die Opfer, macht sie verdrießlich und schwermütig, und wie der erschöpfte Reisende, wenn er warten und hungern muß, seine Ungeduld kaum noch zügeln kann, so sind sie gewöhnlich launisch, verstockt, aufsässig und mißvergnügt. Mangel verdrießt, lautet ein Euripides-Zitat bei Plutarch, und Terenz sekundiert ganz passend mit den Zeilen:

Wohl alle, die in nicht so guter
Lage leben, sind sehr schnell
etwas argwöhnisch, sie nehmen alles
leicht als eine Beleidigung,
und weil sie machtlos, fühlen sie
sich immer gleich zurückgesetzt.

Deshalb haben viele hochherzige Geister im Unglück aller Gesellschaft entsagt, wie man es auch von Terenz berichtet. Als er sich verlassen und verarmt fand, soll er sich freiwillig in die Verbannung begeben haben und in dem armseligen Städtchen Stymphalos in Arkadien im Elend gestorben sein. Ein solches Verhalten ist nicht grundlos zu nennen, denn das öffentliche Ansehen richtet sich gemeinhin nach dem Vermögen, und schon ärmliche Kleidung setzt den Träger herab. Der Rhetor Philopoimen wurde zum Holzhacken geschickt, weil er ein schlichtes Gewand trug, und Terenz setzte man aus dem nämlichen Grund ans untere Ende der Tafel des Caecilius. Dem berühmten italienischen Dichter Dante wurde bei einem Fest erst gar kein Platz angeboten, weil er schäbig gekleidet war. Gnatho verachtete einen alten Freund wegen seines Aufzugs, und als der besiegte König Persius einen Brief an den römischen Feldherrn Paulus Aemilius schrieb, würdigte ihn dieser keiner Antwort und machte ihm so durch sein Schweigen sein Unglück zum Vorwurf. Karl der Kühne, der große Herzog von Burgund, ließ den exilierten Herzog von Exeter wie einen Lakaien hinter seinem Pferd herlaufen und nahm ihn nicht zur Kenntnis. Das ist allgemeiner Brauch, und deshalb ist es verständlich, daß die Armen mißmutig und melancholisch werden, ihr Unglück beklagen und in das Gebet Salomos einstimmen können: Armut und Reichtum gib mir nicht, laß mich aber mein bescheiden Teil Speise dahinnehmen (30. Spr. 8).

Andere Ereignisse, die Melancholie auslösen, wie der Tod der Freunde, Verluste usw.

Je tiefer ich in das Labyrinth der zufälligen Ursachen vordringe, um so verschlungener wird der Weg, und überall öffnen sich Seitenpfade, die beschritten werden wollen. Alles zu durchforschen, wäre eine herkuleische Arbeit und eine dem Theseus angemessene Aufgabe; ich folge aber weiter meinem eigenen Ariadnefaden und weise nur auf einige der wichtigsten Auslöser hin.

Unter ihnen kann der Verlust und Tod der Freunde wohl einen ersten Platz beanspruchen. Viele werden, wie Vives bemerkt, nach einem Fest, einem Feiertag, einem frohen Beisammensein oder einem angenehmen Zeitvertreib melancholisch, sobald sie zufällig allein, unbeschäftigt und ohne Ablenkung sind oder auf die Gesellschaft ihrer vertrauten Genossen verzichten müssen. Einige brechen beim Abschied ihrer Freunde, die sie doch in Kürze wiedersehen werden, in Geheul und Tränen aus und blicken ihnen nach wie eine Kuh ihrem Kalb oder führen sich auf wie ein Kind, das nach den Ferien wieder zur Schule muß. Deine Ankunft, schreibt Cicero an Atticus, war mir nicht so süß, wie mir deine Abreise sauer wurde. Und Montanus erwähnt eine Frau vom Lande, die viele Jahre lang tief melancholisch war, nachdem sie ihren Gebürtsort und ihre Freunde hatte verlassen müssen, Trallianus eine andere, die nicht minder unter der Abwesenheit ihres Gatten litt. Dieses Leiden grassiert im übrigen unter unseren «besseren Hälften», denn wenn der Ehegatte einen Tag oder eine Stunde länger ausbleibt als verabredet, fließen gleich die Tränen, und unter Seufzern heißt es: Er ist entweder unter die Räuber gefallen oder tot, oder ein anderes Unglück hat ihn ereilt. Sie können nicht essen und trinken, machen kein Auge zu und finden keine Ruhe, bis sie ihn endlich wiedersehen. Wenn die Abwesenheit oder der Abschied von Freunden schon solche Gefühlsaufwallungen im Gefolge hat, was richtet dann erst ihr Tod an, der sie uns auf immer entreißt und in dieser Welt kein Wiedersehen mehr zuläßt? Dieses Ereignis löst zeitweilig eine solche Seelenqual aus, daß die Hinterbliebenen ihren Appetit und ihre Lebenslust verlieren und für keine Freude mehr empfänglich sind. Seufzen und Stöhnen, Tränen, Aufschreie, Geheul und bitteres Herzeleid sind die Begleiterscheinungen:

Wehegeschrei und Stöhnen, das Heulen der Frauen erfüllte
sämtliche Häuser. (Vergil)

Und manchmal steigern sich die Trauernden so in das Angedenken hinein, daß sie meinen, sie hätten das Bild der Abgeschiedenen ständig vor Augen, so wie Conciliator eingestand, den Geist seiner Mutter immer noch vor sich zu sehen. Im Übermaß ihres Kummers glauben sie leicht an ihre Wunschvorstellungen, und der gute Vater, der gute Sohn, die gute Frau, der teure Freund gehen ihnen nicht aus dem Sinn. Ein einziger Gedanke beschäftigt sie, und Plinius beklagt sich entsprechend bei Romanus, das ganze Jahr bilde er sich ein, Virginius zu sehen, zu hören und mit ihm zu reden. Und selbst sonst ganz ruhige und gelassene Menschen werden von dieser Leidenschaft des Kummers so überwältigt und hingerissen, daß sie sich vergessen, ihre Besonnenheit und ihren guten Mut fahren lassen und monatelang wie Kinder weinen. Sie sind untröstlich und wollen sich über dem unersetzlichen Verlust schier in Tränen auflösen. Wortgewaltig betrauert der italienische Dichter Stroza der Jüngere so in seiner Totenklage den Hingang des Vaters; in jedem anderen Fall könne er seine Leidenschaft zügeln, gesteht er, aber hier müsse er sich rückhaltlos seinem Gram überlassen. Wie klagt Quintilian um seinen Sohn und verzweifelt beinahe über seinem Verlust. Cardano trauert in vielen seiner Schriften um sein einziges Kind, Gregor von Nyssa um die edle Pulcheria, und der heilige Ambrosius beweint seinen Bruder: Ich kann meine Gedanken nicht von dir losreißen und denke immer unter Tränen an dich. O bittere Tage, o Nächte des Kummers. Alexander, ein ganz unbeugsamer und tapferer Mann, lag nach dem Tode des Hephaistion drei Tage auf dem Boden, aß, trank und schlief nicht und war fest entschlossen, ihm nachzufolgen. Als ihr Sohn tot umfiel, wollte die Frau, die gekommen war, mit Esra zu reden, nicht in die Stadt zurückkehren, sondern floh aufs Feld, um dort zu bleiben und ohne Essen und Trinken bis zu ihrem eigenen Ende zu trauern und zu fasten. Rahel beweinte ihre Kinder und wollte sich nicht trösten lassen, denn es war aus mit ihnen (2. Matth. 18). Und ebenso trauerte Kaiser

Hadrian um Antinoos, Herkules um Hylas, Orpheus um Eurydike, David um Absalom, Augustinus um seine Mutter Monika, und Niobe grämte sich so um ihre Kinder, daß die Dichter erzählen, sie sei, vom äußersten Kummer wie betäubt, in einen Stein verwandelt worden. Aigeus, dem der Tod seines Sohnes das Herz brach, ertränkte sich; und die Schriften unserer medizinischen Autoritäten sind voll von entsprechenden Beispielen. Montanus hatte eine Patientin, die nach dem Hinscheiden ihres Gatten jahrelang an diesem Leiden laborierte. Trincavellius erwähnt einen Mann, der nach dem Tod seiner Mutter in abgrundtiefe Verzweiflung geriet und in seiner Umnachtung akut selbstmordgefährdet war, und in seinem 15. Ratschlag erzählt er die Geschichte eines Fünfzigjährigen, der ebenfalls über dem Tod seiner Mutter verzweifelte, von Fallopius geheilt wurde, aber nach vielen Jahren beim plötzlichen Hingang seiner Tochter einen Rückfall erlitt, von dem er sich nie wieder erholte. Die Gewalt dieser Leidenschaft ist manchmal so groß, daß ganze Städte und Königreiche verzagen. Vespasians Hinscheiden löste im gesamten Römischen Reich Jammer und Trauer aus. Alexander ließ die Zinnen der Häuser abreißen, die Mähnen der Esel und Pferde scheren und viele einfache Soldaten töten, die seinen lieben Hephaistion in die Unterwelt begleiten sollten. Dieser Brauch wird bei den Tartaren immer noch gepflegt. Sobald ein großer Khan stirbt, müssen ihm zehn- oder zwölftausend Berittene, die unterschiedslos hingemetzelt werden, in den Tod folgen, und bei den Indern sterben Frauen und Diener ihrem Herrn freiwillig nach. Wie Jovius berichtet, wurde Leo Decimus in Rom nach seinem Hinscheiden so betrauert, als seien die allgemeine Wohlfahrt, das Zusammengehörigkeitsgefühl, Friede, Frohsinn und Fülle mit ihm gestorben und im selben Grabe beigesetzt; denn in der Tat herrschte zu seinen Lebzeiten ein goldnes Zeitalter, dem nach seinem Tod ein eisernes folgte, das von Kriegen, Plagen, Verheerungen und Unzufriedenheit gekennzeichnet war. Als Kaiser Augustus starb, ängstigten sich nach den Worten des Paterculus alle so, als sei der Himmel eingestürzt. Budäus berichtet, wie beim Tod Ludwigs des Zwölften diejenigen, die eben noch im Himmel schwebten, plötzlich und wie vom Donner gerührt unterwürfig am Boden krochen und gefällten Bäumen glichen. Als die Herzogin Claudia Valesia, die zweite Schwester des französischen Königs Heinrich, in Nancy starb, wurden alle Kirchen für vierzig Tage geschlossen, und Gebete wurden in dieser Zeit nur in ihrem Sterbezimmer gesprochen,

Messen nur dort gelesen. Die Senatoren trugen alle Schwarz, und ein ganzes Jahr lang war Singen und Tanzen in der Stadt untersagt:

> Keiner der Hirten trieb in diesen Tagen die Rinder
> satt von der Weide zum kühlenden Flusse, mein Daphnis, und keines
> unter den Tieren trank aus dem Wasser und rupfte die Kräuter.
>
> (Vergil)

Wie betrübt waren wir hier in England über den unzeitigen Tod unseres Prinzen Heinrich, des Lieblings der Menschheit, als hätten alle unsere teuersten Freunde mit ihm ihre Seele ausgehaucht. Bei Epirus wird das Ende Skanderbegs nicht so beklagt. Kurz und gut, und um den Ausspruch Eduards des Ersten aufzunehmen, der auf die Nachricht von der Geburt eines Thronfolgers mit der Feststellung reagierte, er sei unsterblich froh – beim Tod der Freunde sind viele von uns unsterblich betrübt und wie die den Partner überlebende Taube von endloser Trauer erfüllt.

Zu erwähnen ist auch ein anderer Kummer, der von verlorenen weltlichen Gütern herrührt und Hand in Hand mit dem eben behandelten Trennungsschmerz auftreten kann. Ungenutzt verstrichene Zeit, der Verlust der Ehre, der Ämter, des guten Namens, vergebliche Mühe und enttäuschte Hoffnungen, alles das sind quälende Erfahrungen, aber meiner Meinung nach gibt es keine größere Pein, nichts, dem das Unheil der Melancholie umgehender folgt, als finanzielle Einbußen:

> Mit echten Tränen wird Verlust von Hab und Gut beweint.
>
> (Juvenal)

Er lockt viele Seufzer hervor, verursacht wahres Herzeleid und ist oft der Grund habituell gewordener Schwermut. Guianerius schreibt entsprechend: Der Verlust von Freunden und Gütern macht viele melancholisch, wie mir als aufmerksamem Zuschauer häufig vor Augen geführt worden ist. Dieselben Ursachen streicht auch Arnoldus Villanovanus heraus. Bedürftigkeit allein kann einem Menschen den Verstand rauben, und ohne Geld zu sein, stürzt ihn in tiefe Melancholie. Vielen ergeht es in dieser Beziehung wie den Iren, die, wenn sie einen guten Säbel ihr eigen nennen, einen Hieb lieber mit dem Arm abwehren, als zuzulassen, daß ihre Waffe schartig wird, und sie verlieren lieber ihr Leben als ihre Besitztümer. Der Kummer, der daraus resultiert, ist nach Platter von langer Dauer und verfestigt sich bei entsprechender

Disposition zum Naturell. Montanus und Frisimelica heilten einen jungen Mann von 22 Jahren, der schwermütig geworden war, weil er durch unglückliche Umstände eine größere Summe eingebüßt hatte. Sckenkius erzählt von einem Menschen, der sich in seinem Baufieber finanziell übernommen hatte und daraufhin melancholisch wurde. Roger, der reiche Bischof von Salisbury, wurde durch König Stephan seiner Güter beraubt, so daß der Kummer ihn in den Irrsinn trieb und er schließlich nicht mehr wußte, was er redete. In solchen Fällen ist der Selbstmord häufig genug der letzte Ausweg, den das gequälte Opfer wählt. So war ein armer Bursche – Ausonius hat dazu ein hübsches Epigramm verfaßt – einst unterwegs, um sich aufzuknüpfen, fand dabei zufällig einen Topf voll Gold, warf sein Seil fort und kehrte fröhlich um. Als aber der Besitzer den Schatz nicht mehr vorfand, bekümmerte ihn das so, daß er sich auf der Stelle mit eben jenem Seil erhängte, das der andere zurückgelassen hatte. Solche Verhängnisse können Armut und Not im Gefolge haben. Ob es sich aber um Bürgschaften, Schiffbrüche, Feuer, Kriegseinwirkungen wie Brandschatzen und Plündern oder andere Verluste handelt, spielt keine Rolle; es läuft immer auf dasselbe hinaus, nämlich den trostlosen Zustand ganzer Provinzen und Städte wie auch einzelner Personen. Nach der Schlacht bei Cannae hatten die Römer allen Mut verloren, die Männer waren außer sich vor Furcht, die dummen Weiber rauften sich die Haare und weinten; den Ungarn erging es ebenso, als König Ladislaus und die tapfersten seiner Soldaten im Kampf gegen die Türken fielen, und es wurde Staatstrauer angeordnet. Als die Truppen Venedigs von dem französischen und dem spanischen König, dem Papst und dem Kaiser, die sich alle in Cambrai gegen sie verbündet hatten, besiegt worden waren, brach nach dem Bericht des französischen Gesandten unter den venezianischen Senatoren offene Feindschaft aus. Alle Territorien auf dem Festland waren verloren und nur noch Venedig selbst in ihrer Hand, obwohl sie auch dessen Verlust befürchten mußten. Sie waren tief gefallen und nie zuvor in einer solchen Notlage gewesen. Als Rom 1527 von Bourbonius eingenommen wurde, erreichte die Plünderei der Soldateska solche Ausmaße, daß sich prächtige Kirchen in Ställe verwandelten, alte Urkunden und Bücher als Pferdestreu benutzt wurden oder wie Stroh in Flammen aufgingen, Reliquien und wertvolle Bilder Schaden nahmen, Altäre umgestoßen und kostbare Wandbehänge und Teppiche in den Schmutz gezerrt und mit Füßen getreten wurden. Gatten und Väter mußten zusehen, wie der Abschaum ihre Frauen und schönsten Töchter schändete und es ihnen nicht anders erging als der Tochter des Sejanus, der nach Tacitus der Henker in aller Öffentlichkeit Gewalt antat. Die Kinder des Adels und der reichsten Familien, die für ein fürstliches Bett bestimmt waren, mußten jedem gemeinen Soldaten zu Willen sein und wurden als Konkubinen gehalten. Senatoren und Kardinäle schleifte man durch die Straßen und unterwarf sie ausgesuchten Folterungen, um herauszufinden, wo sie ihr Geld versteckt hatten; die übrige Bevölkerung wurde gleich haufenweise hingeschlachtet, so daß die Leichen stinkend in den Gassen lagen, und Kindern schlugen die Marodeure vor den Augen ihrer Mütter die Schädel ein. Es war ein jammervoller Anblick, eine so prächtige Stadt im Handumdrehn verunstaltet und ihre reichen Bürger, die eben noch allen Luxus genossen hatten, in Venedig, Neapel und Ancona betteln zu sehen. Die stolzen Paläste, die vor kurzem noch prahlerisch in den Himmel ragten, sind von einem Augenblick auf den anderen in den Abgrund der Hölle gestürzt. Wen nun wird ein solches Elend nicht seines Seelenfriedens berauben? Der Dichter Terenz ertränkte sich, wie einige berichten, weil seine Komödien bei einem Schiffbruch verlorengingen. Wenn ein armer Mann das wenige einbüßt, was er sich mühsam vom Munde abgespart hat, oder ein Gelehrter feststellen muß, daß die Arbeit vieler Stunden umsonst war, muß sich notwendig Melancholie einstellen. Daraus können wir mit Gregor folgern, daß Reichtümer uns weniger durch ihren Besitz entzücken, als sie uns durch ihren Verlust quälen.

Den Ereignissen, die bekümmern, fügte ich jene hinzu, die Angst machen. Denn neben den Schrecknissen, die ich oben erwähnt habe, gibt es noch unendlich viele andere, unter anderem den Aberglauben, den schon Aristoteles zu den großen Angstauslösern zählt; er wird durch wundersame Ereignisse und unheilvolle Zufälle genährt und beunruhigt und belastet viele Menschen. Es braucht ihnen nur ein Hase über den Weg zu laufen oder eine Maus an der Kleidung zu nagen, schon kommen ihnen schlimme Ahnungen, und Nasenbluten, umgestürztes Salz oder ein schwarzer Fleck auf den Fingernägeln haben dieselben Konsequenzen. Sie werden davon so stark beeinflußt, daß sie durch die Kraft ihrer Imagination und Furcht sowie die Ränke des Teufels das Unheil, das sie ängstigt, auf ihre Häupter herabbeschwören, wie es denn auch in den Sprüchen Salomos heißt: Was der Gottlose fürchtet, das wird ihm begegnen. Wenn sie darüber hinwegsehen und die angeblichen Vorzeichen mißachten würden, träten die befürchteten Ereignisse nicht ein. Ihre Unausweichlichkeit gründet in der eigenen Einbildungskraft, und die Heftigkeit des Leidens hängt ab von der Geistesverfassung des Patienten. Je unverrückbarer die fixe Idee, desto schwerer erkrankt er. Die Strafe ereilt ihn, sagt Cato von einem Betroffenen, und er selbst ist ihre Ursache. Denn was ich gefürchtet habe, steht bei Hiob, ist über mich gekommen, und was sich sorgte, hat mich getroffen.

Das gleiche gilt auch von denen, die um ihre Zukunft bangen oder ein schlimmes Geschick vorhersehen. Die Warnungen der Astrologen und Zauberer vor Schicksalsschlägen und Tod – weil der Himmel zürne – und das sogenannte zweite Gesicht haben schon viele in Unruhe und Schrecken versetzt, zumal die Prognosen mit Gottes Erlaubnis nicht selten eintreffen, denn da sie den Teufel fürchten, schreibt Chrysostomos, läßt Gott das Unheil geschehen. Als Beispiele lassen sich Severus, Hadrian und Domitian anführen, von deren abergläubischer Furcht Sueton, Herodian und die übrige Geschichtsschreibung Seltsames zu berichten weiß. Und Montanus erwähnt einen jungen Mann, der aus diesem Grunde in tiefe Melancholie geriet. Die Sterblichen aller Zeiten sind für solche Befürchtungen anfällig gewesen und von verlogenen Orakeln und betrügerischen Priestern gequält worden. Nahe dem Tempel der Ceres im griechischen Achaia gab es einen Brunnen, wo sich zukünftiges Unheil offenbarte, wenn man einen Spiegel an einem Faden hineintauchen ließ. Und inmitten der kyaneischen Felsen befand sich an den lykischen Quellen das Orakel des Thryxeus Apollo, wo Krankheit und Gesundheit und alles, was einer zu wissen begehrte, vorausgesagt wurde. So hat man das gemeine Volk schon immer mit falschen Prophezeiungen getäuscht. Und bis heute ist diese närrische Furcht eine Geißel Chinas geblieben, wie der Jesuit Matthäus Riccius in seinen Reisebeschreibungen berichtet. Von allen Völkern sind die Chinesen das abergläubischste, und sie haben sehr darunter zu leiden, daß sie ihren Wahrsagern soviel Vertrauen schenken, denn ihre Furcht und ihre Einbildungen lassen die Prophezeiungen in Erfüllung gehen. Ist ihnen für einen bestimmten Tag eine Erkrankung angekündigt worden, stellt sie sich aufgrund ihrer Angst prompt ein, und selbst der Todestag entspricht nicht selten der Prognose. Es ist ein wahres Sprichwort, daß die Todesangst schlimmer ist als der Tod selbst, und das Erinnertwerden an jene traurige Stunde kommt manchen glücklichen und reichen Menschen so bitter an wie Galle. Die Furcht vor dem Ende bringt unser

Leben durcheinander, und keine schlimmere Plage kann einen Menschen treffen, als ständig daran denken zu müssen; denn alles zurückzulassen, was man unter so großen Mühen erworben hat, auf die Freuden der Welt zu verzichten, die man in so vollen Zügen genoß, und die Freunde und Gefährten zu missen, denen man von Herzen zugetan war, solcher Abschied fällt nicht leicht. Der Philosoph Axiochos war sein Leben lang mutig und unerschrocken und gab anderen gute Ratschläge, wie man den Tod verachtet und der Eitelkeit der Welt trotzt; als aber die Reihe an ihn selbst kam, wurde er sehr betrübt und beklagte sich wie ein Kind: Soll ich das Licht des Tages nicht mehr sehen und all der guten Dinge, die ich besitze, beraubt werden? Und obwohl ihm Sokrates selbst Trost zusprach und ihn ermahnte: Wo ist jetzt, o Axiochos, all die Tugend, deren du dich rühmtest? hatte er jämmerliche Angst vor dem Tod und konnte den Gedanken daran nicht ertragen. O Clotho, ruft der Tyrann Megapenthes bei Lukian aus, als seine Stunde schlägt, laß mich noch ein Weilchen leben. Ich gebe dir dafür tausend Goldtalente und zwei Schüsseln, die ich dem Kleokritus raubte und von denen jede hundert Talente wert ist. Wehe mir, stieß ein anderer hervor, welch herrliche Güter lasse ich zurück, welch fruchtbare Ländereien, welch ein prächtiges Haus, wie hübsche Kinder, wie viele Sklaven. Wer soll nun meine Trauben lesen, mein Korn ernten? Muß ich jetzt sterben, wo alles so wohlgeordnet ist und Hülle und Fülle herrscht? Weh mir, was soll ich tun? Holde, mir entschwebende Seele, wo wirst du eine neue Wohnung finden?

Diesen Qualen der Furcht und des Kummers kann ohne Frage die Neugier nebengeordnet werden, jene lästige und tyrannische Sorge, jenes überflüssige sich Ereifern für nutzlose Dinge und ihre Qualitäten, wie es bei Thomas von Aquin heißt. Es ist ein Gelüst oder Verlangen, das Verborgene zu sehen, das Unerlaubte zu tun, das Geheimnis zu entschlüsseln, das besser ungelüftet bliebe, von der verbotenen Frucht zu essen. Gewöhnlich plagen wir uns ab um unnützer und untauglicher Dinge willen, wie Martha sich nach 10. Luk. 41 umsonst soviel Sorgen und Mühe machte. Ob in der Theologie, den Geisteswissenschaften, der Magie, Philosophie oder Politik – alles Studieren, alle Geschäftigkeit führt zu nichts und ist eine sinnlose Plackerei. Als was sonst soll man die scholastische Theologie bezeichnen? Wie viele hat sie schon in tiefe Verwirrung gestürzt mit ihren fruchtlosen Disputationen über die Dreifaltigkeit, Auferstehung, Gnadenwahl, Prädestination, Verdammnis, das Höllenfeuer und über die Frage, wie viele erlöst werden und wie viele verloren sind. Was ist Aberglaube, wenn nicht die endlose Beachtung leerer Zeremonien und Traditionen. Woraus besteht unsere Philosophie zum großen Teil? Doch wohl aus einem Labyrinth von Meinungen, müßigen Fragen, Thesen und metaphysischen Begriffen. Deshalb hielt Sokrates nach Eusebios alle Philosophen für Nörgler und Verrückte, suchen sie doch Dinge zu ergründen, die von uns weder eingesehen noch verstanden werden können, und selbst gesetzt den Fall, sie vermöchten es, wäre ihr Wissen doch immer noch völlig nutzlos. Denn was bedeutet es schon für uns, ob wir die Entfernungen der Plejaden oder der Sternbilder Perseus und Kassiopeia kennen oder die Tiefe des Meeres. Wir werden aufgrund dieser Einsichten, wie er folgert, weder weiser noch besser, reicher oder stärker. Was über unseren Köpfen ist, geht uns nichts an, sagt Sokrates, und ich behaupte dasselbe von den Horoskopen der Sterndeuter. Die Astrologie besteht aus nichts als gegenstandslosen Operationen und Vorhersagen, die Magie ist nur ein mühevoller Irrtum und eine verderbliche Äfferei, die Medizin ein Verwirrspiel von Regeln und Vorschriften, die Philosophie leeres Gekrittel, die Logik ein System überflüssiger Scheinargumente. Die Metaphysik besteht aus verwickelten Haarspaltereien und fruchtlosen Abstraktionen, und Alchimie heißt ein Bündel von Irrtümern. Wozu sind also all die dicken Wälzer gut, und weshalb vergeuden wir so viele Jahre auf ihr Studium? Es wäre besser, gar nichts zu wissen wie jene wilden Indianer, als sich wie etliche von uns so mit nutzlosen Kinkerlitzchen abzuplagen und abzuschinden. Das ist nämlich ein ebenso närrischer Zeitvertreib wie ein Haus ohne Nägel zu bauen oder aus Sand ein Seil zu flechten. Cui bono? Einer studiert immerfort, und es wird ihm doch ergehen wie dem heiligen Augustinus, dem einst am Strand ein Knabe erschien, der zu ihm sagte: Nicht bevor ich das Meer ausgeschöpft habe, wirst du das Geheimnis der Dreifaltigkeit verstehen. Ein anderer beobachtet die Sterne und tut alles zum astrologisch richtigen Zeitpunkt wie Kaiser Konrad, der seine Gemahlin nicht anrühren wollte, bevor nicht ein Sternkundiger die von einem männlichen Planeten regierte richtige Stunde bestimmt hatte. Aber was ist der Erfolg? Dieser bereist Europa, Afrika, Asien, durchstöbert jede Bucht, jedes Meer, jede Stadt, jeden Berg und jede Schlucht. Zu welchem Zweck? Wenn man ein Vorgebirge, einen Berg, ein Meer, einen Fluß gesehen hat, so sagte schon Sokrates, dann hat man alle gesehen. Ein Alchimist verschwendet sein

Vermögen, um endlich den Stein der Weisen zu finden, mit dem er alle Gebrechen heilen und die Menschen langlebig, siegreich, glücklich, unsichtbar machen kann, und gerät an den Bettelstab, weil er Betrügern auf den Leim geht, die ihm das Goldmachen beibringen wollen. Einem Altertumsforscher rennen Zeit und Geld durch die Hände, denn er muß einen Haufen alter Münzen, Statuen, Schriftrollen, Edikte und Manuskripte aus dem Boden wühlen und unbedingt wissen, was im alten Athen und Rom geschah und welche Behausungen und Ernährungsgewohnheiten die Einwohner hatten. Gleichzeitig will er auch als erster im Besitz der neuesten Nachrichten sein, mögen sie auch aus noch so abgelegenen Weltgegenden stammen, und sich vor allen anderen über Beratungen, Absichten, Projekte ins Bild setzen, will wissen, was Juno dem Jupiter ins Ohr flüsterte, was in Frankreich oder Italien per Dekret angeordnet wurde, wer einer war, woher er kommt, wohin er geht usw. Aristoteles mußte den Strudel in der Meerenge von Euripus ergründen, Plinius unbedingt den Vesuv sehen. Aber wie ist es ihnen bekommen? Der eine verlor seine Güter, der andere sein Leben. Pyrrhus wollte zuerst Afrika erobern, dann Asien, dann Alleinherrscher des ganzen Erdkreises sein, einen zweiten verlangt es nach Unsterblichkeit, einen dritten nach Reichtum, ein vierter will in allem das Sagen haben. Wir rennen, reiten, plagen uns unermüdlich, sind in aller Herrgottsfrühe auf den Beinen, gehen spät zu Bett und verzehren uns nach dem, was wir besser nie erlangten. Gut täten wir daran, ruhig zu sein, stillzusitzen und es uns bequem zu machen. Aber der eine widmet sich ganz dem eleganten Ausdruck, wobei die Wörter wie Mosaiksteinchen zusammenpassen müssen und keine Silbe falsch plaziert sein darf, und drischt bei alledem nur leeres Stroh; ein anderer kümmert sich allein um sein äußeres Erscheinungsbild, macht jede Mode mit, um für einen kultivierten Galan zu gelten, und beide haben doch keinen Gewinn davon. Dieser baut leidenschaftlich gern, jener wirft sein Geld für seltsame Bilder, komplizierte Modelle und Pläne zum Fenster hinaus; ein dritter legt größten Wert auf Titel, Würden und Widmungen, ein vierter ist übergenau, was seine Ernährung betrifft, und besteht auf ausgesuchten Saucen, spezieller Zubereitung, exotischen Speisen. Vögel aus fernen Landen müssen es sein, auf bestimmte Weise gebraten, und dazu verlangt er etwas, was ihm Durst macht, und sofort danach ein Mittel, den Durst zu löschen. So frißt ihm seine Feinschmeckerei ein Loch in den Beutel, obwohl ihm selten ein Mahl mundet, während ein nicht verwöhnter Magen alles mit Appetit verzehrt und niemals mit Beschwerden reagiert. Ein anderer will Rosen im Winter, Eiswasser im Sommer, Früchte, die im heimischen Klima noch nicht gereift sind, künstliche Gärten und Fischteiche auf Hausdächern und überhaupt alles auf ganz außergewöhnliche, komplizierte und exklusive Art und Weise – sonst ist es nichts wert. So machen sich geschäftige, wählerische und neugierige Geister eben das unerträglich, was für schlichtere Gemüter in jedem Beruf und Gewerbe, bei allen Tätigkeiten und Beschäftigungen ganz selbstverständlich und unanstößig ist, und suchen emsig nach Dingen, die andere verachten und keines Blickes würdigen. Folglich martern wir uns durch unsere närrische Gier nach Neuem selbst, erschöpfen unsere Seele und stürzen uns durch Unüberlegtheit, Launenhaftigkeit, mangelnde Selbstbeherrschung kopfüber in viele unnötige Sorgen und Nöte, in unnütze Ausgaben, ermüdende Reisen, schmerzhafte Stunden. Und wenn alles beschickt ist, fragen wir uns vergeblich nach dem Sinn und Zweck.

Unter diese leidvollen und verdrießlichen Umstände kann man auch die unglückliche Ehe einreihen. Zwar ist sie selbst von Gott im Paradies als ehrbarer und glücklicher Stand eingesetzt worden, und wenn Mann und Frau so zusammenpassen, wie es sein sollte, und so zusammenleben wie etwa Seneca mit seiner Paulina, gibt es keine größere Seligkeit, die einem Menschen hienieden widerfahren könnte. Andererseits aber ist auch nirgendwo größeres Unheil zu erwarten als bei einem ungleichen Paar, das ständig in Zwietracht lebt, und keine Heimsuchung kommt einer zänkischen Schlampe, Hure, Närrin, Furie oder Teufelin in den eigenen vier Wänden gleich. Wer eine böse Frau anrührt, dem ist, als hätte er einen Skorpion gefaßt, heißt es bei Jesus Sirach, und an anderer Stelle schreibt er: Bedrückter Sinn und betrübtes Gesicht und eine Wunde im Herzen ist eine böse Frau, und lieber zusammenhausen mit Löwen und Drachen als mit so einem Weibe. Ihre Eigenschaften hat Jovianus Pontanus in der Figur der Euphorbia ausführlich dargestellt. Das gleiche Unglück tritt ein, wenn die Ehepartner nicht in etwa gleichaltrig sind. Bei Gellius beklagt sich Caecilius bitter über seine alte Frau: Während ich nach ihrem Tode lechze, existiere ich als Toter unter den Lebenden. Und auch die Antipathie nur einer Partei ist für die eheliche Gemeinschaft verhängnisvoll.

Felix Platter berichtet in diesem Zusammenhang von einer jungen Dame aus Basel. Sie wurde gegen ihren Willen mit einem Greis verheiratet, für den sie nichts empfinden konnte, war ständig melancholisch und verzehrte sich vor Kummer. Obwohl ihr Ehegatte alles in seiner Macht Stehende unternahm, um sie zufriedenzustellen, erhängte sie sich schließlich in einer Anwandlung von Lebensüberdruß. Bei Platter finden noch viele andere ähnlich gelagerte Fälle Erwähnung. So sind Männer mit ihren Frauen geschlagen und umgekehrt, wenn sie vom Charakter und anderen Voraussetzungen her nicht harmonieren; er ist ein Verschwender, sie knausert; der eine Teil ist ehrlich, der andere nicht usw. Eltern machen oft ihren Kindern Sorge, die Kinder ihren Erzeugern. Ein törichter Sohn ist seiner Mutter Grämen, heißt es in den Sprüchen Salomos. Eine Stiefmutter schikaniert oft die ganze Familie, liefert Anlaß zur Reue, gibt dem Streit ständig neue Nahrung oder schafft Gelegenheit, sich still in Geduld zu üben. Eben deshalb machte Catos Sohn seinem Vater Vorhaltungen, warum er denn die junge Tochter seines ehemaligen Schreibers Salonius heiraten wolle, und was er sich habe zuschulden kommen lassen, daß er ihm eine Stiefmutter ins Haus bringe?

Herzlose und untreue Freunde, böse Nachbarn, schlechte Diener, Schulden und Querelen, alles gehört unter diese Überschrift, und ein bekannter Satz des Chilon lautet: Elend und Wucher gehen zusammen, denn das Bürgen ist der Fluch vieler Familien. Leiste Bürgschaft, und schon rückt der Ruin in greifbare Nähe, heißt es deshalb bei Plutarch, und im 11. Kapitel der Sprüche Salomos findet sich der Vers: Wer für einen anderen Bürge wird, der wird Schaden haben; wer aber sich vor Geloben hütet, ist sicher. Zwistigkeiten, Raufereien, Gerichtshändel, Konflikte mit Nachbarn und Freunden und wüster Zank liegen auf derselben Ebene, bringen manch einem Kummer und lasten auf seiner Seele. Es gibt nichts Erbärmlicheres, schreibt Boterus, als solche Menschen, die voll von Sorgen, Kummer, Ängsten sind, die sie durchbohren wie ein scharfes Schwert, und denen Furcht, Argwohn, Verzweiflung und Gram ständig Gesellschaft leisten. Nach Auskunft ihrer eigenen Schriftsteller sollen sich insbesondere die Waliser auf diese Weise gegenseitig das Leben schwermachen, aber wer auch immer sich so verhält, zeigt die üblichen Symptome, zumal wenn er in einem Rechtsstreit unterlegen oder verurteilt worden ist. Als Arius auf diese Weise sein Bischofsamt an Eustathius verlor, wurde er zum Ketzer, und sein Mißmut verließ ihn bis zum Lebensende nicht mehr. Jede Zurückweisung und Niederlage hat derartige Folgen. Und auch Schmach, Ehrverlust und Verleumdung liegen auf dieser Ebene und wirken lange nach. Der Satiriker Hipponax etwa zog in seinen Versen so über zwei Maler her, daß sie sich beide erhängten. Alle Widerstände, Gefahren, Schwierigkeiten, Ärgernisse und Ungewißheiten gehören gleichfalls in diese Kategorie, denn wer kann sich unter diesen Bedingungen sicher fühlen? Wohltaten an die falsche Adresse, Undankbarkeit und vergeßliche Freunde beunruhigen und betrüben viele zutiefst; unfreundliche Reden, Unhöflichkeit und kratzbürstige Antworten machen anderen nicht weniger zu schaffen, vor allem dem schwachen Geschlecht. Wenn ihre griesgrämigen Gatten sie so behandeln, löst das eine gallige Bitterkeit aus, mit der sie nicht fertig werden können. Die Frau eines Basler Glasbläsers wurde folglich schwermütig, weil ihr Mann ihr mitteilte, er würde nach ihrem Tod wieder heiraten. Kein Schnitt schmerzt so wie Unfreundlichkeit, sagt das Sprichwort, und bei Hofe und im Gefolge der Großen ist schon ein Stirnrunzeln und hartes Wort, eine Unhöflichkeit und ein einschüchternder Blick auf der Stelle tödlich:

Wie dein Auge mich trifft, sinket und hebt sich der Geist.

(Ovid)

Etliche sind mit ihrem Latein am Ende, wenn sie in ganz gewöhnlichen Äußerungen oder Alltagsgeschäften einmal zu weit gegangen sind, sich Dinge erlaubt haben, die zu ihrem Nachteil ausschlagen und sie in Verruf bringen könnten, oder wenn sie ein Geheimnis ausgeplaudert haben. Ronseus berichtet entsprechend von einer jungen Dame, die sich mit einer ihrer Klatschbasen überwarf, die ihr daraufhin öffentlich ein geheimes Leiden (welches spielt hier keine Rolle) nachsagte. Diese üble Nachrede betrübte sie derart, daß sie alle Gesellschaft mied, den Kopf hängen ließ und in Schwermut dahinsiechte. Andere leiden die nämlichen Qualen, wenn sie sich zurückgewiesen, verachtet, für unfähig erklärt, diffamiert, verleumdet oder hinter ihresgleichen zurückgesetzt sehen. Bei Lukian findet sich entsprechend die Figur des Philosophen Hetömokles, den es sehr verdrießt, daß er bei einer Einladung übergangen wurde, und der dem Gastgeber Aristänetus deshalb in einem langen Brief Vorhaltungen macht. Bei Plutarch will der festlich gekleidete Praetextatus nicht Platz nehmen, weil er nicht zuoberst an der Tafel sitzen darf, und verläßt wütend die Feier. Auch bei uns sind Streitereien darüber die Regel, wer den Vortritt hat und aus Höflichkeit an der Häuserseite gehen darf usw. – an sich nichtige Dinge und Kinkerlitzchen, die doch viel Unmut und Groll im Gefolge haben. Nichts schneidet so tief wie Verachtung oder Schande, besonders wenn es sich um großmütige Geister handelt, die kaum etwas stärker berührt, als geringgeschätzt und verleumdet zu werden. Crato belegt das mit Beispielen, und die Alltagserfahrung bestätigt es. Unterdrückung ist ein engverwandtes Phänomen, denn sie bringt den Weisen um den Verstand. Der Verlust der Freiheit veranlaßte Brutus dazu, sein Leben aufs Spiel zu setzen, Cato, Selbstmord zu begehen, und Cicero gab er die Klage ein: Mein Herz ist gebrochen, niemals wieder werde ich die Augen aufheben oder fröhlich sein. Und nicht wenige erleben die Unfreiheit so als nahezu unerträgliches Geschick. Auch die Verbannung erscheint als großes Unheil, das Tyrtäus in einem seiner Epigramme wie folgt beschreibt:

> Jammervoll ist es umherzuirren,
> Almosen erbettelnd an fremder Pforte,
> von der den Verbannten vertreiben
> Verachtung und Haß und bittere Worte.

Euripides läßt Polyneikes bei seinem Gespräch mit Jokasta fünf Nöte der Verbannung aufzählen, von denen schon die erträglichste ausreichte, um den Kleinmütigen verzagen zu lassen. Oft überbewerten wir aber auch die Gebrechen und Unzulänglichkeiten unseres Körpers oder Geistes, und Einbildungen setzen uns ebenso zu wie eine langwierige Erkrankung. Jedenfalls gilt nach wie vor der Satz des Jesus Sirach: Ein Leben in Gesundheit ist der Reichtum der Armen und der Segen des Reichen, und ohne sie gibt es kein Glück. Vielleicht werden wir auch von einem besonders widerwärtigen Leiden heimgesucht, das für unsere Umwelt ekelerregend, für uns selbst belastend ist wie stinkender Atem, deformierte Gliedmaßen, Buckligkeit, Fehlen eines Auges, eines Beins, einer Hand, Blässe, Magerkeit, Röte, Kahlköpfigkeit – denn schon der Verlust des Haares, sagt Synesius, der selbst davon betroffen war, kommt uns als schwerer Schlag an. Als Acco, eine alte Frau, zufällig ihr Gesicht in einem nicht verzeichnenden Spiegel erblickte (denn üblicherweise benutzte sie wie die meisten anderen Damen auch ein schönendes Glas), verfiel sie dem Wahnsinn. Broteas, der Sohn des Vulkan, warf sich ins Feuer, weil er wegen seiner körperlichen Mängel verlacht wurde. Als Lais aus Korinth alt geworden war, schenkte sie ihren Spiegel der Venus, denn sie konnte ihr Spiegelbild nicht mehr ertragen: Was ich bin, möchte ich nicht gern sein, und wie ich war, werde ich niemals wieder. Junge hübsche Dinger hassen das Alter und schmutzige Kleider am meisten, das ist für sie die Qual aller Qualen, und schon der bloße Gedanke scheint ihnen unerträglich:

O wenn
dies ein Gott hört, laß er mich nackt umherirren unter den
Löwen,
ehe schmachvoll noch die erblühenden Wangen
hagre Zehrung faßt und der zarten Beute
Saft verrinnt, möcht ich in dem Glanze der Schönheit weiden die
Tiger. (Horaz)

Unsauber, häßlich und mißgestaltet zu sein – welches Unglück! Dann lieber lebendig begraben. Einige sind hübsch, aber unfruchtbar, und das quält sie. Hanna war betrübt, weinte und aß nichts, weil der Herr ihren Leib verschlossen hatte, und Rahel flehte in ihrer Not: Schaffe mir Kinder, wo nicht, so sterbe ich. Eine andere ist zu kinderreich; der hat nie geheiratet, und das Junggesellenleben ist seine Hölle, der hat eine Frau und lebt doch am selben Ort. Einigen macht zu schaffen, daß sie verkannt und im Verborgenen leben, andere leiden darunter, öffentlich verleumdet, beschimpft, entehrt, herabgesetzt oder wie auch immer verletzt worden zu sein. Und es ist kein Wunder, wenn Kränkungen Menschen um den Verstand bringen. Siebzehn verschiedene Ärgernisse führt Aristoteles an, auf die ich hier aus Zeitmangel aber nicht eingehen kann. Den einen beunruhigt das Ausbleiben von Neuigkeiten, den anderen plagen schlechte Nachrichten, Gerüchte, ein hartes Schicksal, Mißerfolg, ein Gerichtsverfahren, vergebliche Hoffnungen oder Erwartungen, deren Erfüllung sich immer wieder hinauszögert und die nach Polybios eben deshalb Kummer bereiten. Einer ist von zu edler, der andere von zu niedriger Herkunft, und schon diese Tatsache quält ihn so stark wie alles andere zusammengenommen; dieser lebt tatenlos ohne Aufgabe und ohne Gesellschaft, jener weiß vor Geschäftigkeit nicht, wo ihm der Kopf steht, und wird von seinen lästigen Verpflichtungen gleichsam aufgefressen. Aber über welche Zunge käme der ganze Jammer.

Viele Menschen ziehen sich das Leiden der Melancholie auch nichtsahnend durch den Verzehr bestimmter Fleisch-, Gemüse- und Pflanzensorten wie Bilsenkraut, Tollkirsche, Schierling, Alraune zu. Im sizilianischen Agrigentum kam einmal eine Gruppe junger Männer in eine Taverne, und nachdem sie munter dem Alkohol zugesprochen hatten, gerieten – ob wegen des Weines selbst oder einer Beimischung, ist bis heute nicht bekannt – plötzlich ihre Köpfe in eine solche Verwirrung und so verrückte Hirngespinste stellten sich ein, daß sie glaubten, sie befänden sich mit einem Schiff auf hoher See und es drohe im Sturm zu kentern. Um dem Schiffbruch und dem Ertrinken zuvorzukommen, warfen sie alle Einrichtungsgegenstände des Hauses durch das Fenster auf die Straße oder ins Meer, wie sie glaubten. So blieben sie eine ganze Weile unzurechnungsfähig, und als man sie dem Richter vorführte, damit sie aussagten, erzählten sie ihm (denn sie hatten ihren Wahnsinn noch nicht überwunden), sie hätten in Todesangst gehandelt, um die drohende Gefahr abzuwenden. Die Zuhörer verwunderten sich alle über diese Borniertheit und machten große Augen, als einer der Ältesten aus der Gruppe sich vor dem Richter auf den Knien und in feierlichem Ton zu rechtfertigen suchte: Ich flehe Euch Meeresgötter um Gnade an, denn ich war die ganze Zeit unter Deck. Ein anderer erbat das Wohlwollen der Tritonen und versprach, ihnen einen Altar zu weihen, wenn er und seine Genossen wieder heil an Land kämen. Der Richter wollte sich angesichts solcher Narrheiten vor Lachen ausschütten, empfahl den jungen Männern, sich gründlich auszuschlafen, und ging seiner Wege. Viele vergleichbare Fälle haben auch ähnlich verborgene Ursachen. Wahnsinn kann so durch Liebestränke, den Biß eines tollwütigen Hundes, einen Schlag auf den Kopf, zu langen Aufenthalt in praller Sonne oder den Stich der Tarantel genannten Spinne ausgelöst werden, der, wenn wir Sckenkius, Cardano und Scaliger glauben dürfen, in Kalabrien und Apulien keine Seltenheit ist. Die Symptome der Opfer werden von Jovianus Pontanus kurzweilig beschrieben, auch wie sie zusammen tanzen und durch Musik geheilt werden. Cardano erwähnt gewisse Steine wie Diamanten und Selenite, die Melancholie und Geistesverwirrung verursachen, wenn man sie am Leibe trägt; er nennt sie unheilvoll, denn sie trocknen den Körper aus, vergrößern die Sorgen und rauben den Schlaf. Ktesias erwähnt einen Brunnen in Persien, der jeden, der aus ihm trinkt, für 24 Stunden wahnsinnig werden läßt. Einige verlieren den Verstand und manchmal sogar ihr Leben auch durch die Begegnung mit schrecklichen Dingen, so wie Hippolytos durch Neptuns Seepferde in panische Angst versetzt wurde und Athamas durch die Furien Junos. Aber die Literatur ist voll von solchen Geschichten:

So könnt' ich der Gründe viel

noch sagen, doch mein Packvieh ruft,
die Sonne neigt sich, ich muß gehn. (Juvenal)

Jeweils für sich betrachtet und wenn sie isoliert auftreten, werden die erwähnten Auslöser nur in Ausnahmefällen durchschlagende Wirkungen zeitigen, aber wenn sie, was häufig der Fall ist, zusammentreffen, können sie auch einer starken Konstitution übel mitspielen. Wie Augustinus sagt, bringen viele Sandkörner ein Schiff zum Sinken und zahllose winzige Wassertropfen werden zur Flut. So wachsen sich auch viele kleine Anfälligkeiten zu einer bestimmten Gemütsverfassung aus. [...]

Körperliche Symptome der Melancholie

Der Athener Maler Parrhasios kaufte einst einen Greis aus der Schar jener Kriegsgefangenen, die Philipp von Mazedonien von seinem Feldzug gegen die Olynther zurückbrachte. Als er ihn zu Hause hatte, folterte und quälte er ihn bis aufs Blut, um mit seinem Beispiel vor Augen die Leiden des Prometheus, den er malen wollte, um so wahrheitsgetreuer abbilden zu können. Solche barbarischen, inhumanen und befremdlichen Grausamkeiten kann ich mir ersparen, denn wer die armen Melancholiker darstellen will, braucht niemandem von ihnen ein Leids anzutun. Vielmehr liegen die Symptome offen zutage, man benötigt keine experimentellen Befunde und kein von weit her geholtes menschliches Versuchskaninchen; vielmehr sind die Schwarzgalligen wie ein offenes Buch und verraten sich freiwillig selbst. Wo man geht und steht, trifft man auf solche Menschen; sie können ihre Schwermut nicht verheimlichen, ihre mißlichen Lebensumstände stehen ihnen im Gesicht geschrieben, und ich bekomme überall Anschauungsunterricht.

Die Symptome sind nach Gordonius entweder universeller oder partikularer Natur und betreffen entsprechend entweder alle Melancholiker oder nur Einzelpersonen. Einige Anzeichen sind verborgen, andre offenkundig, sie manifestieren sich körperlich oder seelisch und weisen je nach innerer oder äußerer Ursache eine große Bandbreite auf. Nach Jovianus Pontanus spielen die Sterne und himmlische Einflüsse eine Rolle, nach Ficino ist das Mischungsverhältnis der Säfte ausschlaggebend. Je nachdem, ob sie heiß, kalt, natürlich, denaturiert, frisch oder verbraucht sind, entsteht nach Aëtios eine ganz unterschiedliche Symptomatik. Laurentius verweist auf unterschiedliche Naturelle, Vorlieben, Temperamente, den Zeitfaktor, die Rolle, die andere Krankheiten spielen können, und Altomarus schließt von dieser Mannigfaltigkeit der Ursachen auf eine nahezu unbegrenzte Zahl von Symptomen. Wie der Wein oder das bei Laurentius erwähnte Kräutlein Tortocolla unterschiedlichste Wirkungen auslösen und den einen lachen, den anderen weinen machen, diesen schlafen, jene tanzen, einige singen, andere weinen oder trinken lassen, so äußert sich die schwarze Galle bei jedem Betroffenen anders.

Aber um die Symptomvielfalt zu bändigen, kann man zumindest zwischen körperlichen und seelischen Anzeichen unterscheiden. Die üblichen körperlichen Indikatoren der Melancholie sind entweder eine kalte und trockene oder eine heiße und trockene Disposition, was vom Verbranntheitsgrad der Säfte abhängt. Aus diesen primären Qualitäten leiten sich die sekundären ab wie etwa die dunkle und schwärzliche oder blasse und rötliche Hautfarbe, die manchmal, wie Montaltus im Anschluß an Galen ausführt, bis ins Puterrote gehen kann. Hippokrates zählt in seinem Buch über die Melancholie folgende Symptome auf: Die Betroffenen sind mager, welk, hohläugig, runzelig, wirken alt und unansehnlich, leiden unter Blähungen und Bauchgrimmen, rülpsen oft, haben einen harten Leib, machen einen niedergeschlagenen Eindruck, tragen Hängebärte, leiden an Ohrensausen, Schwindelgefühl, Benommenheit, Schlaflosigkeit und Angstträumen. Dieser Katalog findet sich auch bei Melanelius, Rhazes, Gordonius und neueren Autoritäten, wo die Rede ist von ständigem saurem und stinkendem Aufstoßen, als wäre das Fleisch in ihrem Magen verdorben oder als hätten sie Fisch gegessen, von trockenem Leib, aberwitzigen Träumen, aus denen sie oft aufschrecken, phantastischen Visionen und Wahrnehmungsstörungen, Schwindelanfällen, Zittrigkeit und Hang zur Fleischeslust. Einige fügen Herzklopfen und kalten Schweiß als gängige Symptome hinzu, desgleichen Zuckungen an vielen Körperteilen, eine Art Jucken auf der Hautoberfläche wie von Flohbissen. Montaltus erwähnt starren Blick und übermäßiges Blinzeln, und Avicenna fügt noch Stottern hinzu. Rhazes erklärt Kopfschmerzen und Mattigkeit zu wichtigen Kenzeichen, ebenso ständiges Frösteln, Stottern, Sprachfehler, Hohläugigkeit, heraustretende Adern und breite Lippen. Im fortgeschrittenen Stadium ist häufig auch ein seltsames Gebärdenspiel anzutreffen, wobei die Betroffenen lachen, grinsen, in Hohngelächter ausbrechen, vor sich hinmurmeln, Selbstgespräche führen, unartikulierte Laute und Schreie ausstoßen und währenddessen ständig Gesichter schneiden. Aber obgleich sie üblicherweise mager, struppig, welk und wegen ihres freudlosen Gesichtsausdrucks alles andere als eine Augenweide sind und obwohl sie wegen ihrer ständigen Ängste, Sorgen und Kümmernisse einen trübsinnigen, schwerfälligen, trägen, unkonzentrierten Eindruck machen und zu keiner geregelten Tätigkeit in der Lage sind, haben sie doch meistens ein gutes Gedächtnis, eine ausgezeichnete Auffassungsgabe und einen wachen Verstand. Ihr heißes, trockenes Gehirn raubt ihnen die Nachtruhe, und sie leiden an langen Perioden der Schlaflosigkeit, die bis zu einem Jahr dauern können. Hercules de Saxonia versichert glaubhaft, er habe seine Mutter schwören hören, daß sie sieben Monate lang kein Auge zutun konnte. Trincavellius erwähnt ein Beispiel von fünfzigtägiger Schlaflosigkeit, Sckenkius berichtet von einem zwei Jahre währenden derartigen Zustand, wobei die Patienten aber in keinem Fall bleibende Schäden davontrugen. Der Appetit von Melancholikern ist größer als ihr Nahrungsbedarf, und nach Rhazes haben sie Hunger, ohne aber das Verzehrte verdauen zu können. Obwohl sie also kräftige Esser sind, setzen sie nicht an, sondern bleiben mager, welk und knochig und werden nach Aretaios häufig von Verstopfung, Verdauungsstörungen, Aufstoßen und Speichelfluß geplagt. Sie haben einen schwachen und langsamen Puls, außer in der Halsschlagader, wo er sehr kräftig ist, aber alles das hängt, wie Struthius ausführlich nachgewiesen hat, von der jeweiligen Intensität der Leidenschaften und Gemütsregungen ab. Um der Wahrheit die Ehre zu geben – bei chronischen Erkrankungen hat der Puls kaum Aussagekraft, denn es verbinden sich so viele abergläubische Vorstellungen damit und selbst die Auskünfte Galens sind, wie Crato bemerkt, so widersprüchlich, daß niemand sie verstehen oder seine Ratschläge befolgen kann.

Der Urin der Schwermütigen ist meistenteils hell, gallig, scharf und fließt eher spärlich. Aber auch diese Charakterisierung ist mit Vorsicht zu genießen, weil vieles von der Person, ihren Gewohnheiten und den äußeren Umständen abhängt, und hat bei chronisch Erkrankten kein Gewicht. Die anderen Ausscheidungen variieren gleichfalls je nach Milzfunktion, womit sich auch Blähungen, Herzklopfen, Kurzatmigkeit, ein übersäuerter Magen, Herzbeklemmung, Herzschmerzen und jene unerträgliche Lethargie der Lebensgeister erklären lassen. Der Stuhl ist hart, bei einigen schwarz und von geringer Quantität. Wenn

Herz, Gehirn, Leber, Milz in Mitleidenschaft gezogen sind, was die Regel ist, treten zusätzliche Beschwerden und Erkrankungen auf, für die diese Organe verantwortlich sind, wie Alpdrücken, Schlagfluß, Epilepsie, Schwindel, ständiges nächtliches Hochschrecken, Angstträume, Lach- und Weinkrämpfe, Seufzen und Schluchzen, Schüchternheit, Erröten, Zittern, Schweißausbrüche, Ohnmachtsanfälle. Alle Sinne sind gestört, und die Betroffenen glauben etwas zu sehen, zu hören, zu riechen und zu berühren, was, wie das folgende Kapitel beweist, gar nicht vorhanden ist.

Psychische Symptome

Arculanus nennt diese Kennzeichen zu Recht Legion, denn sie variieren von Person zu Person, und kaum einer unter tausend gleicht in seinem Wahn einem anderen, wie Laurentius schreibt. Auf einige der bemerkenswerteren Symptome will ich hier aber hinweisen; darunter Angst und Kummer, die, wenn sie länger anhalten, nach den Aphorismen des Hippokrates und Galen ebenso häufig Ursachen wie verläßliche Kennzeichen und unzertrennliche Gefährten der Schwermut sind. Sie indizieren nach Montaltus akute und chronische Melancholie und treten, wie Hippokrates, Galen, Avicenna und ihre modernen Nachfolger behaupten, bei allen von diesem Leiden Betroffenen auf. Aber so wie eine Hundemeute oft grundlos und mit lautem Gebell losstürzt und die Tiere ihren Irrtum nicht bemerken, so geht es auch diesen Theoretikern. Denn von den Alten erhebt Diokles, von den Neuen Hercules de Saxonia zu Recht Einspruch gegen diesen hippokratischen Lehrsatz, der nicht in jedem Fall zutreffe und also keine Allgemeingültigkeit besitze. Ihrer Meinung nach können Angst und Kummer nicht als verläßliche Symptome aller melancholischen Erkrankungen gelten; bei genauerem Hinsehen zeigt sich nämlich, daß die einen betrübt, aber nicht angsterfüllt, andere ängstlich, aber nicht betrübt, eine dritte Gruppe keines von beiden ist und nur die vierte Klasse beide Kennzeichen aufweist. Vier Typen entsprechen nach Hercules nicht der hippokratischen Lehre, so etwa fanatische Personen wie Kassandra, Manto, Nikostrata, Mopsus, Proteus und die Sibyllen, die nach der Einschätzung des Aristoteles zutiefst melancholisch waren. Auch dämonische Menschen, die in fremden Zungen reden, gehören in diese Ausnahmekategorie nebst etlichen Dichtern, ewig Lachenden und solchen, die sich für Könige und Kardinäle halten. Denn sie alle sind sanguinisch und meistenteils von heiterem Gemüt, das sie trotz ihrer Melancholie nicht verlieren. Baptista Porta schränkt Angst und Kummer deshalb auf Menschen mit kalter Konstitution ein und grenzt Liebhaber, Seherinnen, Enthusiasten entschieden davon ab. Daraus folgere ich nicht von ungefähr, daß Melancholiker nicht notwendigerweise, wohl aber in der Regel grundlose Angst verspüren und sich von Nichtigkeiten aus dem Gleichgewicht bringen lassen. Etliche leiden nach Aretaios unter ganz übermächtigen Angstgefühlen, viele fürchten den Tod und begehen doch aus einer gegenläufigen Anwandlung heraus Selbstmord. Einige haben Angst, der Himmel könne ihnen auf den Kopf fallen, andere halten sich für verdammt. Gewissensbisse peinigen sie, schreibt Jason Pratensis, sie haben kein Vertrauen in die Gnade Gottes, sind sich sicher, daß der Teufel sie holen werden und sie zur Hölle fahren müßten, und wehklagen lauthals. Andere fürchten Dämonen oder eine bestimmte Krankheit, sie zittern vor allem und jedem, glauben, im nächsten Augenblick tot umzufallen, und sind vom Ableben lieber Freunde oder naher Verwandter fest überzeugt. Drohende Gefahren, Verluste, Schmach quälen diese; jene meinen, sie seien aus Glas gemacht, und dulden deshalb niemanden in ihrer Nähe. Einer ist angeblich aus Kork und federleicht, der andere bleischwer, diesem kann der Kopf jeden Moment von den Schultern fallen, jenem hüpfen Frösche im Bauch herum. Montanus berichtet von einem Menschen, der sein Haus nicht verließ aus Angst, er könne unterwegs ohnmächtig werden oder sterben. Ein zweiter ängstigte sich vor jedem, der ihm begegnete, weil er ihn womöglich ausrauben, umbringen oder mit ihm streiten wolle. Ein dritter war nie ohne Begleitung anzutreffen, denn er fürchtete, dem Teufel oder einem Dieb in die Hände zu fallen oder plötzlich krank zu werden. Andere halten alle alten Frauen für Hexen, vermuten in jedem schwarzen Hund, jeder Katze, die ihnen über den Weg läuft, einen Dämon, glauben, alle Geschöpfe, die sich ihnen näherten, seien verhext und wollten ihnen schaden und sie ins Verderben stürzen. Manch einer wagt nicht, über eine Brücke zu gehen, in die Nähe eines Teiches, Felsens oder steilen Abhangs zu geraten oder sich in einer Kammer mit Querbalken zur Ruhe zu legen, weil er die Versuchung fürchtet, sich zu ertränken, hinunterzustürzen oder aufzuhängen. Wenn er wie bei einer Predigt unter schweigenden Zuhörern sitzt, hat er Angst davor, unversehens etwas Ungehöriges zu sagen. Wenn er in einem engen Raum eingeschlossen ist, fürchtet er zu ersticken und trägt immer Zwieback, Branntwein oder ein anderes hochprozentiges Elixier bei sich, um einem Ohnmachtsanfall oder einem Unwohlsein vorzubeugen. Inmitten einer Menschenmenge, aus der er nicht leicht herauskommen kann, fühlt er Beklemmung, selbst wenn er, beispielsweise in einer Kirche, bequem dabei sitzt. Er verspricht vieles und ist vorderhand zu jeder Unternehmung bereit; wenn es aber so weit ist, kann er sich nicht zu Taten aufraffen, weil angeblich zahllose Gefahren lauern und er Desaster um Desaster sich abzeichnen sieht. Einige haben nach Rhazes Angst davor, in Flammen aufzugehen oder in den Abgrund zu stürzen, der sich plötzlich unter ihren Füßen auftun könnte, manche fürchten auch, der König wolle sie für etwas zur Rechenschaft ziehen, was sie nie getan haben, und werde sie mit Sicherheit hinrichten lassen. Der Schrecken eines solchen Endes macht ihnen zu schaffen, und sie ängstigen sich so und leiden ebensolche Seelenpein, als hätten sie wirklich einen Mord begangen, lassen den Kopf hängen, als stünde ihre Exekution unmittelbar bevor. Sie fürchten sich vor eingebildeten Gefahren und rechnen fest damit, allen Besitz und auch ihr Leben zu verlieren, obwohl sie dafür keinen Grund angeben können. Trincavellius hatte einen Patienten, der sich aus Angst davor, gehenkt zu werden, das Leben nehmen wollte und drei Jahre lang nicht davon überzeugt werden konnte, daß er niemanden umgebracht habe. Bei Platter finden sich zwei weitere Beispiele gegenstandsloser Angst vor der eigenen Hinrichtung. Wenn solche Menschen an den Schauplatz eines Raubüberfalls, Diebstahls oder ähnlichen Verbrechens gelangen, fürchten sie sich sofort vor Verdächtigungen und verraten sich nicht selten, ohne das Geringste mit der Sache zu tun zu haben. Der französische König Ludwig der Elfte hielt jeden aus seinem Gefolge für einen Verräter und wagte es nicht, auch nur einem einzigen zu vertrauen. Nach Fracastoro gibt es Menschen, die alle anderen, und solche, die nur gewisse Personen fürchten, ihre Gegenwart nicht ertragen können und sich nur in den eigenen vier Wänden sicher fühlen. Einige werden den Argwohn gegen ihre engsten und besten Freunde nie los und wittern jederzeit Verrat, andere können sich aus Angst vor Kobolden und Dämonen nicht allein im Dunklen aufhalten, vermuten überall Teufelsspuk und Hexerei, bilden sich tausend Chimären und Hirngespinste ein, an deren Realität sie nicht zweifeln, und reden mit schwarzen Männern, Geistern, Kobolden:

Aber jetzt schreckte ein Luftzug mich auf, in Spannung erhielt mich
jedes Geräusch. (Vergil)

Wieder andere lassen sich, furchtsam, argwöhnisch oder krankhaft schüchtern wie sie sind, nicht in der Öffentlichkeit blicken; sie hängen an der Dunkelheit wie an ihrem lieben Leben und können das Licht oder den Aufenthalt an hellen Orten nicht ertragen. Den Hut über die Augen gezogen, will so ein Mensch nach Hippokrates partout nichts sehen und nicht gesehen werden. Er meidet die Gesellschaft aus Angst, schlecht behandelt oder entehrt zu werden, in Wort und Tat übers Ziel hinauszuschießen oder eine Schwäche zu zeigen, und meint, jeder beobachte ihn, habe es auf ihn abgesehen und wolle sich in seiner Bosheit über ihn lustig machen. Häufig hegen sie die Befürchtung, sie seien von ihren Feinden verhext oder vergiftet worden, und manchmal haben sie auch ihre engsten Freunde in Verdacht. Sie denken, etwas spreche und rede in oder zu ihnen und vom Gift müßten sie aufstoßen. Christopher à Vega berichtet von so einem Fall, wobei er den Patienten weder mit Arzneien noch mit guten Worten wiederherstellen konnte. Einige fürchten, von jeder schrecklichen Krankheit, die sie bei anderen sehen oder von der sie auch nur hören oder lesen, sofort selbst angesteckt zu werden, und wagen sich einem solchen Anblick, solchen Nachrichten nicht mehr auszusetzen und wollen also auch nichts von Melancholie wissen, weil sie alles auf sich selbst beziehen und so ihr Leiden nur verschlimmern und vergrößern. Wenn ihnen ein Besessener, Verhexter, Epileptiker, ein an Schüttellähmung oder Gleichgewichtsstörungen Leidender unter die Augen kommt oder sie jemanden beobachten, der sich an einem gefährlichen Ort aufhält, geht ihnen dieses Bild tagelang nicht aus dem Kopf, und sie sehen sich mit Schrecken in der gleichen Situation, wobei ihre ungestüme Einbildungskraft, wie Perkins bezeugt, ähnliche Umstände dann wirklich heraufbeschwört. Sie können nichts Schreckliches wie den Anblick einer Mißgeburt, eines Hingerichteten, eines Leichnams ertragen, keinem tragischen Schauspiel beiwohnen, den Namen des Gottseibeiuns nicht aussprechen hören, ohne vor Angst zu zittern, von Kobolden zu träumen und immer wieder zwanghaft von diesen Vorstellungen heimgesucht zu werden. Sie beziehen, wie oben erwähnt, alles, was sie hören, sehen, lesen, auf sich selbst und gleichen jenen jungen Ärzten, die nach Felix Platter die Symptome der Krankheiten, mit deren Therapie sie sich gerade beschäftigen, plötzlich an sich selbst wahrnehmen, sich gleichsam imaginativ anstecken und erkranken. Und deshalb rate ich – auch um den Preis, mich zu wiederholen – jedem, der akut melancholisch ist, davon ab, dieses Kapitel zu lesen, damit er sich keine Sorgen macht, seine Situation nicht zumindest zeitweilig verschlimmert und schwermütiger wird, als er es vorher war. Gewöhnlich beklagen sich die Betroffenen, wie Aretaios ausführt, grundlos oder über Nichtigkeiten und halten ihre melancholische Erkrankung doch für die denkbar schlimmste Heimsuchung. Noch nie ging es jemandem schlechter als ihnen, meinen sie, wenngleich ihnen ernstlich gar nichts fehlt, und sie leiden Schmerzen und große Qualen wegen Kleinigkeiten, die ihnen später selbst lächerlich vorkommen. Während des melancholischen Schubs aber wachsen sie sich zu Dingen von entscheidender und lebenswichtiger Bedeutung aus, die sie angeblich zu Recht fürchten und sich nicht ausreden lassen. Kaum hat man aber eine Sorge zerstreut, plagt sie schon eine andere, und immer schreckt sie etwas, was nur in ihrer Einbildung existiert, also nie war, nie sein kann oder aller Wahrscheinlichkeit nach nie sein wird. Nichtigste Anlässe bereiten ihnen Kummer, immer sind sie unruhig, voll Ärger und Argwohn, beklagen sich, murren und können ihren Unmut nicht loswerden, solange ihre Melancholie andauert. Oder wenn ihr Geist einmal ruhiger ist und nicht von weit hergeholten Ängsten und äußeren Bedrohungen geplagt wird, dann ist jedenfalls ihr Körper aus dem Gleichgewicht geraten, und sie befürchten eine Erkrankung dieses oder jenes Organs: jetzt schmerzt der Kopf, dann scheint das Herz, der Magen, die Milz nicht in Ordnung, und die und die Krankheit zeichnet sich ab. So sind sie entweder körperlich oder seelisch oder beiderseitig in Nöten und leiden ständig an Blähungen, verderbten Phantasien und anderen zufälligen Beschwerden. Und trotzdem sind sie, wie Jacchinus bemerkt, in allen anderen Dingen klug, gelassen, besonnen und tun nichts, was ihrer Würde, Person oder ihrem Stand abträglich wäre – mit Ausnahme eben dieser närrischen, lächerlichen und kindischen Angst, die sie ohne Unterlaß umtreibt und ihre Seelen peinigt. Wie einen bellenden Hund, der aber bekanntlich selten beißt, können sie dieses Gefühl nicht abschütteln, solange sie krank sind, und kein Melancholiker kann ihm aus dem Wege gehen.

Kummer ist das zweite Kennzeichen, ebenfalls ein getreuer Weggefährte des Schwermütigen und so unzertrennlich wie die beiden Heiligen Kosmas und Damian; alle Gelehrten erklären ihn zu einem ständigen und generellen Symptom, was aber gleichfalls sachlich unbegründet ist. Die Melancholiker sorgen sich ohne Unterlaß, können aber über das Warum keine Auskunft geben, sie lachen nie, sind immer düsterer Stimmung, in Gedanken versunken und sehen aus, als seien sie eben aus der Höhle des Trophonius gekommen. Und wenn sie sich einmal vor Lachen ausschütten und kreuzfidel zu sein scheinen (was sie anfallartig überkommt), sind sie doch einen Augenblick später wieder wie ein Klotz, trübsinnig und schwermütig, also fast gleichzeitig heiter und traurig, meistenteils aber letzteres: Was gefällt, geht schnell vorüber, was schmerzt, krallt sich fest. So zehrt der Kummer beständig an ihrer Seele wie der Geier an den Eingeweiden des Tityus, und sie sind hilflos dagegen. Kaum haben sie nach schrecklichen und bedrückenden Träumen die Augen aufgeschlagen, schon steigen ihnen die Seufzer aus dem schweren Herzen, ständig ärgern und härmen sie sich, seufzen, klagen, finden an allem etwas auszusetzen, murren, grollen, weinen, quälen sich selbst, hängen ihren ruhelosen Gedanken nach, die mißmutig um ihr eigenes oder um fremdes Geschick oder um vergangene, gegenwärtige und zukünftige Dinge kreisen, die sie nichts angehen; die Erinnerung an eine Schmach, einen Verlust, eine Beleidigung setzt ihnen in ihrer Untätigkeit auf einmal so zu, als sei die Wunde noch ganz frisch, oder eine sich abzeichnende Gefahr, ein Mangel, ein Unglück, eine Schande, ein Verlust – Ereignisse, mit deren Eintritt sie felsenfest rechnen – betrüben sie. Die unheilvolle Ate blickt finster auf sie herab, so daß Aretaios ihren Zustand treffend als seelische Beklemmung bezeichnet. Aufgrund dieser ständigen Qual sind sie im Innersten kaum aufzuheitern oder zufriedenzustellen, obwohl Außenstehende sie vielleicht für glückliche Menschen halten. Sie mögen sich regen oder säumen, laufen, reiten, hinter ihnen auf dem Pferd sitzt die schwarze Sorge, und sie können dieser höllischen Plage nicht entkommen; in welcher Gesellschaft sie auch sind, der tödliche Pfeil steckt in ihrer Seite wie bei einem Hirsch, der mit der Herde ziehen oder aber sich absondern und ruhen kann, ohne daß er den Schmerz loswürde. Ganz ähnlich schwärt die Unentschlossenheit, der Wankelmut, die Eitelkeit, Angst, Pein, Sorge, Eifersucht und der Argwohn in ihnen, und doch ist keine Abhilfe möglich. So beklagt sich Menedemus in einer Komödie des Terenz:

Als ich von denen, die drum wußten, es erfuhr,
da ging ich traurig heim, von Sinnen war ich fast
und wußt' vor lauter Kummer weder aus noch ein.
Ich setz' mich, die Sklaven kommen, ziehn mir die Schuhe ab,
ich sehe andere eilen, sie stellen Liegen hin,
bereiten das Mahl, und jeder tat soviel er konnt',
mir Linderung zu schaffen in meinem großen Schmerz.

Aber alle Mühe war umsonst, er blieb zu Tode betrübt, denn er hatte seinen Sohn verloren; das brach ihm das Herz, und diesen Schmerz konnte niemand stillen. So kommt es, daß die Betroffenen oft lebensmüde werden, und sich der rohe Gedanke bei ihnen festsetzt, Hand an sich zu legen. Taedium vitae, Lebensüberdruß also, ist folglich ein generelles Symptom, denn die Tage verstreichen ihnen langsam und freudlos, und sie verlieren bald das Interesse an allen Dingen. Jetzt säumen sie, dann sputen sie sich, kaum im Bett, erheben sie sich wieder, kaum auf den Beinen, begeben sie sich zur Ruhe, jetzt sind sie wohlgemut, schon aber schlägt ihre Stimmung um, erst gefällt ihnen alles, dann erregt es allmählich immer mehr ihr Mißfallen, bis sie des Ganzen überdrüssig sind; einmal möchten sie leben, dann wieder tot sein, sagt Aurelian, aber meistenteils scheint ihnen das Leben nicht lebenswert. Bei dem geringsten Anlaß reagieren sie mit Mißmut, Unruhe und Bestürzung und hegen, wie erwähnt, häufig Selbstmordgedanken. Sie wollen nicht weiterexistieren und können doch nicht sterben, deshalb beklagen sie sich, weinen, jammern und glauben, ein elendes Dasein zu fristen. Noch nie ging es jemandem so schlecht, jeder Arme, der ihnen unter die Augen kommt, ist ein wahrer Glückspilz im Vergleich zu ihnen, der Bettler an ihrer Tür ist zu beneiden, und wie gern würden sie mit ihm tauschen, besonders, wenn sie allein, untätig, aus ihrer gewohnten Umgebung herausgerissen, betrübt, unzufrieden oder gereizt sind. In solchen Situationen sind sie dem Kummer, der Angst, dem Schmerz, Unmut, der Erschöpfung, Trägheit, dem Argwohn oder ähnlichen Leidenschaften hilflos ausgeliefert. Nachdem sie dann wieder in angenehme Gesellschaft gekommen sind oder ihnen etwas Freude bereitet hat, weicht ihr Widerwille, sie gehen mit sich ins Gericht und finden erneut Gefallen am Leben. Aber auch dieses Wohlbefinden dauert nur so lange, bis eine neue Irritation auftaucht, ein neuer Kummer an ihnen nagt, auf den sie wiederum mit Überdruß und Lebensmüdigkeit reagieren. Sie wollen sterben und leben lustlos und nur noch gleichsam aus biologischer Notwendigkeit dahin. Nach der Beschreibung des Sueton litt Kaiser Claudius an einer leichten Form dieser Erkrankung, denn als ihn ein Magenleiden quälte, trug er sich mit Selbstmordplänen. Julius Caesar Claudinus hatte einen Patienten, dem Angst und Kummer ohne Unterlaß so zusetzten, daß er sein Leben haßte und in jedem Augenblick den Tod herbeiwünschte, um von seinem Elend erlöst zu sein. Mercurialis erwähnt zwei ähnliche Fälle, wobei die Selbstmordneigung bei einem Patienten über viele Jahre bestand.

Auch Argwohn und Mißtrauen zählen zu den generellen Kennzeichen. Die Betroffenen sind in der Regel furchtsam, neigen zu Mißverständnissen und Überzeichnungen, reagieren gereizt, launisch, verdrießlich, fahren bei dem geringsten Anlaß ihre besten Freunde an und sind beleidigt, gleich ob nun ein Grund vorliegt oder nicht. Was im Scherz gesagt wird, nehmen sie für bare Münze. Wenn ein solcher Mensch nicht gegrüßt, eingeladen, zu Rate gezogen wird und man eine kleine Ehrenbezeigung oder Höflichkeitsgeste unterläßt, legt er das als Zeichen der Mißachtung und Geringschätzung aus und leidet längere Zeit unter diesem Eindruck. Wenn zwei zusammen reden, sich unterhalten, flüstern, scherzen oder sich eine Geschichte erzählen, fühlt er sich gemeint und bezieht alles auf die eigene Person. Wenn sie ihn aber in ihre Unterhaltung einbeziehen, mißversteht er nur zu bereitwillig jedes Wort, das sie sagen, und unterstellt ihm die denkbar schlimmste Bedeutung. Er kann es nicht ertragen, wenn ihn jemand direkt ansieht oder anspricht, wenn jemand lacht, scherzt, sich ungezwungen gibt, auf etwas zeigt, sich räuspert, hustet, spuckt oder sonstwie Geräusche macht. Immer denkt er, man lache über oder zeige mit den Fingern auf ihn, wolle ihn verächtlich machen, hintergehen oder ihm die Ehre abschneiden. Alle Augen scheinen auf ihn gerichtet, und er wird mal blaß, mal rot und schwitzt vor Ärger – und aus Angst davor, daß ihn jemand durch eine entsprechende Bemerkung bloßstellt. Ständig brütet er über derartigen Gedanken, und die eingebildete Kränkung geht ihm Tage und Wochen nach. Montanus erwähnt das Beispiel eines melancholischen Juden, der aufbrausender war als das Adriatische Meer und so reizbar und argwöhnisch, daß niemand wußte, wie er sich in seiner Gegenwart benehmen sollte.

Wankelmütig sind solche Menschen in all ihren Unternehmungen, flatterhaft, rastlos, unfähig, einen klaren Entschluß zu fassen, sie wollen und wollen wieder nicht, lassen sich durch Nichtigkeiten oder einen Nebensatz umstimmen, und doch werden sie, wenn sie sich einmal entschieden haben, sogleich halsstarrig und unversöhnlich. Wo sie einmal Abneigung, Abscheu oder Widerwillen entwickelt haben, sind sie durch keine Überredungskunst, keinen guten Rat wieder davon abzubringen, auch wenn es zu ihrem eigenen Besten wäre. Doch sind sie in den meisten Dingen wankelmütig, unentschlossen und aus Angst unfähig zu sorgfältigem Abwägen. Heute prassen sie, morgen sind sie habgierig, jetzt handeln sie, dann packt sie allmählich die Reue über ihre Taten, so haben ihre Sorgen kein Ende, gleich ob sie etwas tun oder lassen, begehren oder besitzen, Erfolg haben oder scheitern, alles, was sie in die Hand nehmen, schafft ihnen Unruhe, und sie werden seiner bald überdrüssig, suchen aber doch die Abwechslung, sind rastlos und unbeständig, unstet und flüchtig und können es nicht lange an einem Ort aushalten:

> Sehnst dich in Rom aufs Land, als Landmann hebst die verlaßne
> Stadt zu den Sternen du wankel empor, (Horaz)

auch die alten Gefährten fallen bald lästig, und kein Geschäft wird zu Ende gebracht:

> Ähnlich dem zarten
> Täublein oder den Söhnen der Könige heischest verdünnten
> Papp du und tobst wider der Amme einsummendes Lalla.
> (Persius)

Bald sind sie frohgemut, bald ungehalten; und wie ein Mann, den die Flöhe plagen oder den der Schlaf flieht und der sich im Bett herumwälzt, so findet auch ihr rastloser Geist keine Ruhe und Entspannung; sie bringen nicht die Geduld auf, ein Buch zu Ende zu lesen, ein Spiel zu Ende zu spielen, eine Meile zu Fuß zurückzulegen, eine Stunde stillzusitzen, sondern sind fast gleichzeitig munter und niedergeschlagen, unternehmungslustig und nach einer kritischen Bemerkung schon wieder entmutigt.

Die Leidenschaft treibt sie um, und wonach es sie verlangt, dessen suchen sie mit Ungestüm habhaft zu werden. Begierig sind sie und übereifrig, mißtrauisch und furchtsam, neidisch und heimtückisch, mal verschwenderisch, mal knauserig, aber meistenteils habgierig, mürrisch, mißvergnügt, unzufrieden, verdrießlich, ewig beklagen sie sich und grollen, sind rachsüchtig, schnell in Sorge, mit hitziger Einbildungskraft begabt, nicht leutselig und ohne Talent zum Einschmeicheln, vielmehr griesgrämig, trübsinnig, niedergeschlagen, abweisend, ganz in ihre Gedanken versunken. Sie gleichen der traurigen Dame in Albrecht Dürers Darstellung der Melancholie, die ihren Kopf in die Hand gestützt hat, starr vor sich hinblickt und nicht auf ihre in Unordnung geratene Kleidung achtet. Deshalb werden sie für eingebildet, weich, beschränkt und halbverrückt gehalten, und entsprechend schätzten ja auch die Abderiten Demokrit ein. Trotz alledem aber besitzen sie einen weiten Horizont und eine hervorragende Auffassungsgabe, sind vernünftig, klug, geistreich; denn ich bin mit Howard der Meinung, daß die schwarze Galle den Verstand schärft wie kein anderer Körpersaft und der geistigen Regsamkeit förderlicher ist als Alkohol oder Wein. In manchen Dingen besitzen Melancholiker ein profundes Urteil, obwohl sie bei anderen nach Fracastoro aufgrund ihres Umgetriebenseins oft zu falschen Schlüssen gelangen. Und Arculanus behauptet sogar: Ihr Urteilsvermögen ist durchgängig verderbt und steht kopf, weil sie Ehrlichkeit für unehrlich, Verbündete für Feinde halten, ihre besten Freunde beschimpfen und es nicht wagen, ihren Gegnern zu nahe zu treten. Häufig sind sie feige, schreibt Cardano, und ecken nicht gern an, und wenn sie zufällig in Wort oder Tat über das Ziel hinausschießen oder eine nebensächliche Formalität unterlassen oder vergessen wird, leiden sie gleich Höllenqualen, malen sich tausend Gefahren und Schwierigkeiten aus und machen, wenn sich das Hirngespinst erst einmal eingenistet hat, aus einer Mücke einen Elefanten. Jedes positive Gerücht und Geschichtchen, jeder günstige Zufall läßt sie vor Freude aus der Haut fahren; schlechte Nachrichten dagegen, kleine Widrigkeiten, eingebildete Kränkungen, Verluste, Gefahren lösen eine ganz spiegelbildliche Überreaktion aus: sie leiden schwer daran, sind bestürzt, niedergeschlagen, überrascht, ungeduldig, ängstlich, mißtrauisch gegen alle, völlig ruiniert. Und doch wieder entpuppen sich einige als skrupellose Desperados, unbekümmert, leichtsinnig und wegen ihrer Furchtlosigkeit gut als Meuchelmörder zu gebrauchen; entsprechend nennt sie auch Hercules de Saxonia äußerst verwegen, weil sie es fertigbringen, sich nachts in Einöden und an gefährlichen Orten aufzuhalten, ohne eine Menschenseele zu fürchten.

Sie verlieben sich schnell, sind leicht zu gewinnen, in alles vernarrt und der einen von Herzen zugetan, bis ihnen eine andere über den Weg läuft, die sie ebenso anbeten. Was sie vor Augen haben, bewegt sie am stärksten, und die gegenwärtige Geliebte ist ihnen normalerweise auch die teuerste. Einige sind aber auch misogyn, können den Anblick einer Frau nicht ertragen und hassen dieses Geschlecht wie der Herzog von Moskau, dem es auf der Stelle übel wurde, wenn ihm ein weibliches Wesen unter die Augen trat, oder jener Einsiedler, der kein Glied mehr rühren konnte, sobald man Frauen zu ihm brachte.

Sie sind extremen Stimmungsschwankungen ausgesetzt, manchmal die Heiterkeit selbst und ständig zum Lachen aufgelegt, manchmal grundlos in Tränen aufgelöst (ein bei adligen Damen häufiges Phänomen), voll Seufzen und Stöhnen, kopfhängerisch, betrübt und fast von Sinnen. Nach Frambesarius bilden sie sich viele unsinnige Absonderlichkeiten ein; der eine hält sich für einen Hund, Hahn, Bär, für ein Pferd, ist angeblich aus Glas oder Butter; der andere sieht sich als Riese, Zwerg, Lord, Herzog, Fürst und nimmt es an Kraft mit hundert Männern auf. Wenn man ihnen einredet, sie hätten einen stinkenden Atem, eine große Nase, seien krank oder anfällig für dieses oder jenes Gebrechen, glauben sie es auf der Stelle, und ihre starke Einbildungskraft bringt die Krankheit vielleicht sogar zum Ausbruch. Viele sind ganz halsstarrig und nicht von ihren Wahnvorstellungen abzubringen, andere haben jeden Tag eine neue Meinung über alles, was ihnen begegnet. Wenn sie ein Bühnenstück gesehen haben, beschäftigen sie sich eine Woche lang mit nichts anderem, wenn sie Musik hören oder einem Tanz zusehen, haben sie nur noch Dudelsäcke im Kopf, werden sie Zeuge eines Kampfes, schwärmen sie nur noch von Waffen, und auch Kränkungen oder Mißerfolge gehen ihnen lange nach. Ruhelos in Gedanken und Taten und beständig in Grübeleien versunken träumen sie mehr als sie wachen und leben in Gesellschaft phantastischer Einbildungen und Narreteien, sie haben die ausgefallensten Ideen, die unmöglich zu verwirklichen sind, und meinen bisweilen, jene Wahngebilde und Kobolde leibhaftig vor Augen zu haben, die ihr Argwohn und ihre Angst in die Welt gesetzt haben, mit denen sie sich aber gleichwohl unterhalten und denen sie folgen. Kurz und gut, sie wachen so wie andere träumen, und entsprechend fallen ihre Vorstellungen und Ideen aus; sie beschäftigen sich mit absurden, eitlen, dummen Kinkerlitzchen, sind dabei aber sorgfältig, penibel und ganz in die betreffende Sache vertieft. Nichtigkeiten nehmen sie so ernst, als handle es sich um wichtigste Geschäfte und Dinge von äußerster Tragweite, und sie können ihre Gedanken davon nicht abziehen und martern sich selbst. Auch wenn sie mit jemandem sprechen, anderweitig beschäftigt scheinen und ganz konzentriert und rührig wirken, geht ihnen doch diese fixe Idee oder Furcht, dieser Argwohn, Schmerz und Ärger, diese Kränkung, dieser Mißerfolg, dieses Luftschloß, diese Schrulle oder Grille, dieses Hirngespinst, dieser angenehme Tagtraum, oder was immer sie beschäftigt, nicht aus dem Sinn. Sie stellen nach Fracastoro keine Fragen und geben auch keine klaren Antworten, sondern achten kaum darauf, was man sagt, denn sie sind innerlich mit anderen Dingen befaßt. Sie hören nur mit halbem Ohr zu und sind auch nur halbherzig bei der Sache, die sie gerade unternehmen, vergessen ständig, was sie sagen, tun oder wohin sie gehen wollten, und werden von ihren melancholischen Gedanken ohne Unterlaß abgelenkt. Einer lacht plötzlich auf, der andere lächelt in sich hinein, ein dritter runzelt die Stirn, ruft, redet mit sich selbst und gestikuliert auf der Straße. Es ist eine Eigenschaft aller Melancholiker, heißt es bei Mercurialis, daß sie mit ihren fixen Ideen ununterbrochen innigsten Umgang pflegen. Wie sie es auch anstellen, sie können davon nicht loskommen, sie lassen es sich wohl tausendmal durch den Kopf gehen und werden ständig davon geplagt – in Gesellschaft oder allein, beim Essen, bei der Körperertüchtigung, jederzeit und überall. Nach Cicero kreisen ihre Gedanken insbesondere um das, was sie am liebsten aus dem Gedächtnis streichen würden, und gerade solche wunden Punkte rauben ihnen Ruhe und Schlaf. Sie rollen den Stein des Sisyphos auf die eigene Brust, wie Brunner formuliert, quälen sich selbst und können diesem beständigen Unheil und dieser schrecklichen Geißel doch nicht entkommen.

Crato, Laurentius und Fernelius halten Schüchternheit für ein verbreitetes Symptom, denn die Verschämtheit macht vielen Melancholikern zu schaffen. Wenn sie gekränkt, verspottet, entehrt, beschimpft worden oder durch eine seelische Störung aus dem Gleichgewicht geraten sind, belastet sie das so, daß sie oft ganz trübsinnig, niedergeschlagen und mutlos werden, sich nicht mehr in die Öffentlichkeit – zumal in fremde Gesellschaft – wagen und auch ihre alltäglichen Geschäfte nicht mehr selbst erledigen können. So kindisch, furchtsam und schüchtern führen sie sich auf, daß sie niemandem ins Gesicht sehen mögen, und manche sind mehr, manche weniger, manche kürzer, manche länger von dieser anfallartig auftretenden Angst betroffen. Allerdings läßt sich nach Fracastoro auch hier bisweilen das genau gegenteilige Phänomen der Unverschämtheit und Aufsässigkeit beobachten. Aber meistenteils sind Melancholiker krankhaft schüchtern, und das veranlaßt sie nach Pet. Blesensis und Christopher Urswick,

Ehren, Ämter und Beförderungen abzulehnen, die ihnen manchmal in den Schoß fallen; sie sind nicht redegewandt, können sich nicht wie andere in den Vordergrund spielen, sondern Zaghaftigkeit und Schüchternheit hindern sie am Vorwärtskommen. Zufrieden mit ihren gegenwärtigen Lebensumständen, übernehmen sie neue Ämter nur höchst ungern und haben deshalb kaum Aufstiegschancen. Wegen dieser Gemütsverfassung besuchen sie auch ihre Freunde nur selten, mit Ausnahme einiger weniger Vertrauter; wortkarg sind sie, und oftmals bringen sie gar nichts über die Lippen. Der französische Arzt Frambesarius hatte zwei solche Patienten, die extrem schweigsam waren und auch von ihren Freunden nicht zum Reden gebracht werden konnten. Und Rodericus à Fonseca erwähnt das Beispiel eines Siebenundzwanzigjährigen, der häufig verstummte, schüchtern, trübsinnig, einzelgängerisch war, weder essen noch schlafen wollte, aber manchmal auch Wutanfälle bekam.

Die große Mehrzahl der Betroffenen beschreibt Platter als lethargisch und wortkarg. Man kann sie nur mit großer Mühe dazu bewegen, in eigener Sache und zu ihrem eigenen Vorteil tätig zu werden, so ohne Selbstvertrauen, so antriebslos, unhöflich, ungesellig und unzugänglich sind sie, insbesondere gegenüber Fremden. Sie bringen lieber zu Papier, was sie denken, statt ihre Meinung frisch von der Leber weg zu sagen, und nichts ist ihnen teurer als die Einsamkeit. Sind sie nun zum Vergnügen einsam, muß man fragen, oder aus Schmerz? Wohl aus beiden Gründen; doch müssen meiner Meinung nach Angst und Sorge als Hauptursachen gelten. Bellerophon bei Homer

irrt so einsam umher, sein Herz von Kummer verzehret,
durch die aleische Flur, der Sterblichen Pfade vermeidend;

und auch seine Nachfahren haben eine Vorliebe für flutende Wassermassen und Einöden, gehen gern allein in Obsthainen und Gärten, auf abgeschiedenen Wegen und in Seitengassen spazieren, sind der Geselligkeit so abhold wie Diogenes in seiner Tonne oder der Misanthrop Timon und entwickeln zuletzt einen tiefen Widerwillen gegen alle Mitmenschen, selbst wenn es sich um ihre besten Bekannten und vertrautesten Freunde handelt. Denn sie bilden sich ein, jeder beobachte sie, wolle sie verspotten, lächerlich machen oder ihnen übel mitspielen. Deshalb verlassen sie ihre eigenen vier Wände nicht mehr, fliehen nach Rhazes die Menschen ohne Grund, hassen sie und leben ganz allein und auf sich gestellt. Einer der Hauptgründe, weshalb die Einwohner von

Abdera an die Melancholie und den Wahnsinn des Demokrit glaubten, war, wie Hippokrates in seinem Brief an Philopoimen berichtet, entsprechend die Tatsache, daß er die Stadt verließ, seine Tage in Hainen und an grünen Bach- und Flußufern zubrachte und in hohlen Bäumen schlief, ein Verhalten, das für Melancholiker typisch ist. In der ägyptischen Bilderschrift repräsentiert deshalb ein in seinem Lager hockender Hase den Schwermütigen, weil dieses Tier die furchtsamste und einzelgängerischste Kreatur ist. Aber die hier und alle vorher genannten Symptome treten je nach Zustand und Virulenz der schwarzen Galle mehr oder weniger deutlich zutage; bei dem einen sind sie kaum wahrzunehmen oder auch gar nicht vorhanden, bei dem anderen unübersehbar. Kindisch erscheinen sie in einem, schrecklich in einem anderen Fall und lösen entsprechend entweder Spott und Hohn oder aber Mitleid und Verwunderung aus. Anfallartig kommen und gehen sie oder sind chronisch, und obwohl sich solche Verhaltensmerkmale auch bei Gesunden nachweisen lassen, treten sie beim Melancholiker doch ausgeprägter, häufiger, stärker und unkontrollierter in Erscheinung. Mit einem Wort, es gibt nichts, was so eitel, absurd, lächerlich, abwegig, unmöglich, unglaublich, wundersam, bizarr, monströs wäre, daß solche Menschen es sich nicht einzubilden und für wahr zu halten vermöchten, und selbst die abstrusesten Chimären, die kein Maler oder Dichter uns zuzumuten wagte, versetzen sie in Angst und Schrecken. Von den Melancholikern kann man folglich allen Ernstes behaupten, was Ludovicus Vives im Scherz von jenem törichten Landsmann sagte, der seinen Esel abstach, weil er angeblich den Mond aufgetrunken hatte, und den Trabanten so der Welt zurückerstatten wollte: sie leben und denken in Extremen, Gegensätzlichkeiten und Widersprüchen ohne Zahl. Dabei weisen kaum zwei von zweitausend die gleichen Symptome auf, und der Turmbau zu Babel hat keine Verwirrung der Zungen im Gefolge gehabt, die der aus dem Chaos der Melancholie entsprungenen Konfusion ihrer Kennzeichen vergleichbar wäre. Alle Schwarzgalligkeit durchwirkt gleichwohl eine similitudo dissimilis, eine Ähnlichkeit des Unähnlichen, wie sie auch menschlichen Gesichtern eigen ist, und wie wir in einem Fluß am selben Ort, aber nicht im selben Wasser schwimmen können und sich auf demselben Instrument etliche Stücke spielen lassen, so äußert sich dieses Leiden in den vielfältigsten Erscheinungsformen. [...]

Bei der Melancholie bestehen entweder gute oder schlechte Aussichten auf Genesung. Wenn die Krankheit nicht ererbt ist und die Behandlung in einem frühen Stadium einsetzt, sind nach Avicenna die Heilungschancen gut. Und nach Hercules de Saxonia ist die von Lachen und Heiterkeitsausbrüchen gekennzeichnete Variante die leichteste, harmloseste und schwächste Form der Erkrankung. Ein Aphorismus des Hippokrates lautet: Wenn sich bei einem Melancholiker Hämorrhoiden oder Krampfadern bilden, hat das Leiden ein Ende. Galen und alle anderen Autoritäten schließen sich dieser Lehrmeinung an, und Sckenkius führt zur Bestätigung das Beispiel eines gewissen Daniel Federer an, eines Kupferschmieds, der lange melancholisch war und im 27. Lebensjahr sogar geisteskrank wurde, aber wieder genas, als an seinen Schenkeln Krampfaderknoten sichtbar wurden. Auch der Römer Marius wurde so geheilt, wenn auch, wie manche behaupten, unter großen Schmerzen. Sckenkius erwähnt auch Frauen, denen die nach langem Ausbleiben einsetzende Regel half. Daß Hämorrhoiden bei Männern eine vergleichbare Wirkung haben, darüber sind sich die Mediziner einig, allerdings müssen die Blutungen, wie einige sagen, auch hier von selbst erfolgen und dürfen nicht künstlich ausgelöst werden. Nach einem Viertagefieber geht es allen Melancholikern besser, und kaum jemand zieht sich diese Erkrankung zweimal zu; ob sie aber die Melancholie auf Dauer vertreibt, ist eine noch unentschiedene Frage, denn viele Ärzte führen alle langanhaltenden fiebrigen Erkrankungen auf gesonderte und melancholiefremde Auslöser zurück, darunter auch das Viertagefieber. Rhazes erklärt: Wenn die schwarze Galle durch die Haut ausgeschieden wird und sich dort als Schorf, Lepra oder Ausschlag manifestiert, mit dem Stuhl oder Urin abgeht, die Milz vergrößert ist und Krampfadern erscheinen, dann klingt die Krankheit ab. Guianerius fügt Wassersucht, Gelbfieber, Ruhr als Besserungssymptome hinzu und beruft sich dabei auf den sechsten Aphorismus des Hippokrates.

Nun zu den Fällen, in denen die Chancen schlecht stehen. Eingefleischte, chronische Melancholie ist der Lehrmeinung nach unheilbar, und nur Optimisten nehmen Ausnahmen von dieser Regel an. Das bezeugt auch Galen, der schreibt: Bei wem sie auch auftritt und was immer sie verursacht hat, hat sie sich erst einmal festgesetzt, haben wir es in jedem Fall mit einer langwierigen, unberechenbaren und schwer heilbaren Krankheit zu tun. Was Lukian von der Gicht sagte, die er die Königin der Leiden und unerbittlich nannte, gilt auch von der Melancholie. Und doch erklärt Paracelsus alle Krankheiten prinzipiell für heilbar und lacht Andersdenkende wie Erastus einfach aus, obwohl er an anderer Stelle Erbkrankheiten zu Gebrechen erklärt, gegen die die ärztliche Kunst nichts ausrichten kann. Hildesheim hält die Melancholie für weniger gefährlich, wenn nur die Einbildungskraft und nicht die Vernunft betroffen ist; die leichteste Form wird von verbranntem Blut, die schwerste von verbrannter gelber Galle ausgelöst, aber verdorbene schwarze Galle hat die allerschlimmsten Folgen. Bruel hält die hypochondrische Variante für die am wenigsten gefährliche und Kopf- und Ganzkörpermelancholie – im Gegensatz zu Galen – für sehr schwer heilbar. Bei Männern ist eine erfolgreiche Therapie nicht einfach, bei Frauen noch ungleich schwieriger. Und beide Geschlechter sollten sich den Satz des Montanus einprägen: Diese Krankheit begleitet die Betroffenen gewöhnlich bis zum Grabe. Ärzte können sie lindern, aber nicht heilen, sie mag eine Weile in die Latenz absinken, der geringste Anlaß oder Irrtum aber läßt sie stärker und heftiger als zuvor zurückkehren. Wie bei der ehemals ganz vergoldeten und den Unbilden der Witterung ausgesetzten Statue des Merkur alle freiliegenden Flächen abgewetzt waren und sich doch in den Ritzen noch Reste von Gold hielten, so finden sich in dem gesundesten Körper, hat er sich erst einmal angesteckt, immer einige Überbleibsel der Melancholie, die nicht leicht zu beseitigen sind. Oft entartet das Leiden auch; sind die Gehirnventrikel in Mitleidenschaft gezogen, treten nach Hippokrates und Galen Epilepsie, Schlaganfälle und Konvulsionen auf, dringt es zu den Sehnerven vor, ist nach Frambesarius und Salvianus Blindheit die Folge. Mercurialis hatte entsprechend eine Patientin, die aufgrund ihrer Melancholie erblindete und Epileptikerin wurde. Spielen «kalte» Auslöser bei der Erkrankung die Hauptrolle, kommt es zu den gleichen Komplikationen, und die Betroffenen werden schließlich apathisch und blöde und legen ein kindisches Verhalten an den Tag. Bei «heißen» Krankheitsursachen geht die Tendenz eher zu Raserei und Manie, und das Endstadium heißt häufig genug Irrsinn. Wenn die schwarze Galle sich erhitzt und zunimmt, was in der Regel geschieht, denn in diesem Saft liegt nach Sennertus geradezu der Keim des Feuers, treten Anfälle von Geistesgestörtheit auf, oder die Umnachtung wird vollständig. Ist verbrannte schwarze Galle ursächlich, gebärden sich die Erkrankten nach Montanus wie Besessene.

Selten endet die Melancholie tödlich, außer in den Fällen – und das ist das größte und schmerzlichste Unglück, das äußerste Unheil –, in denen ihre Opfer Selbstmord begehen, was häufig geschieht. So haben schon Hippokrates und Galen feststellen müssen: Wenngleich sie den Tod fürchten, legen sie doch meistens Hand an sich, und das wird aller ärztlichen Kunst zum Verhängnis:

Und oft faßt in solchem Grad aus Schreck vor dem Tode
Menschen des Lebens Haß und Haß, den Tag zu ersehen,
daß sie selbst den Tod sich verhängen mit traurigem Herzen.
(Lukrez)

Ihr äußerstes Elend peinigt und quält diese Menschen derart, daß sie keine Freude mehr am Leben finden und sich gleichsam gezwungen sehen, sich den Kelch abzutun, um ihr unerträgliches Leid abzuschütteln. So begehen, wie Fracastoro formuliert, einige in einem Anfall von Raserei, die meisten aber aus Verzweiflung, Sorge, Angst und Seelenpein Selbstmord, denn ihre Existenz ist unglücklich und jammervoll. Nachts können sie keine Entspannung und keinen Schlaf finden, und wenn sie doch einmal einschlummern, versetzen sie Alpträume in Furcht und Schrecken. Tagsüber ängstigen sie sich ständig vor irgend etwas Entsetzlichem, und wie auseinandergetriebene Pferde einen an sie gefesselten Menschen, so reißen Argwohn, Angst, Kummer, Sorge, Mißmut und Schande den Melancholiker in Stücke. Sie haben keine Stunde, keine Minute Ruhe, sondern sitzen auch gegen ihren Willen ständig bei ihren Problemen und fixen Ideen, die ihnen nicht aus dem Kopf wollen. Dieses Grübeln zermalmt ihre Seele, sie leiden ohne Unterlaß, werden sich selbst wie Hiob zur Last und können nicht mehr essen, trinken, schlafen. Ihnen ekelte vor aller Speise, heißt es im 107. Psalm, daß sie todkrank wurden und gefangen waren im Zwang und Eisen. Wie ihr biblisches Ebenbild verfluchen sie ihren Unstern und den Tag ihrer Geburt und wünschen sich den Tod; denn Hiob war nach Ansicht des Pineda und der meisten anderen Interpreten bis zur Verzweiflung, ja fast bis zum Wahnsinn melancholisch. Solche Menschen empören sich in der Bitterkeit ihrer Leidenschaft oft gegen die Welt, ihre Freunde und Bundesgenossen, gegen die Menschheit, ja gegen Gott selbst. Leben wollen sie nicht, sterben können sie nicht. Und inmitten dieser elenden, häßlichen und verdrießlichen Lebensumstände, gegen die sich kein Heilmittel und in denen sich kein Trost finden läßt, suchen sie schließlich und endlich Erlösung durch den Tod, der ihnen, weil sie wie alle Kreaturen nach Aristoteles das erstreben, was gut für sie ist, entweder als Verlockung oder als einziger Ausweg erscheint. Wenngleich sie oft wie Äsops Fische aus der Pfanne heraus direkt ins Feuer springen, hoffen sie doch, auf diese Weise Linderung zu finden. Und Felix Platter erklärt: Nach vielen öden Tagen setzen sie schließlich ihrem Leben ein Ende, indem sie sich erhängen, ertränken oder auf eine andere schreckliche Art umbringen. Viele beklagenswerte Beispiele stehen uns täglich vor Augen; einer knüpft sich vor der Tür seiner Geliebten auf, schreibt Seneca, der andere stürzt sich vom Dach, um dem Zorn seines Herrn zu entgehen, ein dritter durchbohrt sein Herz mit einem Dolch, um der neuerlichen Verbannung zuvorzukommen. An Gründen herrscht kein Mangel: Liebe, Kummer, Zorn, Wahnsinn, Schande usw. Dieser verhängnisvolle Ausgang der Krankheit ist ein weitverbreitetes Unglück, denn die Betroffenen werden als unheilbar Kranke von einem ärztlichen Schwurgericht gleichsam zum Tode verurteilt, von ihrer ungestümen Gemütsverfassung und ihrem tyrannischen Willen Hals über Kopf in den Untergang getrieben und von ihrem Elend überwältigt. Wenn der himmlische Arzt es durch seine Gnade und Barmherzigkeit nicht verhindert – denn alle menschliche Überredungskunst ist umsonst –, bleibt diesen Menschen nichts anderes übrig, als zu ihren eigenen Schlächtern zu werden und sich selbst hinzurichten. Sokrates' Schierling, Lukretias Dolch, Timons Strick sind immer noch zur Hand, und Cato hat sein Messer, Nero sein Schwert zurückgelassen, und wie so manche andere Todeswerkzeuge hat sie die Nachwelt geerbt, und bis zum Ende aller Tage werden Menschenseelen in ihrer Not davon Gebrauch machen – so unerträglich, heftig und unaussprechlich bitter ist ihre Pein, so unablässig sind sie ihr ausgesetzt. Ein kummervoller Tag währt hundert Jahre, wie Cardano bemerkt; dieses Leiden ist mörderisch und nach Aretaios eine Pest, ein konvulsivischer Krampf der Seele, der Inbegriff des Inferno. Und wenn es überhaupt so etwas wie eine Hölle auf Erden gibt, dann ist sie im Herzen eines melancholischen Menschen zu finden:

Denn jene tiefste Qual bringt Höllenbann,
die man wohl spürt, doch nicht mehr sagen kann.

Und was der Spötter Lukian im Scherz von der Gicht vermeldet, das kann ich für die Melancholie nur allen Ernstes wiederholen:

O du den Menschen und den Göttern selbst
verhaßter Name, Melancholia, weihvolle Tochter
des Kozytus, die in der nächtlichsten,
geheimsten Kluft des finstern Tartarus
die Furie Megära ausgeheckt,
und der statt Muttermilch Alekto Gift
aus ihren Zähnen eingeträufelt hat:
O welch ein Dämon ließ zur bösen Stunde
dich, Unglückselige, ans Licht herauf?
Nein, solche Blitze schießt der Donnerer nicht,
so raset nicht des Meeres wildste Flut,
so wütend wirbelt sich kein Wirbelwind.
Oh! Mich zerreißt der Zahn des Höllenhundes,
mir nagen Ottern alle Knochen ab!
Ich steh in Flammen, gleich als wäre mein
Gewand in des Zentauren Blut getaucht.
Erbarme dich, Göttin, denn du überwältigst alles,
allmächtige Besiegerin der Welt.

Keine körperliche Qual kommt der Melancholie gleich, keine Folterwippe, keine heißen Eisen und glühenden Ochsen des Phalaris, und selbst die sizilianischen Tyrannen haben keine schlimmere Tortur erdacht. Alle Ängste, Kümmernisse, Unzufriedenheiten, aller Argwohn, alles Ungute und alle Unannehmlichkeiten münden und verlieren sich wie Bächlein in diesem Euripus, dieser Irischen See, diesem Ozean des Elends, diesem Zusammenfluß allen Grams, wie Ammianus über seinen unglücklichen Freund Palladius schrieb. Ich behaupte vom Melancholiker, daß er die Quintessenz, das Endprodukt und den Gipfel menschlichen Mißgeschicks darstellt und daß alle anderen Krankheiten verglichen mit dieser Heimsuchung nur Flohbisse sind, denn sie ist der Inbegriff allen Unheils:

'ne Herberg ist's
jedweden Jammers. Doch was braucht's der Worte viel?
Wie viel du Elend suchen magst, dort findest du's.

(Plautus)

Der Melancholiker ist der wahre an den Kaukasus geschmiedete Prometheus, der wahre Tityus, dessen Eingeweide nach den Erzählungen der Dichter die Geier verschlingen, denn seine Ängste und drückenden Sorgen verzehren ihn, wie Lilius Giraldus dieses poetische Gleichnis richtig deutet, bei lebendigem Leibe. Bei allen anderen Gebrechen suchen wir Hilfe; wenn ein Bein oder ein Arm schmerzt, unser Wohlbefinden gestört ist, wir uns verletzt haben oder an einer gewöhnlichen Krankheit leiden, haben wir nur einen Wunsch: Hilfe, Gesundheit, sofortige Wiederherstellung, falls das nur irgend möglich ist. Wir trennen uns bereitwillig von all unseren anderen Gütern, ertragen jedes Elend, trinken bittere Medizin, schlucken scheußlich schmeckende Pillen, lassen uns Glieder amputieren und die Wunden ausbrennen, nur um wieder gesund zu werden. So süß, so teuer und über alle Maßen kostbar ist uns hienieden das liebe Leben. In der Hauptsache wünschen wir uns viele glückliche Tage und ein langes Dasein. Nur dem Melancholiker kommt nichts öder und hassenswerter vor als die eigene Existenz, und was die anderen so sorgfältig zu erhalten streben, das ekelt ihn an. So unerträglich sind seine Qualen, daß es angesichts der bisweilen gestellten Frage, ob körperliche oder seelische Erkrankungen schlimmer seien, gar keinen Vergleich und Zweifel geben kann. Die seelischen Gebrechen sind ungleich schmerzhafter, denn hier sind Körper und Psyche, vor allem aber letztere, in Mitleidenschaft gezogen. Das bezeugt auch Cardano, und Plutarch und der Platoniker Maximus Tyrius haben es in ausführlichen Untersuchungen nachgewiesen. Die Zeit macht alles heil, heißt es, und bei allen anderen Krankheiten gibt es immer eine gewisse Hoffnung auf Genesung, aber die unglücklichen Opfer der Melancholie entkommen ihrem Elend zu Lebtagen nicht mehr; sie sind unheilbar krank, hoffnungslose Fälle, je älter sie werden, desto schlimmer geht es ihnen, und der Tod allein schafft Abhilfe.

Manche Philosophen zweifeln daran, ob es Rechtens ist, daß ein Mensch in seinem bittersten Schmerz und Kummer Selbstmord begeht, und fragen sich, wie ein derartiges Verhalten zu bewerten sei. Die Platoniker billigen es, wenn diese oder andere zwingende Gründe vorliegen, und erklären es für rechtmäßig. Plotin und Sokrates selbst verteidigen die Tat, und bei Platon heißt es: Wenn jemand an einer unheilbaren Krankheit leidet, darf er sich zu seinem eigenen Besten das Leben nehmen. Epikur und seine Anhänger, die Zyniker und die Stoiker, sie alle verurteilen den Selbstmord nicht, und Epiktet und Seneca erklären sogar alles für erlaubt, was zur Freiheit führt: Danken wir Gott, daß niemand gegen seinen Willen zum Leben gezwungen ist. Was haben Kerker und Gitter schon zu bedeuten? Der Ausweg steht immer offen. Siehst du jenen Abhang, jenen Fluß, jene Schlucht, jenen Baum? Dort winkt die Freiheit, dort entkommt man der Sklaverei und dem Kummer wie jener Jüngling aus Lakonien, der sich kopfüber in den Abgrund stürzte, um nicht Sklavendienste verrichten zu müssen, und so von seinem Elend erlöst wurde. Wem dieses Verfahren zu mühsam ist, den befreit jede beliebige Ader seines Körpers; welche Rolle spielt es schließlich, ob man sein Ende erwartet oder herbeiführt, und niemand muß unter jammervollen Umständen weiterexistieren. Es ist schlecht, in Not zu leben, aber nichts nötigt einen, das zu tun. Der aber ist ein Feigling, der sich wegen einer Nichtigkeit umbringt, und der ein Narr, der unter größten Schmerzen weiterlebt. Weshalb hat Mutter Natur Gift in solchen Mengen hervorgebracht, fragt Plinius, wenn nicht deshalb, damit sich notleidende Menschen den Kelch abtun können? Die alten Könige hatten für den Notfall immer Gift zur Hand, schreibt Livius, und der Henker hielt sich stets bereit. Als der kranke Speusippos, den sein Sklave auf den Schultern tragen mußte, dem Diogenes begegnete und ihm sein Leid klagte, antwortete der Philosoph: Ich bedaure dich nicht, weil du dich unter solchen Umständen immer noch ans Leben klammerst, das du dir abtun kannst, wann immer du es wünschst. Seneca lobt in diesem Zusammenhang die Hochherzigkeit und den Mut des Cato, der Dido und Lukretia und erhebt alle die zu Vorbildern, die freiwillig aus dem Leben scheiden, um großem Unheil aus dem Wege zu gehen, Erlösung im Elend zu finden, ihre Ehre zu retten oder ihren guten Namen reinzuhalten. Kleopatra, Sophonisba, die Frau des Syphax, und Hannibal handelten so, auch Junius Brutus, Vibius Virius und jene kampanischen Senatoren, die sich nach Livius vergifteten, um dem römischen Joch zu entkommen. Themistokles trank frisches Stierblut, weil er nicht gegen sein Vaterland kämpfen wollte, Demosthenes nahm aus demselben Grunde Gift, und die heldenhaften Römer Censorius, Plancus und Publius, der Sohn des Crassus, begingen Selbstmord, um nicht in die Hände der Feinde zu fallen. An wie viele Tausende aus allen Zeitaltern könnte ich noch erinnern, die schuldlos ihrem Leben ein Ende setzten, und Razis wird deshalb in den Büchern der Makkabäer gepriesen, und die Bibel heißt Samsons Tod gut. Auch Saul und Jona sündigten in dieser Beziehung und viele ehrenwerte Männer und Frauen, deren feierliches Andenken die Kirche bewahrt, weil sie sich etwa bei der Eroberung Roms töteten, um ihre Keuschheit und Ehre zu retten, was Augustinus im *Gottesstaat* als Beispiel anführt. Hieronymus rechtfertigt entsprechend das Verhalten

Jonas', Ambrosius lobt Pelagia, weil sie sich für ihre Unberührtheit opferte, und Eusebius verleiht seiner Bewunderung für eine römische Matrone Ausdruck, die sich durch Selbstmord den Nachstellungen des Tyrannen Maxentius entzog. Adelhelmus, der Abt von Malmesbury, nennt diejenigen selige Jungfrauen, die so sterben. Als Titus Pomponius Atticus, der weise, besonnene, berühmte Senator und enge Freund Ciceros, schon längere Zeit an einer Krankheit litt, die er für unheilbar hielt, faßte er den Entschluß, sich zu Tode zu hungern, um so den Schmerzen, die nur immer größer werden würden, je länger er zögerte, ein Ende zu machen. Agrippa und seine übrigen Freunde beschworen ihn unter Tränen, nicht gewaltsam aus dem Leben zu scheiden, er aber wankte nicht in seinem Entschluß und bat sie, seinen guten Vorsatz gelten zu lassen, statt ihn davon abbringen zu wollen. So starb er standhaft und brachte ihr Flehen durch seine Entschlossenheit zum Verstummen. Corellius Rufus, ein anderer ehrenwerter Senator, verhielt sich nach dem Bericht des zweiten Plinius ebenso; er nahm, weil er von der Gicht aufs schrecklichste geplagt wurde, keine Nahrung mehr zu sich und hungerte sich zu Tode. Weder Plinius selbst noch seine Gemahlin Hispulla konnten ihn von seinem Entschluß abbringen; er war zum Sterben entschlossen, und also starb er auch. Lykurg, Aristoteles, Zenon, Chrysippos, Empedokles und tausend andere machten es genauso. Wenn sich jemand im Krieg unbesonnen drohenden Gefahren aussetzt und in seinen eigenen Tod rennt, gilt das als Tapferkeit und Edelmut. Und ruhmvoll ist es, den eigenen Untergang und den vieler hundert Soldaten dazu herbeizuführen und also gleichsam vorsätzlich sich selbst und seine Mitmenschen zu ermorden, denn dafür wird auch noch Heldenlorbeer verliehen. Früher erwürgten die Massageten, Derbikes und ich weiß nicht, welche anderen Volksstämme noch, die über Siebzigjährigen, um sie von ihren Altersgebrechen zu befreien. Auch die Einwohner der Insel Kos verhielten sich nicht anders; weil dort die Luft rein und gut war und die Menschen gemeinhin langlebig, kam man der Gebrechlichkeit und Senilität mit Mohn und Schierling zuvor. In seiner Schrift *Utopia* macht sich auch Thomas Morus zum Fürsprecher des Freitodes in den Fällen, in denen jemand sich selbst und anderen zur Last fällt. Besonders wenn das Weiterleben qualvoll wäre, soll er sich mit eigener Hand aus dieser öden Existenz befreien wie aus einem Kerker oder zulassen, daß ihn andere erlösen. Dieselbe Lehre verfocht nach Laertius auch Zenon; Platon läßt in den *Gesetzen* Senilität, Armut und

Schande als legitime Gründe für den Selbstmord zu, und Fabius stellt ausdrücklich fest: Niemand muß lange elend sein, es sei denn durch eigene Schuld. Nach Auskunft des Jesuiten Matthäus Riccius ist es in China gang und gäbe, daß sich Menschen, die ohne Hoffnung auf eine Wende zum Besseren und ihres qualvollen Unglücks überdrüssig sind, das Leben nehmen, wobei sie sich oft, um es ihren Feinden heimzuzahlen, vor deren Tür aufknüpfen. Der Historiker Tacitus und der Philosoph Plutarch finden beide lobende Worte für ein freiwilliges Aus-dem-Leben-Scheiden, und selbst Augustinus verteidigt den gewaltsamen Tod, wenn er einem guten Zweck dient: Niemand stirbt auf diese Weise, der nicht früher oder später abberufen worden wäre. Jeder muß endlich diese Welt verlassen, unser Leben ist unzähligen Gefahren ausgesetzt, und niemand kennt seine Stunde. Die Verblichenen brauchen nicht noch einmal zu sterben, und besser, man erleidet einen Tod, als alle Tode fürchten zu müssen. Besser sterben als ein unnützes Leben, heißt es bei Jesus Sirach, und es ist ein härteres Geschick, in ständiger Angst existieren zu müssen, als sich durch einen einmaligen Schritt allem zu entziehen. Nachdem er Platons göttliche Abhandlung über die Seele gelesen hatte, hielt Kleombrotos Ambrakiotes eine glänzende Rede über das irdische Jammertal und das Glück im Jenseits und brachte so ich weiß nicht wie viele hundert Zuhörer dazu, sich in den Tod zu stürzen, wobei er mit gutem Beispiel voranging. Auch das hübsche Epigramm des Kallimachos bestätigt das:

Sonne, leb wohl! So rief Kleombrotos, Ambrakiote,
und von erhabenem Wall sprang er zum Hades hinab,
ohne ein Übel würdig des Todes zu kennen. Gelesen
hatte von Platon er eins: «Über die Seele» das Buch.

Kalanus und seine Inder verabscheuten den natürlichen Tod, die Circumcellionen und Donatisten zwangen in ihrem Lebensekel andere dazu, sie umzubringen, und es gibt viele weitere Beispiele. Aber alles das sind falsche und heidnische Überzeugungen, lästerliche stoische Begriffsverwirrungen, böse Exempel; was auch die heidnischen Philosophen vorbringen mögen, hat keinen Gewinn, denn ihre Ansichten sind gottlos und widerwärtig, und sie sind ganz und gar auf dem Holzweg. Nichts Böses darf getan werden, damit Gutes daraus entstehe. Christus und die Heilige Schrift lehnen den Selbstmord mit einem entrüsteten Aufschrei ab, und alle guten Menschen sind seine Gegner. Wer einen anderen ersticht, tötet dessen Körper, aber wer sich selbst erdolcht, bringt die eigene Seele um. Der handelt böse, der einem Bettler ein Almosen gibt, liest man bei Plautus, denn er verlängert nur sein Elend. Aber Lactantius nennt das eine abscheuliche Ansicht und widerlegt sie gänzlich. Augustinus und Hieronymus sprechen sich gegen den Freitod aus, und letzterer nennt die Selbstmörder Märtyrer einer törichten Philosophie. Cyprian pflichtet ihm darin bei: Diejenigen, die so sterben, werden von Krankheit oder Ehrsucht oder Wahnsinn in den Untergang getrieben, und es ist verrückt, sich aus Todesangst umzubringen. Auch Aristoteles und Lipsius äußern sich entsprechend, und der Irrtum der Fürsprecher des Selbstmordes liegt offen zutage. Ich möchte aber hinzufügen, daß wir unser hartes Urteil über Menschen, die sich selbst und in einem Anfall bodenloser Verzweiflung manchmal auch anderen Gewalt antun, zumindest in solchen Fällen abmildern sollten, in denen die Betroffenen zur Tatzeit unzurechnungsfähig oder schon über einen längeren Zeitraum tief melancholisch waren. Solche Menschen wissen nicht, was sie tun, sind ihrer Vernunft, ihres Urteilsvermögens und aller Einsicht beraubt und gleichen einem Schiff ohne Lotsen, das notwendig auf die nächste Klippe oder Sandbank aufläuft und untergeht. P. Forestus erzählt von zwei melancholischen Brüdern, die Selbstmord begingen und wegen dieser ruchlosen Tat mit Schimpf und Schande verscharrt werden sollten, wie das in solchen Fällen üblich ist, um andere abzuschrecken. Als man ihr vormaliges Elend und ihre Umnachtung aber eingehender untersuchte, widerrief man diese Anordnung, und sie wurden feierlich beigesetzt, wie es auch David bei Saul guthieß. Seneca schließlich gibt den beherzigenswerten Rat: Zürnt ihm, weil er ein Mörder war, aber bemitleidet ihn nun, da er tot ist. Über den Leichnam und den Besitz des Selbstmörders können wir nach Gutdünken verfügen, aber was aus seiner Seele wird, weiß Gott allein. Seine Gnade trete zwischen Brücke und Fluß, Messer und Kehle. Was dem einen zustößt, kann jedem anderen auch widerfahren, und wer weiß, welche Versuchung seiner harrt. Das war ein fremdes Schicksal, es kann auch dir bestimmt sein. Deshalb sollten wir nicht so übereilt und hart urteilen, wie manche das tun; die Barmherzigkeit ist ein milder Richter und hofft immer das Beste; Gott sei uns allen gnädig.

Nachwort

Als im Jahre 1621 die schon über achthundert Seiten starke Erstausgabe der *Anatomie der Melancholie* erscheint, ist ihr Autor Robert Burton vierundvierzig Jahre alt – ein Stubenhocker und Bücherwurm, von dem seine Kollegen in Oxford auch späterhin wenig mehr zu vermelden wissen, als daß er ein grundanständiger Mensch, ein unterhaltsamer und mit Zitaten nur so um sich werfender Tischgenosse und eben ein «devourer of authors», ein unersättlicher Leser, gewesen sei[1]. Der Umschlag vom Bücherverschlingen ins Bücherschreiben muß für seine Umwelt durchaus überraschend gekommen sein, denn eigentlich standen von diesem unscheinbaren Theologen, der seine Examina alle etwas verspätet abgelegt hatte und auf der Erfolgsleiter der Kirchenhierarchie nie über die ersten Stufen hinausgekommen war[2], keine größeren literarischen Anstrengungen mehr zu erwarten. Die Ausbeute der vergangenen Jahre und Jahrzehnte war dazu einfach zu gering und entmutigend gewesen: ein gutes Dutzend lateinischer Gelegenheitsgedichte, von denen ihr moderner Herausgeber im Bewußtsein der Untertreibung schreibt, sie gehörten nicht eben zu den hervorragenden Beispielen ihrer Art[3], das kaum gelungenere Lustspiel *Philosophaster* und die Mitarbeit an der pastoralen Komödie *Alba*. Dieses Stück, das im August 1605 in Anwesenheit von Jakob I. und seiner Gemahlin aufgeführt wurde, ist uns nicht überliefert. Erhalten geblieben ist dafür ein Bericht über die Reaktion der illustren Gäste, in dem es heißt:

«Die Komödie begann zwischen neun und zehn und endete um eins. ... In der Vorstellung traten fünf oder sechs fast gänzlich unbekleidete Schauspieler auf, die den Unwillen der Königin und der Hofdamen erregten; außerdem wurde das Stück durch die unzähligen Gesangs- und Tanzeinlagen so langweilig, daß Ihre Majestät nach der halben Spieldauer gegangen wäre, hätten ihn die Rektoren der Universitäten Oxford und Cambridge nicht mit flehentlichen Bitten zum Bleiben bewegt[4].»

Burton war mit anderen Worten literarisch zu oft durchgefallen und gescheitert, um noch auf Interesse, Förderung oder gar Vorschußlorbeeren hoffen zu können. Er gehörte ins Lager der Abgehakten und Abgehalfterten, rechnete im Urteil seiner Zeitgenossen wohl ganz selbstverständlich zu jenen Ruinen der Selbstüberschätzung und Invaliden des Ehrgeizes, wie sie die Straßen des Ruhms und der Unsterblichkeit seit Menschengedenken säumten. Und dann geschieht das Unerhörte. Dieser Dilettant, der bisher selbst bei Fingerübungen eine schlechte Figur gemacht hatte und von dem jeder zu wissen glaubte, daß er sich längst um sein Restchen Kreativität studiert habe, schreibt ein Meisterwerk, bei dem selbst Könige Sitzfleisch entwickeln müßten[5], entpuppt sich als virtuoser Erzähler, Zitatenequilibrist und Naturtalent in Sachen Seelenkunde. Im Handumdrehen lockt er den Leser in seinen faszinierenden Tintenkosmos, eine literarische Welt ganz eigener Prägung. In ihr wird der nie über England hinausgelangte Autor zum Bildungskosmopoliten, zum überall herumgekommenen, weitgereisten Entdecker, der auf ungemein abwechslungsreiche und unterhaltsame Art von seinen Streifzügen durch gelehrte Köpfe, von Expeditionen im Gedankendschungel und Irrfahrten über die Büchermeere zu berichten weiß. Und das Publikum ist gefesselt. In für das 17. Jahrhundert denkbar kurzen Zeitabständen erscheinen die jeweils überarbeiteten und ständig erweiterten Neuauflagen von 1624, 1628, 1632, 1638 sowie postum die Ausgabe letzter Hand von 1651. Der Verleger verdient ein Vermögen[6]; der Autor aber – und das ist nicht minder erstaunlich als die Metamorphose vom Versager zur Berühmtheit – verweigert sich dem Erfolgsrausch. Zwar arbeitet er bis zum Ende weiter an seinem Lebenswerk, das auf etwa eintausenddreihundert Seiten anwächst; aber Produktivkraft bleibt die Ernüchterung und Ent-täuschung eben jenes Anonymus, der Burton vor 1621 war. Noch in der letzten Ausgabe nennt er die *Anatomie* ein «Niemandsnichts» (130), und mit dem Unsterblichkeitswahn der Schriftsteller geht er ebenso unnachsichtig ins Gericht wie mit den Aufgeblasenheiten aller anderen Professionen:

«Von den zahllosen Poeten, Rhetorikern, Philosophen und Sophisten, die in der Vergangenheit geschrieben haben, ist uns nach der treffenden Beobachtung des Eusebius kaum eines von tausend Werken überliefert, und ihre Bücher sind zu Staub zerfallen wie ihre Körper. Ihrem eitlen Glauben, sie würden von der Nachwelt als Unsterbliche bewundert werden, ist es ergangen wie Philipp von Mazedonien, dem jemand nach einem Sieg respektlos vorhielt, sein Schatten sei trotzdem nicht länger als vorher. Deshalb staunen wir solche Menschen nicht an wie das gemeine Volk, sondern verwundern uns, als hätten wir Gorgonen, Harpyien und Furien vor uns (243f.).»

Monströs also und verwunderlich erscheint Burton nicht das Vergeblichkeitsgefühl des Melancholikers, sondern gerade der Illusionismus der Realitätstüchtigen, die Selbstüberhebung und Selbstauratisierung der Sieger, Macher und Kulturheroen, die immer gleich «für die Ewigkeit» erobern und vertilgen, erbauen und ausradieren, belehren und verdammen, reimen und räsonieren müssen. Denn rückt man die Proportionen zurecht, öffnet man den räumlichen und zeitlichen Horizont nur weit genug, wählt man die nationale, kontinentale, globale oder gar kosmische Perspektive (vgl. 244), werden alle ihre Leistungen provinziell und die Urheber zu ohnmächtigen Eintagsfliegen, zu Wesen, die nicht einmal Schatten werfen, sondern Schatten sind.

Die Rahmenbedingungen unserer Existenz definiert folglich weder das zu erkämpfende irdische Glück des Erfolgs noch eine kompensatorisch gewährte überirdische Seligkeit des Glaubens; der Theologe Burton überlädt zwar manches Kapitel mit Bibelzitaten, die konventionellen Trostformeln der Religion aber wollen ihm nicht aus der Feder (vgl. 36f.). Vielmehr leben wir unter dem Himmel eines Großen Umsonst, über dem Abgrund des Nichts und unserer eigenen Nichtigkeit. Demjenigen, dem es nicht mehr gelingen will, die Augen vor dieser Tatsache zu verschließen und sich den festen Boden des Bewirkens und der Wirklichkeit[7] unter die Füße zu lügen, demjenigen also, der einbricht und abstürzt, sagt der gesunde Optimismus Schwermut nach, nennt ihn weltfremd, spleenig, lebensuntüchtig, mustert ihn aus als einen von denen, die nicht mehr zu gebrauchen sind. In eben dieser Situation des Abgeschriebenseins und der Randständigkeit befand sich auch Robert Burton, als er sein Buch begann. Nur war sie kein Handicap, sondern gerade Bedingung der Möglichkeit seines bewundernswerten Selbstverständigungsversuchs, der therapeutisch ansetzt – «Ich habe über die Melancholie geschrieben, um sie mir mit dieser Unternehmung vom Leibe zu halten (23)» – und den Autor wie Leser dann doch nicht von der Melancholie heilt, sondern von dem Glauben an Heilung. Das Heile, so ließe sich die entsprechende Lektion formulieren, ist nämlich ebensowenig von dieser Welt wie das Heilige; das angebliche Gegenteil der Schwermut, die frohgemute Normalität, ist ungleich verrückter als der pathologisierte Störenfried und eine eiserne Gesundheit das Kennzeichen der wirklich hoffnungslosen Fälle[8].

Diese Wahrheit hat Burton nicht verbittert – das hat noch keine Wahrheit fertiggebracht –, sie hat ihn auch nicht in einen Schwarzseher verwandelt. Im Gegenteil, die Welt ist bunt, und Burtons enzyklopädisches Abbild ist es nicht minder. Kein Leser wird das bestreiten, dem warm ums Herz geworden ist, wenn Burton Honoratioren wie Heuchlern die Leviten liest, seine deftigen Schwänke von erschöpfenden Schlafzimmerwerkeleien, unausgelasteten jungen Ehefrauen, delirierenden Zechern und bei höchst weltlichen Verrichtungen ertappten Geistlichen zum besten gibt oder sich selbst die Narrenkappe überstülpt. Aber es ist eben doch eine verkehrte, verkommene, eine durch und durch vergällte Welt, die er so liebevoll nachzeichnet und abschildert, eine Welt, in der selbst die schönsten Utopien (vgl. 104ff.) wie eine Seifenblase zerplatzen, sobald man sich daran erinnert, wer den Idealstaat bevölkern wird:

«Und läge es im Bereich des Möglichen, hätte ich gern Priester, die Christus nachfolgen, mildtätige Anwälte, die ihren Nächsten lieben wie sich selbst, maßvolle und bescheidene Ärzte, Staatsmänner, die die Welt verachten, Philosophen, die zur Selbsterkenntnis fähig sind, Adelige, die ein ehrsames Leben führen, Kaufleute, die das Lügen und Betrügen lassen, und eine unbestechliche Beamtenschaft. Aber das alles ist ausgeschlossen, und ich muß das nehmen, was ich bekomme (110).»

So nistet noch im Wunschtraum und dem Spiel der Phantasie der Weltschmerz als die konterrevolutionäre Gewißheit, daß der zweite Garten Eden nur von neuen Menschen geschaffen werden kann, diese aber allein als Produkte dessen vorstellbar sind, was sie erst noch hervorbringen sollen[9].

In seinem Kapitel über die psychische Symptomatik (309ff.) legt Burton den vielleicht entscheidenden Grund für das Leiden des Schwermütigen an der Welt offen: seine übergroße Sensibilität und sein ständig in schmerzhafte Resonanz geratendes Einfühlungsvermögen. Dort ist die Rede von Zeitgenossen, denen das Bild eines kranken oder sich in Gefahr befindenden Mitmenschen «tagelang nicht aus dem Kopf will» (312), die den Schrecken einer Hinrichtung oder Beisetzung nicht durchzustehen vermögen, weil sie sich «imaginativ anstecken» (313), oder die aufgrund ihrer ungedämpften Mitleidenschaft nicht einmal ins Theater gehen können. Zur Gruppe dieser dünnhäutigen, schutzlos der Medusa Realität ausgelieferten Personen gehörte zweifelsohne auch der Autor der *Anatomie,* aus dem es schon auf den ersten Seiten herausbricht: «Tagtäglich höre ich neueste Nachrichten und landläufige Gerüchte über Kriege, Seuchen, Feuer, Überschwemmungen, Diebstähle, Morde, Massaker... (20)» Die Reizüberflutung, die seine Litanei auslöst und nicht zuletzt als Begleiterscheinung des damals rasch expandierenden Buchdrucks auftritt, ist uns im Zusammenhang mit dem Folgemedium Fernsehen nur allzu vertraut. Und wir kennen auch den Verdrängungsschutz, der es den sogenannten robusten Naturen erlaubt, das allabendliche Greuel-, Katastrophen- und Banalitätenkondensat der Nachrichtensendungen ebenso unbeschadet zu überstehen wie den anschließend von einer lächelnden Ansagerin in Aussicht gestellten, unterhaltsam aufbereiteten Doppelmord. Der Melancholiker aber reagiert ganz anders auf die in Wort, Ton und Bild auf ihn einstürzende Welt. Er ist außerstande, Übersättigung mit Abstumpfung zu beantworten, vielmehr bildet er jene Überempfindlichkeit und «Überwachheit»[10] aus, die etwa auch die Frauengestalt auf Albrecht Dürers Kupferstich *Melencolia I* auszeichnet.

Wer sich bei dem, was nach Maßgabe eines beschwichtigenden «Realismus» nun einmal so ist, wie es ist, nicht beruhigen kann, wer die Augen nicht zu verschließen, von «Unerfreulichem» und «Unabänderlichem» nicht abzusehen vermag, dem muß wie Burton unaufhaltsam die schwarze Galle hochsteigen. In dem wächst die Empörung über all die Inszenierungen, Maskeraden, Schönfärbereien, Lügengespinste, Vertröstungen und Heilsvisionen, mit denen sich seine Umwelt ebenso fiebernd wie zwanghaft blendet und selbst betrügt. Und aus dieser «kalten Wut»[11] raffinieren und destillieren die Stärksten unter den Schwachen jenen unbedingten Willen zur Wahrheit und jene trostlose Lauterkeit, die damals wie heute das Fürchten lehrt und die «Heilkundigen» jeder Couleur auf den Plan ruft. Denn der unverwandte Blick der Melancholie zeigt das Unheil nackter, als es die Schauspieler in *Alba* jemals waren, läßt aufschrecken aus dem, was Arthur Schopenhauer den «einzigen angeborenen Irrtum» nannte, den Wahn nämlich, «daß wir da sind, um glücklich zu sein»[12].

Robert Burton war einer jener Ernüchterten, die anderen nichts mehr vormachen konnten und sich selbst nichts mehr vormachen ließen. Die Bestandsaufnahme der condition humaine in seinem Kapitel über Verdruß, Sorgen und Not als Melancholieauslöser (217ff.) läßt an Deutlichkeit nichts zu wünschen übrig. Der Mensch erscheint als Mängelwesen, ausgesetzt und ohnmächtig, seine Existenz ist dem blinden Zufall preisgegeben, denn «so viele Wechselfälle des Lebens gibt es, daß zwischen einer Stadt und rauchenden Trümmern ... oft nur ein Tag liegt» (223). Die kurzen Atempausen des Wohlseins und der Zufriedenheit untergräbt und zersetzt sich dieses Wesen selbst, weil ihm auch das sehnlichst Gewünschte schal und widerlich wird, sobald es darüber verfügt. Und gegen seinesgleichen wütet es schlimmer, benimmt es sich bestialischer als jede andere Kreatur. Nein, dieses Untier ist nicht Pico della Mirandolas Halbgott und seine Welt nicht jene beste aller möglichen, die Leibniz zwei Generationen später dem aufgeklärten 18. Jahrhundert – und der Spottlust Voltaires – andiente. Vielmehr gilt als ausgemacht:

«Ein streitsüchtiges, mißmutiges, unordentliches, melancholisches und elendes Leben führen wir, und könnten wir das Kommende vorhersehen und hätten wir die Wahl, so würden wir diese leidvolle Existenz eher zurückweisen, als sie zu akzeptieren. Kurz und gut, die Welt selbst ist ein Irrgarten, ein Labyrinth der Irrtümer, eine Wüste, Wildnis und Räuberhöhle, übersät mit dreckigen Tümpeln und schrecklichen Felsen, voll von Abgründen, ein schweres Joch, ein Ozean der Not, in dem Gebrechen und Unheil übereinanderschwappen oder sich wie Wellen jagen (220).»

Im Irrgarten ihrer Gattungsgeschichte, auf dem wildbewegten Meer der Leidenschaft und Gewalt sind unserer Art nicht viele lichte Momente beschieden gewesen, und reihte man sie aneinander, so käme wohl nicht einmal die Spanne eines Menschenlebens dabei heraus. Aber einige dieser luziden Anwandlungen bleiben auf immer mit dem Namen Robert Burtons verbunden und haben ihren Niederschlag in seinem Werk gefunden. Was er als «Demokrit Junior»[13] über die Ideologie des Militarismus, einen verlogenen Heldenkult und das gutgläubige und begeisterungsfähige Kanonenfutter zu sagen hat (58ff.), bewegt sich gut dreieinhalb Jahrhunderte später nicht nur weiterhin auf der Höhe der Zeit, sondern ist ihr immer noch um eine Prognose voraus. Diese Vorhersage lautet: «Sie kümmert nicht, welches Unheil sie anrichten, ... und sie fachen die Glut des Streites so lange an, bis die ganze Welt von den Flammen verzehrt wird (59)», und uns dämmert inzwischen, daß hier nicht jemand mit seinem Bildungswissen und entsprechenden Anspielungen auf die stoische Weltbrandlehre protzt, sondern eine Entwicklung weiterdenkt und extrapoliert, die auf dem Kontinent eben jene neue Eskalationsstufe erreicht hatte, die die Überlebenden den Dreißigjährigen Krieg taufen sollten.

Durchschauen lernt man bei Burton – und hier kommen ihm seine dramatischen Versuche[14] ebenso zustatten wie sein hochentwickeltes Einfühlungsvermögen –, aber auch die psychischen Deformationen von Menschentypen, die in der Alltags- und Geschäftswelt des frühen Merkantilismus schon ebenso tonangebend waren wie in unserer angeblich postmodernen Industriezivilisation: den stromlinienförmigen Aufsteiger und Karrieristen etwa (228f.), den von der Allmacht des Geldes überzeugten Jünger der Dea Moneta (231), den willfährigen Intellektuellen (270ff.) und den im ideologischen Überbau wie eine Made im Speck lebenden Apparatschik (262f.).

Alles zugestanden, mag jemand einwenden, aber sind das nicht gerade die Rosinen aus einem eben doch schon reichlich ausgetrockneten Kuchen, der im Grunde nur noch Philologen und Medizinhistorikern mundet, die bekanntlich als Wiederkäuer über einen belastbaren Verdauungstrakt verfügen? Läßt sich Burton wirklich so mühelos aktualisieren, wird dabei nicht die Patina übertüncht, alles Anachronistische unter den Tisch gekehrt, werden zu diesem Zweck nicht auch die Kuriosa und Skurrilitäten von den sich im Wortsinn einprägenden Schwangerschaftserlebnissen bis zu Spontanheilungen durch Nasenbluten verschwiegen? Liegen zwischen Burtons durchaus noch mittelalterlichem Melancholiekonzept und unserer aufgeklärten Phänomenansprache etwa keine Welten? Ist seine gesamte Argumentationsweise etwa nicht vorwissenschaftlich-naiv? Soll eine Zivilisation, die endlich in der Lage ist, Geisteskrankheiten psychopharmakologisch unter Kontrolle zu halten, am Ende auf dem Absatz kehrtmachen und sich zu der eingestandenen Hilflosigkeit eines spätscholastischen Theologen bekehren, der sich nicht einmal mit dem kopernikanischen Weltbild anzufreunden vermochte?

Alle diese Vorbehalte und Fragen lassen sich zu einer einzigen bündeln: Wie lese ich die *Anatomie der Melancholie* richtig[15], damit die Lektüre lohnt? Und die erste Antwort, die der Nachfragende sich durch den Kopf gehen lassen muß, ist die von Robert Burton selbst:

«Wer immer also diese Abhandlung lesen mag, dem wird es

unterwegs nicht anders ergehen als einem gewöhnlichen Reisenden. Mal ist der Weg angenehm, mal beschwerlich, mal geht er durch freies Feld, mal zwischen Hecken hindurch, mal ist das Land öde, mal ist der Boden besser; durch Wälder, Haine, Berge, Täler, Ebenen kommt er, und ich werde ihm mancherlei bieten, was ihm zusagt, mancherlei, was ihm mißfällt (33).»

Reiselust also ist vonnöten und Belastbarkeit oder auf neudeutsch: Frustrationstoleranz. Burton redet und schreibt seinem Leser, gerade auch dem modernen, nicht nach dem Munde. Zwar bietet das Buch die versprochenen Panoramen in bewegten Bildern, ja es liefert sie in Hülle und Fülle[16], aber es ist gleichwohl keine Welt wie aus dem Bilderbuch oder seiner zeitgemäßen Variante, dem Touristikprospekt, die sich da vor unseren Augen entrollt. Vielmehr sind die Erfahrungen, die wir «unterwegs» machen, durchwachsen wie das Leben selbst und folglich nicht selten irritierend und strapaziös.

Strapaziert wird zum Beispiel das kulturelle Überlegenheitsgefühl der Nachgeborenen, wie es aus den oben genannten Anfragen an den Text herausklingt; denn auch das Bewußtsein der eigenen Fortschrittlichkeit bleibt «in der Fremde» eines anderen Jahrhunderts nicht ohne schmerzhafte Blessuren. So besteht schon bei dem angeblich antiquierten Melancholiebegriff Burtons Gelegenheit, sich auf nachhaltige und lehrreiche Art und Weise den Kopf zu stoßen. Burton, das ist wahr, argumentiert nicht nach dem Prinzip der Ab- und Ausgrenzung, sondern des sich Aneignens und Einverleibens; sein Melancholieverständnis ist weit und offen genug, um in dieser Kategorie nicht nur Seele *und* Leib als psychosomatische Einheit (306ff.) unterzubringen, sondern auch noch das Pflanzen- und Tierreich (83), den Metaorganismus des Staates (84ff.) sowie seine Institutionen von der Familie (116ff.) bis zu den Ständen und Klassen (118f.). Dieser beherzte Globalismus – «die ganze Welt ist melancholisch, verrückt und aus dem Häuschen, und zwar in allen Teilen» (128) – ist dem Spezialisten nicht erst unserer Tage ein Greuel, und das nicht zuletzt deshalb, weil er die Scheuklappenexaktheit seines Vorgehens zwar empirisch nennt, mit der *Welthaltigkeit* der «unwissenschaftlichen» Darstellungsweise Burtons aber nicht im entferntesten konkurrieren kann. Über den Grund für die bei näherem Hinsehen erschreckenden Defizite und Erkenntnisblockaden fachwissenschaftlicher Melancholieliteratur[17] wird man nach der Lektüre der *Anatomie* nicht länger rätseln. Burtons Wahrnehmung ist nämlich nicht objektivistisch halbiert und auf die bloß diagnostische, klassifizierende und den Patienten krankschreibende Außenperspektive einer Apparate- und Anstaltsmedizin verengt, sondern um die Dimension der Selbstbeobachtung und Innenschau erweitert. Der Schreibende ist kein im Grunde unbeteiligter Fachmann, er ist ein Betroffener, und jeder Satz, den er zu Papier bringt, deshalb existentiell beglaubigt:

«Was meine Person angeht, so kann ich vielleicht mit Sallusts Marius für mich in Anspruch nehmen, daß ich das gefühlt und praktiziert habe, was sich andere anlesen mußten und nur vom Hörensagen kennen. Sie haben ihr Wissen aus Büchern, ich verdanke meins meinen melancholischen Anwandlungen selbst. Ich rede aus schmerzlicher Erfahrung (24).»

Diese Authentizität, das Am-eigenen-Leibe-Erlittenhaben hat die *Anatomie* jahrhundertelang vor dem Verstauben und damit vor dem üblichen Schicksal jener Experten- und Fachliteratur bewahrt, die gleichwohl auf eine vitale Unmittelbarkeit herablächeln zu können glaubt. Dabei brauchte es nur ein Fünkchen historischer Phantasie, um gerade als Koryphäe bei Burton Bescheidenheit zu lernen. Denn schließlich hat er fast alle großen Gelehrten seiner Epoche und der von ihm überschauten Wissenschafts- und Geistesgeschichte zitiert – insgesamt über tausend Autoritäten[18] von Hercules de Saxonia, Constantinus Africanus und Felix Platter über Janus Damascenus, Villanova und Daniel Sennertus bis zu Rodericus à Castro und Johann Jakob Wecker, deren Namen damals den Klang und das Renommee eines Dr. Sauerbruch oder Professor Barnard, eines C. G. Jung oder Erich Fromm besaßen, inzwischen aber selbst in den besten Lexika kaum noch Erwähnung finden[19].

Burton eröffnet sein Welttheater in der Maske des Atomisten Demokrit, den wir zum antiken Vorläufer unseres physikalistischen Weltbildes erkoren haben, und wir unterstellen der Zergliederungsmetaphorik des Buchtitels[20] unbesehen ein Vorgehen, das unserem heutigen Wissenschaftsideal zumindest affin zu sein scheint. Aber auch dieser Eindruck erweist sich als revisionsbedürftig, weil Burton methodisch ebenfalls quersteht zu einem selbstherrlichen Spaltungs-Irresein, wie es heute im Partikularismus und Fragmentarismus so vieler Disziplinen fröhliche Urständ feiert. Die *Anatomie der Melancholie* ist nämlich trotz ihrer Vorliebe für komplexe Ordnungs-, Gliederungs- und Untergliederungsmuster[21] kein analytisches, sondern ein synthetisches und synoptisches Buch, das den zu untersuchenden Gegenstand nicht immer weiter und bis zur völligen Unkenntlichkeit zerhackt und zertrümmert, sondern genau umgekehrt verfährt und ihn aus vorhandenen Wissens- und Informationsatomen rekonstruiert und wieder zusammensetzt. In diesem Sinne treibt Burton gar keine Wissenschaft, sondern er benutzt wissenschaftliche und protowissenschaftliche Erkenntnisse aus zwei Jahrtausenden, um mit diesen an sich unzulänglichen und unaufhaltsam verblassenden Mosaiksteinchen[22] ein Bild der Schwermut zu entwerfen, das auch dann noch Bestand hat, wenn der innovations- und fortschrittsbesessene Steinchenlieferant längst anders geformte und gezeichnete Versatzstücke herstellt und für allein maßgeblich erklärt. Burton schreibt, noch anders gesagt, mit den Buchstaben und Zeichen des wissenschaftlichen Diskurses seiner Epoche einen Metatext, der vom Veralten der benutzten Aussagevehikel nicht mehr tangiert wird. Das ist, warum soll man damit hinter dem Berg halten, ein beeindruckendes Kunststück, dafür aber nicht Burtons einziges, denn melancholische Primärerfahrung ausgerechnet mittels einer ganzen Bibliothek «verdauter» Sekundärliteratur[23] zu vermitteln, dürfte kein geringeres Maß an Kunstfertigkeit erfordern.

Die griffige Formel des Burton-Herausgebers Holbrook Jackson, die *Anatomie* sei der «Schwanengesang der autoritären Scholastik»[24], trifft deshalb nur zu, wenn man sie auf das Material bezieht, das in diesem literarischen Kunstwerk verarbeitet wird. Niemand bestreitet, daß die Säfte- und Temperamentenlehre[25], die Burton als grundlegendes physiologisches Erklärungsmuster benutzt, ihre Plausibilität und Reputation verloren hat, was übrigens schon 1628 abzusehen war, als gleichzeitig mit der dritten Auflage der *Anatomie* William Harveys Studie über den Blutkreislauf erschien. Niemand leugnet oder verschweigt des weiteren jene Passagen, die uns allen nur noch ein – in der Regel immerhin amüsiertes – Kopfschütteln entlocken. Aber das Unzeitgemäße und Obsolete geht Burtons Summa nicht an die Substanz. Ganz im Gegenteil, der versunkene Bildungskosmos, auf den er sich bezieht, liefert zusätzlich melancholischen Anschauungsunterricht. Denn wer sich dem Analogieschluß nicht verweigert, daß auch der wissenschaftliche Katechismus unserer Tage dem historischen Verschleiß unterliegt, der kann sich auch eingestehen, daß seine Glaubenssätze über Unterbewußtes, Hirnströme, Infektionen oder die Epiphanie der Materie in den Nebelkammern der Physik späteren Generationen ebenfalls kein ehrfürchtiges Staunen abnötigen werden, sondern beim homo futurus die nämlichen Heiterkeitsausbrüche auslösen dürften.

Blieben noch die Vorbehalte gegenüber der angeblichen Leichtgläubigkeit Burtons, wobei vielleicht Beweisketten wie die folgende aus dem Kapitel über die körperliche Symptomatik herangezogen würden: «Hercules de Saxonia versichert glaubhaft, er habe seine Mutter schwören hören, daß sie sieben Monate lang kein Auge zutun konnte (308).» Wird hier nicht mit vorwissenschaftlicher Naivität Fürwahrhalten bzw. Hörensagen als Wahrheitsgarant akzeptiert, und kultiviert Burton seine für die Unterhaltsamkeit der *Anatomie* verantwortliche Kunst unermüdlichen Beglaubigungserzählens nicht deshalb nach Kräften, weil ihm die «harten» experimentellen Verifikationstechniken, die sein Zeitgenosse Francis Bacon propagierte, eben noch nicht zur Verfügung standen? Die Antwort ist erneut für uns «Fortgeschrittene» wenig schmeichelhaft, wenn sie reflexiv erfolgt, das heißt unsere eigenen Verhaltensmuster mit einbezieht. Denn die haben wieder einmal nicht den unterstellten Vorbild-, sondern einen blamablen Ebenbildcharakter. Unsere angeblich von wissenschaftlicher Rationalität und dem Axiom intersubjektiver Nachprüfbarkeit dominierte Kultur vermittelt ihren Mitgliedern die felsenfesten Gewißheiten der Forschung nämlich größtenteils immer noch à la Burton, also durch Beglaubigungsgeschichten und ihre phantasielose Schwundform, die Lehrbuchindoktrination. Das hat seinen Grund darin, daß der, der wirklich jede Behauptung experimentell überprüfen wollte, in seinem gesamten Leben nie über die Anfangsgründe avancierter Wissenschaften hinausgelangte, ändert aber nichts an der Tatsache, daß jeder Chemielaborant heute ganz unbesehen mehr glaubt, als sich ein Alchimist jemals zugemutet hätte. Nur heißt das Medium des Hörensagens jetzt Fachzeitschrift und die Gerüchteküche erfolgskontrollierte Grundlagenforschung. Odo Marquard führt in seinem Aufsatz «Zeitalter der Weltfremdheit?» dazu aus:

«Niemals zugleich – das liegt am modernen Siegeszug der Erfahrungswissenschaften – gab es so viele neue Erfahrungen wie heute. Aber wir machen sie nicht mehr selbst, sondern andere machen sie für uns. Sogar ein Empirie-Spezialist, wie z. B. ein experimenteller Physiker, macht heute höchstens 2 bis 5 % jener Experimente selber, auf deren Resultate er sich ständig verlassen muß. . . . So müssen wir immer mehr Erfahrungen hinnehmen, die wir selbst nicht machen, sondern nur durch Hörensagen kennen. . . . Das bedeutet: je wissenschaftlicher – in unserer Welt – die Erfahrungen werden, um so mehr müssen wir glauben[26].»

Vor diesem Hintergrund eines fast vollständigen Ausgeliefertseins, das sich in grotesker Verkennung der Tatsache auch noch für den Inbegriff der Unbestechlichkeit hält, gewinnt Burtons gut-, nicht leichtgläubiges Vorgehen überraschend an Profil. Denn statt unser parteiliches Verhalten vorwegzunehmen, das jenen Gerüchten bedingungslos Glauben schenkt, die mit dem Gütesiegel des «wissenschaftlich Erprobten» und «klinisch Getesteten» daherkommen, dafür aber andere Formen der Erfahrungstradierung vom Sprichwort bis zum Körpersignal in Bausch und Bogen ablehnt, begegnet die *Anatomie* allen Formen des Wissens und Halbwissens mit einer Neugier, die von Kritiklosigkeit weit entfernt ist. Schließlich heißt es etwa zu einigen Geschichten, die Wahnsinn als Strafe Gottes erklären: «Aber Poeten und Papisten können einander beim Fabulieren das Wasser reichen, und um ihre Kreditwürdigkeit ist es nicht zum besten bestellt (156).» Nur gibt Burton eben auch das, was mit Vorsicht zu genießen ist, weiter, statt es totzuschweigen, wobei er dieses Verfahren selbstverständlich auch gegenüber der Vorläuferform der reinen Wissenschaft, einem in Idealtypen und abstrakter Systematik schwelgenden Platonismus, praktiziert. Nicht weniger auf der Hut als bei den Propagandisten göttlicher Instant-Vergeltung formuliert er gegen die Abgehobenheit der Theoretiker den noch heute beherzigenswerten Einwand, «daß es sich mit den Arten der Schwermut in der Medizin so verhält wie in der Staatslehre mit den reinen Formen der Republik, Monarchie, Aristokratie und Demokratie, die zwar theoretisch famos funktionieren mögen, in der Praxis aber... nur gleichsam gemildert und in Mischformen vorkommen. Was immer die Mediziner in ihren Büchern über die Unterschiede verlauten lassen, spielt folglich keine so große Rolle, weil sich im Körper ihrer Patienten diese Konzepte doch vermengen (154).» Zwar integriert die *Anatomie* auch in diesem Fall den konzeptuellen Bestand[27], streicht aber den provisorischen Charakter und die Orientierungsfunktion der existenten Melancholiemodelle deutlich heraus.

Nein, Burtons Meisterwerk ist weder ein abgestandenes und längst überholtes Kapitel der Medizingeschichte noch eine Art Kuriositätenkabinett für bibliophile Schaulustige. Vielmehr stellt dieses Buch immer noch eine Herausforderung dar, formuliert die Kampfansage eines weltoffenen Geistes an unser inzwischen nicht mehr gottesfürchtig, sondern psycho-pathologisch verengtes und verkümmertes Melancholieverständnis. Das nämlich redet da von krankhafter Geistesverwirrung und endogener Depression, wo es jemandem wie Schuppen von den Augen fällt, wo die rosarote Brille in Stücke geht und die Heillosigkeiten der Welt und des eigenen Daseins zudringlich werden. Solches Wegdiagnostizieren von Einsicht war Burtons Sache nicht. Zwar steht auch er in der Tradition der theologischen Exkommunikation des Schwermütigen und seiner medizinischen Ausgrenzung und Entmündigung als unzurechnungsfähig, aber er schreibt als Betroffener unermüdlich dagegen an. Das, was er dabei zu Papier bringt, ist nicht verrückt, sondern wahrhaftig, und eben deshalb ver-rückt es die Parameter der Normalität so weit, daß immer wieder etwas von der fatalen Gesundheit der «Absonderlichen» und etwas vom pausbäckigen Siechtum der «Kerngesunden» zum Vorschein kommt.

Was ist, wird nicht besser, schon gar nicht durch das Vertauschen der Schwarzweiß-Werte. Deshalb stellt Burton die verkehrte Welt[28] nicht seinerseits auf den Kopf und erklärt «anti-psychiatrisch» das Kaputte zum Heil. Vielmehr schenkt er uns reinen Wein ein auch über die schwarze Galle selbst. Der ungetrübte Blick, den sie gewährt, ist nämlich eine durchaus schmerzhafte Sichtweise und die Initiation in das Große Umsonst ihrerseits nicht umsonst zu haben. Auch an den Heimsuchungen der Schwermut darf nichts beschönigt werden:

«Ein kummervoller Tag währt hundert Jahre, wie Cardano bemerkt; dieses Leiden ist mörderisch und nach Aretaios eine Pest, ein konvulsivischer Krampf der Seele, der Inbegriff des Inferno. Und wenn es überhaupt so etwas wie eine Hölle auf Erden gibt, dann ist sie im Herzen eines melancholischen Menschen zu finden (326).»

Und doch singt die Anatomie der Melancholie zugleich ihr Hoheslied. Ihr Autor hat das Leiden an der Welt produktiv werden lassen und sich statt im Trübsalblasen in der *schönen Kunst der Kopfhängerei* vervollkommnet. Er hat gleichsam im Selbstversuch entdeckt, wie sich mit, mehr noch, wie sich aus der Schwermut leben läßt, und er ist darüber wohl auch mit der Gradlinigkeit eines Jean Améry zu Ende gekommen, denn «diese Krankheit begleitet die Betroffenen gewöhnlich bis zum Grabe» (324).

Burtons Todestag ist der 25. Januar 1640. Auch nach seiner Beisetzung in der Kapelle von Christ Church in Oxford will unter den Studenten das Gerücht nicht verstummen, der Verstorbene habe Hand an sich gelegt[29]. Auf einer späterhin angebrachten Gedenktafel findet sich die Inschrift:

«Wenigen bekannt, wenigeren ein gänzlich Unbekannter
ruht hier Demokrit Junior,
dem die Melancholie
das Leben und den Tod schenkte[30].»

Interpreten haben diesen Nachruf aus eigener Feder enigmatisch genannt[31]; der aufmerksame Leser aber wird nichts Rätselhaftes daran entdecken. Denn den ersten Band der *Anatomie* beschließt ein Streitgespräch Burtons mit sich selbst. Darin geht es um die Legitimität des Freitodes, wobei das kategorische Suizidverbot des Christentums den (Pyrrhus-)Sieg über die tolerantere Haltung der Antike davonträgt. Nur erscheint der Rigorismus der «Religion der Liebe», den die Theologenseele in Burtons Brust ganz pflichtgemäß, aber seltsam wortkarg verficht, dabei seinerseits als selbstmörderisch. Vielleicht ist das letzte Wort des anderen Burton auch deshalb Barmherzigkeit. Möge es noch lange nachhallen über der schwärzesten Flut, dem ölglatten Spiegel des Acheron, auf dem niemandem mehr ein Weltbild erscheint.

1 Vgl. Anthony Wood, *Athenae Oxonienses* (1721); abgedruckt in: Paul Jordan-Smith (ed.), *Robert Burton's 'Philosophaster' with his Other Minor Writings in Prose and Verse* (London 1931), S. 281 f.

2 Lawrence Babb nimmt in seiner Monographie *Sanity in Bedlam: A Study of Robert Burton's 'Anatomie of Melancholy'* (East Lansing/Michigan 1959, S. 30) als Grund für solche «Überschreitung der Regelstudienzeit» eine von 1593–1599 dauernde Erkrankung an. Für diese Ehrenrettung des verbummelten Studenten Burton gibt es jedoch nach Maßgabe der kärglichen biographischen Informationen, über die wir verfügen, keinerlei Belege – und nach Maßgabe einer melancholischen Weltsicht auch keinerlei Bedarf. Zur Zurücksetzung Burtons und seiner versandeten Karriere innerhalb des anglikanischen Establishments vgl. James Rory King, *Studies in Six 17th-Century Writers* (Athens/Ohio 1966), S. 54 f.

3 Jordan-Smith (ed.), a. a. O., S. XVI.

4 Nicholas Dewey, *Robert Burton and the Drama* (Diss., Princeton University 1968), S. 110.

5 Für einen Souverän der englischen Literaturkritik ist das immerhin belegt. Sein Biograph Boswell berichtet über Dr. Johnson, Burtons *Anatomie* sei das einzige Buch gewesen, für dessen Lektüre er zwei Stunden früher aufgestanden sei als gewohnt. Vgl. Paul Jordan-Smith, *Bibliographia Burtoniana* (London 1931), S. 103.

6 Anthony Wood: «The Bookseller... got an Estate by it»; abgedruckt in: Jordan-Smith (ed.), a. a. O., S. 282.

7 Vgl. dazu auch Alfred J. Ziegler, *Wirklichkeitswahn* (Zürich 1983).

8 Alfred J. Ziegler, *Morbismus. Von der besten aller Gesundheiten* (Zürich 1979).

9 Eben aufgrund dieses Teufelskreises konnte sich die Melancholie trotz ihres Ungenügens an der Realität nie zu ernstgemeinten utopischen Entwürfen bereitfinden. Und Stanley Fish stellt entsprechend im Burton-Kapitel seiner Abhandlung *Self-Consuming Artifacts. The Experience of Seventeenth-Century Literature* (Berkeley, Los Angeles, London 1972) fest: «J. Max Patrick has complained that some readers seem not to have noticed that there was a Utopia in Burton's preface. The explanation is simply that there isn't one, at least not one sustained enough to allow it to stand out.... The Utopia is just one more barrel, one more false promise, one more substanceless hope of sanity and order, and, like the others, it surfaces for a few brief moments before the advancing tides of melancholy rise to overwhelm and obliterate it (S. 329).»

10 Im ersten Band seiner Dürer-Studie (Princeton [3]1948) benutzt Erwin Panofsky die Ausdrücke «super-awake» und «paralyzed by thought» (S. 160).

11 Dieser Ausdruck stammt aus dem wohl bedeutendsten Melancholie-Gedicht eng-

lischer Sprache, James Thomsons «The City of Dreadful Night» (1874). Im Proem beantwortet der Autor die Frage nach dem Grund für seine poetische Tour de force in einem teilnahmslosen Universum so:

Because a cold rage seizes one at whiles
    To show the bitter old and wrinkled truth
Stripped naked of all vesture that beguiles,
    False dreams, false hopes, false masks and modes of youth;
Because it gives some sense of power and passion
In helpless impotence to try to fashion
    Our woe in living words however uncouth.

12 Arthur Schopenhauer, *Welt und Mensch. Eine Auswahl aus dem Gesamtwerk*, hrsg. von Arthur Hübscher (Stuttgart 1966), S. 163.

13 Die Popularität der Demokrit-Persona verdeutlichen neben den eigenen Ausführungen Burtons zu Beginn seiner Vorrede auch Publikationen wie Samuel Rowlands *Democritus, or Doctor Merry Man, His Medicine against Melancholy Humours* (1607) – eine Sammlung humoristischer Erzählungen, die in Burtons Privatbibliothek stand. Vgl. dazu Bridget Gellert Lyons, *Voices of Melancholy. Studies in Literary Treatment of Melancholy in Renaissance England* (London 1971), S. 122f.

14 Der «Dramaturgie» der *Anatomie* haben insbesondere Nicholas Dewey (a. a. O., S. 242f.) und Joan Webber (*The Eloquent 'I'. Style and Self in Seventeenth-Century Prose* [Madison 1968] S. 88ff., 104ff.) kritische Aufmerksamkeit gewidmet. Bei Dewey findet sich auch die Information, daß Burton über 100 Bände mit zeitgenössischen Theaterstücken besaß.

15 Siehe auch Martin Heusser, *The Guilded Pill. A Study of the Reader-Writer Relationship in Robert Burton's 'Anatomy of Melancholy'* (Tübingen 1987).

16 Man vergleiche nur die kleine Weltreise bei der Abhandlung unterschiedlicher Ernährungsgewohnheiten (175ff.) oder die Galerie von Menschentypen im Demokrit-Junior-Vorwort (69ff.).

17 Zur Kritik der Bemächtigungsversuche der neuzeitlichen Medizin vgl. Ulrich Horstmann, *Der lange Schatten der Melancholie. Versuch über ein angeschwärztes Gefühl* (Essen 1985), S. 41ff.

18 Diese Zahl wird von Jordan-Smith, a. a. O., S. 59, genannt.

19 Jordan-Smith schreibt in der Einleitung zu seiner *Bibliographia Burtoniana:* «[My book] is the result of four years of mad searching about in bibliographical dictionaries of French, Portuguese, Spanish, German, Italian, and what-not for celebrities of a forgotten age, for those men upon whom Robert Burton conferred a sort of immortality. ... And poking about in musty libraries I have indeed re-found a few of those remarkable men who have not been favoured by the known accounts of Time (S. IX).»

20 Eine Anmerkung Jordan-Smiths listet allein 23 zeitgenössische Publikationen auf, die das Wort 'anatomy' im Titel führten (ebd., S. 23). Er setzt es in seiner Bedeutung schlicht mit 'outline', also «Abriß» oder «Überblick», gleich (S. 19).

21 Dem ersten Buch der *Anatomie* ist wie auch dem zweiten und dritten ein mehrseitiges Gliederungsschema vorangestellt, auf dessen Wiedergabe in dieser Ausgabe verzichtet wurde.

22 In der Einleitung zu seiner Burton-Ausgabe (London 1932) hat Holbrook Jackson diesen Gedanken am deutlichsten ausgesprochen: «He is an artist in literary mosaic, using the shreds and patches he has torn from the works of others to make a picture emphatically his own. Books are his raw material. Other artists fashion images out of clay, contrive fabrics and forms of stone, symphonies of words, sounds or pigments. Burton makes a cosmos out of quotations. He raids the writings of the past, which he often finds neglected or in ruins, and reassembles them in a structure of his own, much as the ruins of Rome were pillaged by the builders of the Renaissance and worked into temples and palaces of a new civilization (S. XI).»

23 Vgl. Burtons eigenen Web- und Honigvergleich sowie seine Feststellung: «Die Materie ist größtenteils die ihre [anderer Autoren] und doch auch von mir angeeignet nach der Art, in der die Natur mit den Nahrungsmitteln verfährt, die sich unser Körper einverleibt, die er verdaut und assimiliert. Ganz ähnlich halte ich es mit der geistigen Nahrung (27).»

24 A. a. O., S. XII.

25 Die Lehre von den vier «humores» Blut, Schleim, gelber und schwarzer Galle findet sich zuerst bei Hippokrates und wurde später von Galen in seiner Temperamentenlehre aufgegriffen, nach der das Mischungsverhältnis der einzelnen Körpersäfte nicht nur über Gesundheit und Krankheit entscheidet, sondern auch den Persönlichkeitstyp (Sanguiniker, Phlegmatiker, Choleriker und Melancholiker) festlegt. Die Renaissance-Medizin baute diese Ansätze zum hochkomplexen System der Humoralpathologie aus. Vgl. auch Bridget Gellert Lyons, a. a. O., S. 1 ff.

26 Odo Marquard, *Apologie des Zufälligen* (Stuttgart 1986), S. 83.

27 Nennen ließe sich in diesem Zusammenhang Burtons Arbeitsdefinition der Melancholie als «eine Art fieberfreier Verrücktheit, die normalerweise von grundloser Angst und Trübsinn begleitet ist» (146), oder die Dreiereinteilung in Kopf-, Körper- und hypochondrische Melancholie (152).

28 Dieser Topos wird von Burton des öfteren benutzt, u. a. im Demokrit-Junior-Kapitel: «Da reisen die Pferde in der Kutsche, vor die Menschen gespannt sind, Hunde fressen ihre Herren, ... die Frauen haben die Hosen an, Schafe verwüsten die Städte, verschlingen die Menschen usw., kurz, die Welt steht kopf (72).»

29 Vgl. den Bericht Anthony Woods in: Jordan-Smith (ed.), a. a. O., S. 282.

30 Paucis notus, paucioribus ignotus, hic jacet Democritus junior, cui vitam dedit, & mortem Melancholia.

31 Vgl. Jean Robert Simon, *Robert Burton et «l'Anatomie de la Mélancolie»* (Paris 1964), S. 56f.

Notiz zur Übersetzung

Robert Burton hat seine *Anatomie der Melancholie* für den interessierten Laien, vor allem aber für den Betroffenen geschrieben, und der Übersetzer hat folglich auch heute diesen Adressatenkreis im Auge zu behalten. Lesbarkeit rangiert deshalb vor selbstverliebter editorischer Pedanterie, über deren Produkte übrigens Burton selbst nach Strich und Faden herzieht. «[Die Philologen] verraten und besudeln viele Bücher guter Autoren mit ihren absurden Kommentaren, diesen Latrinen der Besserwisserei, wie Scaliger formuliert. Solche vertrottelten Anmerkungshuber, die sich ihren Geist darin beweisen, andere zu bekritteln, durchwühlen mit Bienenfleiß die alten Abfallhaufen... Mit ihren Streichungen, Lesarten, textkritischen Apparaten und Ausgaben letzter Hand, mit Emendationen und Annotationen machen sie die Bücher teuer, sich selbst lächerlich und erweisen niemandem einen Dienst (122).»

Auch ein erläuterndes Namensregister wäre fehl am Platze gewesen, weil es gerade da oberflächliche Vertrautheiten erzeugt, wo geistesgeschichtliche Verlust- und Entfremdungserfahrungen Burtons Thema für uns anschaulich werden lassen und der Leser den Sog des Verschwindens, Untergehens, Vergessens gleichsam am eigenen Leibe zu spüren bekommt.

Erstmals ins Deutsche übertragen wurde hier der erste Teil des sich insgesamt in drei «partitions» oder «Bücher» gliedernden voluminösen Werks, denn er ist fraglos für den heutigen Leser der interessanteste. Die zweite Abteilung beschäftigt sich en detail mit den uns ferngerückten zeitgenössischen Heilverfahren, die dritte hat die Mode-Melancholien des 17. Jahrhunderts, also die religiöse und die Liebesmelancholie, zum Thema. Auszüge aus dieser letzten Sektion sind 1952 unter dem Titel *Schwermut der Liebe* in der «Manesse Bibliothek der Weltliteratur» erschienen, das Bändchen ist aber längst vergriffen.

Um die erstaunliche Aktualität der *Anatomie* zu verdeutlichen und ihren Widerspruchsgeist zu reaktivieren, wurde die Vorlage, also «Buch I», um etwa ein Drittel gekürzt. Auch dabei kann sich der Übersetzer – von ihm stammt der Untertitel dieses Buches – auf eine Maxime Burtons berufen, der im Umgang mit seinen Quellentexten ebenfalls selektiv verfuhr und feststellte: «Ich habe nur das ausgewählt, was mir zweckdienlich schien (34).» Gerafft wurde nach Möglichkeit kapitelweise; die Auslassungen sind auf die übliche Art kenntlich gemacht. In den laufenden Text einzelner Sinnabschnitte habe ich nur in Ausnahmefällen eingegriffen.

Inhaltsverzeichnis

Klassiker der französischen Literatur

Abaelard:
Die Leidensgeschichte
und der Briefwechsel
mit Heloisa
dtv 2190

Charles Baudelaire:
Les Fleurs du Mal
Die Blumen des Bösen
Vollständige zwei-
sprachige Ausgabe
dtv 2173

Gustave Flaubert:
Madame Bovary
dtv 2075

Victor Hugo:
Die schwarze Fahne
dtv 2198

Alfred de Musset:
Die beiden Geliebten
und andere
Erzählungen
dtv 2206

Christine de Pizan:
Das Buch von der Stadt
der Frauen
dtv 2220

Jules Renard:
Muttersohn
(Poil de Carotte)
dtv 2211

Der Schmarotzer
dtv 2219

**Nicolas Edme
Restif de la Bretonne:**
Revolutionäre Nächte
in Paris
Erzählungen und
Berichte
dtv 2213

**Jean-Jacques
Rousseau:**
Julie oder
Die neue Héloïse
dtv 2191

**Antoine de
Saint-Exupéry:**
Gesammelte Schriften
3 Bände
dtv 5959

George Sand:
Ein Winter auf Mallorca
dtv 2157

Sie sind ja eine Fee,
Madame!
Märchen aus Schloß
Nohant
dtv 2197

Alexis de Tocqueville:
Der alte Staat
und die Revolution
dtv 2204

Stendhal:
Rot und Schwarz
Chronik des
19. Jahrhunderts
dtv 2005

Emile Zola:
Nana
dtv 2008

Klassiker der russischen Literatur

Alexander N. Afanasjew:
Russische Volksmärchen
2 Bände in Kassette
dtv 5931

Fjodor M. Dostojewskij:
Der Idiot
dtv 2011

Schuld und Sühne
dtv 2024

Die Dämonen
dtv 2027

Die Brüder Karamasow
dtv 2043

Der Jüngling
dtv 2054

Der Spieler
Aus den Aufzeichnungen eines jungen Mannes
dtv 2081

Das Gut Stepantschikowo und seine Bewohner
dtv 2104

Erniedrigte und Beleidigte
dtv 2119

Aufzeichnungen aus einem toten Hause
dtv 2141

Onkelchens Traum
dtv 2169

Der Doppelgänger
Eine Petersburger Dichtung
dtv 2177

Der ewige Gatte
dtv 2186

Arme Leute
dtv 2217

Nikolaj Gogol:
Die toten Seelen
dtv 2097

Iwan A. Gontscharow:
Oblomow
dtv 2076

Michail Lermontow:
Ein Held unserer Zeit
Roman
dtv 2216

Alexander S. Puschkin:
Erzählungen
dtv 2009

Leo N. Tolstoi:
Anna Karenina
dtv 2045

Krieg und Frieden
2 Bände in Kassette
dtv 59009

Iwan S. Turgenjew:
Väter und Söhne
dtv 2113

Klassiker der deutschen Literatur

Ludwig Bechstein:
Sämtliche Märchen
Mit 187 Illustrationen von Ludwig Richter
Hrsg. v. Walter Scherf
2 Bände in Kassette
dtv 2207

Georg Büchner:
Werke und Briefe
Neuausgabe
Hrsg. und kommentiert von Karl Pörnbacher, Gerhard Schaub, Hans-Joachim Simm und Edda Ziegler
dtv 2202

Theodor Fontane:
Effi Briest
Hrsg. v. Walter Keitel u. Helmuth Nürnberger
dtv 2117

Der Stechlin
Kommentierte Ausgabe
Herausgegeben von Walter Keitel und Helmuth Nürnberger
dtv 2184

H. J. Chr. v. Grimmelshausen:
Der Abenteuerliche Simplicissimus Teutsch
Hrsg. v. Alfred Kelletat
dtv 2004

Wilhelm Hauff:
Sämtliche Märchen
dtv 2050

Heinrich Heine:
Atta Troll
Ein Sommernachtstraum
Deutschland
Ein Wintermärchen
Hrsg. v. Klaus Briegleb
dtv 2082

Gottfried Keller:
Der grüne Heinrich
(Erste Fassung)
dtv 2034

Heinrich von Kleist:
Sämtliche Erzählungen und Anekdoten
Herausgegeben von Helmut Sembdner
dtv 2033

Heinrich von Kleist:
Sämtliche Werke und Briefe in zwei Bänden
Herausgegeben von Helmut Sembdner
dtv 5925

Johann Gottfried Seume:
Spaziergang nach Syrakus
Vollständige Ausgabe
Herausgegeben von Albert Meier
dtv 2149 (März 1991)

Adalbert Stifter:
Witiko
Vollständige Ausgabe nach dem Text des Erstdrucks von 1865–67
dtv 2182

Georg Trakl:
Das dichterische Werk
Hrsg. v. Walther Killy und Hans Szklenar
dtv 2163

Klassiker der italienischen Literatur

Dante Alighieri:
Die Göttliche Komödie
Aus dem Italienischen übertragen von Wilhelm G. Hertz
Nachwort von Hans Rheinfelder und Anmerkungen von Peter Amelung
Dünndruck-Ausgabe
dtv 2107

La Divina Commedia – Die Göttliche Komödie
Italienisch und deutsch
Herausgegeben, übersetzt und kommentiert von Hermann Gmelin
Vollständige Ausgabe
6 Bände, 2900 Seiten
dtv/Klett-Cotta 5916

Vita nova
Das neue Leben
Nach der revidierten Übersetzung von Karl Federn herausgegeben und kommentiert von Anna Coseriu und Ulrike Kunkel
Zweisprachige Ausgabe
dtv 2199

Alessandro Manzoni:
Die Verlobten
Mit 440 Illustrationen
Mit einem Essay von Umberto Eco
Übersetzt und mit einem Nachwort versehen von Ernst Wiegand-Junker
Dünndruck-Ausgabe
dtv 2142

Die Nonne von Monza
Aus dem Italienischen übersetzt und mit einem Nachwort versehen von Heinz Riedt
dtv 2192

Die Schandsäule
Romanchronik
Mit einem Vorwort von Leonardo Sciascia
Herausgegeben und aus dem Italienischen übersetzt von Wolfgang Boerner
dtv 2205

Klassische Breviere und Lesebücher

Vom Magus im Norden
und der Verwegenheit
des Geistes
Ein Hamann-Brevier
Mit einem Nachwort,
einer Zeittafel und
einer Bibliographie
herausgegeben von
Stefan Majetschak
Originalausgabe
dtv 2196

Vom Nutzen der
Nachdenklichkeit
Ein Schopenhauer-
Brevier
Mit einem Nachwort
herausgegeben von
Otto A. Böhmer
Originalausgabe
dtv 2188

Von versunknen
schönen Tagen
Ein Eichendorff-
Lesebuch
Mit einem Nachwort
herausgegeben von
Otto A. Böhmer
Originalausgabe
dtv 2189

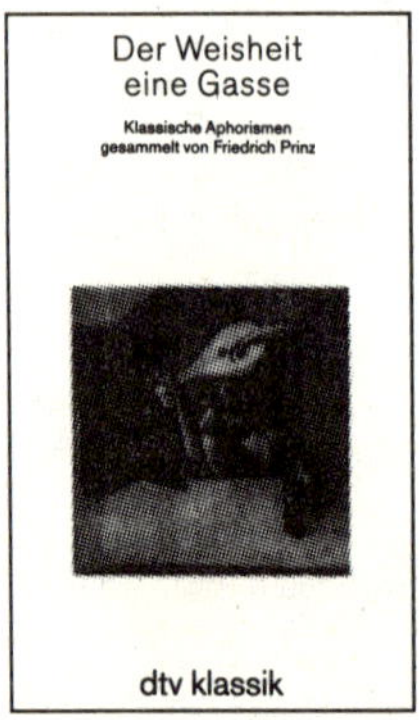

Leben ist immer –
lebensgefährlich
Heitere Sinngedichte
aus fünf Jahrhunderten
Mit einem Nachwort
herausgegeben von
Otto A. Böhmer
Originalausgabe
dtv 2237

Der Weisheit eine Gasse
Klassische Aphorismen
gesammelt
von Friedrich Prinz
Originalausgabe
dtv 2214

Es gibt was Bessres
in der Welt
Ein Matthias-Claudius-
Buch
von Hans Jürgen Schultz
dtv 2218